"十四五"职业教育国家规划教材

食品生物化学

陈 凌 主编
蔡智军 主审

化学工业出版社
·北京·

《食品生物化学》是"十四五"职业教育国家规划教材，分理论知识与实训内容两大部分。理论知识共分12个模块，介绍了水分、矿物质、糖类化学、脂类化学、蛋白质化学、核酸化学、酶化学、维生素、物质代谢、食品的色香味、食品中嫌忌成分及其危害等内容，并阐述了现代生化技术在食品中的应用。理论知识部分特别注重论述了生物化学知识与食品加工、检测以及贮运的联系及应用，以求理论联系生产工作实际。实训内容涉及了16个实训项目，与理论教学相比，实训教学更具直观性、实践性、综合性与创新性。实训内容从实际应用出发，减少验证性实验，增加综合性、设计性、研究性实训，以培养学生的动手能力、综合能力与创新精神为目的，让学生变被动式学习为主动式学习。本书配有电子课件和思考题参考答案，可从 www.cipedu.com.cn 下载参考，同时微课等资源以二维码的形式呈现，方便学生自主学习。全面贯彻党的教育方针，落实立德树人根本任务，在教材中有机融入党的二十大精神。

　　本书可作为高职高专食品、生物等相关专业的教学用书，也可以作为科研人员的参考用书。

图书在版编目（CIP）数据

　　食品生物化学/陈凌主编. —北京：化学工业出版社，2019.11（2024.6 重印）

　　"十三五"职业教育规划教材

　　ISBN 978-7-122-35248-4

　　Ⅰ.①食… Ⅱ.①陈… Ⅲ.①食品化学-生物化学-高等职业教育-教材 Ⅳ.①TS201.2

　　中国版本图书馆 CIP 数据核字（2019）第 206327 号

责任编辑：迟　蕾　李植峰　　　　　　文字编辑：焦欣渝

责任校对：刘　颖　　　　　　　　　　装帧设计：王晓宇

出版发行：化学工业出版社（北京市东城区青年湖南街 13 号　邮政编码 100011）

印　　刷：北京云浩印刷有限责任公司

装　　订：三河市振勇印装有限公司

787mm×1092mm　1/16　印张 16¾　字数 442 千字　　2024 年 6 月北京第 1 版第 6 次印刷

购书咨询：010-64518888　　　　　　售后服务：010-64518899

网　　址：http://www.cip.com.cn

凡购买本书，如有缺损质量问题，本社销售中心负责调换。

定　　价：48.00 元

《食品生物化学》编写人员名单

主　　编　陈　凌

副主编　李竹生　文　震

编　　者　（按汉语拼音排序）

陈　凌（嘉兴职业技术学院、浙江广厦建设职业技术大学）

李竹生（郑州职业技术学院）

刘娜丽（山西药科职业学院）

骆卢佳（嘉兴职业技术学院）

苏　杰（内蒙古农业大学职业技术学院）

文　震（广东生态工程职业学院）

杨玉红（鹤壁职业技术学院）

主　　审　蔡智军（辽宁农业职业技术学院）

前 言

　　食品生物化学是一门基础应用科学，从化学角度和分子水平上研究食品的化学组成、结构、理化性质、营养与安全性质，以及食品中各类物质在食品生产、加工、贮藏与运销过程中发生的变化，这些变化对食品品质与安全产生的影响，是食品科学中的一个重要分支。本书从食品工业技术的角度，以人和食品的关系为中心，阐述生物化学的基本内容和与食物质量有关的化学与生物化学知识。食品生物化学是高职院校食品专业重要的专业基础课。

　　《食品生物化学》分理论知识与实训内容两大部分，理论知识共分 12 个模块，介绍了水分、矿物质、糖类化学、脂类化学、蛋白质化学、核酸化学、酶化学、维生素、物质代谢、食品的色香味、食品中嫌忌成分及其危害等内容，并阐述了现代生化技术在食品中的应用。理论知识部分特别注重论述了生物化学知识与食品加工、检测以及贮运的联系及应用，以求理论联系生产工作实际。实训内容涉及了 16 个实训项目，与理论教学相比，实训教学更具直观性、实践性、综合性与创新性。实训内容从实际应用出发，减少验证性实验，增加综合性、设计性、研究性实训，以培养学生的动手能力、综合能力与创新精神为目的，让学生变被动式学习为主动式学习。本书配有电子课件和思考题参考答案，可从 www. cipedu. com. cn 下载参考，同时，微课等资源以二维码的形式呈现，方便学生自主学习。教材每个模块专门根据专业内容设计了"思政与职业素养目标"，有针对性地引导与强化学生的职业素养培养，践行党的二十大强调的"落实立德树人根本任务，培养德智体美劳全面发展的社会主义建设者和接班人"，坚持为党育人、为国育才，引导学生爱党报国、敬业奉献、服务人民。

　　本书可作为高职高专食品、生物等相关专业的教学用书，也可以作为科研人员的参考用书。

　　由于编者水平有限，恳请使用本书的同仁、学生对疏漏和不妥之处给予批评指正！

编者

目 录

第一部分　理论知识

第二部分　实训内容

绪　　论

一、食品生物化学的概念

人类为维持生命，必须从外界摄取物质与能量。食物中能够提供给人体正常生理功能所必需的物质和能量的化学成分统称为营养素，例如蛋白质、糖类（碳水化合物）、脂类、矿物质、水分。含有各类营养素的物质统称为食品。食品，是指各种供人食用或者饮用的成品和原料以及按照传统既是食品又是药品的物品，但是不包括以治疗为目的的物品。可供人类食用或饮用的物质，包括加工食品、半成品和未加工食品，不包括烟草或只作药品用的物质。

应用基础科学及工程知识来研究食品的物理性质、化学性质、功能性质及食品加工原理的学科称为食品科学。食品生物化学是食品科学中的一个重要分支，是研究食品成分的组成、结构、性质、功能及其在贮藏、加工过程中化学变化规律的一门学科，它研究的不仅仅是食品本身，还包括食品在加工、贮运等过程中的变化规律。

二、食品生物化学的研究范畴

食品生物化学研究的是食品的化学组成、结构、性质及生理功能。食品的化学组成是指食品中含有的能用化学方法分析的元素或物质，主要包括水分、矿物质元素、糖类、蛋白质、脂类、核酸、维生素等，其次还有激素、色素、食品添加剂及污染物等。该学科还研究食品在加工、贮运过程中上述成分的变化及其对食品营养价值的影响。

总之，食品生物化学与研究生物体的细胞组成、生命物质的结构和功能、生命过程中的代谢规律的普通生物化学有所不同，它是在普通生物化学的基础上，结合食品的组成、结构、特性及其化学变化的一门交叉学科。

三、食品生物化学在食品工业中的地位和作用

人类的食物主要来源于其他生物，但人类食物在化学组成上又不完全等同于自然生物，这是因为：人类的食物一般都要经过加工后才能食用，而在食品的生产、加工、贮运过程中不可避免地要引入一些非生源的、非自然的成分，这些成分在不同程度上也要参与、干扰人体的生理机能活动。近年来我国人民的膳食结构发生了很大变化，人们已从追求温饱转向讲

究方便、讲究营养、讲究美味，这就必然促进食品资源的开发、加工等方面的研究，而这些研究都必须建立在对食物的化学组成、性质及其在各种条件下变化情况有所了解的基础上。所以，食品生物化学在食品工业中占有重要的地位，人们应对食品生物化学的学习给予足够的重视。

食品生物化学是食品类学科的核心课程之一，在各国的高等教育体系中，食品学科设有不少的专业，如食品加工专业、食品营养与检测专业、农产品贮藏与加工专业、食品质量与安全专业等。尽管各个专业都有不同的知识侧重面，但由于食品生物化学的基本理论在食品学科的多门课程中均有涉及，因此，这类专业都开设了食品生物化学课程。食品生物化学与食品加工技术、食品营养与卫生、食品保藏、食品理化检验、食品质量控制等课程密切相关。食品加工中每一个食品工艺步骤的设计，都依赖于对加工原料化学组成的了解，以及对加工条件下可能发生的反应的预测。食品营养的评价，也应对食物成分及其稳定性有充分的了解。食品分析中对食品成分的分离、处理也要掌握更多的食品生物化学知识。

食品生物化学是基础理论与专业技术的桥梁。要学好食品生物化学，首先要学好无机化学、分析化学、有机化学，另外，学好了食品生物化学又会加深对多门化学类基础课的理解。食品生物化学对专业技术课程的作用，如同进入大门的钥匙，学好了食品生物化学的原理，就很容易深入到各个技术领域中去。

四、食品生物化学的学习方法

尽管食品生物化学的研究工作可追溯到 100 多年前，但是食品生物化学作为高等教育的一门课程还不过 40 年，因此本门课程知识体系的系统性与规范性还有些欠缺，技术技能培养与行业企业需求还有一定差距。另外，食品生物化学是一门应用化学，由于食品种类很多，食品生物化学的涉及面也很广。对于完全无食品加工实践的学生来说，如果不注意学习方法，则难以收到好的学习效果。编者建议在学习该课程时注意以下几点：

（1）要记住食品中主要化学成分的食用特点和基本化学特点（如结构特点、特征基团、味感和呈味浓度、加工与贮藏条件下的典型反应等），这些都是本课程的基本知识元素，不了解这些无法从事产品开发和科学研究。

（2）学习过程中，应注意了解常见食品的特点，特别是它们的化学组成和突出的营养素，这是预测食品在贮藏和加工条件下可能发生的化学反应的基础，具备了这些知识有利于理解教学材料中的实例。

（3）在学习过程中会遇到很多不明确的基础性问题（如一些典型的有机反应、一些普遍的生物学现象），要及时查阅相关的书籍把这些问题弄懂。

（4）食品生物化学知识与日常生活密切相关，多与自己遇到的实际情况联系，以培养对本门课程的学习兴趣。

第一部分
理论知识

模块一　水　分

（1）了解水和冰的结构及其性质；

（2）掌握水在食品中的存在状态及各种状态下水的特性；

（3）掌握水分活度与食品稳定性之间的关系；

（4）了解食品干制、浓缩和冻结过程中水分的变化规律。

素质目标

（1）培养辩证唯物主义观点；

（2）具有节约资源、爱护环境、安全生产、清洁生产的观念；

（3）培养严谨求实的工作态度。

一、概述

没有水就没有生命，地球上最初的古生命就出现在远古的海洋中。生命的出现与水的关系并非偶然，从地球出现生命的第一天起，水在生物体的生长和繁衍中就一直起着重要的作用。同时水也是大多数食品的主要成分，水的含量和分布对食品的外观、质地、风味、新鲜程度和腐败变质速度等产生极大的影响。因此，研究水的物理化学性质、水分分布及其状态，对食品加工和保存有重要意义。

1. 水在生物体内的含量及生理功能

（1）水在生物体内的含量　水是生物体中含量最丰富的物质，水占生命有机体质量的70％以上，超过任何其他成分（蛋白质、碳水化合物、脂类、核酸、维生素、矿物质）的含量。水在生物体内的分布是不均匀的，其规律主要表现如下：

① 在构成细胞的各种化合物中，水的含量最多，一般为60％～95％。

② 同一生物不同器官或不同组织水的含量不同。脊椎动物体内各器官、组织的水分含量：肌肉、肝、肾、脑、血液等约为70％～80％；皮肤中约为60％～80％；骨骼中约为12％～15％。植物体内营养器官组织（叶、茎、根的薄壁组织）的水含量特别高，占器官总

重的70%~90%，而繁殖器官（高等植物的种子、微生物的孢子等）中的水分含量则较低，占总重的12%~15%。

③ 不同生物体内水的含量差别很大，如油性种子含水量3%~4%，生活在海洋中的水母体内的水含量约为97%。

④ 生物体不同的生长发育阶段水的含量不同，幼儿时期的水分含量高于成年时期；幼嫩部位的水分含量高于成熟部位。

每种食品都具有特定的水分含量范围，以适当的数量、定位和定向存在于食品中的水对食品的特性、质构、外观以及食品对腐败的敏感性有着很大的影响。一些食品的水分含量列于表1-1-1。

表 1-1-1　常见食品的水分含量

食品	水分含量/%	食品	水分含量/%
蔬菜	85~97	鱼类	67~81
果实	80~90	贝类	72~86
油性种子	3~4	蛋类	67~77
蘑菇类	88~95	牛肉	46~76
薯类	60~80	乳类	87~89
豆类	12~16	鸡肉	73
谷类	12~16	猪肉	43~59

(2) 生理功能　水存在于细胞的各个部位，虽无直接的营养价值，但具有某些特殊的性能（如：溶解力强，介电常数高，黏度小，比热容大），是化学能传递和营养物质在体内运输的介质，是维持生理活性和进行新陈代谢不可缺少的物质。水特殊的性能使它在生物体内具有特殊的重要意义。

第一，水是维持生命、保持细胞外形、构成各种体液所必需的物质。

第二，水参与机体代谢，促进生化反应。由于水具有很强的溶解性，可使各种有机物和无机物溶于水中，甚至一些脂肪和蛋白质也能在适当条件下分散于水中，构成乳浊液或胶体溶液。水由于流动性强，可以作为体内各种物质的载体，对各种营养素的运输和吸收、气体的运输和交换、代谢产物的运输与排泄起到了极其重要的作用。水是体内生化反应的媒介，同时水本身也参与体内的化学反应。水是各种化学物质在体内正常代谢的保证，所以水是维持新陈代谢的主要介质。

第三，水可以起到维持体温恒定和润滑的作用。水的比热容高，因此具有调节体温的作用。当天气炎热，体内产能增多时，可以通过出汗散发大量热量而平衡体温；天气寒冷时，水贮备大量能量，人体不会因外界温度降低而使体温发生波动。

水的黏度小，可使体内摩擦部分润滑，从而减少摩擦损伤。体内关节、韧带、肌肉、膜等处的活动均以水作为润滑剂。同时，水还具有滋润肌肤、维持腺体器官正常分泌等功能。

2. 水和冰的物理性质

水与元素周期表中邻近氧的或与氧同族的某些元素的氢化物（如 HF、H_2S、NH_3、CH_4、H_2Te、H_2Se 等）的物理性质相比较，除黏度外，其他性质均具有显著差异。冰的熔点、水的沸点比较高，水的比热容、熔化热、蒸发热、表面张力和介电常数等物理常数也比较高，这对食品加工中的冷冻和干燥过程有重大的影响。水和冰的物理常数见表1-1-2。

表 1-1-2　水和冰的物理常数

物理量	数值			
分子量	18.0153			
相变性质				
熔点(101.3kPa)/℃	0.000			
沸点(101.3kPa)/℃	100.000			
临界温度/℃	373.99			
临界压力/MPa	22.064			
三相点	0.01℃和611.73Pa			
熔化热(0℃)/(kJ/mol)	6.012			
蒸发热(100℃)/(kJ/mol)	40.657			
升华热(0℃)/(kJ/mol)	50.910			
其他性质	20℃(水)	0℃(水)	0℃(冰)	−20℃(冰)
密度/(g/cm³)	0.99821	0.9168	0.99984	0.9193
黏度/Pa·s	1.002	—	1.793	—
界面张力(相对于空气)/(mN/m)	72.75	—	75.64	—
蒸气压/kPa	2.3388	0.6113	0.6113	0.103
比热容/[J/(g·K)]	4.1818	2.1009	4.2176	1.9544
热导率(液体)/[W/(m·K)]	0.5984	2.24	0.5610	2.433
热扩散系数/(m²/s)	$1.4×10^{-7}$	$11.7×10^{-7}$	$1.3×10^{-7}$	$11.8×10^{-7}$
介电常数	80.20	约90	87.90	约98

(1) 冰的熔点、水的沸点高　水分子具有形成三维氢键的能力，而和其分子量及原子组成相近及近似的分子形成的多是二维氢键，二维氢键的键能小于三维氢键的键能，所以要改变水的状态，破坏分子间的氢键所需额外的热能较高，因此冰具有高的熔点，水具有高的沸点、高相变热、高热容。例如，水在常温下为液态，而 HF 和 NH_3 为气态。

(2) 密度　水的密度较高，结成冰时，密度减小，体积增大（约增加9%），表现出异常的膨胀特性，这会导致食品冻结时组织结构的破坏。所以在选择速冻食品包装材料时，应特别注意，防止因体积膨胀而造成破裂。

(3) 水的介电常数　水的介电常数大，溶解力强。这主要是由于水的氢键缔合生成庞大的水分子簇，产生了多分子偶极子，从而使水的介电常数显著增加。

(4) 导热性　导热性通常用热导率和热扩散系数表示。冰（−20℃）的热导率约是水（20℃）的4倍，冰（−20℃）的热扩散系数约是水（20℃）的8.4倍，因此冰的导热性优于水。这也是食品冻结比食品解冻速度快的原因。

二、食品中的水

1. 食品中水的存在形式

水在食品中的存在形式取决于食品的化学成分和这些成分的物理状态，由于这些非水物质的存在，水与它们以多种方式相互作用后，便形成不同的存在状态，如水在食品中可形成胶体，可作为糖、盐、有机酸、亲水性大分子的溶剂。根据水的存在形式一般把食品中的水分分为游离水（或称为体相水、自由水）和结合水（或称为束缚水、固定水）。

游离水是指与非水组分靠物理作用结合的那部分水。它又可分为3类：滞化水（或称截留水）、毛细管水和自由流动水。滞化水是指组织中的显微和亚显微结构与膜阻留住的水，滞化水不能自由流动。例如一块重100g的动物肌肉组织中，总含水量为70～75g，含蛋白质20g，除去近10g结合水外还有60～65g水，这部分水极大部分是滞化水。毛细管水是指在生物组织的细胞间隙和制成食品的结构组织中通过毛细管力所存留的水分，在生物组织中又称为细胞间水，其物理和化学性质与滞化水相同。而自由流动水是指动物的血浆、淋巴和尿液以及植物的导管和细胞内液泡中的那部分可以自由流动的水。

游离水具有普通水的性质，容易结冰，可作为溶剂，利用加热的方法可从食品中分离，可以被微生物利用，与食品的腐败变质有重要的关系，因而直接影响食品的保藏性。食品是否被微生物污染并不取决于食品中水分的总含量，而仅取决于食品中游离水的含量。

结合水是指存在于溶质及其他非水组分附近的与溶质分子之间通过化学键结合的那一部分水，是食品中与非水成分结合得最牢固的水。它不能被微生物利用，在-40℃下不结冰，无溶剂能力。根据被结合的牢固程度的不同，结合水又可被分为化合水、邻近水和多层水。化合水（或称为构成水）是指结合得最牢固的构成非水物质组成的那部分水，作为化学水合物中的水或存在于蛋白质空隙区域内的水，在高水分含量食品中只占很小比例。邻近水（或称为单层水）是指亲水物质的强亲水基团周围缔合的单层水分子膜。它与非水成分主要依靠水-离子、水-偶极强氢键缔合作用结合在一起。多层水占据非水成分的大多数亲水基团的第一层剩下的位置以及形成邻近水以外的几个水层，与周围水及溶质主要靠水-水和水-溶质氢键的作用结合。

应该注意的是，结合水不是完全静止不动的，它们与邻近水分子之间的位置交换作用会随着水结合程度的增加而降低，但是它们之间的交换速率不会为零。

2. 水在不同条件下与食物成分的作用

（1）水的冻结

① 冰冻对食物材料造成的机械伤害。如对食品采取缓慢冷冻，动植物组织的细胞间隙中会形成大的冰晶，导致食品材料的组织结构受损，解冻后不能恢复到原来状态，严重时，组织软化，汁液流出，风味降低，甚至失去食用价值。若选用速冻技术，使食品内部的温度很快降低到-18℃，这样，在冷冻的过程中可以形成数量众多、颗粒细小的冰晶，这些细小的冰晶均匀地分布在细胞的内外，对动植物组织结构基本上不会产生破坏作用，食品解冻后，基本上可以恢复到原来的新鲜状态。因此，速冻是保存食品的良好方法。速冻应确保食品在-5～0℃停留的时间不超过30min，因为-5～-1℃时易形成大的冰晶。

② 冰冻浓缩对食品质量的影响。在结冰的过程中，液态水不断减少，非冻结相逐渐浓缩，导致有关反应物浓度增大，加速了多种反应的进行，如多种化学因素引起的蛋白质变性。有研究指出，牛肉在-5～-2℃时因冰冻浓缩其变质的速度比温度在0℃以上还快。降温和浓缩同时发生在冷藏食品内，但它们对食品的稳定性影响是相反的。-5℃左右时，以浓缩效果降低食品的稳定性为主，此时食品变质快；进一步降低温度，温度导致反应速率减小为主要因素，因而温度越低，对保存食品越有利，从保证食品质量和节约能源两方面考虑，-18℃是冷藏食品最理想的温度。

（2）水与其他物质的相互作用

① 水与离子和离子基团的相互作用。在水中添加可解离的溶质，离子或离子基团通过自身的电荷可以与水分子偶极子产生相互作用，使纯水靠氢键键合形成的四面体排列的正常结构遭到破坏。NaCl邻近的水分子可能出现的相互作用方式，如图1-1-1所示（图中仅指出了纸平面上第一层水分子），这种作用通常被称为离子水合作用。与离子或离子基团相互作用的水是食品中结合最紧密的一部分水。

在不同的稀盐溶液中，离子对水结构的影响是不同的，某些离子（例如 K^+、Rb^+、Cs^+、NH_4^+、Cl^-、Br^-、I^-、NO_3^-、BrO_3^-、IO_3^- 和 ClO_4^- 等）具有破坏水的网状结构的效

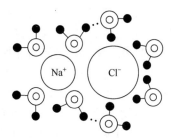

图 1-1-1　离子的水合作用
和分子的取向

应，其中 K^+ 的作用很小，而大多数电场强度较弱的负离子和离子半径大的正离子，它们阻碍水形成网状结构，这类盐溶液的流动性比纯水更大。还有一类是电场强度强、离子半径小的离子或多价离子，它们有助于水形成网状结构，因此这类离子的水溶液比纯水的流动性小，例如 Li^+、Na^+、H_3O^+、Ca^{2+}、Ba^{2+}、Mg^{2+}、Al^{3+}、F^- 和 OH^- 等属于这一类。实际上，从水的正常结构来看，所有的离子对水的结构都起破坏作用，因为它们能阻止水在 $0℃$ 下结冰。

② 水和极性基团的相互作用。食品中蛋白质、淀粉、果胶等成分含有大量的具有氢键键合能力的极性基团，它们可以与水分子通过氢键键合。水和这些溶质之间的氢键键合作用比水与离子间的相互作用弱，与水分子之间的氢键相近。当然，各种有机成分上极性基团不同，与水形成氢键的键合作用强弱也有区别。蛋白质多肽链中赖氨酸和精氨酸侧链上的氨基，天冬氨酸和谷氨酸侧链上的羧基，肽链两端的羧基和氨基，以及果胶中未酯化的羧基，它们与水形成的氢键键能大，结合得牢固；而蛋白质中的酰氨基以及淀粉、果胶、纤维素等分子中的羟基与水形成的氢键键能小，结合得不牢固。

由氢键结合的水，其流动性较小。凡能够产生氢键键合的溶质都可以强化纯水的结构，至少不会破坏这种结构。然而在某些情况下，溶质氢键键合的部位和取向在几何构型上与正常水不同，因此，这些溶质通常对水的正常结构也会产生破坏。像尿素这种小的氢键键合溶质，由于几何构型原因，其对水的正常结构有明显的破坏作用。同样，大多数氢键键合溶质都会阻碍水结冰。但当体系中添加具有氢键键合能力的溶质时，每摩尔溶液中的氢键总数，可能由于已断裂的水-水氢键被水-溶质氢键所代替，不会明显地改变。因此，这类溶质对水的网状结构几乎没有影响，它们主要为糖类和蛋白质等。

③ 水与非极性基团的相互作用。把疏水物质［如含有非极性基团（疏水基）的烃类、脂肪酸、氨基酸以及蛋白质］加入水中，水的氢键网会发生重排，为了保证氢键的数目，水分子会在非极性溶质表面定向排列，导致熵减少，这一过程称为疏水水合作用，如图 1-1-2 所示。水对于非极性物质产生的结构形成响应，其中有两个重要的结果：笼形水合物的形成和蛋白质中的疏水相互作用，如图 1-1-3 所示。

图 1-1-2 疏水水合作用　　　　　图 1-1-3 疏水相互作用

笼形水合物是水靠氢键键合形成的像笼一样的结构，通过物理作用方式将非极性物质截留在笼中。通常被截留的物质称为"客体"，水为"主体"。笼形水合物的"主体"一般由 20～74 个水分子组成，"客体"是低分子量化合物，只有它们的形状和大小适合于笼的"主体"才能被截留。典型的"客体"包括低分子量烃、稀有气体、短链的胺、烷基铵盐、卤烃、二氧化碳、二氧化硫、环氧乙烷、乙醇及硫盐、磷盐等。"主体"和"客体"大小相似，"主体"和"客体"之间相互作用往往涉及弱的范德华力，但有些情况下为静电相互作用。此外，分子量大的"客体"（如蛋白质、糖类、脂类和生物细胞内的其他物质）也能与水形成笼形水合物，使水合物的凝固点降低。一些笼形水合物具有较高的稳定性。

笼形水合物的微结晶与冰的结晶很相似，但当形成大的晶体时，水原来的四面体结构逐渐变为多面体结构，在外表上与冰的结构存在很大差异。笼形水合物晶体在 $0℃$ 以上和适当压力下仍能保持稳定的晶体结构。现已证明生物物质中天然存在类似晶体的笼形水合物结构，它们很可能对蛋白质等生物大分子的构象、反应性和稳定性有影响。笼形水合物晶体目前尚未商业化开发利用，在海水脱盐、溶液浓缩、防止氧化、可燃冰等方面有很好的应用前景。

疏水基团尽可能聚集在一起以减少它们与水的接触，使疏水水合的部分逆转，这种作用称为疏水相互作用。疏水相互作用对于维持蛋白质分子的结构发挥重要的作用。大多数蛋白质中，40％的氨基酸具有非极性侧链，如丙氨酸的甲基、苯丙氨酸的苯基、缬氨酸的异丙基、半胱氨酸的巯甲基、异亮氨酸的仲丁基和亮氨酸的异丁基等，它们都可与水产生疏水相互作用，但氨基酸的疏水相互作用不如蛋白质的疏水相互作用重要。

蛋白质的水溶液环境中尽管产生疏水相互作用，但它的非极性基团大约有 1/3 仍然暴露在水中，暴露的疏水基团与邻近的水除了产生微弱的范德华力外，它们相互之间并无吸引力。同时，疏水基团受周围水分子的排斥而相互靠范德华力或疏水键结合得更加紧密，如果蛋白质暴露的非极性基团太多，就很容易聚集并产生沉淀。

④ 水与双亲分子的相互作用。水也能作为双亲分子的分散介质。在食品体系中这些双亲分子，是指脂肪酸盐、蛋白质、糖脂、极性脂类和核酸等。双亲分子的特征是在同一分子中同时存在亲水基团和疏水基团。水中有这类物质存在时，其分子中的疏水基团以色散力相互吸引，避开与水的接触，疏水基团包埋在分子内部，亲水基与水以氢键结合，这种现象称为疏水性基相互作用。

三、水分活度

1. 水分活度及其测定

人们很早就认识到食品的水分含量与食品的腐败变质之间存在着一定的关系，但仅将水分含量作为判断食品稳定性的指标，并不十分恰当。一是因为已经知道不同种类的食品即使水分含量相同，其腐败变质的难易程度也存在明显的差异；二是食品中各种非水成分与水氢键键合的能力不同，只有与非水成分牢固结合的水才不可能被食品中的微生物生长和化学水解反应所利用，因此，人们提出了水分活度这一概念。水分活度虽然在判断食品腐败变质方面远比水分含量好，但是因它与许多降解反应的速率之间有良好的相关性，因此仍然是不完美的。另外，一些其他因素（如氧的浓度、pH 值、水的流动性和溶质的种类等）在某些情况下对降解反应的速率也有强烈的影响。水分活度（A_W）是指水与各种非水组分缔合的强度，可用如下公式表示：

$$A_W = p/p_0 \qquad (1\text{-}1\text{-}1)$$

式中，A_W 为水分活度；p 为食品在密闭容器中达到平衡的水蒸气压，即食品上空水蒸气的分压力，一般说来，p 随着食品中易被蒸发的自由水含量的增多而加大；p_0 为在相同温度下纯水的饱和蒸气压，可从有关手册中查出。

对于纯水来说，因 p 和 p_0 相等，故 A_W 等于 1。然而，一般食品不仅含有水，而且含有非水组分（如糖、氨基酸、无机盐以及一些可溶性的高分子化合物等），所以食品的蒸气压比纯水小，即 p 总是小于 p_0，A_W 总是小于 1。

水分活度与环境平衡相对湿度（ERH）和拉乌尔定律的关系如下：

$$A_W = p/p_0 = ERH/100 = N = n_1/(n_1 + n_2) \qquad (1\text{-}1\text{-}2)$$

即食品的水分活度在数值上等于环境平衡相对湿度除以 100。其中 N 为溶剂（水）的摩尔分数，n_1 为溶剂的物质的量，n_2 为溶质的物质的量，n_2 可通过测定样品的冰点下降温度，然后按下式计算求得：

$$n_2 = G\Delta T_f / (1000K_f) \qquad (1\text{-}1\text{-}3)$$

式中，G 为样品中溶剂的质量，g；ΔT_f 为冰点下降的温度，℃；K_f 为水的摩尔冰点下降常数。

这里必须强调，水分活度是样品的固有性质，环境平衡相对湿度是与样品相平衡的大气性质，它们只是在数值上相等；同时，少量样品（小于 1g）与环境之间达到平衡需要相当长的时间，而大量的样品在温度低于 50℃时，则几乎不可能与环境达到平衡。

食品中水分活度与水分含量之间有着密切的关系，因而通过测定食品的水分含量便可间接获得水分活度值。常见的水分活度测定方法有以下几种：

① 冰点测定法。先测样品的冰点降低温度和含水量，然后代入式(1-1-2) 和式(1-1-3)计算水分活度。采用低温下测定冰点而计算较高温度时的水分活度值所引起的误差很小。

② 相对湿度传感器测定法。将已知含水量的样品置于恒温密闭的小容器中，使其达到平衡，然后用电子测定仪或湿度测定仪测定样品和环境空气的平衡相对湿度，即可得水分活度。

③ 恒定相对湿度平衡法。置样品于恒温密闭的小容器中，用一定浓度的饱和盐溶液控制密闭容器的相对湿度，定期测量样品水分含量的变化，然后绘图求水分活度。

④ 水分活度仪测定样品的水分活度。

2. 水分活度与食品含水量的关系

一般情况下，食品中的含水量越高，水分活度越大，以水分活度为横坐标，以干物质中水分含量（g/g）为纵坐标，描绘在某恒定温度下的水分活度与水分含量的关系，得到如图 1-1-4 所示的曲线（水分吸附等温线）。从图 1-1-4 可知，两者之间并不存在正比关系。在高水分含量区（水分含量大于 1g/g），A_w 接近于 1.0；在低水分含量区，食品水分含量的少量变动即可引起水分活度极大的变动。例如，奶粉的水分含量很低，水分活度也低，微生物不易生长繁殖，奶粉可以长期保存；但是将奶粉包装打开后，即可使水分活度显著升高，易导致奶粉结团和微生物繁殖，大大缩短奶粉的保质期。因此要确切地研究水分活度和水分含量的关系，可以在恒定温度下，用食品水分含量（单位质量的干食品中水的质量）对水分活度作图，这样得到的曲线称为水分吸湿等温线，如图 1-1-5 所示。

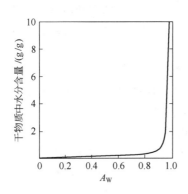
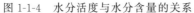
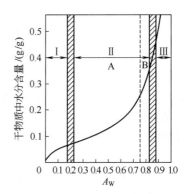

图 1-1-4　水分活度与水分含量的关系　　图 1-1-5　水分吸湿等温线

水分吸湿等温线一般是 S 形（图 1-1-5）的，为了更好地理解其意义和用途，通常把它分成三个区间。

Ⅰ区为结合水和邻近水区。这部分水能比较牢固地与非水成分结合，是食品中最不容易移动的水，因此 A_w 较低，一般为 0~0.25，相当于物料的水分含量 0~0.07g/g。由于水分子被束缚，所以这部分水很难发生物理、化学变化，含此水分的食品的劣变速度也很慢。因此，要使食品具有最高的稳定性，最好将 A_w 保持在该区间内。

Ⅱ区为多层水区，包括Ⅰ区和Ⅱ区内所增加的水，它们占据固形物表面第一层的剩余位置和亲水基团（如酰氨基、羧基等）周围的另外几层位置。这部分水的 A_w 一般为 $0.25\sim0.80$，相当于物料的水分含量最低为 $0.07\sim0.14g/g$，最高为 $0.33g/g$（不同食品，其Ⅱ区值不同）。当食品中的水分含量相当于Ⅱ区和Ⅲ区的边界时，水将引起溶解过程，溶解过程的开始将促使反应物质流动，因此加速了大多数的食品化学反应。

Ⅲ区的水为自由水，是食品中与非水物质结合最不牢固的水。这部分水的 A_w 为 $0.80\sim0.99$，相当于物料的水分含量最低为 $0.14\sim0.33g/g$，最高为 $20g/g$。这部分水有利于化学反应的发生和微生物的生长，对食品稳定性起着重要的影响。

3. 水分活度的实践意义

各种食品在一定条件下都各有其一定的水分活度，各种微生物的活动和各种化学与生物化学反应也都需要一定的水分活度值。只要计算出微生物、化学以及生物化学反应所需要的水分活度值，就可控制食品加工中的条件和预测食品的耐藏性。

（1）水分活度与微生物活动的关系　一切生物的生长都离不开水，食品中微生物的生长繁殖与水分活度密切相关，即水分活度决定微生物在食品中萌发的时间、生长速率及死亡率。不同的微生物在食品中繁殖时对水分活度要求也不同。一般来说，只有食物的水分活度大于某一临界值时，特定的微生物才能生长。影响食品稳定性的微生物主要有细菌、酵母菌和霉菌。

食品中水分活度与微生物生长之间的关系见表1-1-3。水分活度大于 0.91 时，引起食品腐败变质的细菌生长占优势。水分活度低于 0.91 时，大多数细菌的生长受到抑制，如在食品中加入食盐、糖后其水分活度下降，除了一些嗜盐细菌外其他细菌都不生长。水分活度低

表 1-1-3　食品中水分活度与微生物生长之间的关系

水分活度	在此范围内的最低 A_w 值一般能抑制的微生物	食品
$1.0\sim0.95$	假单胞菌,大肠杆菌变形菌,志贺菌属,克雷伯菌属,芽孢杆菌,产气荚膜梭状芽孢杆菌,一些酵母	极易腐败的食品、蔬菜、肉、鱼、牛乳、罐头水果;香肠和面包;含有约40%蔗糖或7%食盐的食品
$0.95\sim0.91$	沙门菌属,肉毒梭状芽孢杆菌,溶副血红蛋白弧菌,沙雷杆菌,乳酸杆菌属,一些霉菌,红酵母,毕赤酵母	一些干酪,腌制肉,水果浓缩汁,含有55%蔗糖或12%食盐的食品
$0.91\sim0.87$	许多酵母菌(假丝酵母、球拟酵母属、汉逊酵母),小球菌	发酵香肠,干的干酪,人造奶油,含有65%蔗糖或15%食盐的食品
$0.87\sim0.80$	大多数霉菌(产毒素的青霉菌),金黄色葡萄球菌,大多数酵母菌	大多数浓缩水果汁、甜炼乳、糖浆、面粉、米,含有15%~17%水分的豆类食品、家庭自制的火腿
$0.80\sim0.75$	大多数嗜盐细菌,产真菌毒素的曲霉菌	果酱、糖渍水果、杏仁酥糖
$0.75\sim0.65$	嗜旱霉菌,二孢酵母	含10%水分的燕麦片、果干、坚果、粗蔗糖、棉花糖、牛乳糖块
$0.65\sim0.60$	耐渗透压酵母(鲁氏酵母),少数霉菌(刺孢曲霉、二孢红曲霉)	含有15%~20%水分的果干、太妃糖、焦糖、蜂蜜
0.50	微生物不繁殖	含12%水分的酱,含10%水分的调料
0.40	微生物不繁殖	含5%水分的全蛋粉
0.30	微生物不繁殖	饼干、曲奇饼、面包硬皮
0.20	微生物不繁殖	含2%~3%水分的全脂奶粉,含5%水分的脱水蔬菜或玉米片,家庭自制饼干

于 0.87 时，引起食品腐败变质的大多数酵母菌生长占优势。水分活度低于 0.8 时，糖浆、蜂蜜和浓缩果汁的腐败主要是由酵母菌引起的。水分活度低于 0.6 时，绝大多数微生物都不生长。

因此，如果要提高食品的贮藏性，就要降低食品的水分活度到一定值以下。而发酵食品加工中，就必须提高水分活度到一定值，使有利于有益微生物生长、繁殖、分泌代谢产物。微生物对水分的需要还会受到食品 pH、营养物质、氧气等共存因素的影响。因此，在选定食品的水分活度时应根据具体情况进行适当调整。

(2) 水分活度与油脂氧化的关系 水分活度是影响食品中油脂氧化的重要因素之一。当含油脂食品的水分含量十分低的时候，油脂就很容易发生氧化，这一点早为大家所熟知。因此在油脂贮藏时，过高或过低的水分活度都会加速油脂的氧化过程。一般油脂氧化的速率最低点在水分活度 0.33 左右。

食品水分对油脂氧化既有促进作用，又有抑制作用。当水分活度处在 0.33 时，可抑制氧化作用，原因可能主要有以下几方面：其一是水分覆盖了可氧化的部位，阻止它与氧的接触；其二是水分与金属离子的水合作用，消除了由金属离子引发的氧化作用；其三是水分与氢过氧化物的氢键结合，抑制了由此引发的氧化作用；其四是水分促进了自由基间相互结合，由此抑制了游离基在油脂氧化中的链式反应。

当食品中水分活度大于 0.33 后，水分对油脂氧化的促进作用可能的原因有：其一是水分的溶剂化作用，使反应物和产物便于移动，有利于氧化作用的进行；其二是水分对生物大分子的溶胀作用，使生物大分子暴露出新的氧化部位，有利于氧化的进行。

(3) 水分活度与酶促反应的关系 为了增强食品的贮藏稳定性，在许多场合下，采用一系列控制酶活性的措施来达到这一目的。而食品中酶的来源多种多样，例如食品中的微生物分泌的胞外酶、食品中内源性酶、在有些情况下人为添加的一些酶等。食品中内源性酶除在一些情况下（如组织破碎时细胞结构释放酶，或通过混合使反应底物与酶接触）有较大的活性外，在通常情况下这些酶的活性很弱或没有。水促进酶促反应主要通过以下途径：①水作为运动介质促进扩散作用；②稳定酶的结构和构象；③水是水解反应的反应物；④破坏极性基团的氢键；⑤从反应复合物中释放产物。在有的情况下，两个以上的因素可能会同时起作用。

通常情况下，在水分活度 0.75～0.95 范围内酶活性达到顶点，超过这个范围酶促反应速率就会下降，这可能是由于高水分活度对酶和底物的稀释作用。

(4) 水分活度与食品质构的关系 各种不同的食品都有其表现最佳食用品质的水分活度。如面包的水分活度比饼干的高，因此，面包湿润、柔软，而饼干酥脆。而欲保持膨化玉米花和油炸马铃薯的脆性，防止砂糖、奶粉和速溶咖啡结块，以及硬糖果、蜜饯等黏结，均应保持适当低的水分活度值。干燥物质不致造成需宜特性损失的允许最大水分活度为0.35～0.5。反之，对于生鲜的果蔬，则需要较大的水分活度值。然而，绝大多数食品在进入消化道时，其水分活度往往超过0.8。这是因为人们喜欢而且习惯食物以湿润、柔软的状态进入消化道。

(5) 水分活度与生物化学反应的关系 毛细管凝聚水能溶解反应物质，起着溶剂的作用，有助于反应物质的移动，从而可促进化学变化，引起食品变质。但对多数食品来说，如果过分干燥，既能引起食品成分的氧化和脂肪的酸败，又能引起非酶褐变（成分间的化学反应）。要使食品具有最高的稳定性，最好将水分活度保持在结合水范围内（即最低的水分活度）。这样，既能防止氧对活性基团的作用，也能阻碍蛋白质和碳水化合物的相互作用，从而使化学变化难于发生，同时又不会使食品丧失吸水性和复原性。

思 考 题

1. 选择题

（1）每个水分子最多能与另外多少个水分子通过氢键结合？（　　）

A. 2个　　　　　　　B. 3个　　　　　　　C. 4个　　　　　　　D. 5个

（2）大多数冷冻食品中重要的冰结晶形式是（　　）。

A. 六方形　　　　　B. 不规则树状　　　　C. 粗糙球状　　　　D. 易消失的球晶

（3）在食品中，水与下列哪种物质结合得最紧密？（　　）

A. 食盐　　　　　　B. 蛋白质　　　　　　C. 淀粉　　　　　　D. 脂肪

（4）水分活度相同的下列物质中哪种的含水量低？（　　）

A. 苹果　　　　　　B. 干淀粉　　　　　　C. 鸡肉　　　　　　D. 蛋清

（5）多分子层结合水区段的 A_W 值为（　　）。

A. 0～0.25　　　　B. 0.25～0.8　　　　C. 0.8～0.99　　　　D. 大于1

（6）对水分活度最敏感的菌类是（　　）。

A. 细菌　　　　　　B. 酵母菌　　　　　　C. 霉菌　　　　　　D. 放线菌

（7）冷冻法保藏食品的有利因素在于（　　）。

A. 水结冰后，食品中非水组分的浓度将比冷冻前变大

B. 水结冰后其体积比结冰前增加 9%

C. 低温

D. 形成低共熔混合物

（8）水分吸湿等温线可分为三个区间进行讨论，以下哪种形式的水不属于这三个区间所代表的水（　　）。

A. 化合水　　　　　B. 邻近水　　　　　　C. 结晶水　　　　　D. 多层水

（9）为达到较好的冷藏效果，下列哪个温度较适合？（　　）

A. −18℃　　　　　B. 0℃　　　　　　　　C. −10℃　　　　　　D. −25℃

（10）大多数耐盐细菌生长繁殖所需最低水分活度为 0.75，那么普通酵母的阈值最可能为（　　）。

A. 0.65　　　　　　B. 0.85　　　　　　　C. 0.75　　　　　　D. 0.8

2. 名词解释

疏水相互作用　水分活度　水分吸湿等温线　结合水　滞后现象

3. 判断题

（1）结合水与体相水都能为微生物所利用。（　　）

（2）两份相同水分含量的干燥样品，温度越高的那份 A_W 越小。（　　）

（3）食品中的化学反应都是 A_W 越小，反应速率越小。（　　）

（4）把 A_W 值降低到 0.25～0.35 的范围，就能有效地减慢或阻止酶促褐变的进行。（　　）

（5）一般水活度<0.6，微生物不生长。（　　）

（6）食品中结合得最不牢固的那部分水对食品的稳定性起着重要作用。（　　）

（7）从食品的贮藏性质和品质来看，食品的水分活度越低越好。（　　）

（8）温差相等的情况下，冷冻速度比解冻速度更慢。（　　）

（9）根据水分活度与食品化学变化的关系，A_W 越低对食品的稳定性越好。（　　）

（10）某食品的水分活度为 0.90，把此食品放于相对湿度为 85% 的环境中，食品的质量增大。（　　）

4. 填空题

（1）食品中水的存在形式有_____和_____。

（2）一般来说，水分吸湿等温线都是_____形的。

（3）结合水根据被结合的牢固程度的不同，又可被分为_____、_____和_____。

（4）对食品的稳定性起重要作用的是食品中_____那部分水。

（5）在一定 A_W 时，食品的解吸过程一般比回吸过程时_____更高。

（6）单分子层水是指_____，其意义在于_____。

5. 问答题

（1）食品中的水分有哪些存在状态？请简要概述。

（2）食品中结合水和自由水的性质有哪些区别？

（3）冰冻对食品有何影响？采取什么方法可以克服冰冻法保藏食品的不利因素？

（4）简述食品的水分吸湿等温线的三个分区。

（5）水分活度与食品稳定性之间有何关联？

模块二　矿　物　质

一、矿物质概述

矿物质是食品中的六大营养素之一，也是评价食品营养价值的重要指标之一。人体的生长发育需要多种矿物质元素，而这些矿物质元素一般情况下完全靠食品提供，因此食品中的矿物质元素的含量及状态对人体健康起着重要作用，如果矿物质元素供给量不足或生物有效性低，人体就会出现营养缺乏症或罹患某些疾病，摄入过多则可能会中毒。因此有必要了解食品中矿物质元素的特点、功能、含量、存在状态、生物有效性、加工过程及贮存方式对其产生的影响等，以便提高食品中矿物质元素的营养性和安全性。

1. 矿物质的分类及特点

组成食品的元素中，除 C、H、O、N 以外，其他大多以无机盐或离子状态存在（个别以有机物形式存在），把它们统称为无机盐元素，习惯上称为矿物质元素，简称矿物质。根据不同的分类标准可把矿物质分为以下类别：

（1）从食物与营养的角度分类　从食物与营养的角度，一般可将矿物质元素分为必需元素、非必需元素和有毒元素。所谓必需元素具有以下特征：其一，机体必须通过饮食摄入这种元素；其二，这种元素都有特定的生理功能，其他元素不能完全代替。食品中存在多种含量不等的矿物质元素，其中约有 25 种矿物质元素是构成人体组织、维持正常生理功能和生化代谢所必需的。一般认为，常见必需微量元素有 14 种，即铜(Cu)、铁(Fe)、锌(Zn)、碘(I)、锰(Mn)、钼(Mo)、钴(Co)、硒(Se)、铬(Cr)、镍(Ni)、锡(Sn)、硅(Si)、氟(F)、钒(V)。

注意：所有微量元素摄入过量都是有毒的。如人体对硒的每日安全摄入量为 50～200μg。低于 50μg 会导致心肌炎、克山病等疾病，并可诱发免疫功能低下和老年性白内障等；但如果每日摄入量在 200～1000μg 则会导致中毒，如果每日摄入量超过 1mg 则可导致死亡。

其他元素虽然在机体内存在，但至今仍未发现体内缺乏它们时会导致某些疾病，因此称为非必需微量元素，如溴(Br)、硼(B)等。

有毒元素是指在正常情况下，人体只需要（或人体可以耐受）极小的量，剂量高时，即可呈现毒性作用，破坏人体正常代谢功能的矿物质。在食品中，有毒元素以汞(Hg)、镉(Cd)、铅(Pb)、砷(As)最为常见。正常情况下，低耐量有毒元素通常不会对人体构成威胁；若食品受到"三废"污染，或在加工过程中受到污染，则易使人中毒。

(2) 根据人体对矿物质的需求量分类　根据人体对矿物质的需求量可将矿物质分为以下三类。

① 常量元素，又称宏量元素，人体每日需求量大于 50mg。主要有钾(K)、钠(Na)、钙(Ca)、镁(Mg)、磷(P)、硫(S)和氯(Cl)7 种。

② 微量元素，人体每日需求量小于 50mg。主要有铁(Fe)、氟(F)、碘(I)、锌(Zn)、硒(Se)、铜(Cu)、锰(Mn)、铬(Cr)、钼(Mo)、钴(Co)和镍(Ni)11 种。

③ 超微量元素。包括铝(Al)、砷(As)、钡(Ba)、铋(Bi)、硼(B)、溴(Br)、镉(Cd)、铯(Cs)、锗(Ge)、汞(Hg)、锂(Li)、铅(Pb)、铷(Rb)、锑(Sb)、硅(Si)、钐(Sm)、锡(Sn)、锶(Sr)、铊(Tl)、钛(Ti)、钨(W)等。

2. 食品中矿物质的存在状态

食品的种类较多，资源丰富，成分复杂，矿物质元素的存在状态也不尽相同。矿物质元素在食品中的存在状态根据其层次不同可以分为以下几种：溶解态和非溶解态、胶态和非胶态、有机态和无机态、离子态和非离子态、配位态和非配位态以及价态。也可依照分离或测定手段划分存在状态，如用螯合树脂分离时将矿物质分为稳定态和不稳定态，阳极溶出伏安法测定中将矿物质分为活性态和非活性态等。

存在状态分析可分为 3 个层次：初级状态分析，旨在考察该成分的溶解情况，相当于区分溶解态和非溶解态、部分有机态和无机态；次级状态分析，旨在进一步区分有机态和无机态、离子态和非离子态、配位态和非配位态；高级状态分析，是对各种状态在分子水平上的研究，以确定溶液中的配合物组成、离子的电荷、元素的价态及各种成分的优势分布等。

食品中矿物质元素的存在状态不同，其营养性及安全性表现出差异化。如在膳食中血红素铁虽然比非血红素铁所占的比例少，但其吸收率却比非血红素铁高 2～3 倍，而且很少受其他膳食因素（包括铁吸收抑制因子）的影响。许多因素可促进或抑制非血红素铁的吸收，最明确的促进剂是维生素 C。肉类中存在的一些因子也可促进非血红素铁的吸收，而全谷类和豆类组成的膳食中铁的吸收较差。

矿物质元素的不同化合态可能直接影响其生理作用。如适量的 Cr^{3+} 是人体所需要的，而 Cr^{6+} 有毒，$Cr_2O_7^{2-}$ 是强致癌物质；As^{3+} 比 As^{5+} 更容易与蛋白质中的巯基结合，所以其毒性最大，一甲基胂酸和二甲基胂酸只有中等毒性，而植物中的砷甜菜碱和砷胆碱几乎无毒性。

由此可见，评价某矿物质的营养性和安全性必须要考虑它们在食品中的存在状态。一般来说，矿物质元素在生物体内呈游离态是很少见的，它们往往以螯合物形式存在。螯合物形成的特点是：配位体至少提供两个配位原子与中心金属离子形成配位键；配位体和中心金属离子多形成环状结构。在螯合物中常见的配位原子是 O、S、N、P 等，而小分子的糖、氨基酸、核酸、叶绿素、血红素等结构上富含这些配位原子，能与金属元素形成金属螯合物。影响螯合物稳定的因素很多，如配位原子的碱性大小、金属离子电负性以及 pH 等。一般来说，配位原子的碱性越大，形成的螯合物越稳定。但是螯合物的稳定性随着 pH 减小而降低。在金属离子中尤其是过渡金属容易形成螯合物。

3. 矿物质的生理功能

（1）构成生物体的重要组成成分　在人体中，矿物质主要存在于骨骼中，99%的钙和大量的镁、磷就存在于骨骼中或牙齿中。此外，细胞中普遍含有钾和钠，磷和硫还是蛋白质的组成元素。

植物生长也需要必需元素，如对氮、钾、磷、硫、镁、钙 6 种元素的需要量最大，缺少了这些元素，植物就不能正常生长和生殖，同时还会出现特定的营养缺乏症。一般而言，叶子中含矿物质最多，为其总干重的 10%～15%；草本植物的茎和根中约含 4%～5%；种子中约含 3%。氮、磷、钾、镁在植物体内具有较大的流动性，主要分布在代谢活跃的器官和组织中。硫、钙则主要分布在老叶或其他衰老器官中。

（2）维持机体的渗透压　溶液的渗透压取决于所含溶质的浓度。电解质盐类易于电离，因此在相同浓度条件下使渗透压增高的程度较非电解质（如糖类）高。

体液的渗透压主要由其中所含的无机盐（主要是 NaCl）来维持。细胞能够维持紧张状态，以及物质出入细胞运动，都与细胞内外液体的渗透压有关。

人体血液和组织液中渗透压的恒定主要由肾来调节，通过肾把过剩的无机盐或水分排出体外。

机体体液的渗透压平衡除了无机盐的维持之外，体液中的蛋白质也与维持体内渗透压有关。当向体内输入与血液等渗的盐溶液时，水分在血液及组织液中的分布取决于血浆中蛋白质的浓度。血浆蛋白质的渗透压称为胶体渗透压。

（3）维持机体的酸碱平衡　人和动物体内 pH 值的恒定是由两类缓冲体系共同维持的：一类是无机缓冲体系，即钾和钠的酸性碳酸盐和磷酸盐，酸性碳酸盐和磷酸盐与 H^+ 或 OH^- 结合时，生成不易解离的酸，或者生成接近中性的盐；另一类是由蛋白质和氨基酸构成的有机缓冲体系，因为它们是两性物质，既可与 H^+ 结合，也可与 OH^- 结合。

（4）保持肌肉及神经的兴奋性　K^+、Na^+、Ca^{2+} 和 Mg^{2+} 等以一定的比例存在，对维持肌肉和神经组织的兴奋性、细胞膜的通透性具有重要作用。其原因在于作为生命基础的原生质，蛋白质的分散度、水合作用和溶解度等性质，都与组织和细胞中存在的电解质盐类的浓度、种类和比例有关系。

（5）参与体内生物化学反应　许多离子直接或间接参与生物化学反应，如体内的磷酸化作用需要磷酸参加。此外，有些元素是酶的主要成分或活化因子，如：酚氧化酶中含有铜；过氧化氢酶中含有铁；碳酸酐酶中含有锌等；唾液淀粉酶的活化需要氯的参与；脱羧酶的活化则需要锰等。

（6）改善食品的感官品质　矿物质对改善食品的感官品质也具有重要作用。如 Ca^{2+} 对一些凝胶的形成和食品质地的硬化等具有明显的作用；磷酸盐添加剂在食品中起着酸化、抗结块、膨松、乳化、持水等功能作用，也能显著影响食品的感官品质。

4. 成酸和成碱食物

成酸与成碱食物是以 100g 食物灼烧后所得的灰分中和时所需 0.1mol/L 氢氧化钠或 0.1mol/L 盐酸的体积（mL）表示的。含有非金属元素（如磷、硫、氯）较多的食物，在体内氧化后生成带阴离子的酸根（如 PO_4^{3-}、SO_4^{2-}、Cl^- 等），需要碱性物质中和，在生理上称为成酸食物，如肉类、鱼类、禽、蛋以及粮谷类等；含有金属元素钾、钠、钙、镁较多的食物，在体内被氧化成带阳离子的碱性氧化物，在生理上称为成碱食物，如大多数的水果、蔬菜等。各种成酸食物酸度的大小依次为：猪肉＞牛肉＞鱼肉＞蛋＞糙米＞大麦＞蚕豆＞面粉；各种成碱食物碱度的大小依次为：海带＞黄豆＞甘薯＞马铃薯＞萝卜＞柑橘＞番茄＞苹果。

人体体液的 pH 值为 7.3～7.4，正常状态下人体自身可通过各种调节作用维持体液的 pH 值在恒定的范围内，这一过程称为人体内的酸碱平衡。成酸食物和成碱食物搭配不当可以影响机体的酸碱平衡及尿液酸度，如摄入过多成酸食物会导致血液的 pH 值下降，引起机体酸中毒及骨脱钙现象。因此健康饮食中的成酸食物、成碱食物最好保持一定的比例，以保持生理上的酸碱平衡，防止酸中毒，同时也有利于食品中各种营养成分的充分利用，以达到提高食品营养价值的功效。我国居民的膳食习惯以各类主食为主，故应补充水果、蔬菜等成碱食物。

5. 食品中矿物质的生物有效性

评价一种食品的营养质量时，不仅要考虑其中营养素的含量，而且要考虑这些成分被生物体利用的实际可能性，即生物有效性问题。生物有效性是指代谢中可被利用的营养素的量和摄入的营养素的量的比值。仅仅通过常规的原子吸收分光光度法只能测定特定食品或者膳食中的一种矿物质元素的总量，提供有限的营养价值参考。对于矿物质，生物有效性主要通过从肠道到血液的吸收效率来确定。在研究食品的营养以及食品加工中运用矿物质强化工艺时，对生物有效性的考虑尤为重要。影响生物有效性的因素主要有以下几点：

（1）矿物质元素在水中的溶解性和存在状态 在所有的生物体系中都含有水，大多数矿物质元素的传递和代谢都是在水溶液中进行的。因此矿物质的生物利用率和活性在很大程度上与它们在水中的溶解性直接相关。矿物质的水溶解性越好，越有利于机体的吸收利用。例如钙离子与蛋白质结合形成蛋白钙，其利用率就大大提高；若与草酸结合，由于草酸钙溶解度小，钙的利用率也随之下降。食品在被某些细菌分解后，其中的镁能转化成极难溶的络合物。铜以 +1 价或 +2 价氧化态存在并形成络离子，它的卤化物和硫酸盐是可溶的。各种价态的矿物质在水中有可能与生命体中的有机物质（如蛋白质、氨基酸、有机酸、核酸、核苷酸、肽和糖等）形成不同类型的化合物，这有利于矿物质的稳定和在器官间的输送。另外，矿物质的存在形式也同样影响元素的利用率，例如二价铁盐比三价铁盐易于利用；三价的铬离子是人体必需的营养元素，而六价的铬离子则是有毒元素。

（2）矿物质元素之间的相互作用 机体对矿物质元素的吸收有时会发生拮抗作用，这可能是由于两种元素会竞争蛋白载体上的同一个结合部位而影响吸收，或者一种过剩的矿物质与另一种矿物质化合后一起被排泄掉，造成后者的缺乏。这就是当食品中的一种金属元素含量过高，往往会使其他金属元素的吸收受到抑制的原因。例如过多铁的吸收会抑制锌、锰等矿物质元素的吸收。

（3）螯合效应 许多金属离子可以作为有机分子的配位体或螯合剂，形成相应的配合物或螯合物。食品体系中的螯合物不仅可以提高或降低矿物质的生物利用率，还可以发挥其他作用，如防止铁离子、铜离子的助氧化作用。矿物质形成螯合物的能力与其本身的特性有关，所产生的影响作用不外乎以下几种情况：①矿物质与可溶性配位体作用后一般可以提高它们的生物利用率，例如 EDTA 可以提高铁的利用率；②很难消化吸收的一些高分子化合物（如纤维素），矿物质与其结合后降低生物利用率；③矿物质与不溶性的配位体结合后，严重影响其生物利用率。

（4）其他营养素摄入量的影响　蛋白质、维生素、脂肪等的摄入会影响机体对矿物质的吸收利用。例如维生素 C 的摄入水平与铁的吸收有关；维生素 D 对钙的吸收的影响更加明显；蛋白质摄入量不足会造成钙的吸收水平下降；脂肪过度摄入会影响钙质的吸收。食物中含有过多的植酸盐、草酸盐、磷酸盐等会降低人体对矿物质的生物利用率。

（5）人体的生理状态　人体对矿物质的吸收具有调节能力，以达到维持机体环境相对稳定的目的。例如，食品中缺乏某种矿物质时，它的吸收率会提高；在食品中供应充足时，吸收率会下降。此外，机体的状态，如疾病、年龄、个体差异等，均会造成机体对矿物质利用率的变化。例如，缺铁或缺铁性贫血的病人，对铁的吸收率提高；女性对铁的吸收率比男性高；儿童随着年龄的增大，铁的吸收率减少。

（6）食物的营养组成　食物的营养组成也会影响人体对矿物质的吸收。例如肉类食品中矿物质的吸收率较高，而谷物中矿物质的吸收率与之相比就低一些。

（7）加工方法　加工方法也能改变矿物质营养的生物有效性。磨得细可提高难溶元素的生物有效性；添加到液体食物中的难溶性铁化合物、钙化合物，经加工并延长贮存期就可变为具有较高溶解性与生物有效性的形式；发酵后面团中锌、铁的有效性可显著提高。

二、常量元素和微量元素

1. 重要的常量元素

（1）钙　钙原子序数 20，为碱土金属成员，熔点 839℃，沸点 1484℃，是人体中除 C、H、O、N 外含量最多、最重要的矿物质元素。一般情况下，成年人体内钙含量约为 850～1200g，占人体总量的 1.5%～2%。肝、肌肉、血液、骨骼中钙含量分别为 100～300mg/kg、140～700mg/kg、60.5mg/L、170000mg/kg。体内大于 99% 的钙主要以羟磷灰石 $[Ca_{10}(PO_4)_6(OH)_2]$ 的形式存在于骨骼和牙齿中，其余的钙主要以离子状态存在于软组织及体液中，也有部分与蛋白质结合或与柠檬酸螯合。

钙的主要生理功能有：构成骨骼和牙齿；活化广泛的生理反应（包括肌肉收缩，激素释放，神经递质释放，细胞分化、增殖和运动等），控制肌肉及神经活动；激活或稳定某些蛋白酶或脱氢酶；参与血凝过程等。

人们对食品中钙的需要量，不仅取决于食品中钙的含量，更重要的是人体肠道对钙的吸收率。正常消化过程中，人体肠道对钙的吸收很不完全，约有 70%～80% 的钙残留在粪便中。钙吸收率的高低主要与两种因素有关：其一依赖于身体对钙的需求，儿童、少年、孕妇或乳母对钙的需求量高，吸收率也高；其二某些膳食因素会影响钙的吸收和利用，这主要是由于钙离子可与食物或肠道中的膳食成分中的阴离子形成不溶性钙盐，而在肠道中只有钙化合物呈溶解状态时，才能被吸收利用。如适当供给维生素 D，则有利于小肠黏膜对钙的吸收；小肠中含有一定量的蛋白质水解物，包括某些多肽（如酪蛋白酶解产物中含有的酪蛋白磷酸肽）和氨基酸（如赖氨酸、精氨酸等），它们能与钙形成可溶性的络合物，从而有利于钙的吸收；膳食纤维则会降低钙的吸收率，可能是由于其中的醛糖酸残基与钙结合所致；此外，一些植物性食物中植酸和草酸含量过高，植酸和草酸能与钙形成难溶解的植酸钙和草酸钙，从而降低钙的吸收利用；饮酒过量及膳食脂肪含量过高都会减少钙的吸收。

钙广泛地分布在动、植物性食品中，如海藻、小鱼等海产品和乳制品，不但钙含量高，而且所含钙的人体吸收率也高，是理想的供钙食品。此外，绿叶蔬菜、豆制品含钙量也较高，但是肉类和谷类含钙量较低。

(2) 磷 磷原子序数 15，是一种必需的营养元素，正常人含磷总量为 600～900g，占成年人体重的 1%。肝、肌肉、血液、骨骼中的磷含量分别为 3～8.5mg/kg、3000～8500mg/kg、35～45mg/100mL、67000～71000mg/kg。其中 85%～90% 的磷与钙结合分布在骨骼和牙齿中，10% 的磷与蛋白质、脂肪等有机化合物结合参与构成神经组织等软组织。

磷的主要生理功能有：与钙结合形成难溶性盐，使骨骼、牙齿结构坚固；磷酸盐与胶原纤维共价结合，在骨的沉积和骨的溶出中起决定性作用；调节能量代谢，机体代谢中能量多以 ATP 及磷酸肌醇的形式储存；作为辅酶Ⅰ、辅酶Ⅱ等辅酶或辅基的重要成分；与其他元素相互配合维持体液的渗透压和酸碱平衡。

磷在食品中分布广泛，蛋类、瘦肉、鱼类、干酪及动物肝、肾的磷含量都很丰富，植物性食品中海带、芝麻酱、花生、坚果及粮谷类磷含量也较丰富。磷在食品中一般与蛋白质或脂肪结合成磷蛋白和磷脂等，也有少量其他有机磷和无机磷化合物。除植酸形式的磷不能被机体充分吸收和利用外，其他大都能被机体吸收和利用。

谷类籽实、大豆中的磷主要为植酸形式的磷，利用率很低。可用酵母发酵或预先将谷粒、豆粒浸泡于热水中，使植酸能被酶水解生成肌醇与磷酸盐，从而提高磷的吸收率。

蛋黄中的磷，大多数是以卵磷蛋白、磷脂体、甘油磷酸等形式存在的。在储存过程中，这些磷化合物会逐步分解成无机磷酸，有助于人体吸收。但在食品中镁、铁等元素过多时，能和磷酸结合形成不溶性或难溶性盐类，妨碍磷的吸收。

(3) 镁 镁原子序数 12，为碱金属成员，熔点 649℃，沸点 1090℃，是人体内含量位居第二的阳离子，占人体体重的 0.05%。镁主要分布在骨骼（50%～60%）和软组织（40%～50%）中，少部分（约 2%）存在于血浆及血清中。肝、肌肉、血液、骨骼中镁含量分别为 590mg/kg、900mg/kg、37.8mg/L、700～1800mg/kg。

镁的主要生理功能有：以磷酸盐、碳酸盐的形式构成骨骼、牙齿和细胞浆的主要成分；调控肌肉收缩及神经冲动；是多种酶的激活剂，可使酶系统（如碱性磷酸酶、烯醇酶、亮氨酸氨肽酶等）活化，参与体内核酸、糖类、脂类和蛋白质等物质的代谢，并与能量代谢密切相关；是氧化磷酸化必需的辅助因子；是心血管的保护因子；镁盐还有利尿和导泻作用。

镁主要来源于新鲜绿叶蔬菜、海产品及豆类等，可可粉、谷类及其制品、香蕉等含量也较丰富。由于镁来源广泛，而且肾脏有保镁功能，由食入不足而导致缺镁者很少见。酒精中毒、恶性营养不良及急性腹泻等可导致镁缺乏。

(4) 钾 钾原子序数 19，为碱金属成员，熔点 63.25℃，沸点 760℃。正常人体中钾的含量约为 175g，其中 98% 储存于细胞液中，是细胞内的主要阳离子。肌肉、肝、血液、骨骼中钾的含量分别为 16000mg/kg、16000mg/kg、1620mg/L、2100mg/kg。

钾的主要生理功能有：维持细胞内正常的渗透压；激活水解酶及糖解酶，维持蛋白质、糖类的正常代谢；维持细胞内外正常的酸碱平衡和电离平衡；维持心肌的正常功能及降血压等。

钾广泛存在于各种食物中，人体中钾的主要来源是水果和蔬菜等植物性食品，面包、油脂、酒、马铃薯和糖浆中也含有较丰富的钾。大量饮用咖啡的人群、经常酗酒的人群、喜欢吃甜食的人群、血糖低及长时间节食的人群需要补充钾。

(5) 钠 钠原子序数 11，为碱金属成员，熔点 98℃，沸点 883℃。钠在体液中以盐的形式存在，人体中的含量为 1.4g/kg。肝、肌肉、血液、骨骼中的钠含量分别为 2000～4000mg/kg、2600～7800mg/kg、1970mg/L、2100mg/kg。

钠的主要生理功能有：与钾共同维持人体体液的酸碱平衡；调节细胞兴奋性和维持正常

的心肌运动；参与水的代谢，保证机体内水的平衡；钠和氯是胃液的组成成分，与消化机能有关，也是胰液、胆汁、汗和泪水的组成成分等。

除调味用盐外，钠以不同含量存在于各种食物中。一般而言，蛋白质食物中的钠含量较蔬菜和谷物中多，水果中含量很少。食物中钠的主要来源有鸡蛋、猪肾、鱼类、胡萝卜、大头菜、虾、番茄酱、酱油及香肠等。钠摄入过多、过少都会引起代谢的严重失调。如食用不加盐的严格素食或长期出汗过多、腹泻及呕吐等，人体将出现钠缺乏症；当钠摄入过多时会引起高血压。为了减少钠的摄入，可以使用无钠膳食或盐的替代品，盐的替代品有琥珀酸、谷氨酸、碳酸、乳酸、盐酸、酒石酸、柠檬酸等的钾盐、钠盐、镁盐。

2. 重要的微量元素

（1）铁 铁原子序数 26，熔点 1535℃，沸点 2750℃，是人体需求量最多的微量元素，健康成人体内的含量为 3～5g，平均 4.5g 左右。肝、肌肉、血液、骨骼中铁的含量分别为 250～1400mg/kg、180mg/kg、447mg/L、3～380mg/kg。人体中大部分的铁存在于血红素蛋白质（包括血红蛋白、肌红蛋白和细胞色素）中，部分存在于各种酶（如过氧化物酶、过氧化氢酶、羟化酶、黄素酶等）中，因此铁是一种必需矿物质元素。

铁的主要生理功能有：与蛋白质结合构成血红蛋白和肌红蛋白，参与氧的运输和储存，如肌红蛋白的最基本的功能就是在肌肉中转运和储存氧，血红蛋白在把氧从肺部转运到组织的过程中起着关键作用；促进造血，维持机体的正常生长发育；是体内许多重要酶系的组成成分，参与组织呼吸，促进生物氧化还原反应；作为碱性元素之一，能维持机体酸碱平衡；增加机体对疾病的抵抗力，如细胞色素 P450 能通过氧化降解作用使各种内源性或外源性化学物质及毒素分解。

铁元素广泛存在于各类食物中，但由于铁在食物中存在的形态不利于机体的吸收和利用，所以人容易患缺铁症。不同来源食品中铁所形成的化合物有血红素型铁和非血红素型铁两种，人体对它们的吸收与利用各有不同。

血红素铁是与血红蛋白及肌红蛋白中的卟啉结合的铁，可被肠黏膜上皮细胞直接吸收，在细胞内分离出铁并与脱铁蛋白结合。此类铁不受植酸等膳食成分因素的干扰，且胃黏膜分泌的内因子有促进其吸收的作用，吸收率较离子铁高。如肉类、鱼类、动物血等动物性食品所含铁即为血红素铁，能直接被肠道吸收，吸收率为 23%。

非血红素铁又称离子铁，此类铁主要以 $Fe(OH)_3$ 络合物的形式存在于食物中。与其结合的有机分子有蛋白质、氨基酸及其他有机酸等。此类铁必须先溶解，与有机部分分离，还原为亚铁离子后，才能被吸收。膳食中存在的磷酸盐、碳酸盐、植酸、草酸、鞣酸等可与非血红素铁形成难溶性的铁盐而阻止铁的吸收。如谷类、蔬菜、水果等植物源食物及动物食品中的牛奶、鸡蛋所含的铁即为非血红素铁，它需在胃酸作用下成为亚铁离子才能被肠道吸收。多种植物源食物虽然含铁量较高，但由于存在形式限制不易被吸收，吸收率较低，仅为 3%～8%。而牛奶也由于是贫铁食物，有些国家限制儿童每日鲜奶的摄入量，每周安排一次无奶日，以预防缺铁性贫血。鸡蛋黄由于含有卵黄磷蛋白，故吸收率也不高。

膳食中影响铁吸收的因素很多，维生素 C、胱氨酸、赖氨酸、葡萄糖及柠檬酸等能与铁螯合成可溶性络合物，对植物性铁的吸收有利。植物性食品中存在草酸、磷酸、膳食纤维等均可对铁的吸收起抑制作用，如菠菜中含草酸较高，其铁的吸收率只有 2%；茶及咖啡等也可抑制铁的吸收。最近研究发现 β-胡萝卜素可显著提高谷类食品中铁的生物可利用度。此外，人体对铁的需求量随年龄和性别的不同而不同，如膳食中可利用铁长期不足，可导致缺铁性贫血，特别是婴幼儿、孕妇及乳母。不同食物的含铁量见表 1-2-1。

表 1-2-1　不同食物的含铁量　　　　单位：mg/100g（可食部分）

食物名称	含量	食物名称	含量	食物名称	含量
稻米	3.2	黑木耳(干)	97.4	芹菜	0.8
标准粉	3.5	猪肉(瘦)	3.0	马铃薯	0.43
大豆	8.2	猪肝	22.6	大白菜	4.4
绿豆	6.5	鸡肝	8.2	菠菜	2.5
红小豆	7.4	鸡蛋黄	7.2	干红枣	1.6
芝麻酱	58.0	鸡蛋白	0.2	葡萄干	0.4
苹果	0.25	虾米	11.0	核桃仁	3.5
草莓	0.64	海带(干)	4.7	桂圆(干)	44.0
人奶	0.06	带鱼	1.2	胡萝卜	0.39

（2）碘　碘原子序数 53，为卤族元素，熔点 113.5℃，沸点 184.35℃。碘在人体中的含量约为 25mg，其中 70%～80% 存在于甲状腺中，其余的分布在皮肤、肌肉、骨髓及其他内分泌腺和中枢神经系统中。肝、肌肉、血液、骨骼中的碘含量分别为 0.7mg/kg、0.05～0.5mg/kg、0.057mg/L、0.27mg/kg。

碘的主要生理功能有：在体内主要参与三碘甲腺原氨酸（T_3）和四碘甲腺原氨酸（T_4）的合成；促进生物氧化，协调氧化磷酸化过程，调节能量转化；调节蛋白质的合成与分解；调节组织中水盐代谢；促进糖和脂肪代谢，促进维生素的吸收和利用；活化包括细胞色素酶系、琥珀酸氧化酶系等 100 多种酶系统，对生物氧化和代谢都有促进作用；促进神经系统发育、组织的发育和分化及蛋白质的合成。

机体中所需的碘可以从饮水、食物和食盐中获取，其含碘量主要取决于各地区的生物地质化学状况。在发现存在缺碘性甲状腺肿患者的地区饮用水中含碘量仅为 0.1～2.0μg/L，而在其他未发现地区饮用水中含碘量则为 2～15μg/L。一般情况下，远离海洋的内陆山区，其土壤和空气中含碘较少，水和食物中含碘也不多。碘在大多数食物中含量较少，其较好的食物来源为海产品、牛奶和鸡蛋，如海带中含碘量为 24000μg/100g（干基），紫菜为 1800μg/100g（干基）等。目前，许多国家采取在食盐中添加碘化钾的形式来满足机体对碘的需求，防止碘缺乏症的发生，一般把 100μg 碘添加到 1～10g 氯化钠中。

（3）锌　锌原子序数 30，熔点 4193.73℃，沸点 907℃。锌在成人体内的总含量为 1.4～2.3g，分布广泛，在皮肤和骨骼中含量较多。肝、肌肉、血液、骨骼中的锌含量分别为 240mg/kg、240mg/kg、7mg/L、75～170mg/kg。锌在体内主要与生物大分子（如蛋白质、核酸、膜等）配位体结合，生成稳定的含金属的生物大分子配合物，其中最主要的是以酶（如金属酶、碳酸酐酶、碱性磷酸酶）的方式存在的。

锌的主要生理功能有：稳定生物膜结构和细胞成分，是生长发育、细胞分裂和分化、基因表达和 DNA 合成的必需元素；参与生长激素、碱性磷酸酶和胶原蛋白的合成；调节免疫系统；是一些参与糖类、脂类、蛋白质、核酸合成和降解的酶类（如乙醇脱氢酶、乳酸脱氢酶、谷氨酸脱氢酶、羧肽酶 A 和羧肽酶 B 等）的必需组成成分，是烯醇酶、碱性磷酸酶等酶的激活剂，不同种属生物的 6 大类 300 多种酶的生物功能均需要锌的催化作用；维护皮肤和消化系统的健康；保持夜间视力正常等。

含锌食物来源广泛，一般认为，高蛋白食物含锌都较高，海产品是锌的良好来源，乳品及蛋品次之，蔬菜水果含锌量不高。经过发酵的食品含锌量增多，如面筋、麦芽都含锌。但是谷类中的植酸会影响锌的吸收，精白米和上白面粉含锌量少，即饮食越精细，含锌量就越少。因此，以谷类为主食的幼儿，或者只吃蔬菜不吃荤菜的幼儿，就容易缺锌。

虽然锌来源广泛，但是动植物食物的锌含量与吸收率有很大差异。按每100g食品含锌量计算，牡蛎中可达100mg以上，畜禽肉、肝脏及蛋类中为 $2\sim5$mg，鱼及其他海产品中为1.5mg左右，畜禽制品中为 $0.3\sim0.5$mg，豆类及谷类中为 $1.5\sim2.0$mg，而蔬菜及水果类含量较低，一般在1.0mg以下。

（4）硒 硒原子序数34，熔点221℃，沸点685℃。硒在人体中的含量约为 $14\sim21$mg，分布于人体除脂肪以外的所有组织中。指甲中含量最高，其次为肝和肾，据估计人体内1/3的硒存在于肌肉尤其是心肌中。肝、肌肉、血液、骨骼中的硒含量分别为 $0.35\sim2.4$mg/kg、$0.42\sim1.9$mg/kg、0.171mg/L、$1\sim9$mg/kg。

硒的主要生理功能有：是谷胱甘肽过氧化物酶的重要组成部分，其生理功能主要是通过谷胱甘肽过氧化物酶发挥抗氧化作用，可清除体内过氧化物，保护细胞和组织（如膜）免受氧化破坏；与维生素E在抗脂类氧化中起协同作用，细胞膜中的维生素E主要是阻止不饱和脂肪酸被氧化为氢过氧化物，而谷胱甘肽过氧化物酶则可清除有机氢过氧化物、细胞呼吸代谢产生的羟基自由基和过氧化物；具有很好的清除体内自由基的功能，可提高机体免疫能力，抗衰老，抗化学致癌；维持心血管系统的正常结构和功能，预防心血管疾病等。此外，硒还是一种天然的抗重金属的解毒剂，在生物体内与汞、镉、铅等结合形成金属-硒-蛋白质复合物，从而解除这些重金属的毒性并将其排泄出去。

不同地区土壤及水中的含硒量不同，所以不同地区人体中硒的含量差别较大。大量的动物试验表明硒具有毒性，如硒具有强烈的致癌活性。人类因食用含硒量高的食物和水，或从事某些常常接触到硒的工作时，可引起硒中毒。但是硒缺乏又是引起克山病与大骨节病的重要病因，缺硒还会诱发肝坏死及心血管疾病。动物性食物肝脏、肾、肉类及海产品是硒的良好来源。我国目前食物中的硒供给量一般存在不足。

（5）铜 铜原子序数29，熔点1084.6℃，沸点2567℃。人体总含量为 $50\sim100$mg，其中 $50\%\sim70\%$ 在肌肉和骨骼中，20%在肝脏中，$5\%\sim10\%$ 在血液中，少量存在于铜酶中。肝和脾是铜的储存器官，婴幼儿肝脾中铜含量相对成人要高。

铜的主要生理功能有：是多种酶（如超氧化物歧化酶、细胞色素氧化酶、多酚氧化酶、尿酸氧化酶和胺氧化酶等）的组成成分，以酶的形式参与各种生理作用；在血浆中与血浆铜蓝蛋白结合或催化 Fe^{2+} 生成 Fe^{3+}，只有 Fe^{3+} 才能够被铁传递蛋白输送至肝脏的铁库；体内弹性组织和结缔组织中存在一种含铜的酶，该酶可以催化胶原成熟，保持血管的弹性和骨骼的柔韧性，保持人体皮肤的弹性和润泽性，同时保持毛发正常的结构和色素；调节心搏，缺铜会诱发冠心病等。

铜广泛分布于各种食物中，其中茶叶、葵花籽、核桃、可可、肝、贝类等都是含铜丰富的食物。植物性食物中铜的含量受其培育土壤中铜含量以及加工方法的影响而有不同，蔬菜和乳类中铜的含量最低。人体一般不易缺乏。

三、食品加工对矿物质的影响

食品中矿物质的含量在很大程度上受到各种环境因素的影响，如受土壤中矿物质的含量、地区分布、季节、水源、施用肥料、施用农药以及膳食的性质等因素的影响。此外，在加工过程中矿物质可直接或间接进入食品中，例如在婴幼儿奶粉中添加铁、锌、钙，而在中老年奶粉中添加钙等，因此食品中矿物质元素的含量变化可以很大；另外矿物质也可通过水和设备间接进入食品中。

在食品加工过程中，食品中存在的矿物质，无论是本身存在的还是人为添加的，它们或多或少都会对食品中的营养成分和感官品质产生影响。如果蔬制品的变色多是由于多酚类物质与金属形成复合物造成的。维生素C（抗坏血酸）的氧化损失是由于含金属的酶类而引起的，而含铁的脂肪氧合酶能使食品产生不良的风味。螯合剂的应用可以消除或减轻上述金属对食品的不良影响。

在加工过程中，食品矿物质的损失与维生素不同，因为它在多数情况下不是由于化学反应引起的，而是由于矿物质的流失或与其他物质形成一种不适宜人体吸收利用的化学形式所致的。

食品在加工过程中对矿物质的影响是食品中矿物质损失的常见原因，如罐藏、烫漂、沥滤、汽蒸、水煮、碾磨等加工工序都可能对矿物质造成影响。下面就食品加工对矿物质含量的影响做简单的介绍。

1. 加工预处理对食品中矿物质含量的影响

食品加工中原料最初的淋洗、整理及除去下脚料的过程是食品中矿物质元素损失的主要途径。例如，水果和蔬菜在加工前通常要进行去皮处理，芹菜、莴笋等蔬菜要进行去叶处理，大白菜等蔬菜要去除外层老叶等。由于靠皮的部分、外层叶和绿叶通常是植物性食品中矿物质元素含量最高的部分，这些处理都可能会引起矿物质元素的损失。此外果蔬的加工常常要经过烫漂处理，使酶失活，但由于许多矿物质在水中有足够的溶解度，在沥滤时可能引起某些矿物质的损失。表1-2-2给出了菠菜热烫对矿物质的影响，由表中数据可见矿物质的损失程度与其在水中的溶解度有关。钙元素的含量在经过热烫处理后反而有所增加，这可能与加工所用水有关，如硬水中含有大量的钙和镁。而钾、钠由于呈游离态，故烫漂后极易损失。

表 1-2-2　烫漂对菠菜矿物质含量的影响

矿物质	矿物质含量/（g/kg）		损失率/%
	烫漂前	烫漂后	
钾	69	30	57
钠	5	3	40
钙	22	23	0
镁	3	2	33
磷	6	4	33

2. 食品加工方法对食品中矿物质含量的影响

烹调对不同食品的不同矿物质含量影响不同。尤其是在烹调过程中，矿物质很容易从汤汁中流失。对马铃薯采取不同的加工处理，其中所含的铜元素会发生一定的变化，油炸马铃薯中铜含量有所增加，结果见表1-2-3。

此外，食品的不当烹调也可能带来矿物质生物利用率的降低。如含较多草酸的食品如果不经过焯水处理，与含钙丰富的食品同烹，可能使其中部分钙无法被人体吸收利用；制作饺子时，挤去菜汁会带来多种矿物质的损失；牛乳加热产生的"乳石"中含有大量钙、镁等矿

表 1-2-3　加工方式对马铃薯中铜含量的影响

加工方式	100g 马铃薯中铜的含量/mg	变化/%
生鲜	0.21	
水煮	0.10	−52.38
焙烤	0.18	−14.29
油炸	0.29	+38.10
马铃薯泥	0.10	−52.38

物质，长时间煮沸牛乳会造成矿物质的严重损失。

3. 食品加工工艺对食品中矿物质含量的影响

食品加工工艺碾磨对谷物食物中矿物质的含量有一定影响。谷物中的矿物质主要分布于糊粉层和胚组织中，因而谷物磨碎时会损失大量的矿物质元素，损失量随碾磨精细程度的提高而增加，但各种矿物质元素的损失程度有所不同。精碾大米时，锌和铬有大量损失，锰、铜等也会受影响。小米碾磨后，铁损失最大，铜、锰等也有大量损失。但是在大豆加工中却有所不同，大豆加工主要有脱脂、分离、浓缩等过程，大豆经过此过程后蛋白质含量有所提高，而很多矿物质元素会与蛋白质组分结合在一起，因此，大豆经过加工过程后其中的矿物质元素含量基本没有变化（除硅外）。

加工工艺也可能使矿物质的含量增加。在水果、蔬菜加工中，往往使用钙盐来增加组织的硬度，可使产品中钙的含量提高；用含钙的卤水或石膏点卤生产豆腐，可使豆制品中含有丰富的钙元素；化学膨发可能带来钠、磷、铝等元素的增加；肉的腌制会增加钠的含量，添加磷酸盐类品质改良剂会增加磷的含量；用亚硫酸盐或二氧化硫进行护色处理可带来硫含量的上升。

4. 添加矿物质营养强化剂对食品中矿物质含量的影响

对食品进行矿物质营养强化是提高其营养价值的重要途径，所以在食品中添加矿物质营养强化剂也是食品中矿物质元素含量变化的一个重要渠道。在食品中经常被强化的矿物质包括钙、铁、锌和碘。北美、欧洲的一些国家法律规定必须在某些谷物制品中强化铁，有很多产品强化了钙和锌；在食盐中强化碘已经成为包括我国在内的众多国家的实践；某些产品还进行了矿物质元素含量的调整，如为高血压、冠心病等慢性病患者准备的低钠盐中含有30%的钾盐和10%的镁盐。

除了以上因素外，食品加工中的设备、食品加工用水和食品包装都可以为食品带来额外的矿物质。例如，牛乳中镍含量很低，但经过不锈钢设备处理后镍含量明显上升。罐头食品中，食品中的酸和金属器壁反应，生成氢气和金属盐，甚至可能产生"胖听"；含硫氨基酸与金属反应生成硫化黑斑，则会降低食品中硫的含量，引起含硫必需氨基酸的损失。即使没有发生"胖听"和黑斑，在马口铁罐头包装食品中，铁和锡离子的浓度仍会明显上升。

思 考 题

1. 选择题

(1) 下列关于元素与人体健康关系的叙述中，错误的是（　　）。

A. 缺碘易患坏血病　　　　　　　　　B. 缺钙易患佝偻病或发生骨质疏松

C. 缺锌会引起生长迟缓、发育不良　　D. 缺铁易引起贫血

（2）以下属于成碱食物的是（　　）。

A. 蔬菜　　　　　　　B. 谷类　　　　　　　C. 肉类　　　　　　　D. 蛋类

（3）下列因素中，对铁的吸收率为有利因素的是（　　）。

A. 植酸　　　　　　　B. 草酸　　　　　　　C. 维生素 C　　　　　D. 鞣酸

（4）以下哪种元素不是大量元素？（　　）

A. 钙　　　　　　　　B. 铁　　　　　　　　C. 钠　　　　　　　　D. 镁

（5）以下哪种维生素的摄入水平会影响铁的吸收？（　　）

A. 维生素 A　　　　　B. 维生素 B　　　　　C. 维生素 C　　　　　D. 维生素 D

（6）下列对食品中矿物质的说法正确的是（　　）。

A. Na、K、Ca、Fe 都属于常量元素

B. Zn、I、P、Cu 都属于微量元素

C. As、Pb、Cd、Hg 都属于非营养有毒性元素

D. As、Al、B、Ni 都属于非营养非毒性元素

（7）下列说法不正确的是（　　）。

A. 食品中矿物质的损失与维生素相同，都是主要由化学反应引起的

B. 纯净的糖、脂肪在食品属类中属于中性

C. 同白砂糖相比，粗糖和废糖蜜是微量元素更好的来源

D. 加工精度愈高，大米和蔗糖中的微量元素损失愈多

（8）下列元素属于必需微量元素的有（　　）。

A. 钙　　　　　　　　B. 铜　　　　　　　　C. 钾　　　　　　　　D. 铁

（9）下列属于成酸食物的是（　　）。

A. 大豆　　　　　　　B. 柠檬　　　　　　　C. 鱼肉　　　　　　　D. 西瓜

（10）缺乏下列哪种元素可引起克山病？（　　）

A. Se　　　　　　　　B. Fe　　　　　　　　C. I　　　　　　　　D. Zn

2. 名词解释

矿物质　　血红素铁　　成酸食物　　成碱食物

3. 判断题

（1）除 C、H、O 以外，其他元素都称为矿物质，也称无机质或灰分。（　　）

（2）矿物质在体内能维持酸碱平衡。（　　）

（3）必需元素包括 Cu、Zn、Ca、Se、Cd、Ge、Fe。（　　）

（4）植物中矿物质以游离形式存在为主。（　　）

（5）维生素 D、P 有助于 Ca 的吸收。（　　）

（6）K^+ 主要存在于水果和蔬菜中。（　　）

（7）Fe^{3+} 比 Fe^{2+} 更易被人体吸收。（　　）

（8）血红蛋白、肌红蛋白中的 Fe^{2+} 易被人体吸收。（　　）

（9）Zn 在动物性食品中的生物有效性劣于植物性食品。（　　）

（10）Se 是谷胱甘肽过氧化酶活性中心的主要组分。（　　）

（11）加工过程中矿物质的含量减少，营养降低。（　　）

（12）食品物料灼烧完全后残留的总灰分就是食品中矿物质含量。（　　）

4. 填空题

（1）从食物与营养的角度，一般可将矿物质元素分为＿＿＿＿＿、＿＿＿＿＿＿ 和 ＿＿＿＿＿＿＿。根据人体对矿物质的需求量可将矿物质分为 ＿＿＿＿＿＿、＿＿＿＿＿ 和 ＿＿＿＿＿。

（2）＿＿＿＿＿＿是引起克山病与大骨节病的重要病因。

（3）食物中的铁有＿＿＿＿＿、＿＿＿＿＿ 两种形式，＿＿＿＿＿更容易被人体吸收。

（4）常量元素包括＿＿＿＿、＿＿＿＿、＿＿＿＿、＿＿＿＿、＿＿＿＿，且＿＿＿＿、＿＿＿＿＿＿是维持人体渗透压最重要的阳离子，＿＿＿＿＿是维持人体渗透压最重要的阴离子。

（5）果蔬、豆类属＿＿＿食物，肉类、主食（稻米、麦面）属＿＿＿食物。

5. 问答题

（1）日常饮食中为什么要注意成酸食物和成碱食物的合理搭配？

（2）影响矿物质元素生物利用率的因素有哪些？

（3）影响食品中矿物质元素含量的因素有哪些？

（4）简述碘的生理功能、缺乏症以及预防方法。

（5）矿物质在食品加工中的损失途径有哪些？

模块三 糖类化学

学习目标

(1) 了解糖类的概念；

(2) 掌握单糖的物理和化学性质；

(3) 掌握糖类的分类，以及各种重要单糖、双糖及淀粉的结构和性质；

(4) 了解功能性低聚糖、纤维素与半纤维素、食品中的其他多糖的性质。

素质目标

(1) 用二氧化碳人工合成淀粉的实例，灌输崇尚科学的思想；

(2) 从食品生物化学的科学角度解释人生哲理问题；

(3) 从食品化学的科学角度解释工业生产、生活中的问题。

一、碳水化合物的涵义及糖的分类

碳水化合物又称为糖类，是植物光合作用的产物，是一类重要的天然有机化合物，对于维持动植物的生命起着重要的作用。

1. 碳水化合物的涵义

碳水化合物是多羟基醛和多羟基酮及其缩合物，或是水解后能产生多羟基醛、多羟基酮的一类有机化合物。因这类化合物都是由 C、H、O 三种元素组成的，且大多都符合 $C_n(H_2O)_m$ 的通式，所以称之为碳水化合物。例如：葡萄糖的分子式为 $C_6H_{12}O_6$，可表示为 $C_6(H_2O)_6$，蔗糖的分子式为 $C_{12}H_{22}O_{11}$，可表示为 $C_{12}(H_2O)_{11}$ 等。但有的糖不符合碳水化合物的比例，例如鼠李糖（$C_5H_{12}O_5$，甲基糖）、脱氧核糖（$C_5H_{10}O_4$）。有些化合物的组成符合碳水化合物的比例，但不是糖，例如甲酸（CH_2O）、乙酸（$C_2H_4O_2$）、乳酸（$C_3H_6O_3$）等。因此，最好还是将此类化合物叫作糖类较为合理。

2. 糖的分类

根据能否水解及水解产物的情况，糖类分为以下三类：

(1) 单糖 单糖不能被水解成更简单的糖。它们是结晶固体，能溶于水，大多具有甜味，如葡萄糖、果糖等。

（2）低聚糖　低聚糖又称为寡糖，是由几个（一般为 2～10 个）单糖分子脱水缩合而成的化合物。根据水解后生成单糖的数目，低聚糖又可分为二糖、三糖等，其中以二糖最为重要，如蔗糖、麦芽糖、乳糖等。

（3）多糖　由许多个（10 个以上）单糖分子脱水缩合而成的化合物叫作多糖。每个多糖分子可水解成许多单糖分子。重要的多糖有淀粉、糖原、纤维素等。

3. 存在与来源

糖类化合物广泛存在于自然界，是植物进行光合作用的产物。植物在日光的作用下，在叶绿素催化下将空气中的二氧化碳和水转化成葡萄糖，并放出氧气，反应式如下：

$$6CO_2 + 6H_2O \xrightarrow[\text{叶绿素}]{\text{日光}} C_6H_{12}O_6 + 6O_2$$

葡萄糖在植物体内还进一步结合生成多糖——淀粉及纤维素。地球上每年由绿色植物经光合作用合成的糖类物质达数千亿吨。它既是构成植物组织的基础，又是人类和动物赖以生存的物质基础，也为工业提供众多的有机原料（如粮、棉麻、竹、木等）。

我国物产丰富，许多特产均是含糖衍生物，具有特殊的食用、药用功效，有待研究、开发。

二、单糖

单糖可根据分子中所含碳原子的数目分为戊糖、己糖等。自然界中存在最广泛的单糖是葡萄糖（多羟基醛）、果糖（多羟基酮）和核糖。下面以葡萄糖和果糖为代表来讨论单糖。

单糖

1. 单糖的结构和构型

（1）单糖的结构　葡萄糖、果糖等的结构已在 20 世纪由被誉为"糖化学之父"的费歇尔（Fischer）及哈沃斯（Haworth）等化学家经不懈努力而确定。

实验证明，葡萄糖的分子式为 $C_6H_{12}O_6$，化学式为 2,3,4,5,6-五羟基己醛。果糖的化学式为 1,3,4,5,6-五羟基己酮。其结构式如图 1-3-1 所示。

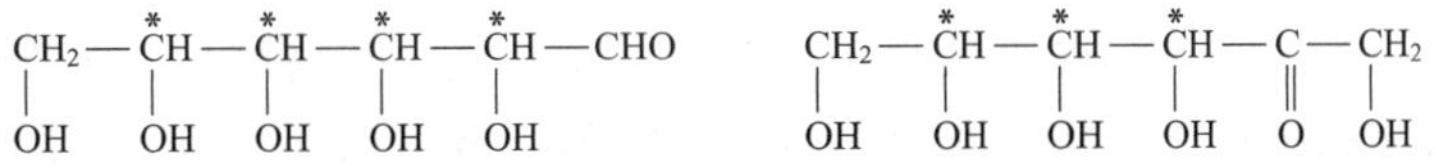

$$\underset{\text{OH}}{CH_2}-\overset{*}{\underset{\text{OH}}{CH}}-\overset{*}{\underset{\text{OH}}{CH}}-\overset{*}{\underset{\text{OH}}{CH}}-\overset{*}{\underset{\text{OH}}{CH}}-CHO$$

(a) 葡萄糖

$$\underset{\text{OH}}{CH_2}-\overset{*}{\underset{\text{OH}}{CH}}-\overset{*}{\underset{\text{OH}}{CH}}-\overset{*}{\underset{\text{OH}}{CH}}-\underset{\text{O}}{C}-\underset{\text{OH}}{CH_2}$$

(b) 果糖

图 1-3-1　葡萄糖与果糖的结构式

（2）单糖的构型　葡萄糖有四个手性碳原子，因此，它有 $16(2^4)$ 个对映异构体。所以，只测定糖的结构式是不够的，还必须确定它的构型。

在 1951 年以前还没有适当的方法测定旋光物质的真实构型，这给有机化学的研究带来了很大的困难。当时，为了研究方便，为了能够表示旋光物质构型之间的关系，就选择一些物质作为标准，并人为地规定它们的构型，如甘油醛有一对对映体：（＋）-甘油醛和（－）-甘油醛。

如图 1-3-2 所示，当时规定右旋的甘油醛具有 I 的构型（即当—CHO 排在上面时，—H 在左边，—OH 在右边），并且用符号 D 标记它的构型；左旋的甘油醛具有 II 的构型，用符号 L 标记

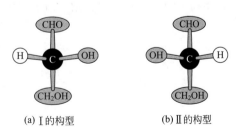

(a) I 的构型　　　　(b) II 的构型

图 1-3-2　甘油醛的两种构型

它的构型。右旋甘油醛称为 D-（＋）-甘油醛，左旋甘油醛称为 L-（－）-甘油醛，在这里＋、－表示旋光方向，D、L 表示构型。构型与旋光性之间没有一一对应关系。

标准物质的构型规定以后，其他旋光物质的构型可以通过化学转变的方法与标准物质进行联系来确定。由于这样确定的构型是相对于标准物质而言的，所以是相对构型。把构型相当于右旋甘油醛的物质都用 D 来表示，而把相当于左旋甘油醛的都用 L 表示。即由 D-甘油醛转化的物质，构型为 D（转化过程不涉及手性碳化学键的断裂），这样，通过与标准物质的反应联系，一系列化合物的相对构型也就可确定了（图 1-3-3）。

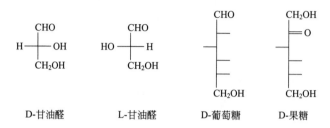

图 1-3-3　相对构型的确定

由 D-甘油醛衍生出来的四碳糖、五碳糖、六碳糖，都称为 D-××糖，而与其对应，由 L-甘油醛衍生出来的糖，则为 L 系列，天然存在的糖多为 D 系列的。

糖的构型一般用费歇尔式表示，但为了书写方便，也可以写成简写式。其常见的几种表示方法如图 1-3-4 所示。

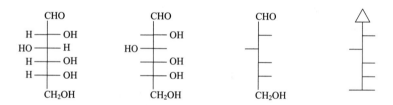

图 1-3-4　糖的几种表示方法

应当注意的是：碳链上的几个碳原子并不在一条直线上，这可从分子模型看出。

（3）单糖的环状结构　单糖的开链结构是由它的一些性质推出来的，因此，开链结构能说明单糖的许多化学性质，但开链结构不能解释单糖的所有性质，如：

① 不与品红试剂反应，与 NaHSO$_4$ 反应非常迟缓，这说明单糖分子内无典型的醛基。

② 单糖只能与一分子醇生成缩醛，说明单糖是一个分子内半缩醛结构。

③ 单糖具有变旋现象，如图 1-3-5 所示。由变旋现象说明，单糖并不是仅以开链式存在的，还有其他的存在形式。1925～1930 年，由 X 射线等现代物理方法证明，葡萄糖主要是以氧环式（环状半缩醛结构）存在的（图 1-3-6）。

葡萄糖晶体	常温下用乙醇结晶而得(α型)	高温下用醋酸结晶而得(β型)
熔点	146℃	150℃
新配溶液的[α]$_D$	+112°	+19°
新配溶液放置	[α]$_D$逐渐减少至52°	[α]$_D$逐渐增高至52°

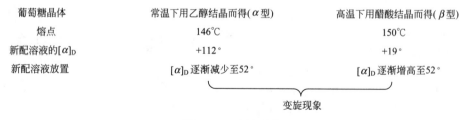

变旋现象

图 1-3-5　变旋现象

环状结构的 α 构型和 β 构型。糖分子中的醛基与羟基作用形成半缩醛时，由于 C＝O 为平面结构，羟基可从平面的两边进攻 C＝O，所以得到两种异构体，即 α 构型和 β 构型。两种构型可通过开链式相互转化而达到平衡（图 1-3-7）。这就是糖具有变旋现象的原因。

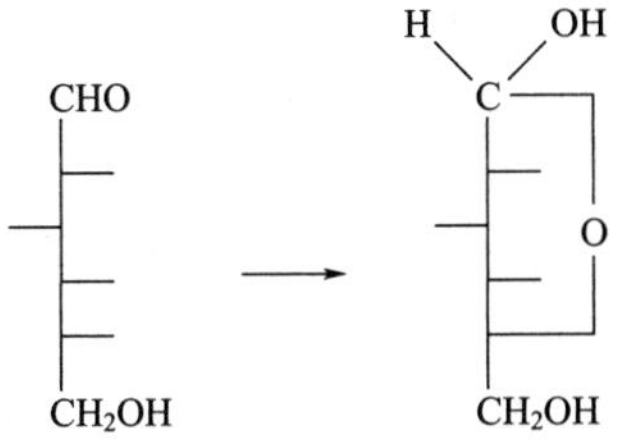

图 1-3-6　葡萄糖的氧环式结构

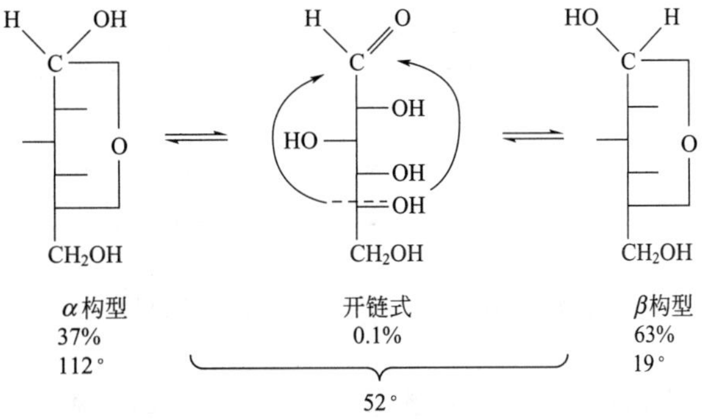

图 1-3-7　α 构型与 β 构型的相互转化

生成的半缩醛羟基与决定单糖构型的羟基在同一侧是 α 构型；生成的半缩醛羟基与决定单糖构型的羟基在不同的两侧是 β 构型。α 型糖与 β 型糖是一对非对映体，α 型与 β 型的不同在 C-1 的构型上，故又称为端基异构体和异头物。

环状结构的哈沃斯（Haworth）透视式。糖的半缩醛氧环式结构不能反映出各个基团的相对空间位置。为了更清楚地反映糖的氧环式结构，哈沃斯透视式是最直观的表示方法。将链状结构书写成哈沃斯式的步骤如下：

① 将碳链向右放成水平，使原基团处于左上右下的位置（图 1-3-8）。

② 将碳链于水平位置弯成六边形（图 1-3-9）。

图 1-3-8　碳链向右放平

图 1-3-9　碳链弯成六边形

③ 以 C-4—C-5 为轴旋转 120°使 C-5 上的羟基与醛基接近，然后成环（因羟基在环平面的下面，它必须旋转到环平面上才易与 C-1 成环），如图 1-3-10 所示。

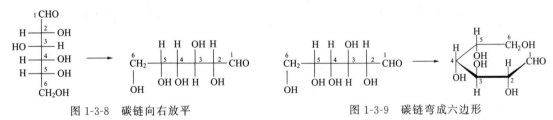

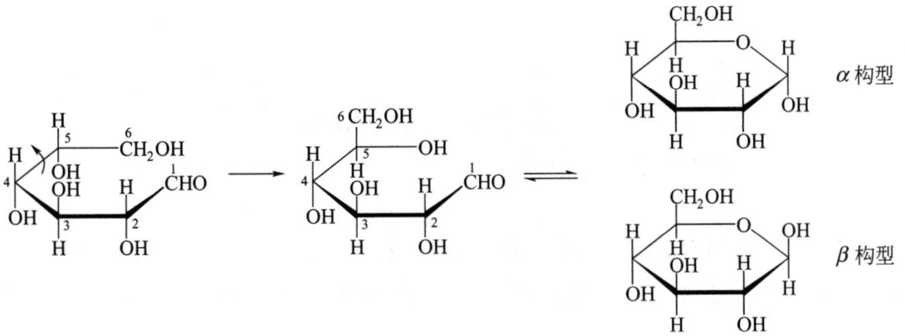

图 1-3-10　成环

糖的哈沃斯结构和吡喃相似，所以，六元环单糖又称为吡喃型单糖。因而葡萄糖的全名称为 α-D-（＋）-吡喃葡萄糖、β-D-（＋）-吡喃葡萄糖，其结构如图 1-3-11 所示。

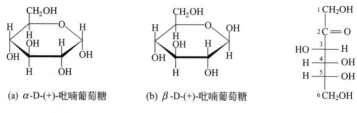

(a) α-D-(+)-吡喃葡萄糖   (b) β-D-(+)-吡喃葡萄糖

图 1-3-11　葡萄糖的哈沃斯结构　　　图 1-3-12　果糖

（4）果糖的结构　D-果糖为 2-己酮糖，其 C-3、C-4、C-5 的构型与葡萄糖一样（图 1-3-12）。

果糖在形成环状结构时，可由 C-5 上的羟基与羰基形成呋喃式环，也可由 C-6 上的羟基与羰基形成吡喃式环。两种氧环式都有 α 型和 β 型两种构型，因此，果糖可能有五种构型（图 1-3-13）。

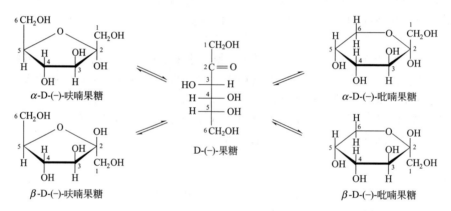

α-D-(-)-呋喃果糖　　　　D-(-)-果糖　　　　α-D-(-)-吡喃果糖

β-D-(-)-呋喃果糖　　　　　　　　　　　　　β-D-(-)-吡喃果糖

图 1-3-13　果糖的五种构型

2. 单糖的反应

（1）与酸反应　单糖在浓无机酸的作用下脱水生成糠醛或糠醛衍生物。戊糖生成糠醛，己糖相应地生成 5-羟甲基糠醛。生成的糠醛衍生物可与酚或芳胺类缩合，生成有色化合物，该反应经常用于糖的鉴别。单糖生成糠醛的反应式如下：

（2）与碱反应　在弱碱环境，糖会发生异构化，例如：葡萄糖在弱碱性环境变为葡萄糖、果糖与甘露糖的混合物。在强碱性环境下，糖会被空气中的 O_2 氧化生成其他复杂的混合物。

（3）成脎反应　单糖与苯肼（$C_6H_5NHNH_2$）作用生成脎，反应式如下：

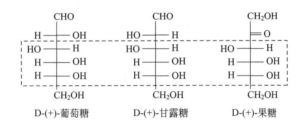

生成糖脎的反应发生在 C-1 和 C-2 上，不涉及其他的碳原子，所以，如果仅在第二碳上构型不同而其他碳原子构型相同的差向异构体（在立体化学中，含有多个手性碳原子的立体异构体中，只有一个手性碳原子的构型不同，其余的构型都相同的非对映体叫差向异构体）与苯肼作用，必然生成同一个脎。例如，D-葡萄糖、D-甘露糖、D-果糖的 C-3、C-4、C-5 的构型都相同（图 1-3-14），因此它们与苯肼作用生成同一个糖脎。

图 1-3-14　D-（＋）-葡萄糖、D-（＋）-甘露糖、D-（＋）-果糖的构型

糖脎为黄色结晶，不同的糖脎有不同的晶型，反应中生成的速率也不同。因此，可根据糖脎的晶型和生成的时间来鉴别糖。

（4）氧化反应　醛糖与酮糖都能被托伦试剂或费林试剂这样的弱氧化剂氧化。托伦试剂与糖反应产生银镜，费林试剂与糖反应生成氧化亚铜的砖红色沉淀，两个反应中糖分子的醛基或酮基均被氧化为羧基。反应式如下：

$$C_6H_{12}O_6 + Ag(NH_3)_2^+ OH^- \longrightarrow C_6H_{12}O_7 + Ag \downarrow$$

葡萄糖或果糖　　　　　　　　　　　葡萄糖酸

$$C_6H_{12}O_6 + Cu(OH)_2 \longrightarrow C_6H_{12}O_7 + Cu_2O \downarrow$$

砖红色沉淀

凡是能被上述弱氧化剂氧化的糖，都称为还原糖。常见的还原糖有葡萄糖、果糖等。

溴水能氧化醛糖，但不能氧化酮糖，因为酸性条件下，溴水不会引起糖分子的异构化作用。可用此反应来区别醛糖和酮糖。溴水氧化醛糖的反应式如下：

D-葡萄糖　　　　D-葡萄糖酸-δ-内酯　　　　　　　　　　D-葡萄糖酸-γ-内酯

稀硝酸的氧化作用比溴水强，能使醛糖氧化成糖二酸。例如：

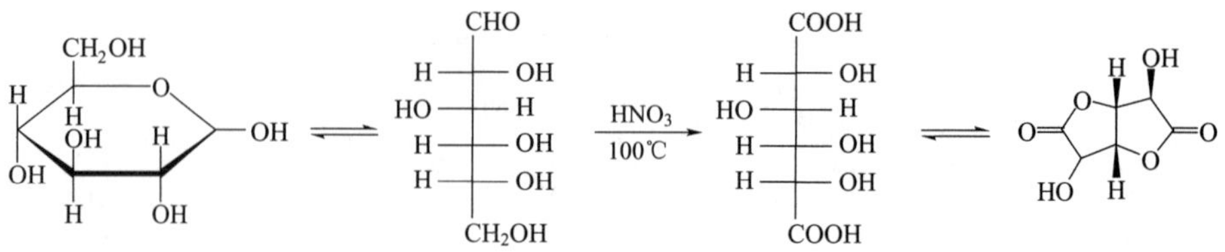

D-葡萄糖 　　　　　　　　　　　　　　　 D-葡萄糖二酸　　　内酯

糖类像其他有两个或更多的在相邻的碳原子上有羟基或羰基的化合物一样，也能被高碘酸所氧化，碳碳键发生断裂。反应是定量的，每破裂一个碳碳键消耗1mol高碘酸。因此，此反应也是研究糖类结构的重要手段之一。葡萄糖与高碘酸的反应式如下：

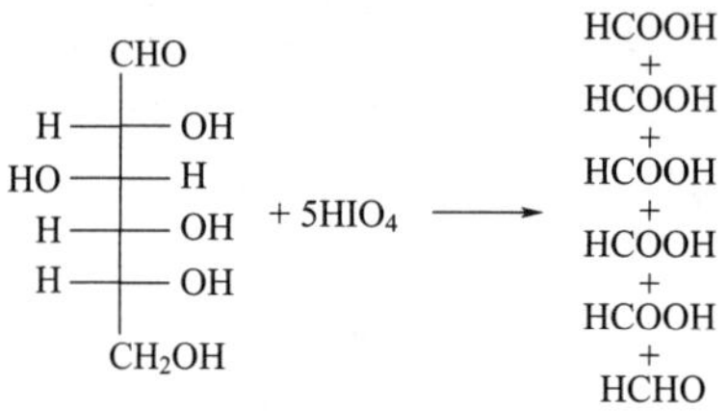

（5）还原反应　单糖还原生成多元醇。D-葡萄糖还原生成山梨醇，D-甘露糖还原生成甘露醇，D-果糖还原生成甘露醇和山梨醇的混合物。

山梨醇、甘露醇等多元醇存在于植物中。山梨醇无毒，有轻微的甜味和吸湿性，常用于化妆品和药物中。

（6）成酯反应　所有糖类环状结构中的羟基都可酯化。例如，葡萄糖在氯化锌存在下，与乙酐（Ac_2O）作用生成五乙酸酯。五乙酸酯已无半缩醛羟基，因此也无还原性。单糖的磷酸酯在生命过程中具有重要意义，它们是人体内许多代谢过程中的中间产物。例如，1-磷酸吡喃葡萄糖及6-磷酸吡喃葡萄糖。

（7）成苷反应　糖分子中的活泼半缩醛羟基与其他含羟基的化合物（如醇、酚）失水而生成缩醛的反应称为成苷反应，其产物称为配糖物，简称为"苷"，全名为某糖某苷。反应式如下：

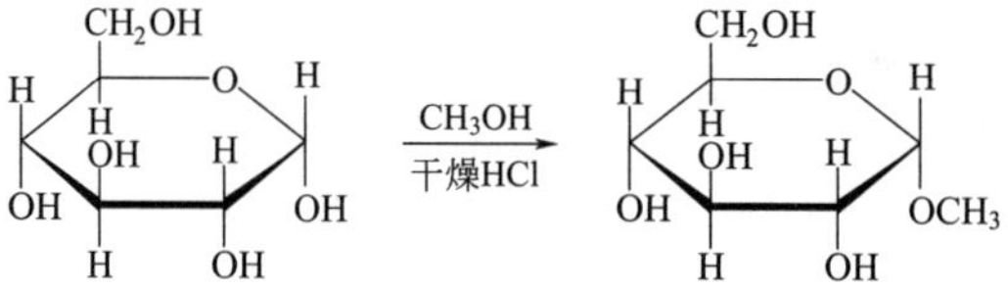

3. 单糖衍生物

（1）糖醇　单糖还原后生成糖醇，山梨醇、甘露醇是广泛分布于植物界的糖醇，在食品工业上，它们是重要的甜味剂和湿润剂。

（2）糖酸　醛糖被氧化后生成糖酸，其中最常见的有葡萄糖醛酸、半乳糖醛酸等。它们是一些多聚糖的组成单体。

（3）氨基糖　单糖中一个或多个羟基被氨基取代而生成的化合物称为氨基糖。常见的有D-氨基糖和D-氨基半乳糖。这两种氨基糖都存在于糖胺聚糖（俗称黏多糖）、血型物质、软骨和糖蛋白中。

（4）糖苷　单糖半缩醛羟基与另一个分子（例如醇、糖、嘌呤或嘧啶）的羟基、氨基或巯基缩成的含糖衍生物称为糖苷，所形成的键称为糖苷键。常见的糖苷键有O-糖苷键和N-糖苷键。糖苷由糖与非糖部分组成，糖部分称为糖苷基，非糖部分称为糖苷配基。根据糖种类的不同，糖苷有葡萄糖苷、果糖苷、阿拉伯糖苷、半乳糖苷、芸香糖苷等。

三、低聚糖

1. 二糖

二糖又称双糖，双糖分还原性双糖和非还原性双糖，还原性双糖是由一分子糖的半缩醛羟基与另一分子糖的醇羟基缩合而成的，非还原性双糖是由两分子糖的半缩醛羟基脱水而成的。

低聚糖

(1) 还原性二糖 还原性二糖分子中有一个半缩醛羟基。

① 麦芽糖。麦芽糖可由淀粉水解制得，麦芽糖在大麦芽中含量很高。麦芽糖是由 1 分子 α-D-葡萄糖的半缩醛羟基和另 1 分子葡萄糖的 C-4 羟基脱水形成的二糖。麦芽糖的分子中还保留了一个半缩醛羟基，因此具有还原性，属于还原性二糖。麦芽糖能产生变旋现象，能被氧化剂氧化，也能形成糖脎。麦芽糖的结构如图 1-3-15 所示。

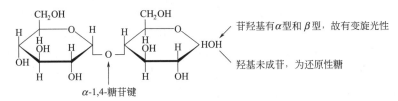

图 1-3-15 麦芽糖的结构

② 纤维二糖。纤维二糖也是还原糖，化学性质与麦芽糖相似，纤维二糖与麦芽糖唯一的区别是糖苷键的构型不同，麦芽糖为 α-1,4-糖苷键，而纤维二糖为 β-1,4-糖苷键。纤维二糖的结构如图 1-3-16 所示。

③ 乳糖。乳糖存在于哺乳动物的乳汁中，人乳中含乳糖5%～8%，牛乳中含乳糖4%～6%。乳糖的甜味只有蔗糖的 16%。

由 β-D-吡喃半乳糖的苷羟基与 D-吡喃葡萄糖 C-4 上的羟基缩合而成的半乳糖苷（图 1-3-17），具有还原糖的通性。

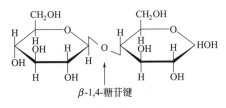

图 1-3-16 纤维二糖的结构

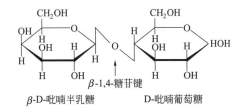

图 1-3-17 半乳糖苷的结构

(2) 非还原性二糖 蔗糖是植物中分布最广的双糖，在甘蔗和甜菜中含量较高。纯的蔗糖为无色晶体，易溶于水，难溶于乙醇和乙醚。蔗糖水溶液的比旋光度为 +66.5°。

蔗糖的分子式为 $C_{12}H_{22}O_{11}$，对其结构的研究已经证明：蔗糖分子是由 α-D-(+)-吡喃葡萄糖的半缩醛羟基与 β-D-(−)-呋喃果糖的半缩酮羟基间失水生成的，单糖间以 1,2-糖苷键连接，结构如图 1-3-18 所示。

蔗糖的分子中已无半缩醛羟基存在，不能转变为醛式，因此，蔗糖是一种非还原性二糖，没有变旋现象，也不能形成糖脎，不能被氧化剂氧化。

如图 1-3-19 所示，蔗糖由于水解前后旋光度发生改变（由右旋变为左旋），所以其水解

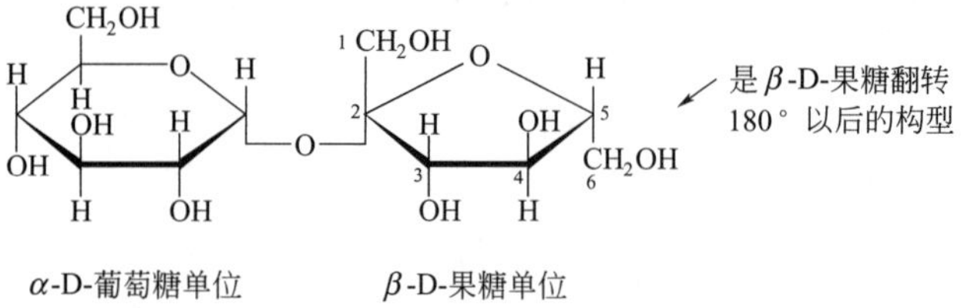

α-D-葡萄糖单位　　　β-D-果糖单位

图 1-3-18　蔗糖的结构

产物叫作转化糖，转化糖具有还原糖的一切性质。

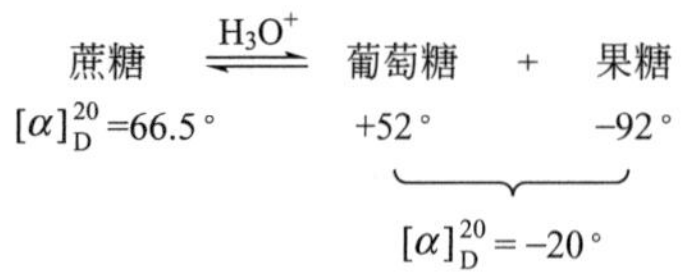

图 1-3-19　蔗糖水解后旋光度的变化

2. 功能性低聚糖

功能性低聚糖是指具有特殊生理功能或特殊用途的低聚糖。麦芽糖和麦芽四糖等属于普通低聚糖，它们可被机体消化吸收，不是肠道有益细菌双歧杆菌增殖因子。功能性低聚糖包括水苏糖、棉子糖、异麦芽酮糖、乳酮糖、低聚果糖、低聚木糖、低聚半乳糖、低聚乳果糖、低聚异麦芽糖、低聚异麦芽酮糖和低聚龙胆糖等（见表1-3-1）。人体胃肠道没有水解这些低聚糖（除异麦芽酮糖之外）的酶系统，因此它们不被消化吸收而直接进入人体肠道内优先为双歧杆菌所利用，它们是双歧杆菌的增殖因子。这其中，除了低聚龙胆糖没有甜味而具有苦味之外，其余的均带有程度不一的甜味，可作为功能性甜味剂用来替代或部分替代食品中的蔗糖。低聚龙胆糖因具有特殊的苦味，只能用在咖啡饮料、巧克力之类食品中及作为某些特殊调味料的增味成分。

表 1-3-1　常见功能性低聚糖

名称	主要成分与结合类型	主要用途
麦芽低聚糖	葡萄糖（α-1,4-糖苷键结合）	滋补营养,抗菌
低聚异麦芽糖	葡萄糖（α-1,6-糖苷键结合）	防龋齿,促进双歧杆菌增殖
环糊精	葡萄糖（环状 α-1,4-糖苷键结合）	低热值,防止胆固醇蓄积
低聚龙胆糖	葡萄糖（β-1,6-糖苷键结合）,苦味	能形成包装接体
偶联糖	葡萄糖（α-1,4-糖苷键结合）,蔗糖	防龋齿
低聚果糖	果糖（β-1,2-糖苷键结合）	促进双歧杆菌增殖
	果糖（β-1,2-糖苷键结合）,蔗糖	
潘糖	葡萄糖（α-1,6-糖苷键结合）,葡萄糖	防龋齿
海藻糖	葡萄糖（α-1,1-糖苷键结合）,葡萄糖	防龋齿,提供优质甜味
蔗糖低聚糖	葡萄糖（α-1,6-糖苷键结合）,蔗糖	防龋齿,促进双歧杆菌增殖
牛乳低聚糖	半乳糖（β-1,4-糖苷键结合）,葡萄糖骨架	防龋齿,促进双歧杆菌增殖
	半乳糖（β-1,3-糖苷键结合）,乙酰氨基葡萄糖等	
壳质低聚糖	乙酰氨基葡萄糖（β-1,4-糖苷键结合）	抗肿瘤
大豆低聚糖	半乳糖（α-1,6-糖苷键结合）,水苏糖、棉子糖和蔗糖	促进双歧杆菌增殖
低聚半乳糖	半乳糖（β-1,6-糖苷键结合）,葡萄糖、半乳糖	促进双歧杆菌增殖
低聚木糖	木糖（β-1,4-糖苷键结合）	调节水分活性

功能性低聚糖之所以具有生理功能，是因为它能促进人体肠道内固有的有益细菌双歧杆

菌的增殖，从而抑制肠道内腐败菌的生长，减少有毒发酵产物的形成。由于双歧杆菌对氧、压力、热和酸的高度敏感性，要想直接将它添加入食品中是相当困难的，但这对于低聚糖来说却是易如反掌的。

（1）分布 自然界中仅有少数几种植物含有天然的功能性低聚糖，如，洋葱、天门冬、菊苣根和洋蓟等中含有低聚果糖，大豆中含有大豆低聚糖。

（2）生理功能

① 促进机体肠道内有益菌的增殖。功能性低聚糖由于其分子间结合位置及综合类型的特殊性，使它不被单胃动物自身分泌的消化酶吸收。但它进入肠道后段可作为营养物质被动物肠道内固定的有益菌消化利用，从而使有益菌大量增生，起到了有益菌增殖因子的作用。同时功能性低聚糖产生的酸性物质降低了整个肠道的 pH 值，从而抑制了有害菌（如沙门菌等）的生长，提高了动物的抗病能力。

② 结合吸收外源性病原菌（减少有毒发酵产物及有害细菌酶的产生）。许多病原菌的细胞表面含有键合碳水化合物的蛋白质，称为外源凝集素。它们可与消化道低聚糖结构的受体结合，使病原菌附着在消化道黏膜表面，从而导致病原菌在肠道内大量繁殖后直接作用或产生毒素而导致病变。若选择合适的功能性低聚糖，使之与外源凝集素结合，则可破坏细胞的识别，使病原菌不致被吸附到肠壁上，而功能性低聚糖又有不被消化道内源酶分解的特点，因此，功能性低聚糖可携病原菌通过肠道，防止病原菌在肠道内繁殖。Oyofo（1989）报道甘露寡糖同病原菌外凝集素上的活性域结合后，它们就会失活，从而失去同肠黏膜上的甘露糖受体位点结合的能力。Ofek（1977）报道，外加的甘露糖可同时与上皮细胞的甘露糖受体结合，当甘露糖达一定浓度时，可使肠道上皮的甘露糖受体位点饱和，即使病原菌已附在肠黏膜上皮上，甘露糖也可将它吸附下来，即甘露糖可竞争吸附病原菌。Oyofo（1989）和 Bailay（1991）均报道添加寡糖可显著降低家禽感染沙门菌的比率。此外，果寡糖对畜禽肠道微生态菌群的调节也有积极作用。

③ 抑制病原菌和腹泻。摄入功能性低聚糖或双歧杆菌均可抑制病原菌和腹泻，两者的作用机理是一样的，都是减少了肠内有害细菌的数量。

④ 防止便秘。双歧杆菌发酵功能性低聚糖产生大量的短链脂肪酸，能刺激肠道蠕动，增加粪便湿润度并保持一定的渗透压，从而可防止便秘的产生。在人体试验中，每天摄入 3.0~10.0g 功能性低聚糖，一周之内便可起到防止便秘的效果，但对一些严重的便秘患者效果不佳。

⑤ 保护肝脏功能。摄入功能性低聚糖或双歧杆菌可减少有毒代谢产物的形成，这大大减轻了肝脏分解毒素的负担。

⑥ 降低血清胆固醇水平。大量的人体试验已证实摄入功能性低聚糖后可降低血清胆固醇水平。每天摄入 6~12g 功能性低聚糖持续 2 周至 3 个月，总血清胆固醇可降低 20~50dL。包括双歧杆菌在内的乳酸菌及其发酵乳制品均能降低总血清胆固醇水平，提高女性血清中高密度脂蛋白胆固醇占总胆固醇的比率。

⑦ 降低血压。摄入功能性低聚糖还有降低血压的作用，例如：46 个高血脂患者每日摄入 11.5g 功能性低聚糖持续 5 周后，其心脏舒张压平均下降 6mmHg（1mmHg＝133.322Pa），空腹时的血糖值也有所下降，但不很明显。让 6 个 28~48 岁身体健康的成年男性连续一周每天摄入 30g 功能性低聚糖，其心脏舒张压平均降了 6.3mmHg。研究表明，人的心脏舒张压与其粪便中双歧杆菌数占总菌数的比率呈明显的负相关。

⑧ 调节机体免疫系统，提高动物免疫力。寡聚糖调节机体免疫系统主要是通过充当免疫刺激的辅助因子来发挥作用的，可提高抗体免疫应答能力，从而增加动物体液及细胞免疫

能力。Lotter（1996）报道口服甘露寡糖能极显著提高哺乳仔猪植物凝集素含量、淋巴细胞转化率、白细胞的吞噬能力。

⑨ 生成营养物质。双歧杆菌在肠道内能自然合成维生素 B_1、维生素 B_2、维生素 B_6、维生素 B_{12}、烟酸和叶酸，但不能合成维生素 K。双歧杆菌发酵乳制品中乳糖已部分转化为乳酸，解决了人们糖耐受性问题，同时也增加了水溶性可吸收钙的含量，使乳制品更易于消化吸收。

⑩ 属于水溶性膳食纤维。因为功能性低聚糖不被人体消化吸收，属于低分子量的水溶性膳食纤维，功能性低聚糖的某些生理功能类似于膳食纤维，但它不具备膳食纤维的物理特征，诸如黏稠性、持水性和膨胀性等，功能性低聚糖的生理功能完全归功于其独有的发酵特性（双歧杆菌增殖特性）。膳食纤维尤其是水溶性膳食纤维部分也是因为其独特的发酵特性而具备某些生理功能的。但是，目前对膳食纤维发酵特性的研究还不够深入，尚无法与功能性低聚糖的双歧杆菌增殖特性相比较。

⑪ 低能量或无能量。功能性低聚糖很难或不被人体消化吸收，所提供的能量值很低或根本没有，故可在低热量食品中发挥作用，最大限度地满足了那些喜爱甜品而又担心发胖者的要求，还可供糖尿病人、肥胖病人和低血糖病人食用。

四、多糖

多糖是重要的天然高分子化合物，是由单糖通过糖苷键连接而成的高聚体。多糖与单糖的区别是：多糖无还原性，无变旋现象，无甜味，大多难溶于水，有的能和水形成胶体溶液。在自然界分布最广、最重要的多糖是淀粉和纤维素。

1. 纤维素

纤维素是构成植物细胞壁及支柱的主要成分。将纤维素用纤维素酶（β-糖苷酶）水解或在酸性溶液中完全水解，生成 D-（＋）-葡萄糖。由此推断，纤维素是由许多葡萄糖结构单位以 β-1,4-糖苷键互相连接而成的（图 1-3-20）。

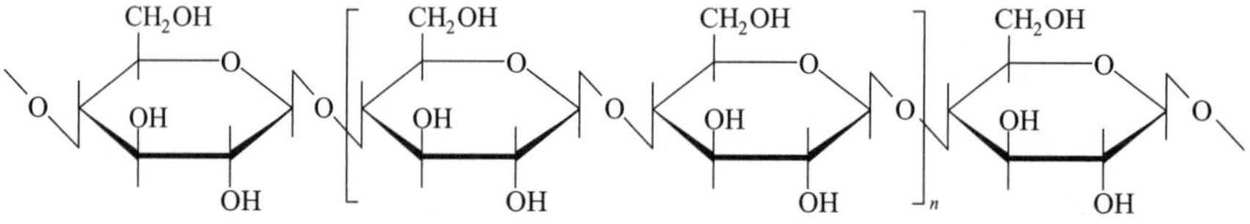

多糖

图 1-3-20　纤维素的结构

人的消化道中没有水解纤维素的酶，所以人不能消化纤维素，但纤维素对人而言又是必不可少的，因为纤维素可帮助肠胃蠕动，能提高消化和排泄能力。

2. 淀粉

淀粉是大部分植物的主要储藏物质，在种子、根和茎中含量最丰富。在所有多糖中，淀粉是唯一的以颗粒形式存在的多糖类物质，淀粉粒结构很紧密，因此在冷水中不溶，在热水中可溶胀。不同来源的淀粉，其淀粉粒的大小和形状均不同，因此在显微镜下观察可以识别。淀粉粒的显微形态呈卵形、球形或不规则形，依植物种类而异，如图 1-3-21 所示。

（1）淀粉的结构　淀粉是由多个 α-D-葡萄糖通过糖苷键结合的多糖，它们可用通式 $(C_6H_{10}O_5)_n$ 表示。淀粉一般是由两种成分组成的，即直链淀粉和支链淀粉，这两种淀粉的结构和理化性质都有差别。两种淀粉在淀粉中的比例随植物品种不同而异，一般直链淀粉占 $10\%\sim30\%$，支链淀粉占 $70\%\sim90\%$。但有的淀粉（如玉米）99％为支链淀粉，而有的豆

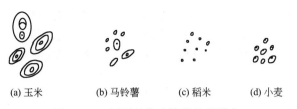

(a) 玉米　　　　(b) 马铃薯　　　　(c) 稻米　　　　(d) 小麦

图 1-3-21　不同植物中淀粉粒的形态

类淀粉则全是直链淀粉。

直链淀粉是由大约 120～1200 个（一般为 250～300 个）α-D-葡萄糖单位通过 α-1,4-糖苷键连接而成的长链分子，分子量在 20000～2000000。结构如图 1-3-22 所示。

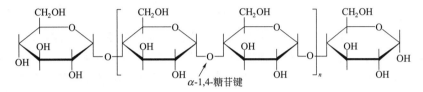

图 1-3-22　直链淀粉的结构

实验证明：直链淀粉不是完全伸直的，由于分子内氢键的作用，使链卷曲盘旋成螺旋状，每卷螺旋一般含有 6 个葡萄糖单位（如图 1-3-23 所示）。

支链淀粉的分子量比直链淀粉大得多，支链淀粉一般是由 1000 个以上的 α-D-葡萄糖单位连接而成的大分子，在支链淀粉的分子中 α-D-葡萄糖除以 α-1,4-糖苷键连接成主链外，还可以通过 α-1,6-糖苷键相连而形成侧链（每个侧链大约 20 个葡萄糖单位）。其基本结构如图 1-3-24 所示。

图 1-3-23　直链淀粉的螺旋结构

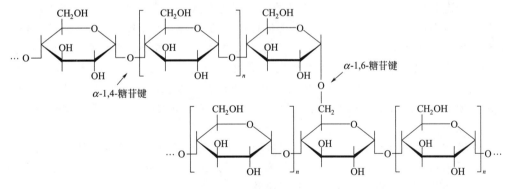

图 1-3-24　支链淀粉的结构

(2) 淀粉的性质　从结构上看，淀粉的多苷链末端仍有游离的半缩醛羟基，但是由于数百以至数千个葡萄糖单位中才存在一个游离的半缩醛羟基，所以淀粉一般不显示还原性。

① 淀粉的水解。淀粉很容易水解，它与水一起加热即可引起分子的裂解，当与无机酸共热时，可彻底水解为 D-葡萄糖。反应过程如下：

淀粉──→红糊精──→无色糊精──→麦芽糖──→葡萄糖

② 淀粉与碘的反应。淀粉与碘能发生非常灵敏的颜色反应，直链淀粉呈深蓝色，支链淀粉呈蓝紫色，该反应常被用作淀粉的定性鉴定。

③ 淀粉的糊化。淀粉在常温下不溶于水，但当水温升至 53℃ 以上时，发生溶胀，崩溃，

形成均匀的黏稠糊状溶液，该过程称为糊化。糊化的本质是淀粉分子间的氢键断开，淀粉分散在水中。糊化后的淀粉又称为 α-淀粉，将新鲜制备的糊化淀粉浆脱水干燥，可得能分散于凉水的无定形粉末，即"可溶性 α-淀粉"。即食型谷物制品的制造原理就是使生淀粉"α-化"。糊化后的淀粉易于消化。

④ 淀粉的老化。淀粉溶液经缓慢冷却，或淀粉凝胶经长期放置，会产生不透明甚至沉淀的现象，这称为淀粉的老化，其本质是糊化的淀粉分子又自动排列成序，形成致密的不溶性分子微束，分子间氢键又恢复。因此老化可视为糊化作用的逆转，但是老化不可能使淀粉彻底复原成生淀粉（β-淀粉）的结构状态，与生淀粉相比，老化淀粉晶化程度低。老化的淀粉不易为淀粉酶作用。

直链淀粉易发生老化，而支链淀粉则不易。一般已糊化了的淀粉类食品，其水分含量为 $30\%\sim60\%$，温度 0℃左右最易老化。

淀粉添加在食品工业中主要是作为黏结剂。食品工业中常使用改性淀粉，如可溶性淀粉是经过轻度酸处理的淀粉，其溶液在热时有良好的流动性，冷凝时则变成坚柔的凝胶，前述的 α-化淀粉就是用物理方法得到的可溶性淀粉。磷酸淀粉，是以无机磷酸酯化的淀粉，具有良好的稠性，它用于冷冻食品、带馅糕点中，可改善其抗冻结-解冻性能，降低冻结-解冻过程中水分的离析。

思政小课堂
二氧化碳人工合成淀粉
【事件】

2021 年 9 月以二氧化碳为原料，不依赖植物光合作用，以纯工业手段将无机物合成为复杂的有机物淀粉。这看似科幻的一幕，真实地发生在实验室里，我国科学家首次实现了二氧化碳到淀粉的合成。

淀粉是粮食最主要的成分，通常由农作物通过自然光合作用固定二氧化碳生产。自然界的淀粉合成与积累，涉及 60 余步生化反应以及复杂的生理调控。人工合成淀粉是科技领域一个重大课题。此前，多国科学家积极探索，但一直未取得实质性重要突破。

中国科学院天津工业生物技术研究所采用一种类似"搭积木"的方式，从头设计、构建了 11 步反应的非自然固碳与淀粉合成途径，在实验室中首次实现从二氧化碳到淀粉分子的全合成。核磁共振等检测发现，人工合成淀粉分子与天然淀粉分子的结构组成一致。

实验室初步测试显示，人工合成淀粉的效率约为传统农业生产淀粉的 8.5 倍。在充足能量供给的条件下，按照目前技术参数，理论上 1 立方米大小的生物反应器年产淀粉量相当于我国 5 亩玉米地的年产淀粉量。

对于此次成果，该领域国际知名专家均给予高度评价，认为这一重大突破将该领域研究向前推进了一大步。

中科院副院长说，成果目前尚处于实验室阶段，离实际应用还有距离，后续需尽快实现从"0 到 1"概念突破到"1 到 10"的转换。

据了解，经科技部批准，天津工业生物技术研究所正在牵头建设国家合成生物技术创新中心。科研团队的下一步目标，一方面是继续攻克淀粉人工合成生物系统的设计、调控等底层科学难题；另一方面要推动成果走向产业应用，未来让人工合成淀粉的经济可行性接近农业种植。

　　尽管成果目前尚处于实验室阶段，但在二氧化碳带来的全球气候变暖影响下，"怎样处理二氧化碳"这个横在碳中和之路的拦路虎终于有了推翻的可能。

【启示】

　　1. 当今世界面临全球气候变化、粮食安全、能源资源短缺、生态环境污染等一系列重大挑战，科技创新已成为重塑全球格局、创造人类美好未来的关键因素。二氧化碳的转化利用与粮食淀粉工业合成，正是应对挑战的重大科技问题之一。

　　2. 老一代科学家心系祖国、艰苦奋斗、精诚报国的优秀品质，坚持国家利益和人民利益至上的情怀，着力攻克基础前沿难题和核心关键技术的行动，带给我们攻坚克难的无穷精神力量。

3. 糖原

　　糖原是存在于动物体内的碳水化合物，是一种动物淀粉。它主要存在于肝和肌肉中，因此有肝糖原和肌糖原之分。糖原在动物体中的功能是调节血液中的含糖量：当血液中含糖量低于常态时，糖原就分解为葡萄糖；当血液中的含糖量高于常态时，葡萄糖就合成糖原。

　　糖原也是由许多个 α-D-葡萄糖结合而成的，其结构类似于支链淀粉，结构单位之间以 α-1,4-糖苷键结合，链与链之间的连接点以 α-1,6-糖苷键结合。但糖原支链更多、更短，所以糖原的分子结构更紧密，整个分子团呈球形，它的分子量大约在 $10^6 \sim 10^7$ 之间。

　　糖原为白色粉末，能溶于水及三氯乙酸，不溶于乙醇及其他有机溶剂，遇碘显红色，无还原性。糖原也可被淀粉酶水解成糊精和麦芽糖，若用酸水解，最终可得 D-葡萄糖。除动物外，在细菌、真菌及甜玉米中也有糖原的存在。

4. 菊糖

　　菊糖大量存在于菊科植物中，它溶于热水，加乙醇便由水中析出，加酸水解成果糖及少量葡萄糖。

5. 魔芋甘露聚糖

　　魔芋甘露聚糖存在于魔芋块根中，为葡甘露聚糖，其中甘露糖:葡萄糖＝(2:1)～(3:2)，小肠内没有此糖的分解酶，故几乎不能用作能源。因而，魔芋豆腐为减肥食品。

6. 果胶质

　　果胶质存在于植物的果实、茎、块茎等细胞间隙中，它是 D-吡喃半乳糖醛酸以 α-1,4-糖苷键结合的长链，通常以部分甲酯化状态存在，结构式如图 1-3-25 所示。

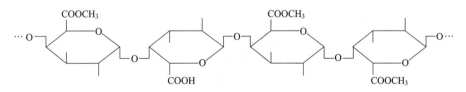

图 1-3-25　以部分甲酯化状态存在的果胶质

　　果胶质一般有原果胶、果胶和果胶酸三种形态。

　　(1) 原果胶　原果胶是与纤维素结合在一起的甲酯化聚半乳糖醛酸苷链，不溶于水，水解后生成果胶，存在于细胞壁中。

（2）果胶 果胶是羧基不同程度甲酯化的聚半乳糖醛酸苷链，存在于植物汁液中，溶于水，其中甲氧基含量≥7%的称高甲氧基果胶（HMP），<7%的为低甲氧基果胶（LMP）。HMP水溶性较LMP强，且可释放一种较好的香味，在可溶性糖含量≥60%、pH值2.6～3.4时可形成不可逆性凝胶，其胶凝力随甲氧基含量增加而增大，其胶凝速度随浓度、糖量、酸度增加而增大，胶凝温度随冷却速度和pH值的减小而降低。

LMP在低钙浓度下软而黏，几乎透明，当钙浓度增高时则硬脆，不透明。LMP的胶凝对糖和酸比例要求不严，只要有Ca^{2+}、Mg^{2+}、Al^{3+}等离子存在，即使糖浓度在1%、pH值在2.5～6.5亦可胶凝。其胶在加热和搅拌时均可发生可逆性变化，冷却或停止搅拌又可恢复胶状。另外，LMP当含糖量超过50%～55%时，不加Ca^{2+}等离子也可形成凝胶。LMP的胶凝强度在pH值3和5时最大，pH值4时最小，温度越低，强度越大，其胶凝临界温度为30℃，故含LMP的食品成品应贮存于25℃以下。

果胶是亲水性多糖，形成凝胶的主要作用力是分子间氢键及静电引力。在胶凝过程中，溶液中的水含量对胶凝影响很大，过量的水阻碍果胶形成凝胶。果胶水化后和水分子形成稳定的溶胶，由于氢键的作用水分子被果胶紧紧地结合起来不易分离。向果胶溶液中添加糖类，其目的在于脱水，糖溶解时形成夺取水分的势能，促使果胶粒周围的水化层发生变化，使原来果胶表面的吸附水减少，胶粒与胶粒易于结合成为链状胶束，从而促进果胶形成凝胶。在果胶-糖溶液分散体系内添加一定量的酸，可中和果胶所带的负电荷，减少果胶分子变成阴离子的作用，从而促进它聚结成网状结构而形成凝胶。

我国规定：果胶可按生产需要适量用于各类食品，HMP主要用作带酸味的果酱、果冻、果胶软糖、糖果等食品的胶凝剂和稳定剂；LMP则用作一般的或低酸时的果酱、果冻、凝胶软糖等的胶凝剂和稳定剂，尤其是可作为生产具有天然风味的软糖和果冻的胶凝剂。

（3）果胶酸 果胶酸是几乎完全不含甲氧基的聚半乳糖醛酸，溶于水。未成熟的果实细胞间含有大量原果胶，因而组织坚硬，随着果实的成熟，原果胶在聚半乳糖醛酸酶和果胶酯酶作用下，水解成分子量较小的可溶于水的果胶，并与纤维素分离，渗入细胞液中，果实组织就变软而有弹性。若进一步水解，则果胶进一步失去甲氧基并降低分子量形成果胶酸，由于果胶酸不具黏性，果实就呈现过熟状态。

7. 微生物多糖

许多微生物在生长过程中产生一些胶质的多糖，其中一些已用于食品工业及医疗上，如右旋糖酐、黄杆菌胶、苗霉胶及环糊精等，它们被用作稳定剂、乳化剂、增稠剂、悬浮剂、泡沫稳定剂、成型助剂等。

环糊精是6～8个葡萄糖以α-1,4-糖苷键结合的环状寡糖。聚合度为6、7、8，依次称为α-环糊精、β-环糊精及γ-环糊精。环糊精的环内侧相对比外侧憎水，当溶液中有亲水和憎水性物质共存时，憎水性物质会被环内的憎水性基团吸引而形成包接物。利用这一性质，可以使油脂化合物在水中可"溶"，食物的芳香成分可以制成干粉状而香味持久，苦味及其他异味的药物可以变成无味。

8. 植物胶质

植物胶质为结构复杂的多糖，食品工业中用其作增稠剂、凝冻剂、固香剂、乳化剂、泡沫稳定剂、浊度稳定剂等，按其来源可分为三类，见表1-3-2。

表 1-3-2 植物胶质的分类

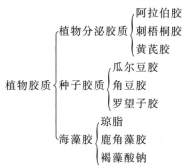

9. 氨基多糖

氨基多糖主要存在于动物中，大多由氨基己糖与糖醛酸组成二糖单位经重复连接而成，包括糖胺聚糖（透明质酸、硫酸软骨素）、肝素、壳多糖等，其中硫酸软骨素为治疗冠心病的药物，肝素是天然抗凝血物质，壳多糖是昆虫、甲壳类（虾、蟹）动物外壳的成分之一，可作为增稠剂、稳定剂。

思 考 题

1. 选择题

(1) 下列化合物不能进行银镜反应的是（ ）。

A. 葡萄糖 B. 麦芽糖 C. 乳糖 D. 淀粉

(2) 下列哪几种糖属于还原糖？（ ）

① 蔗糖 ② 麦芽糖 ③ 纤维素 ④ 葡萄糖

A. ①② B. ①③ C. ②④ D. ①④

(3) 糖类的相对构型取决于（ ）。

A. 最小编号的 C* 的构型 B. 最大编号的 C* 的构型

C. α-C 原子的构型 D. 所有 C* 的构型

(4) 下面对单糖的化学性质描述错误的是（ ）。

A. 单糖在稀碱性溶液中不稳定，易发生烯醇化作用和异构化作用

B. 单糖在浓碱性溶液中发生分解反应

C. 稀酸在室温下与单糖发生复合反应生成低聚糖

D. 单糖和强酸共热脱水生成糠醛

(5) 相对甜度最高的是（ ）。

A. 蔗糖 B. 果糖 C. 葡萄糖 D. 麦芽糖

(6) 淀粉在下列哪种条件下易老化？（ ）

A. 含水量小于 10% B. 温度在 2~4℃ 之间

C. pH 小于 4 D. pH 大于 11

(7) LMP 果胶必须在什么存在的情况下才能形成凝胶？（ ）

A. 糖 B. 酸 C. 适当 pH 值 D. 二价阳离子

(8) 以下不是多糖的是（ ）。

A. 淀粉 B. 半纤维素 C. 半乳糖 D. 果胶

(9) 制造蜜饯时，不能使用的糖是（ ）。

A. 果糖 B. 果葡糖浆 C. 蔗糖 D. 淀粉

(10) 在汤团皮中添加 5% 左右的什么可以起黏结剂作用？（ ）

A. 酯化淀粉 B. 氧化淀粉 C. 酸变性淀粉 D. 预糊化淀粉

2. 名词解释

低聚糖　淀粉的糊化　淀粉老化　改性淀粉　变旋现象

3. 判断题

(1) 麦芽糖不是单糖，不属于还原糖。（　　）

(2) 纤维素不能被人体消化，故对人体健康无意义。（　　）

(3) 和支链淀粉相比，直链淀粉更易糊化。（　　）

(4) 果糖是酮糖，不属于还原糖。（　　）

(5) 纤维素和淀粉均是由葡萄糖聚合而成的，故它们均能被人体消化利用。（　　）

(6) 老化是糊化的逆过程，糊化淀粉充分老化后，其结构可恢复为生淀粉的结构。（　　）

(7) 果胶的酯化度高则其胶凝强度高，故低甲氧基果胶不能形成凝胶。（　　）

(8) 影响果胶胶凝强度的主要因素为分子量和酯化度。（　　）

(9) 低聚糖是由 2～10 个单糖分子缩合而成的。（　　）

(10) 如果食品含有较多多糖，则在冷冻时会降低食品的质量与贮藏的稳定性。（　　）

4. 填空题

(1) 碳水化合物一般分为_____、_____和_____。

(2) 果胶物质主要是由_____单位组成的聚合物，它包括_____、_____和_____。

(3) 淀粉是由_____聚合而成的多糖，均由 α-1,4-糖苷键联结而成的为_____淀粉，除 α-1,4-糖苷键外，还有 α-1,6-糖苷键联结的为_____淀粉。其中较易糊化的为_____淀粉。

(4) HMP 果胶必须在足够的_____和_____存在的条件下才能胶凝。糖浓度必须大于_____，pH 为_____。其中糖浓度越_____、pH 越_____，胶凝越快，胶凝温度越低。

(5) LMP 果胶则必须在_____存在下才能胶凝。其受_____与_____的制约少。

5. 问答题

(1) 试述淀粉的糊化及影响糊化的因素。

(2) 何谓高甲氧基果胶？阐明高甲氧基果胶形成凝胶的机理。

(3) 试述淀粉的糊化和老化，并指出食品工业中利用糊化和老化的例子。影响老化的主要因素有哪些？如何抑制老化？

模块四 脂类化学

学习目标

（1）了解脂类的结构、组成、特征、分类；

（2）掌握油脂主要的物理性质和化学性质；

（3）掌握油脂热加工过程中发生的分解、聚合、缩合等化学变化；

（4）掌握油脂的质量标准以及加工化学。

素质目标

（1）培养与食品有关的生命过程的兴趣和健康饮食的生活方式；

（2）遵守职业道德，不做有损人民健康的事情；

（3）增强国家意识与危机意识，增强专业认同感。

一、概述

1. 脂类的特征

脂类是生物体内一大类不溶于水而溶于大部分有机溶剂的有机化合物，

脂类化学概述

其中99%左右是脂肪酸甘油酯，俗称为油脂或脂肪。一般室温下呈液态的称为油（oil），呈固态的称为脂（fat），油和脂在化学上没有本质区别。

在植物组织中脂类主要存在于种子或果仁中，在根、茎、叶中含量较少。在动物体中脂类主要存在于皮下组织、腹腔、肝和肌肉内的结缔组织中。许多微生物细胞中也能积累脂类。目前，人类食用和工业用的脂类主要来源于植物和动物。

脂类化合物种类繁多，结构各异，但是脂类通常具有以下特征：不溶于水而溶于乙醚、石油醚、氯仿、丙酮等有机溶剂；大多数具有醇酸酯化结构，并以脂肪酸形成的酯最多；都由生物体产生，并能被生物体所利用。但有些脂类也不完全具有这些特征，如卵磷脂微溶于水而不溶于丙酮，鞘磷脂类和脑苷脂类不溶于乙醚。

2. 脂类的分类

脂类是生物体内的一大类物质，包括油脂和类脂两大类，其元素组成为碳、氢、氧三种。

油脂依其来源分为动物脂肪和植物油。动物脂肪包括动物体脂、乳脂和鱼类脂肪；植物油有豆油、菜籽油、花生油、芝麻油、玉米油、棉籽油、亚麻油等。

油脂按结构中的不饱和程度分，分为：干性油（不饱和程度高，碘值＞130g/100g），如桐油、亚麻籽油、红花油等；半干性油（碘值在 100～130g/100g），如棉籽油、大豆油等；亚不干性油（不饱和程度低，碘值＜100g/100g），如花生油、菜籽油、蓖麻油等。放在空气中，能够发生干燥现象的油脂称为干性油；油脂不易干燥，但与氧化铅一起加热，可以大大提高其干燥性能的，称为半干性油；油脂经氧化铅处理后也不具备干燥性能的，称为不干性油。脂类根据结构和组成分为简单脂类、复合脂类、衍生脂类三类，见表1-4-1。

表 1-4-1　脂类的分类

主类	亚类	组成
简单脂类	酰基甘油	甘油＋脂肪酸
	蜡	长链脂肪醇＋长链脂肪酸
复合脂类	磷酸酰基甘油	甘油＋脂肪酸＋磷酸盐＋含氮基团
	鞘磷脂类	鞘氨醇＋脂肪酸＋磷酸盐＋胆碱
	脑苷脂类	鞘氨醇＋脂肪酸＋糖类
	神经节苷脂类	鞘氨醇＋脂肪酸＋糖类
衍生脂类		类胡萝卜素、类固醇、脂溶性维生素等

3. 脂类的功能

（1）脂类在食品中的功能　人类可食用的脂类是食品中重要的组成成分和人类的营养成分，是一类高热量化合物，每克油脂能产生 39.58kJ 的热量，该值远大于蛋白质与淀粉所产生的热量；油脂还能提供给人体必需的脂肪酸（亚油酸、亚麻酸和花生四烯酸）；油脂是脂溶性维生素（维生素 A、维生素 D、维生素 K 和维生素 E）的载体；油脂能溶解风味物质，赋予食品良好的风味和口感。但是过多摄入油脂对人体产生的不利影响，也是近几十年来争论的焦点。

食用油脂所具有的物理和化学性质，对食品的品质有十分重要的影响。油脂在食品加工时，如用作热媒介质（煎炸食品、干燥食品等），不仅可以脱水，还可产生特有的香气；如用作赋形剂，可用于蛋糕、巧克力或其他食品的造型。但含油食品在贮存过程中极易氧化，这为食品的贮藏带来了诸多不利因素。

（2）脂类在生物体中的功能　脂类是组成生物细胞不可缺少的物质，是体内能量贮存最紧凑的形式，有润滑、保护、保温等功能。

二、脂肪

1. 脂肪的化学结构与种类

脂肪是由甘油与脂肪酸所形成的酯。根据脂肪酸数量，脂肪可分为单酰甘油、二酰甘油和三酰甘油（甘油三酯）。单酰甘油与二酰甘油在自然界中存在极少，而三酰甘油是脂肪中含量最丰富的一类。通常所说的油脂

脂肪

是指三酰甘油，如图 1-4-1 所示。

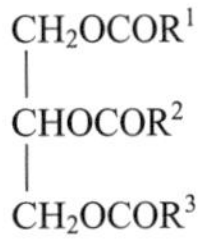

三酰甘油若三个脂肪酸相同，则称简单三酰甘油，命名时称三某脂酰甘油，如三硬脂酰甘油、三油酰甘油等。如三个脂肪酸不同，则称为混合三酰甘油，命名时以 1、2 和 3 分别表示不同脂肪酸的位置。

天然油脂多数是多种混合三酰甘油的混合物，简单三酰甘油极少，仅橄榄油中含三油酰甘油较多，约占 70%。

$$CH_2OCOR^1$$
$$|$$
$$CHOCOR^2$$
$$|$$
$$CH_2OCOR^3$$

图 1-4-1　三酰甘油的结构

2. 甘油

甘油又名丙三醇，分子式为 $C_3H_8O_3$，为无色澄明黏稠液体，无臭，有甜味，能从空气中吸收潮气，也能吸收硫化氢、氰化氢和二氧化硫，难溶于苯、氯仿、四氯化碳、二硫化碳、石油醚和油类，其结构简式如图 1-4-2 所示。

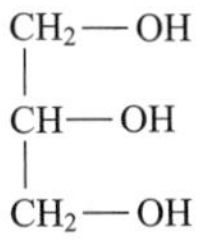

$$CH_2—OH$$
$$|$$
$$CH—OH$$
$$|$$
$$CH_2—OH$$

图 1-4-2　甘油的结构简式

甘油是甘油三酯分子的骨架成分。当人体摄入食用脂肪时，其中的甘油三酯经过体内代谢分解，形成甘油并储存在脂肪细胞中。因此，甘油三酯代谢的最终产物便是甘油和脂肪酸。甘油可用作溶剂、润滑剂、药剂和甜味剂。

3. 脂肪酸

脂肪酸是由碳、氢、氧三种元素组成的一类化合物，是指一端含有一个羧基的长的脂肪族碳氢链，是中性脂肪、磷脂和糖脂的主要成分。脂肪酸是最简单的一种脂，它是许多更复杂的脂的组成成分。

(1) 脂肪酸的命名　脂肪酸的结构通式为 $CH_3(CH_2)_nCOOH$，脂肪酸的命名有系统命名、数字缩写命名及俗名命名等各种方法，最常用的是俗名法。

① 系统命名。选择含羧基和双键的最长碳链为主链，从羧基端开始编号，并标出不饱和键的位置。如：$CH_3(CH_2)_7CH=CH(CH_2)_7COOH$ 命名为 9-十八烯酸。

② 数字缩写命名。缩写为：碳原子数:双键数（双键位）。

如：$CH_3CH_2CH_2CH_2CH_2CH_2CH_2CH_2CH_2COOH$ 可缩写为 10:0；

$CH_3(CH_2)_4CH=CHCH_2CH=CH(CH_2)_7COOH$ 可缩写为 18:2 或 18:2(9,12)。

双键位的标注有两种表示法：其一是从羧基端开始记数，如 9,12-十八碳二烯酸两个双键分别位于第 9 和第 10 碳原子、第 12 和第 13 碳原子之间，可记为 18:2(9,12)；其二是从甲基端开始编号，记作 n-数字或 ω-数字，该数字为编号最小的双键的碳原子位次，如 9,12-十八碳二烯酸从甲基端开始数第一个双键位于第 6、第 7 碳原子之间，可记为 18:2(n-6) 或 18:2ω-6。但此法仅用于顺式双键结构和五碳双烯结构，即具有非共轭双键结构的表示，其他结构的脂肪酸不能用 n 法或 ω 法表示。此法第一个双键定位后，其余双键的位置也随之而定，因此只需标出第一个双键碳原子的位置即可。有时还需标出双键的顺反结构及位置，c 表示顺式，t 表示反式，位置从羧基端编号，如 $5t,9c$-18:2。

③ 俗名或普通名命名。许多脂肪酸最初是从天然产物中得到的，故常常根据其来源命名。例如月桂酸（12:0）、肉豆蔻酸（14:0）、棕榈酸（16:0）等。

④ 英文缩写命名。可用一英文缩写符号代表一种脂肪酸的名字，例如月桂酸为 La，肉豆蔻酸为 M，棕榈酸为 P 等。一些常用脂肪酸的命名见表 1-4-2。

(2) 脂肪酸的种类　脂肪酸是脂肪分子的基本单位。根据碳链的长短、饱和程度和空间结构的不同，脂肪酸有不同的分类方法。

根据碳链的长短分为：长链脂肪酸（LCFA），含 14～24 个碳；中链脂肪酸（MCFA），含 6～12 个碳；短链脂肪酸（SCFA），含 2～4 个碳。高等动植物中的脂肪酸一般是 14～20

表 1-4-2　一些常见脂肪酸的命名

数字缩写命名	系统命名	俗名或普通名命名	英文缩写命名
4:0	丁酸	酪酸(butyric acid)	B
6:0	己酸	羊油酸(caproic acid)	H
8:0	辛酸	羊脂酸(caprylic acid)	Oc
10:0	癸酸	羊蜡酸(capric acid)	D
12:0	十二酸	月桂酸(lauric acid)	La
14:0	十四酸	肉豆蔻酸(myristic acid)	M
16:0	十六酸	棕榈酸(palmtic acid)	P
16:1	9-十六烯酸	棕榈油酸(palmitoleic acid)	Po
18:0	十八酸	硬脂酸(stearic acid)	St
18:1ω9	9-十八烯酸	油酸(oleic acid)	O
18:2ω6	9,12-十八碳二烯酸	亚油酸(linoleic acid)	L
18:3ω3	9,12,15-十八碳三烯酸	α-亚麻酸(linolenic acid)	α-Ln
18:3ω6	6,9,12-十八碳三烯酸	γ-亚麻酸(linolenic acid)	γ-Ln
20:0	二十酸	花生酸(arachidic acid)	Ad
20:4ω6	5,8,11,14-二十碳四烯酸	花生四烯酸(arachidonic acid)	An
20:5ω3	5,8,11,14,17-二十碳五烯酸	EPA(eicosapentaenoic acid)	EPA
22:1ω9	13-二十二烯酸	芥酸(erucic acid)	E
22:6ω3	4,7,10,13,16,19-二十二碳六烯酸	DHA(docosahexaenoic acid)	DHA

个碳的长链脂肪酸；食物中主要以 18 碳脂肪酸为主；组成人体的脂肪酸主要以 16～18 碳的含量最多［如软脂酸（即棕榈酸）、软油酸、硬脂酸、油酸、亚油酸、α-亚麻酸］，另外人体还含有 20 碳的花生四烯酸等。

根据碳链的饱和程度分为：饱和脂肪酸（SFA）、不饱和脂肪酸（USFA）。不饱和脂肪酸又可按照含有不饱和键的数目分为单不饱和脂肪酸（MUFA）、多不饱和脂肪酸（PUFA）。食物脂肪中，单不饱和脂肪酸有油酸，多不饱和脂肪酸有亚油酸、亚麻酸、花生四烯酸等。人体不能合成亚油酸和亚麻酸，必须从膳食中得以补充，因此亚油酸和亚麻酸为必需脂肪酸。

（3）饱和脂肪酸　不含双键的脂肪酸称为饱和脂肪酸。饱和脂肪酸的主要来源是家畜肉和乳类的脂肪，还有热带植物油（如棕榈油、椰子油等），其主要作用是为人体提供能量。它可以增加人体内的胆固醇和中性脂肪；但如果饱和脂肪酸摄入不足，会使人的血管变脆，易引发脑出血、贫血、易患肺结核和神经障碍等疾病。

（4）单不饱和脂肪酸　单不饱和脂肪酸是指含有 1 个双键的脂肪酸，以前通常指的是油酸，现在的研究证实，单不饱和脂肪酸的种类和来源极其丰富。

常见的单不饱和脂肪酸如下：

① 油酸（9c-18:1），几乎存在于所有的植物油和动物脂肪中，其中以红花籽油、橄榄油、棕榈油、低芥酸菜籽油、花生油、茶籽油、杏仁油和鱼油中含量最高。

② 肉豆蔻油酸（9c-14:1），主要存在于黄油、羊脂和鱼油中，但含量不高。

③ 棕榈油酸（9c-16:1），许多鱼油中的含量都较多，如鲱鱼油中含量高达 15%，棕榈油、棉籽油、黄油和猪油中含量较少。

④ 反式油酸（9t-18:1），是油酸的异构体，在动物脂肪中含有少量，在部分氢化油中也有存在。

⑤ 蓖麻油酸（9c-18:1），在其第十二个碳上连接有一个羟基，是蓖麻油中的主要脂肪酸。

⑥ 芥酸（13c-22:1），在许多从十字花科植物（如芥菜）提取的油中存在。以前的大部分菜籽油中都含有芥酸，在不发达国家所产的菜籽油中仍然含有极多的芥酸。

⑦ 鲸蜡烯酸（9c-22:1），是芥酸的一种异构体，存在于鱼油中，对健康无害，在食品中的使用不受芥酸含量的限制。

此外，该类中还包括上述一些脂肪酸的反式结构体，如肉豆蔻酸反油酸（9t-14:1）、棕榈反油酸（9t-16:1）和巴西烯酸（13t-22:1）。向日葵油、红花籽油、卡诺菜籽油等油也属于富含单不饱和脂肪酸的油类。也有研究显示，在昆虫脂肪中也含有大量的单不饱和脂肪酸。

（5）多不饱和脂肪酸　多不饱和脂肪酸指含有两个或两个以上双键且碳链长度为18～22个碳原子的直链脂肪酸。可将多不饱和脂肪酸分为 ω-6 系列和 ω-3 系列。在多不饱和脂肪酸分子中，距羧基最远端的双键在倒数第 3 个碳原子上的为 ω-3 系列，如 DHA、EPA；在第 6 个碳原子上的则为 ω-6 系列，如亚油酸和花生四烯酸。人体不能合成亚油酸和亚麻酸，必须从膳食中补充，因此亚油酸、亚麻酸属于必需脂肪酸。必需脂肪酸（EFA）是指人体维持机体正常代谢不可缺少而自身又不能合成或合成速度慢无法满足机体需要，必须通过食物供给的脂肪酸。必需脂肪酸不仅能够吸引水分滋润皮肤细胞，还能防止水分流失。亚油酸是最重要的必需脂肪酸，必须由食物来供给，亚麻酸和花生四烯酸可由亚油酸转变而来。

亚油酸具有预防胆固醇过高、改善高血压、预防心肌梗死、预防胆固醇造成的胆结石和动脉硬化等作用；但是如果亚油酸摄取过多，会引起过敏、衰老等病症，还会降低人体的抵抗力，大量摄取还会引发癌症。富含亚油酸的食用油：红花籽油、棉籽油、玉米油、胡桃油、葵花籽油、大豆油、芝麻油、花生油。

α-亚麻酸也是人体必需脂肪酸，它能够降低空腹及餐后的甘油三酯，降解血栓，可使血压降低，抑制癌变的发生，消除亚油酸摄取过量的病症，还具有改善过敏性皮炎、花粉症、气管哮喘等疾病的作用。但是，α-亚麻酸摄取过量可能引起消化不良、恶心等，同时作为脂肪成分，则会导致能量过剩。富含 α-亚麻酸的食用油：紫苏油、大麻籽油、亚麻籽油、黑加仑籽油、大豆油。

花生四烯酸是半必需脂肪酸，在人体内只能少量合成。它在人体内可调节免疫系统，预防并改善全身的多种病症，保护肝细胞，促进消化功能，促进胎儿和婴儿正常发育。但食用花生四烯酸时一定注意不可食用过多，花生四烯酸具有降低血压的作用，但是摄取过量会引起血压的升高。花生四烯酸可抑制血液凝固，但过量会促进血液凝固。花生四烯酸可改善过敏症状，但过量会引发过敏。

二十碳五烯酸，即 EPA，具有清理血管中的垃圾（胆固醇和甘油三酯）的功能，被誉为"血管清道夫"。

二十二碳六烯酸，即 DHA，具有软化血管、健脑益智、改善视力的功效，被誉为"脑黄金"。

三种脂肪酸中，多不饱和脂肪酸最不稳定，在油炸、油炒或油煎的高温下，最容易被氧化变成毒油。多不饱和脂肪酸又是人体细胞膜的重要原料之一，在细胞膜内也有机会被氧化，被氧化后，细胞膜会丧失正常机能而使人生病。故即使不吃动物油而只吃植物油，吃得过量，也一样会增加患大肠癌、直肠癌、乳腺癌或其他疾病的机会。

4. 脂肪酸及脂肪的性质

（1）物理性质　脂肪酸和脂肪的物理性质主要有以下几点：

① 色泽和气味。纯净的脂肪酸及油脂是无色的。低级的脂肪酸是无色液体，有刺激性气味；高级的脂肪酸是蜡状固体，无可明显嗅到的气味。天然油脂中略带黄绿色是由于含有一些脂溶性色素（如类胡萝卜素、叶绿素等）所致的。一般动物油脂中色素含量较少，所以动物油脂色泽较浅，如猪油为乳白色，鸡油为浅黄色等。植物油中色素含量较高，所以植物油比动物油脂色泽要深一些，如芝麻油为深黄色，菜籽油为红棕色等。油脂经过精炼脱色后，颜色会变浅。

多数油脂无挥发性，少数油脂中含有短链脂肪酸，会引起臭味。油脂的气味大多是由非脂成分引起的。如芝麻油的香气是由乙酰吡嗪引起的；奶油的香气是由丁二酮引起的；椰子油的香气是由壬基甲酮引起的；而菜籽油受热时产生的刺激性气味，则是由其中所含的黑芥子苷分解所致的。另外油脂若储存时间过长，会发生氧化酸败，会生成低分子的醛、酮、酸等，会产生酸败气味。

② 溶解性和折射率。脂肪不溶于水，而易溶于乙醚、石油醚、氯仿等有机溶剂。脂肪酸的相对密度一般都比水小，它们的折射率随分子量和不饱和度的增加而增大。因此，像奶油等含低饱和度酸多的油，折射率就低，而亚麻油等不饱和酸含量多的油，折射率就高。在制造硬化油（人造奶油）加氢时，可以根据折射率的下降情况来判断加氢的程度。

③ 熔点和沸点。由于天然油脂是各种酰基甘油的混合物，所以没有确定的熔点和沸点，而仅有一定的熔点和沸点范围。此外，油脂的同质多晶现象，也使油脂无确定的熔点。游离脂肪酸、单酰甘油、二酰甘油、三酰甘油的熔点依次降低，这是它们的极性依次降低，分子间的作用力依次减小的缘故。如硬脂酸熔点为70℃，油酸熔点为14℃。相应地，三硬脂酸甘油酯的熔点是60℃，而三油酸甘油酯的熔点是0℃。

油脂的熔点一般最高在40～55℃之间。酰基甘油中脂肪酸的碳链越长，饱和度越高，则熔点越高。反式结构的熔点高于顺式结构，含共轭双键的比含非共轭双键的熔点高。可可脂及陆产动物油脂相对其他植物油而言，饱和脂肪酸含量较高，在室温下常呈固态，如牛脂中饱和脂肪酸占60%～70%，呈固态；植物油在室温下呈液态，如棉籽油的不饱和脂肪酸占75%，呈液态。一般油脂当熔点低于37℃时，消化率达96%以上；熔点高于37℃越多，越不易消化。

油脂的沸点一般在180～200℃之间，沸点随脂肪酸碳链的增长而增高，但碳链长度相同、饱和度不同的脂肪酸，其沸点变化不大。油脂在储藏和使用过程中随着游离脂肪酸增多，油脂变得易冒烟，发烟点低于沸点。

④ 烟点、闪点和着火点。油脂的烟点、闪点和着火点是油脂的热稳定性指标。烟点是指在不通风的情况下观察到试样发烟时的温度。闪点是试样挥发的物质能被点燃但不能维持燃烧的温度。着火点是试样挥发的物质能被点燃并能维持燃烧不少于5s的温度。

各种油脂的烟点等的差异不大，精炼后的油脂烟点在240℃左右，但未精炼的油脂，特别是游离脂肪酸含量高的油脂，其烟点、闪点和着火点都大大下降。油脂的纯度提高，其烟点、闪点及着火点均提高。

油脂如果长时间加热，发烟点会逐渐降低，这是因为油脂在高温下会分解产生一些低分子的脂肪酸、醛等物质，使发烟点下降。

⑤ 同质多晶现象。同质多晶现象是指化学组成相同的物质，有不同的结晶结构（如石墨和金刚石），但熔化后生成相同的液相的现象。具有同质多晶现象的物质称为同质多晶物。

油脂工业中的许多重要产品，如奶油、人造奶油、猪油以及可可脂等，它们的稠度、塑性、黏度以及其他物理特性都取决于甘油三酯中特有的同质多晶现象的存在，在实际生产中可通过严格控制结晶方式来获得所需要的产品特性。

甘油三酯的晶体一般以 α 型、β' 型和 β 型存在。甘油三酯分子的排列方式决定了晶体的结构形式和产物的熔点。α 型具有最低的排列密度和熔点，其晶体生长最快，因而是最不稳定的一种晶型。β 型具有最高的排列密度和熔点，是最稳定的一种晶型。β' 型则介于二者之间。这和它们的堆积排列有关系。其典型性质见表 1-4-3。

表 1-4-3　简单甘油三酯同质多晶的特性

特性	α 型	β' 型	β 型
堆积方式	正六方	正交	三斜
熔点			
密度		α 型 $<\beta'$ 型 $<\beta$ 型	
有序程度			

亚稳态（又称介稳态）的同质多晶体在未熔化时会自发地转变为稳定态，这种转变具有单向性；而当两种同质多晶体均较稳定时，则可双向转变，转向何方则取决于温度。天然油脂多为单向转变。以三硬脂酸甘油酯为例，当油脂从熔化状态逐渐冷却时，首先形成 α 晶型，α 型不稳定，在不同的条件下可转变成 β' 型和 β 型。如果将 α 型加热至熔点，α 型可迅速转变成 β 型；若将温度保持在 α 型熔点以上几摄氏度时则可直接得到 β' 型。而 β' 型被加热到其熔点，则发生熔融，并转变成稳定的 β 型。

易结晶为 β 型的油脂有：大豆油、花生油、椰子油、橄榄油、玉米油、可可脂和猪油。易结晶为 β' 型的油脂有：棉籽油、棕榈油、菜籽油、乳脂、牛脂及改性猪油。β' 型的油脂适合于制造起酥油和人造奶油。在实际应用中，若期望得到某种晶型的产品，可通过调温，即控制结晶温度、时间和速度来达到目的。调温可以看作是一种加工手段，即利用结晶方式改变油脂的性质，以得到理想的同质多晶型和物理状态，从而增加油脂的利用性和应用范围。

⑥ 塑性。油脂的塑性是指在一定外力下，固体脂肪具有的抗变形的能力。室温下呈固态的脂肪并非严格意义上的固态，而是固体脂和液体油的混合物，两者呈网状交织在一起，很难将其分开，这种油脂具有可塑造性，可保持一定的外形。塑性油脂具有良好的涂抹性（涂抹黄油等）和可塑性（用于蛋糕的裱花）。在饼干、糕点、面包生产中专用的塑性油脂为起酥油。

油脂的塑性取决于以下因素：

a. 固体脂肪指数。固体熔化过程中，在一定温度下，固液比称为固体脂肪指数（SFI）。如果 SFI 太大，固体脂肪含量很高，脂肪太硬且脆；如果 SFI 太小，固体脂肪含量很低，脂肪过软且非常容易熔化。只有当固液比适当时，油脂才会有比较理想的塑性。一般来说，食用脂肪固体含量在 $10\%\sim30\%$。

b. 脂肪的晶型。当脂肪为 β' 型时，可塑性最强，因为 β' 型在结晶时将大量小空气泡引入产品，赋予了产品较好的塑性和奶油凝聚性质；而 β 型结晶所包含的气泡少且大，其塑性较差。

c. 熔化温度范围。如果从熔化开始到熔化结束之间温差越大，则脂肪的塑性越大。

(2) 化学性质　油脂的化学性质与组成它的脂肪酸、甘油以及酯键有关。

① 油脂水解和皂化。油脂在有水存在下，在酸、碱、蒸汽及脂酶的作用下水解，生成甘油和脂肪酸，该过程称为油脂水解。油脂水解反应式如下：

$$CH_2-O-\overset{\overset{\displaystyle O}{\|}}{C}-R^1$$
$$CH-O-\overset{\overset{\displaystyle O}{\|}}{C}-R^2 \quad + H_2O \xrightarrow{\text{酸、脂酶}} \quad \begin{matrix} CH_2-OH \\ | \\ CH-OH \\ | \\ CH_2-OH \end{matrix} + \begin{matrix} R^1COOH \\ R^3COOH \\ R^2COOH \end{matrix}$$
$$CH_2-O-\overset{\overset{\displaystyle O}{\|}}{C}-R^3$$

当用碱水解油脂时，生成甘油和脂肪酸盐。高级脂肪酸盐通常被称作肥皂，因此把油脂的碱水解称为皂化，反应式如下：

$$\begin{matrix} CH_2OCOR^1 \\ | \\ CHOCOR^2 \\ | \\ CH_2OCOR^3 \end{matrix} + H_2O + NaOH \longrightarrow \begin{matrix} CH_2OH \\ | \\ CHOH \\ | \\ CH_2OH \end{matrix} + \begin{matrix} R^1COONa \\ R^2COONa \\ R^3COONa \end{matrix}$$

活体动物组织中的脂肪实际上不存在游离脂肪酸，而动物在宰杀后由于脂酶的作用可生成游离脂肪酸，动物脂肪在加热精炼过程中使脂酶失活，可减少游离脂肪酸的含量，延长其储藏时间。而成熟的油料种子在收获时油脂会发生明显的水解，并产生游离脂肪酸，因此大多数植物油在精炼时需要碱中和。

食品在油炸过程中，因高温和高含水量（马铃薯含水量达80%）导致油脂发生水解产生游离脂肪酸，使油脂发烟点降低，因此水解导致油脂品质降低，风味变差。未及时炼油的油料种子、动物脂肪因尚未经高温提炼灭酶而发生酶水解。乳脂水解产生一些短链脂肪酸，产生酸败味；但在有些食品的加工中，轻度的水解是有利的，如巧克力、干酪、酸奶的生产。

② 油脂氧化。油脂的氧化同营养、风味、安全、储存及经济有密切关系，油脂氧化是油脂及含油食品变质的主要原因之一。油脂在储藏期间，由于空气中的氧气、光照、微生物、酶的作用而导致油脂变哈，即产生令人不愉快的气味和苦涩味，同时产生一些有毒的化合物，这些统称为油脂的酸败（哈败）。油脂酸败后既影响风味，又降低营养价值，如导致油脂中的脂肪酸特别是必需脂肪酸和脂溶性维生素（共存成分）受到破坏。

根据酸败的机制油脂酸败可分为三种：水解型酸败、酮型酸败和氧化酸败。水解型酸败是指一些含低级脂肪酸的油脂，由于原料中的脂酶或污染后微生物的产酶而发生的油脂的酶促水解，该过程可生成低分子游离脂肪酸和甘油。酮型酸败也称β-氧化酸败，是指油脂水解生成或油脂中本身所存在的饱和游离脂肪酸，在一系列酶的作用下氧化（以β-氧化为主），生成有怪味的酮酸、甲基酮等所致的酸败，酮型酸败也属于氧化型酸败。油脂氧化是油脂及含油食品发生油脂酸败的主要原因，称为氧化型酸败。

食品在储藏和加工中产生的油脂酸败是人们不希望的，但有时候油脂的适度氧化对于油炸食品香气的形成又是必需的，例如产生典型的干酪或油炸食品香气。因此，油脂氧化对食品工业至关重要。

油脂在空气中氧气的作用下首先产生氢过氧化物，根据油脂氧化过程中氢过氧化物产生的途径不同，可将油脂的氧化分为自动氧化、光敏氧化、酶促氧化，以自动氧化所致的酸败为主。

a. 自动氧化。油脂的自动氧化是常温常压条件下油脂分子中的不饱和脂肪酸与空气中氧（基态氧）之间所发生的自由基类型的反应，是油脂氧化变质的主要原因。油脂中的不饱和脂肪酸暴露在空气中极易自动氧化。此类反应无需加热，也无需加特殊的催化剂。在反应初期产生氧化产物氢过氧化物，进一步分解产生低分子脂肪酸、醛和酮，从而有异臭味；某些中间产物间发生聚合反应，生成黏性的聚合物甚至固态物质。

自动氧化具有以下特征：凡能干扰自由基反应的化学物质，都将明显地抑制氧化反应速率；光和产生自由基的物质对反应有催化作用；氢过氧化物 ROOH 产率高；光引发氧化反应时量子产率超过 1；用纯底物时，可察觉到较长的诱导期。

油脂自动氧化反应可分为三个阶段，即链引发、链传递、链终止。以 RH 代表不饱和脂肪酸，其反应历程如下：

第一步，引发期：

油脂受光、热、金属催化剂等的活化，在不饱和脂肪酸双键相邻的 α-亚甲基（—CH_2—）碳原子上的 C—H 或者双键碳原子上的 C—H 发生均裂，生成 H· 和游离基 R· 。

$$RH \xrightarrow{\text{活化}} R· + H· \tag{1-4-1}$$

游离基的引发通常活化能较高，因此引发期反应相对很慢。

第二步，增殖期（传递期）：

$$R· + O_2 \longrightarrow ROO· \tag{1-4-2}$$
$$ROO· + RH \longrightarrow ROOH + R· \tag{1-4-3}$$

引发期生成的游离基 R· 与空气中的 O_2 生成过氧化游离基 ROO· ，再与另一不饱和脂肪酸 RH 生成氢过氧化物 ROOH 和一个新的游离基 R· ；新的游离基 R· 不断重复式(1-4-2)、式(1-4-3)所示的步骤，即发生连续的链反应，将生成大量的氢过氧化物和一些新的游离基，故该过程称为增殖。

氢过氧化物是油脂自动氧化的主要初期产物。在增殖期产生的大量氢过氧化物（本身无异味）是极不稳定的化合物，当达到一定浓度时即开始分解，可生成低分子化合物（醛、酮、醇等）和游离基。低分子醛、酮、醇使油脂产生异味，生成的游离基可继续参加增殖反应。

链传递的活化能较低，故这一步反应很快。

第三步，终止期：

$$R· + R· \longrightarrow R-R$$
$$R· + ROO· \longrightarrow ROOR$$
$$ROO· + ROO· \longrightarrow ROOR + O_2$$

在自动氧化的中、后期，各种不同游离基、过氧化物间可聚合成二聚体、三聚体等，当所有游离基结合后，反应不再传递下去，故该时期为终止期。最终将形成黏稠、胶状甚至固态聚合物，如油漆中有不饱和脂肪酸，放置后致使油漆表面变干、变硬。

b. 光敏氧化。光敏氧化即是在光的作用下（不需要引发剂）不饱和脂肪酸与氧（单线态）之间发生的反应。

光所起的直接作用是提供能量使三线态的氧（$^3O_2$）变为活性较高的单线态氧（$^1O_2$）。但在此过程中需要更容易接受光能的物质首先接受光能，然后将能量转移给氧，此类物质即为光敏剂。食品中具有大的共轭体系的物质（如叶绿素、血红蛋白等）可以起光敏剂的作用。食品中存在的光敏剂，受到光照后可将三线态氧（$^3O_2$，即基态氧）转变为单线态氧（$^1O_2$，即激发态氧），高亲电性的单线态氧可直接进攻高电子云密度的双键部位上的任一碳原子，形成六元环过渡态，然后双键位移形成反式构型的氢过氧化物。生成的氢过氧化物种类数为 2 乘以双键数。

由于单线态氧（$^1O_2$）的能量高，反应活性大，故光敏氧化反应比自动氧化反应速率约快1500倍。光敏氧化反应产生的氢过氧化物再裂解，可引发自动氧化历程的游离基链反应。

c. 酶促氧化。酶促氧化是油脂在酶的参与下所发生的氧化反应。氧化油脂的酶有两种：一种是脂肪氧合酶，另一种是加速分解已经氧化成氢过氧化物的过氧化氢酶。

脂肪氧合酶专一性地作用于具有1,4-顺,顺-戊二烯结构的多不饱和脂肪酸（如18:2、18:3、20:4）生成氢过氧化物。如植物中脂肪氧合酶主要催化亚油酸、亚麻酸、花生四烯酸等不饱和脂肪酸的氧化。脂肪氧合酶催化脂肪酸后可能产生非需宜性物质，如大豆豆腥味来自亚麻酸的氧化产物；也可能产生需宜性成分，如动物体内的花生四烯酸氧化后产生凝血素。脂肪氧合酶的氧化能力很强，在有氧和缺氧情况下均有氧化作用。

此外，通常所说的酮型酸败，也属于酶促氧化，是由某些微生物繁殖时所产生的酶（如脱氢酶、脱羧酶、水合酶）的作用引起的。该氧化反应多发生在饱和脂肪酸的α-碳位和β-碳位之间，因而也称β-氧化作用。该氧化产生的最终产物酮酸和甲基酮具有令人不愉快的气味，故称之为酮型酸败。

脂类的酶促氧化途径，是从脂解开始的，得到的多不饱和脂肪酸被脂肪氧合酶或环氧酶氧化，分别生成氢过氧化物或环过氧化物。在有其他成分（如蛋白质或抗氧化物质）存在时，脂类与非脂类的氧化产物，不仅可以终止氧化反应，而且还能影响反应速率，例如某些非酶褐变产物具有抗氧化剂的作用。蛋白质的碱性基团可催化脂类氧化，并与氧化生成的羰基化合物发生醇醛缩合反应，最终也生成有抗氧化能力的褐色素。而脂类氧化生成的氢过氧化物能使含硫蛋白质发生氧化，造成食品营养成分的大量损失。脂类的次级氧化产物可引发蛋白质游离基反应或者与赖氨酸的ε-氨基形成席夫碱加成产物。此外，游离糖类也可加快乳状液中脂类的氧化速率。

(3) 影响油脂氧化的因素

① 脂肪酸的组成及结构。油脂氧化速率与脂肪酸的不饱和度、双键位置、顺反构型有关。油脂中的饱和脂肪酸和不饱和脂肪酸都能发生氧化反应，而饱和脂肪酸难以氧化，不饱和脂肪酸中双键数目增加，氧化速率加快；顺式脂肪酸的氧化速率比反式脂肪酸快；共轭脂肪酸比非共轭脂肪酸氧化速率快；游离脂肪酸比酯化脂肪酸氧化速率略高；甘油酯中脂肪酸的无规则分布有利于降低氧化速率。

② 氧气。在非常低的氧气压力下，氧化速率与氧气压力近似成正比，如果氧气的供给不受限制，那么氧化速率与氧气压力无关。同时氧化速率与油脂暴露于空气中的表面积成正比，如膨松食品（方便面）中的油比纯净的油易氧化。因而可采取排除氧气，采用真空或充氮包装和使用透气性低的包装材料来防止含油脂食品的氧化变质。

③ 温度。一般温度增加，油脂的氧化速率提高，这是因为温度提高有利于自由基的生成，又能促进氢过氧化物的分解和聚合。另外温度升高，氧在油脂或水中的溶解度会下降。

饱和脂肪酸在室温下稳定，但是在高温下会发生氧化。如猪油中饱和脂肪酸含量通常比植物油高，但货架期却比植物油短，这是由于猪油一般经过熬炼而得，经历了高温阶段，引发了游离基所致的；而植物油是在不太高的温度下用有机溶剂萃取而得的，稳定性比猪油好。因此油脂加工时的温度条件也能影响其以后的加工和贮藏特性。

④ 水分。水分特别是水分活度对油脂氧化速率的影响很大，水分活度过高或过低时，氧化速率都很高。总的趋势是当水分活度在0.33时，油脂的氧化反应速率最慢。随着水分活度的降低和升高，油脂氧化的速率均有所增加。

⑤ 金属离子。凡具有合适氧化还原电位的二价或多价过渡金属（如铝、铜、铁、锰与镍等）都可促进自氧化反应，即使浓度低至0.1mg/kg，它们仍能缩短诱导期和提高氧化速

率。不同金属对油脂氧化反应催化作用的强弱是：铜＞铁＞铬、钴、锌、铅＞钙、镁＞铝、锡＞不锈钢＞银。

食品中的金属离子主要来源于加工、贮藏过程中所用的金属设备，因而在油的制取、精制与贮藏中，最好选用不锈钢材料或高品质塑料。

⑥ 光敏剂。如前所述，这是一类能够接受光能并把该能量转给分子氧的物质，大多数为有色物质，如叶绿素与血红素。与油脂共存的光敏剂可使其周围产生过量的 $^1O_2$ 而导致氧化加快。动物脂肪中含有较多的血红素，可促进氧化；植物油中因为含有叶绿素，同样也可促进氧化。

⑦ 光和射线。可见光线、不可见光线（紫外线）和 γ 射线是有效的氧化促进剂，这主要是由于光和射线不仅能够促进氢过氧化物分解，而且还能把未氧化的脂肪酸引发为自由基，其中以紫外线和 γ 射线辐照能最强，因此，油脂和含油脂的食品宜用有色或遮光容器包装。

⑧ 抗氧化剂。抗氧化剂，即能防止或抑制油脂氧化反应的物质。这类物质可以通过不同方式发挥作用，根据抗氧化机理可将其分为：自由基清除剂，为酚类抗氧化剂，可使形成低活性的自由基；氢过氧化物分解剂，为含硫或含硒化合物，可分解氢过氧化物形成非自由基产物；抗氧化剂增效剂，能够提高抗氧化剂的抗氧化效率，如柠檬酸、磷酸、维生素 C、EDTA 等；单线态氧淬灭剂，如维生素 E、β-胡萝卜素等；脂肪氧合酶抑制剂，如重金属等。

⑨ 酶。牛奶、奶油、干果中存在脂酶（酯水解酶），脂酶可增加游离脂肪酸的含量，间接促进自动氧化，特别是少数食品中的这种酶在 $-29^\circ C$ 仍有活性；脂肪氧合酶可催化亚油酸、亚麻酸、花生四烯酸等氧化，而且在低温下有活力，故大豆、青豆等含此酶的食品不经热烫钝化酶，在长期冷冻保存时会引起品质下降。

由此可见，为了防止油脂的氧化酸败，提高油脂稳定性，可采取的措施有低温、避光、精炼、去氧包装、加入抗氧化剂和增效剂等。

(4) 食品热加工过程中油脂的变化　油脂或含油脂食品在加工中常常遇到高温处理，如油炸烹调、烘烤等。油脂经长时间的加热，特别是高温加热，会发生许多不良的化学变化（如分解、聚合、缩合、水解、氧化反应等），表现为黏度增高、碘值下降、酸价增高、发烟点降低、泡沫量增大、折射率改变、刺激性气味产生、营养价值下降等。

① 油脂热分解。油脂在高温作用下分解而产生烃类、酸类、酮类等小分子物质的反应称为油脂热分解。温度低于 $260^\circ C$ 时不严重，$290\sim300^\circ C$ 时开始剧烈发生分解，受热 $350^\circ C$ 以上分解更明显。Fe^{2+} 等可催化热分解的发生，热分解后，油脂劣变，丧失营养价值甚至有毒。主要品质变化包括：EFA 和脂溶性维生素减少，营养价值下降；有毒物质（如己二烯环状化合物等）增加；油脂颜色加深，发烟点下降（分解产物易挥发）。

饱和脂肪与非饱和脂肪均可发生热分解，热分解又可分为氧化热分解和非氧化热分解。饱和脂肪在常温下较稳定，在很高温度下加热才会进行大量的非氧化分解，因此，在 $200\sim700^\circ C$ 加热饱和三酰甘油和脂肪酸甲酯，能检出所生成的分解产物，主要包括烃、酸和酮。饱和脂肪在高温及有氧存在时发生氧化分解生成氢过氧化物，氢过氧化物进一步分解成酮、醛、烃等化合物。饱和脂肪的非氧化热分解反应如下：

$$\begin{array}{c}CH_2OCR\\ |\\ CHOOCR\\ |\\ CH_2OOCR\end{array} \longrightarrow \begin{array}{c}CH_3\\ |\\ CO\\ |\\ CH_2OOCR\end{array} + \begin{array}{c}O\quad\quad O\\ \|\quad\quad\|\\ R-C-O-C-R\end{array}$$

2-羰基丙酯　　　　　　酸酐

模块四　脂类化学

55

$$\begin{array}{c}CH_3 \\ | \\ CO \\ | \\ CH_2OOCR\end{array} \longrightarrow RCOOH + \begin{array}{c}CHO \\ | \\ CH \\ | \\ CH_2\end{array}$$

2-羰基丙酯　　　　　　n个碳的脂肪酸　　丙烯醛

$$R-\overset{O}{\underset{\|}{C}}-O-\overset{O}{\underset{\|}{C}}-R \longrightarrow R-\overset{O}{\underset{\|}{C}}-R + CO_2$$

不饱和脂肪在隔氧条件下加热，主要生成二聚体，此外还生成一些低分子量的物质。不饱和脂肪的氧化热分解反应与低温下的自动氧化反应的主要途径是相同的，根据双键的位置可以预示氢过氧化物中间物的生成与分解，但高温下氢过氧化物的分解速率更快。

② 油脂热聚合。油脂在真空、充二氧化碳或氮气等无氧条件下加热至 200～300℃时发生的聚合反应称为热聚合，为非氧化热聚合。

非氧化热聚合的机理为狄尔斯-阿德耳（Diels-Alder）加成反应：多烯化合物之间加成，生成四取代环己烯化合物。油脂分子内部、油脂分子之间均可发生非氧化热聚合。热聚合可发生在一个酰基甘油分子中的两个酰基之间，形成分子内的环状聚合物，也可以发生在两个酰基甘油分子之间。

油脂的热氧化聚合，是在 200～230℃有氧存在条件下发生的，如甘油酯分子在双键的 α-碳上均裂产生游离基（脱氢），游离基之间结合而生成二聚体。有些聚合物是有毒成分，可与体内某些酶结合而使酶失活引起生理异常。油炸鱼虾时出现的泡沫也是一种二聚物。一般油脂热氧化聚合的反应速率：干性油＞半干性油＞不干性油。

在食品加工和餐馆的油炸操作中，由于加工不当，油脂长时间高温加热和反复冷却后再加热使用，致使油脂颜色越来越深，并且越变越稠，这种黏度的增加即与油脂的热聚合物含量有关。据检测，经食品加工后抛弃的油脂中常含有高达 25％以上的多聚物。

③ 油脂热缩合。油脂的热缩合是指在高温下油脂先发生部分水解后又缩合脱水而形成分子量较大的化合物的过程。

高温特别是油炸温度下，食品中水分进入油中，这个过程相当于水蒸气蒸馏而将食品油中的挥发性成分赶走，而油脂本身发生水解，水解产物再缩合生成大的醚型化合物（环氧化合物）。

油脂在高温下发生的反应，不全是负面的，油炸食品中香气的形成与油脂在高温下的某些反应产物有关，通常油炸食品香气的主要成分是羰基化合物（烯醛类）。如将三亚油酸甘油酯加热到 185℃，每 30min 通 2min 水蒸气，加热 72h，从其挥发性成分中发现有 5 种直链 2,4-二烯醛和内酯，呈现油炸食品特有的香气。然而，油脂在高温下的过度反应，对于油脂的品质、营养价值均是十分不利的。在食品加工工艺中，一般宜将油脂的加热温度控制在 150℃以下。

（5）油炸用油的化学变化　与其他食品加工或处理方法相比，油炸引起脂肪的化学变化是最大的，而且在油炸过程中，食品吸收了大量的脂肪，可达产品重的 5％～40％（如油炸马铃薯片的含油量可达 36％）。油炸用油在油炸过程中发生了一系列变化，如：

a. 水连续地从食品中释放到热油中。这个过程相当于蒸汽蒸馏，并将油中挥发性氧化产物带走，释放的水分也起到搅拌油和加速水解的作用，并在油的表面形成蒸汽层，从而可以减少氧化作用所需的氧气量。

b. 在油炸过程中，由于食品自身或食品与油之间相互作用产生一些挥发性物质，例如，马铃薯油炸过程中产生硫化合物和吡嗪衍生物。

c. 食品自身也能释放一些内在的油脂（例如鸡、鸭的脂肪）进入到油炸用油中，因此，新的混合物的氧化稳定性与原有的油炸用油就大不相同，食品的存在加速了油变暗的速度。

① 油炸用油的性质。在油炸过程中，可产生下列各类化合物：

a. 挥发性物质。在油炸过程中，包括氢过氧化物的形成和分解的氧化反应，产生诸如饱和与不饱和醛类、酮类、内酯类、醇类、酸类以及酯类这样的化合物。油在 $180℃$ 并有空气存在情况下加热 $30min$，由气相色谱可检测到主要的挥发性氧化产物。虽然所产生的挥发性产物的量随油的类型、食品类型以及热处理方法不同会有很大的差异，但它们一般会达到一个平衡值，这可能是因为挥发性物质的生成和由于蒸发或分解所造成的损失达到了平衡。

b. 中等挥发性的非聚合的极性化合物。例如羟基酸和环氧酸，这些化合物是由各种自由基的氧化途径产生的。

c. 二聚物和多聚甘油酯。这些化合物是由自由基的热氧化聚合产生的，造成了油炸用油的黏度显著提高。

d. 游离脂肪酸。游离脂肪酸是在高温加热与水存在条件下由三酰甘油水解生成的。

上述这些反应是在油炸过程中观察到的各种物理变化和化学变化的原因。这些变化包括了黏度和游离脂肪酸的增加、颜色变暗、碘值降低、表面张力减小、折射率改变以及易形成泡沫。

② 油炸用油质量的评价。测定脂肪氧化的一些方法通常也可用于监控油炸过程中油的热分解和氧化分解。此外，黏度、游离脂肪酸、感官质量、发烟点、聚合物生成以及特殊的降解产物等测定技术也不同程度地得到应用。另外，已研发了一些特别的方法用于评定使用过的油炸用油的化学性质，其中有些方法需要标准的实验仪器，而有些方法需要进行专门测定。

a. 石油醚不溶物。德国研发了这个方法，后来由德国脂肪研究学会作了推荐。如果石油醚不溶物为 0.7%，发烟点 $<170℃$，或者石油醚不溶物为 1.0%，不管发烟点是多少，那么，可以认为油炸用油已变质了。由于氧化产物部分溶于石油醚，因此，这个方法既花时间又不太准确。

b. 极性化合物。经加热的脂肪在硅胶柱上进行分级分离，使用石油醚-二乙醚混合物洗脱非极性馏分，极性馏分的质量分数可从总量与非极性馏分的差值计算得到，食用油允许的最大极性组分量为 27%。

c. 二聚酯。这个技术将油完全转化成相应的甲酯后采用气相色谱短柱进行分离和检测。可采用二聚酯的增加量作为热分解作用的量度。

d. 介电常数。可采用食用油传感器快速测定油的介电常数的变化。介电常数随着极性的增加而增加，极性增加意味着变质。介电常数代表了油炸用油中产生的极性和非极性组分间的净平衡，一般以极性部分增加为主，但两种组分间的净差值取决于许多因素，其中有一些与油的质量无关（例如水分）。

③ 油炸条件下的安全性。事实上，油炸过程中有些变化是需要的，它赋予油炸食品期望的感官质量。但是，由于对油炸条件未进行合适的控制，过度的分解作用将会破坏油炸食品的感官质量与营养价值。摄食经加热和氧化的脂肪而产生有害效应的可能性是一个极受关注的问题。经动物试验表明，喂食因加热而高度氧化的脂肪，动物也会产生各种有害效应。有报道称氧化聚合产生的极性二聚物是有毒的，而无氧热聚合生成的环状酯也是有毒的。用长时间加热的油炸用油喂养大白鼠，导致大白鼠食欲降低、生长缓慢和肝脏肿大。经检验，长时间高温油炸薯条、鱼片的油和其他反复使用的油炸用油，具有显著的致癌性。

尽管目前已确定脂肪经过高温加热和氧化能产生有毒物质，但是使用高质量的油和遵循推荐的加工方法，适度地食用油炸食品不会对健康造成明显的危害。

(6) 油脂品质鉴评 由于油脂的脂肪酸分析及三酰甘油分布类型的测定是比较复杂的，为了能简单快速地鉴别油脂的种类与品质，很多基本的理化分析值是很有参考价值的。

① 酸价。酸价（acid value，AV）是中和 1g 油脂中游离脂肪酸所需的氢氧化钾的量（mg）。新鲜油脂的酸价很小，但随着贮藏期的延长和油脂的酸败，酸价增大。酸价的大小可直接说明油脂的新鲜度和质量好坏，所以酸价是检验油脂质量的重要指标。我国食品卫生标准规定，食用植物油的酸价不得超过 5mg/g。

② 皂化值。1g 油脂完全皂化时所需 KOH 的量（mg）称皂化值（saponify value，SV）。皂化值的大小与油脂的平均分子量成反比，皂化值高的油脂熔点较低，易消化，一般油脂的皂化值在 200mg/g 左右。制皂业根据油脂的皂化值的大小，可以确定合理的用碱量和配方。

③ 碘值。100g 油脂吸收碘的量（g）叫作碘值（iodine value，IV）。通过碘值可以判断油脂中脂肪酸的不饱和程度，油脂中双键越多，碘值越大，如油酸的碘值为 89g/100g，亚油酸的碘值为 181g/100g，亚麻酸则为 273g/100g。各种油脂有特定的碘值，如猪油的碘值为 55～70g/100g。一般动物脂的碘值较小，植物油碘值较大。另外，根据碘值的大小可把油脂分为：干性油（IV＝180～190g/100g，至少＞130g/100g）、半干性油（IV＝100～130g/100g）、不干性油（IV＜100g/100g）。

④ 过氧化值。过氧化值（peroxidation value，POV）是指 1kg 油脂中所含氢过氧化物的物质的量（mmol）。氢过氧化物是油脂氧化的主要初级产物，在油脂氧化初期，POV 随氧化程度加深而增高。而当油脂深度氧化时，氢过氧化物的分解速率超过了氢过氧化物的生成速率，这时 POV 会降低，所以 POV 宜用于衡量油脂氧化初期的氧化程度。POV 常用碘量法测定：

将被测油脂与碘化钾反应生成游离碘，反应式如下：

$$ROOH + 2KI \longrightarrow ROH + I_2 + K_2O$$

生成的碘再用硫代硫酸钠（$Na_2S_2O_3$）标准溶液滴定，以消耗硫代硫酸钠的物质的量（mmol）来确定氢过氧化物的物质的量（mmol）。

$$I_2 + 2Na_2S_2O_3 \longrightarrow 2NaI + Na_2S_4O_6$$

一般新鲜的精制油 POV 低于 1mmol/kg。POV 升高，表示油脂开始氧化。POV 达到一定值时，油脂产生明显异味，成为劣质油，该值一般定为 20mmol/kg，但不同的油有一些差别，如人造奶油为 60mmol/kg。故在检查油脂氧化变质的实验中，有的把变质的标准定为 20mmol/kg，有的定为 70mmol/kg，但一般过氧化值超过 70mmol/kg 时表明油脂已进入氧化显著阶段。

(7) 油脂的乳化和乳化剂 使互不相溶的两种液体（如油与水）中的一种呈微滴状分散于另一种液体中称为乳化，其中量多的液体称为连续相，量少的则称为分散相。能使互不相溶的两相中的一相分散于另一相中的物质称为乳化剂。油、水本互不相溶，但在一定条件下，两者却可以形成介稳态的乳浊液。乳状液（即乳浊液）一般是由两种不互溶的液相组成的分散体系。其中一相以直径 0.1～50μm 的液滴分散在另一相中，以液滴或液晶的形式存在的液相称为"内"相或分散相，使液滴或液晶分散的相称为"外"相或连续相。随着分散相和连续相种类的不同，油脂的乳浊液可分为水包油型（O/W，水为连续相）、油包水型（W/O，油为连续相），如：牛奶、乳脂（鲜奶油）、蛋黄酱、色拉调味汁、冰淇淋和蛋糕奶油属 O/W 型乳状液，而黄油和人造奶油为 W/O 型乳状液。

乳化剂是分子中同时有亲水性（极性）基团及亲油性（非极性）基团的分子。当油与乳化剂及水放在一起用机械方法振荡时，其中量少的一相即分散成细滴，而乳化剂从亲油性基团的一端伸到油内，以亲水的一端伸到水内，由于同性相斥，这些微滴间的斥力比它们相互间的引力要大，所以它们不会聚集分层，而是形成了稳定的乳浊液。

食品加工中常利用乳化剂控制脂肪球聚集，提高乳状液的稳定性；在焙烤食品中，乳化剂能够保持软度，防止"老化"，并通过与面筋蛋白相互作用，起到强化面团的作用；此外，乳化剂还可控制脂肪结晶和改善以脂类为基质产品的稠度。

食品工业中常见的乳化剂如下：

① 硬脂酸单甘酯，适用于 W/O 及 O/W 两种类型的乳化，常用于加工人造黄油、快餐食品、低热量涂布料、松软的冷冻甜食和食用面糊等产品。

② 卵磷脂，大豆卵磷脂和蛋黄中的磷脂是天然乳化剂，主要促使形成 O/W 型乳状液。蛋黄含 10% 的磷脂，可用作蛋黄酱、色拉调味汁和蛋糕乳状液的稳定剂。商品大豆卵磷脂是一种磷脂的混合物，包含有大约等量的磷脂酰胆碱（卵磷脂，PC）和磷脂酰乙醇胺（脑磷脂，PE），以及部分磷脂酰肌醇及磷脂酰丝氨酸。粗卵磷脂一般含有少量甘油三酯、脂肪酸、色素、碳水化合物以及甾醇（即固醇）。卵磷脂在冰淇淋、蛋糕、糖果和人造奶油等加工工业中用作乳化剂，添加量一般为 0.1%～0.3%。商品卵磷脂是油脂加工的副产品，根据在乙醇中溶解度不同的分级结晶原理可以得到含不同磷脂组成和不同 HLB（亲水亲油平衡）特性的卵磷脂乳化剂。

三、油脂的加工化学

油脂的加工化学包括油脂的精炼、油脂的改性等工艺过程，其中油脂的改性方法有氢化、酯交换等。

油脂的加工化学

1. 油脂的精炼

在油脂工业中，以压榨法、浸出法、熬炼法、机械分离法制取得到的未经精炼的动物、植物油脂，称为粗脂肪，俗称毛油。毛油的主要成分是甘油三酯，俗称中性油。此外，毛油中还存在多种非甘油三酯的成分，如磷脂、色素、水分、蛋白质、游离脂肪酸、糖类及有异味的杂质，这些杂质对油脂的风味、外观、品质、稳定性等都是不利的。对毛油进行精炼可改善油脂风味、色泽，增强油脂储藏稳定性。油脂的精炼包括沉降、脱胶、脱酸、脱色、脱臭、脱蜡等工序。

（1）**沉降**　油脂静置沉降，用过滤法或离心法等可除去油脂中的水分、蛋白质、磷脂和糖类等杂质。

（2）**脱胶**　应用物理、化学或物理化学的方法脱除毛油中胶溶性杂质的工艺过程称为脱胶。粗油中若磷脂含量高，加热时易起泡、冒烟、有臭味，且磷脂在高温下会因氧化而使油脂呈焦褐色，影响煎炸食品的风味。油脂胶溶性杂质还会影响油脂精炼和深度加工的工艺效果：油脂在碱炼过程中，胶溶性杂质会促使乳化，增加操作难度，增大炼耗和辅助剂的耗用量，并使皂脚质量降低；在脱色过程中，胶溶性杂质会增大吸附剂耗用量，降低脱色效果。脱胶的基本方法有水化脱胶、酸炼脱胶、吸附脱胶、热聚脱胶及化学试剂脱胶等，油脂工业上应用最为普遍的是水化脱胶和酸炼脱胶。而食用油脂的精制多采用水化脱胶，强酸酸炼脱胶则用于工业用油的精制。

水化脱胶是利用磷脂等胶溶性杂质的亲水性，将一定量的热水或稀碱、食盐、磷酸等电解质水溶液，在搅拌下加入热的毛油中，使其中的胶溶性杂质吸水凝聚，然后沉降分离的一种油脂脱胶方法。在水化脱胶过程中，能被凝聚沉降的物质以磷脂为主，此外还有与磷脂结合在一起的蛋白质、糖基甘油二酯、黏液质和微量金属离子等杂质。

(3) 脱酸 未经精炼的各种毛油中，均含有一定数量的游离脂肪酸，游离脂肪酸尤其在高水分条件下，对油脂保存十分不利，这样会使得游离酸含量升高，并降低油脂的质量，使油脂的食用品质恶化。脱除油脂中游离脂肪酸的过程称为脱酸。脱酸的方法有碱炼法、蒸馏法、溶剂萃取法及酯化法等，其中应用最广泛的为碱炼法。

碱炼法是用碱中和油脂中的游离脂肪酸，使形成脂肪酸盐（皂脚）并从油中沉降分离的精炼方法。生成的皂脚为表面活性剂，可将相当数量的其他杂质（如蛋白质、黏液质、色素、磷脂及带有羟基和酚基的物质）也带入沉降物，甚至悬浮固体杂质也可被絮状皂团携带下来。因此，碱炼具有脱酸、脱胶、脱固体杂质和脱色素等综合作用。

(4) 脱色 植物油中的色素成分复杂，主要包括叶绿素、胡萝卜素、黄酮色素、花色素等，这些色素通常使油脂呈黄赤色。叶绿素是光敏剂，影响油脂的稳定性，同时也影响油脂的外观。油脂脱色的方法很多，工业生产中应用最广泛的是吸附脱色法。吸附脱色法原理是利用吸附力强的吸附剂在热油中能吸附色素及其他杂质的特性，在过滤去除吸附剂的同时也把被吸附的色素及杂质除掉，从而达到脱色净化的目的。经过吸附剂处理的油脂，不仅达到了改善油色、脱除胶质的目的，而且还能有效地脱除油脂中一些微量金属离子和一些能引起氢化催化剂中毒的物质，从而为油脂的进一步精炼（氢化、脱臭）提供了良好的条件。

常用吸附剂有漂土、活性白土、活性炭、凹凸棒土。漂土，也名膨润土，多呈白色或灰白色，天然漂土的脱色系数较低，对叶绿素的脱色能力较差，吸油率也较大。活性白土，是以膨润土为原料，经过人工化学处理加工而成的一种具有较高活性的吸附剂，对于色素及胶态物质的吸附能力较强，特别是对于一些碱性原子团或极性基团具有更强的吸附能力。活性炭，具有疏松的孔隙，比表面积大，脱色系数高，并具有疏水性，能吸附高分子物质，对蓝色和绿色色素的脱除特别有效，对气体、农药残毒等也有较强的吸附能力，但价格昂贵，吸油率较高，常与漂土或活性白土混合使用。凹凸棒土，是一种富镁纤维状土，主要成分为二氧化硅，土质细腻，具有较好的脱色效果，吸油率也较低，过滤性能较好。

(5) 脱臭 通常将油脂中所带的各种气味统称为臭味，这些气味有些是天然的，但多半是油脂氧化产生的。纯净的甘油三酯是没有气味的。引起油脂臭味的主要组分有低分子的醛、酮、游离脂肪酸、不饱和碳氢化合物等。油脂的脱臭是利用油脂中臭味物质与甘油三酯挥发度的差异，在高温和高真空条件下借助水蒸气蒸馏脱除臭味物质的工艺过程。脱臭的方法有真空汽提法、气体吹入法、加氢法等。最常用的是真空汽提法，即采用高真空、高温结合直接蒸汽汽提等措施将油中的气体成分蒸馏除去。

精炼可以使油脂的品质无论是色泽、风味还是稳定性都明显提高，还能有效地清除油脂中某些毒性物质，如花生油中可能存在的污染物黄曲霉毒素及棉籽油中的棉酚。但精炼同时也会造成脂溶性维生素（如维生素A、维生素E、类胡萝卜素）的损失；一些天然抗氧化物也会有损失。

2. 油脂的氢化

绝大多数油脂的性质很不稳定，在空气中容易氧化变质产生醛酮等对人体有害的物质。有些油脂熔点低，常温下呈液体状态，也不适宜于食品加工、制皂等工业生产。在镍、铂等催化剂的作用下，油脂上不饱和脂肪酸的双键在高温下与氢气发生加成反应，使油脂不饱和度降低，从而把在室温下呈液态的油变成固态的脂，这种过程称为油脂的氢化。氢化后的油脂，碘值下降，熔点上升，固体脂数量增加，被称为氢化油或硬化油。

油脂的氢化必须在有催化剂的条件下进行，工艺上用的催化剂基本上由镍所组成，少量的铜、氧化铝、锆及其他物质也可掺入镍中起助催化剂的作用。大多采用由一种或多种金属经特殊方法制成的粉状催化剂，这些金属粉常用高度多孔的惰性耐热材料（如硅藻土）作载体。在氢化过程中催化剂悬浮于油中，氢化后经过滤除去。

根据油脂加氢程度的不同，又分为轻度氢化（选择性氢化）和深度（极度）氢化。选择性氢化是指在氢化反应中，采用适当的温度、压力、搅拌速度和催化剂，使油脂中各种脂肪酸的反应速率具有一定的选择性的氢化过程。选择性氢化主要用来制取食用油脂深加工产品的原料脂肪，如用于制取起酥油、人造奶油、代可可脂等的原料脂肪，产品要求有适当碘值、熔点、固体脂指数和气味。极度氢化是指通过加氢，将油脂分子中的不饱和脂肪酸全部转变成饱和脂肪酸的氢化过程。极度氢化主要用于制取工业用油，其产品碘值低，熔点高，质量指标主要是要求达到一定的熔点。因此，极度氢化时温度、压力可较高，催化剂用量亦多一些。

油脂氢化是多相催化反应。反应物有三相：油脂—液相，氢气—气相，催化剂—固相。固相催化剂分散在液相油脂中，通入氢气，在温度为 $180 \sim 220℃$、压力为常压及搅拌的条件下进行双键加氢反应。反应式可简写如下：

$$—CH{=}CH+H_2 \longrightarrow —CH_2—CH_2—$$

表面看来反应很简单，实际上该反应很复杂，氢化产物也十分复杂。油脂氢化具有重要的工业意义。对食用油脂的加工，氢化可变液态油为半固态脂、塑性脂，以适应人造奶油、起酥油、煎炸油及代可可脂等的生产需要。氢化还可以提高油脂的抗氧化稳定性及改善油脂色泽等。如含有不愉快气味的鱼油经过氢化后，臭味消失，颜色变浅，稳定性增加，风味改善，油的质量提高，便于运输和贮存。此外，氢化还可改善油脂的性质，如猪油进行氢化后，可改善稠度和稳定性。

但是油脂氢化后，多不饱和脂肪酸含量下降，脂溶性维生素（如类胡萝卜素及维生素A）被破坏，而且还伴随双键的位移和反式异构体（即反式脂肪酸）的产生。

许多流行病学调查或者动物实验研究发现反式脂肪酸对心血管健康的影响很大。反式脂肪酸会增加血液中低密度脂蛋白胆固醇含量，同时还会减少可预防心脏病的高密度脂蛋白胆固醇含量，增加患冠心病的危险。反式脂肪酸导致心血管疾病的概率是饱和脂肪酸的 $3 \sim 5$ 倍，反式脂肪酸还会增加人体血液的黏稠度，易导致血栓形成。此外，反式脂肪酸还会诱发肿瘤、哮喘、Ⅱ型糖尿病、过敏等病症。反式脂肪酸对生长发育期的婴幼儿和成长中的青少年也有不良影响。人们食用的反式脂肪酸主要存在于奶油类、煎炸类、烘烤类和速溶类等食品中，如炸薯条、炸猪排、烤面包、西式奶油糕点及饼干等食品。

3. 油脂的酯交换

油脂的物理特性（如结晶特性、熔点等），不仅依赖于组成它的脂肪酸的链长和不饱和度，还受到脂肪酸在分子中分布的影响。而通过酯交换可以改变脂肪酸分布模式，提高油脂的稠度和适用性。如猪油的结晶颗粒大，口感粗糙，不利于产品的稠度，也不适于用在糕点制品上。但经酯交换后，改性猪油可结晶成细小颗粒，稠度得到改善，熔点和黏度降低，适合于作为人造奶油和糖果用油。

酯交换是指酯和酸（酸解）、酯和醇（醇解）或酯和酯（酯基转移）之间发生的酰基交换反应，它包括在一种三酰甘油分子内的酯交换和不同分子间的酯交换。

如果一种脂肪只含 A 和 B 两种脂肪酸，根据概率法则，可能有八种三酰甘油分子（n^3）（图 1-4-3）。

不论这两种酸在原来脂肪的三酰甘油分子中怎样分布，例如 AAA、BBB、ABB、ABA

A A A A B B B B
├─A ├─A ├─B ├─B ├─A ├─A ├─B ├─B
└─A └─B └─A └─B └─A └─B └─A └─B

图 1-4-3   可能的八种三酰甘油分子

或 BBA，但在酯交换反应中都可使脂肪酸在一种三酰甘油分子内和三酰甘油分子间进行"改组"，直至形成各种可能的结合形式并最终达到平衡。不同种类的甘油酯分子的比例取决于原来脂肪中每种脂肪酸的含量。

酯交换反应广泛应用在起酥油的生产中，直接用猪油加工成的起酥油，不但会出现粒状稠性，而且在焙烤中也会表现出不良性能。而将猪油酯交换后，得到的无规分布油脂可改善其塑性范围并可制成性能较好的起酥油。若在高温下定向酯交换，则可得到固体含量较高的产品，使其可塑性范围扩大。此外棕榈油定向酯交换后可制成浊点较低的色拉油。酯交换还用于生产稳定性高的人造黄油和熔化特性符合要求的硬质奶油，如将极度氢化棉籽油与橄榄油进行酯交换以分提制造硬质奶油。

四、类脂

类脂主要是指在结构或性质上与油脂相似的天然化合物，它们在动植物界中分布较广，种类也较多，主要包括蜡、磷脂、萜类和甾族化合物等。类脂即复合脂类，与单纯脂类、衍生脂类统称为广义脂类，是指除含脂肪酸和醇外，尚有其他非脂分子的成分。

类脂

1. 蜡

蜡是由高级脂肪酸与高级脂肪醇或固醇构成的酯，存在于许多海洋浮游生物中，也是某些动物羽毛、毛皮和植物的叶及果实的保护层。蜡在动植物油脂的加工过程中会溶入油脂中，如米糠毛油中含蜡量达到 2%～4%，对油脂的外观产生不良影响。由于不同动植物中脂肪醇与脂肪酸分子大小的差异，不同来源的蜡其理化特性有明显的差别，如蜂蜡的熔点为 60～70℃，大豆蜡为 78～79℃，葵花籽蜡为 79～81℃，中国虫蜡为 82～86℃。蜡的化学性质：稳定性强，不易变质，难于皂化。主要用途是制作蜡纸、防水剂、光泽剂、香脂等。

2. 磷脂和胆碱

磷脂普遍存在于生物体细胞质和细胞膜中，是含磷类脂的总称。磷脂按其分子结构可分为甘油磷脂和神经氨基醇磷脂两大类。甘油磷脂是磷脂酸的衍生物，常见的主要有卵磷脂、脑磷脂、丝氨酸磷脂和肌醇磷脂等。神经氨基醇磷脂的种类没有甘油磷脂多，其典型代表物是分布于细胞膜的鞘磷脂（又称神经鞘磷脂）。

在食品工业中甘油磷脂较重要。所有的甘油磷脂都含有极性头部（因此称为极性脂类）和 2 条烷烃尾巴。这些化合物的大小、形状以及它们极性头部含有醇的极性程度是彼此不同的，两个脂肪酸取代基也是不相同的，一般一个是饱和脂肪酸，另一个是不饱和脂肪酸。

（1）常见磷脂的结构与性能   磷脂的种类很多，常见磷脂的结构与主要性能如下：

① 磷脂酰胆碱，俗称卵磷脂，由于磷脂酰胆碱连接在甘油的 α 位上，因此又称 α-卵磷脂。其结构如图 1-4-4 所示。

卵磷脂广泛存在于动植物体内，在动物的脑、精液、肾上腺及细胞中含量尤多，以禽卵卵黄中的含量最为丰富，达干物质总重的 8%～10%。纯净的卵磷脂为白色膏状物，极易吸湿；氧化稳定性差，氧化后呈棕色，有难闻的气味；可溶于甲醇、苯、乙酸、醚、氯仿、四氯化碳及其他芳香烃等，不溶于丙酮和乙酸乙酯。卵磷脂是双亲性物质，故在食品工业中广

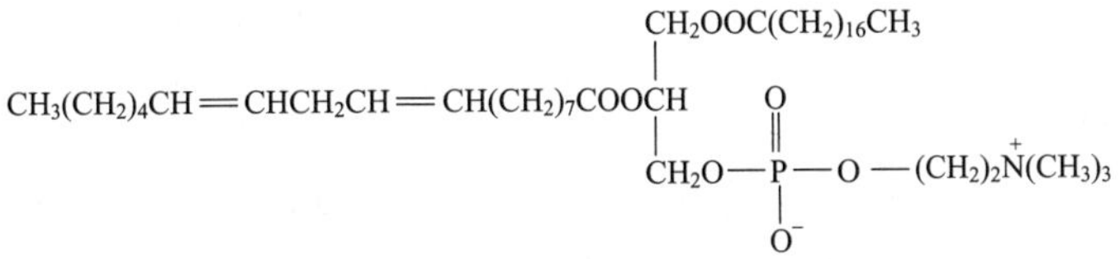

$$CH_3(CH_2)_4CH=CHCH_2CH=CH(CH_2)_7COOCH \begin{array}{c} CH_2OOC(CH_2)_{16}CH_3 \\ | \\ | \\ CH_2O-P-O-(CH_2)_2\overset{+}{N}(CH_3)_3 \\ \| \\ O^- \end{array}$$

图 1-4-4　磷脂酰胆碱的结构

泛用作乳化剂。卵磷脂被蛇毒磷酸酶水解，失去一分子脂肪酸后，因其具有溶解红细胞的性质，被称为溶血卵磷脂。

② 磷脂酰乙醇胺，俗称脑磷脂。脑磷脂最早是从动物的脑组织和神经组织中提取的，在心、肝及其他组织中也有，常与卵磷脂共存于组织中，以脑组织含量最多，约占脑干物质重的 4%～6%。脑磷脂与卵磷脂结构相似，只是以氨基乙醇代替了胆碱。脑磷脂同样是双亲性物质，但由于分布相对较少，很少用作乳化剂。脑磷脂与血液凝固机制有关，可加速血液凝固。其结构如图 1-4-5 所示。

③ 丝氨酸磷脂又称磷脂酰丝氨酸，是动物脑组织和红细胞中的重要类脂之一，是由磷脂酸与丝氨酸构成的磷脂。其结构如图 1-4-6 所示。

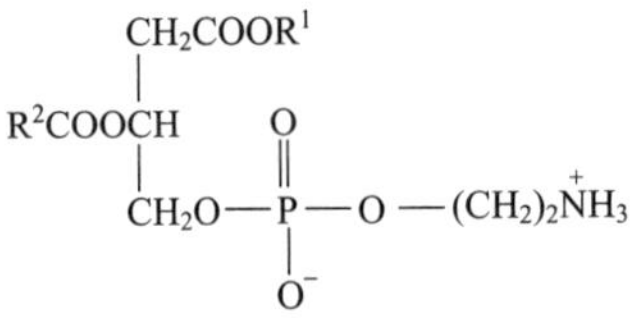

$$\begin{array}{c} CH_2COOR^1 \\ | \\ R^2COOCH \\ | \\ CH_2O-P-O-(CH_2)_2\overset{+}{NH_3} \\ \| \\ O^- \end{array}$$

图 1-4-5　磷脂酰乙醇胺的结构

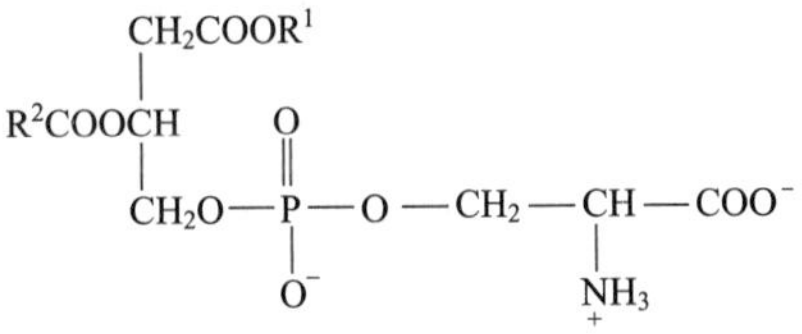

$$\begin{array}{c} CH_2COOR^1 \\ | \\ R^2COOCH \\ | \\ CH_2O-P-O-CH_2-CH-COO^- \\ \| \quad\quad\quad | \\ O^- \quad\quad \overset{+}{NH_3} \end{array}$$

图 1-4-6　丝氨酸磷脂的结构

④ 肌醇磷脂，又称磷脂酰肌醇，是磷脂酸与肌醇构成的磷脂，其结构见图 1-4-7。肌醇磷脂存在于多种动物、植物组织中，常与脑磷脂混合在一起。

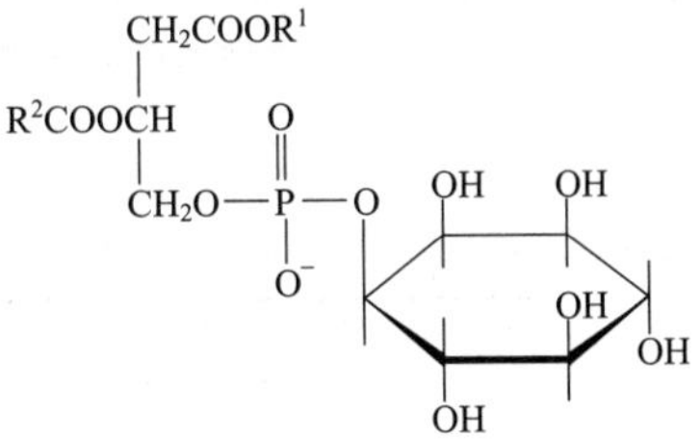

图 1-4-7　肌醇磷脂的结构

⑤ 神经鞘磷脂是一类非甘油磷脂，其结构见图 1-4-8，它是高等动物组织中含量最丰富的鞘脂类，是神经酰胺与磷酸连接，磷酸又与胆碱结合起来的产物。

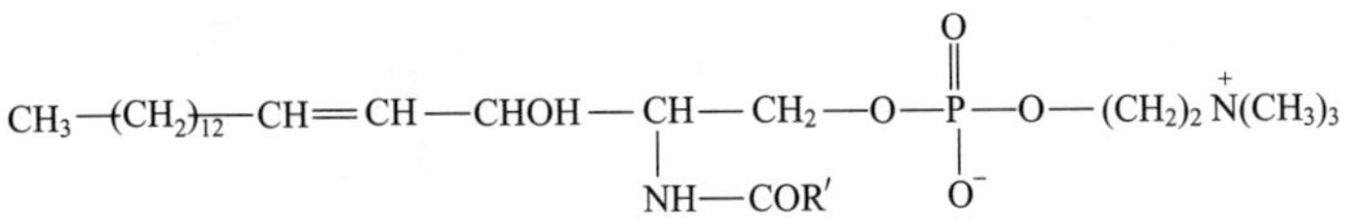

$$CH_3-(CH_2)_{12}-CH=CH-CHOH-CH-CH_2-O-P-O-(CH_2)_2\overset{+}{N}(CH_3)_3 \\ \begin{array}{cc} | & \| \\ NH-COR' & O^- \end{array}$$

图 1-4-8　神经鞘磷脂的结构

鞘脂类是所有的动物组织中重要的复杂类脂，但在植物与微生物中未发现过。神经氨基醇，不仅有 C_{18} 的，也有 C_{20} 的，脂肪酸是 C_{16}～C_{26} 的饱和的顺式一烯酸，个别的还有奇数碳的（C_{23}）。昆虫和淡水无脊椎动物中，存在着不是连接着胆碱而是氨基乙醇的鞘磷脂。

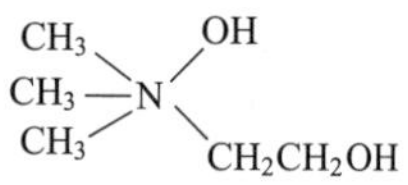

图 1-4-9　胆碱的结构

⑥ 胆碱（结构见图 1-4-9）是卵磷脂和鞘磷脂的组成部分，还是神经传递物质乙酰胆碱的前体物质，对细胞的生命活动有重要的调节作用。

（2）磷脂和胆碱的生理功能　磷脂是构成生物膜的重要组分，它使膜具有独特的性质和功能。磷脂还能修复自由基对膜造成的损伤，显示出抗衰老的作用。磷脂（特别是卵磷脂）有乳化性，能溶解血清胆固醇，清除血管壁上的沉积物，可防止动脉硬化等心血管病的发生。磷脂还能降低血液黏度，促进血液循环，改善血液供氧情况，延长红细胞的存活时间，加强造血功能，有利于减轻贫血症状。

各种神经细胞之间依靠乙酰胆碱来传递信息。食物中的磷脂被机体消化吸收后，释放出胆碱，随血液循环送至大脑，与乙酸结合成乙酰胆碱。当大脑中乙酰胆碱含量增加时，大脑细胞之间的信息传递加快，记忆和思维能力得到加强。胆碱对脂肪有亲和力，可促进脂肪以磷脂形式由肝脏输送至血液，因而可预防脂肪肝、肝硬化和肝炎等疾病。胆碱含有三个甲基，是体内甲基的一个重要来源，可促进体内的甲基代谢。

（3）食物中的磷脂　成熟种子含磷脂最多。植物油料含甘油磷脂最多的是大豆，其次是棉籽、菜籽、花生、葵花籽等，含量见表 1-4-4。另外一些种子含磷脂极少。据研究发现含蛋白质越丰富的油料，甘油磷脂的含量也越高。

表 1-4-4　各种种子中甘油磷脂的含量

种子	甘油磷脂（干基）/%	种子	甘油磷脂（干基）/%
大豆	1.6～2.5	菜籽	0.9～1.5
棉籽	1.8	花生	0.7
小麦	1.6～2.2	葵花籽	0.6
麦芽	1.3		

动物储存脂肪中，甘油磷脂含量极其稀少，而动物器官和肌肉脂肪中，含磷脂甚多，蛋黄中含有很多卵磷脂。表 1-4-5 是不同来源甘油磷脂中的磷脂酰胆碱（即卵磷脂）与磷脂酰乙醇胺（即脑磷脂）的含量。

表 1-4-5　不同来源甘油磷脂中磷脂酰胆碱和磷脂酰乙醇胺的含量　　　　　　单位：%

磷脂来源	磷脂酰胆碱	磷脂酰乙醇胺（包括磷脂酰肌醇）
大豆	35.0	65.0
花生	35.7	64.3
芝麻	52.2	47.8
棉籽	28.8	71.2
亚麻籽	36.2	63.8
葵花籽	38.5	61.5
鸡蛋黄	71.3	28.7
牛肝	49.0	51.0
牛肾	45.6	54.4

大豆磷脂是由卵磷脂、脑磷脂、肌醇磷脂和磷脂酸组成的，大豆毛油水化脱胶时分离出的油脚经进一步精制处理，可制取包括浓缩磷脂、混合磷脂、改性磷脂、分提磷脂和脱油磷

脂等不同品种的大豆磷脂产品，属公认安全产品。大豆磷脂由于具有乳化性、润湿性、胶体性质及生理性质，而被广泛应用于食品工业、饲料工业、化妆品工业、医药工业、塑料工业和纺织工业作乳化剂、分散剂、润湿剂、抗氧化剂、渗透剂等。

蛋黄磷脂的主要成分为卵磷脂、脑磷脂、溶血卵磷脂和神经鞘磷脂等。与大豆磷脂相比，蛋黄磷脂的特点是卵磷脂含量高，可达 $70\%\sim80\%$。蛋黄磷脂除具有磷脂的一般生理功能外，还能改善肺功能，尤其是新生儿的肺功能。蛋黄磷脂可用乙醇等有机溶剂从蛋黄中提取。

3. 甾醇

甾醇又叫固醇，是天然甾族化合物中的一大类，以环戊烷多氢菲为基本结构（图 1-4-10），环上有羟基的即为甾醇。动物、植物组织中都有甾醇，甾醇对动、植物的生命活动很重要。动物普遍含胆固醇，习惯上称为胆固醇脂肪酸酯，在生物化学中有重要的意义。植物很少含胆固醇，而含有豆甾醇、菜籽甾醇、菜油甾醇、谷甾醇等。麦角甾醇存在于菌类中。

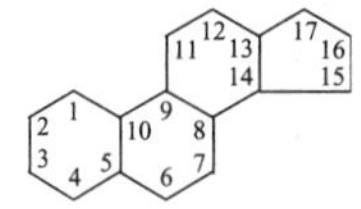

图 1-4-10　环戊烷多氢菲的结构 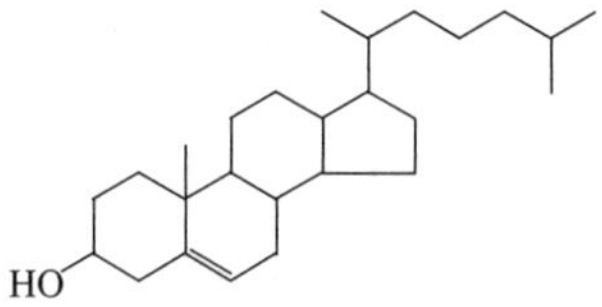　　　　　图 1-4-11　胆固醇的结构

胆固醇（图 1-4-11）以游离形式或以脂肪酸酯的形式存在，存在于动物的血液、脂肪、脑、神经组织、肝、肾上腺、细胞膜的脂类混合物和卵黄中。胆固醇可在人的胆道中沉积形成结石，并在血管壁上沉积，引起动脉硬化。胆固醇能被动物吸收利用，动物自身也能合成，人体内胆固醇含量太高或太低都对人体健康不利，但其生理功能尚未完全清楚。胆固醇不溶于水、稀酸及稀碱液中，不能皂化，在食品加工中几乎不受破坏。

4. 糖脂

糖与脂类以糖苷键相连形成的化合物称为糖脂。糖脂在生物体分布甚广，但含量较少，仅占脂类总量的一小部分。通常将不包括磷酸的鞘氨醇衍生物称为糖鞘脂类，糖鞘脂类分为中性糖鞘脂和酸性糖鞘脂两类，分别以脑苷脂和神经节苷脂为代表。脑苷脂由一个单糖与神经酰胺构成，占脑干重的 11%，各种脑苷脂的区别主要在于脂肪酸（二十四碳）不同。神经节苷脂是含唾液酸的糖鞘脂，有多个糖基，又称唾液酸糖鞘脂。其结构复杂，常用缩写表示，以 G 代表神经节苷脂，M、T、D 代表含有唾液酸残基的数目（1、2、3），用阿拉伯数字表示无唾液酸寡糖链的类型。

糖鞘脂是细胞膜的组分，其糖结构突出于质膜表面，与细胞识别和免疫有关。位于神经细胞的还与神经传递有关。神经节苷脂在脑灰质和胸腺中含量丰富，与神经冲动的传导有关。红细胞表面的神经节苷脂决定血型专一性。某些神经节苷脂是激素（促甲状腺素、绒毛膜促性腺激素等）、毒素（破伤风、霍乱毒素等）和干扰素等的受体。

思　考　题

1. 选择题

（1）油脂氧化的初级产物的形成途径不涉及激发态氧的是（　　）。

A. 自动氧化　　　　　B. 光敏氧化　　　　　C. 酶促氧化　　　　　D. 以上三项都不正确

（2）以下选项正确的是（　　）。

A. 反式构型比顺式构型容易氧化

B. 共轭双键结构比非共轭双键结构容易氧化

C. 游离脂肪酸比甘油酯的氧化速率低

D. 甘油酯中脂肪酸的规则分布有利于降低氧化速率

（3）下列脂肪酸中熔点最高的是（　　　）。

A. 月桂酸　　　　　　　B. 棕榈酸　　　　　　　C. 肉豆蔻酸　　　　　　D. 油酸

（4）抗氧化剂添加时应注意在油脂氧化发生的（　　　）时就及时加入。

A. 诱导期　　　　　　　B. 传播期　　　　　　　C. 终止期　　　　　　　D. 氧化酸败

（5）下列脂肪酸不属于必需脂肪酸的是（　　　）。

A. 亚油酸　　　　　　　B. 亚麻酸　　　　　　　C. 肉豆蔻酸　　　　　　D. 花生四烯酸

（6）下列脂肪酸中属于必需脂肪酸的是（　　　）。

A. 软脂酸　　　　　　　B. 亚油酸　　　　　　　C. 油酸　　　　　　　　D. 肉豆蔻酸

（7）油脂的化学特征值中，（　　　）的大小可直接说明油脂的新鲜度和质量好坏。

A. 酸价　　　　　　　　B. 皂化值　　　　　　　C. 碘值　　　　　　　　D. 二烯值

（8）动物油脂加工通常用（　　　）。

A. 熬炼法　　　　　　　B. 压榨法　　　　　　　C. 离心法　　　　　　　D. 萃取法

（9）植物油脂加工通常用（　　　）。

A. 熬炼法　　　　　　　B. 压榨法　　　　　　　C. 离心法　　　　　　　D. 萃取法

（10）以下食品中，（　　　）为 W/O 型食品；（　　　）为 O/W 型食品。

A. 牛乳　　　　　　　　B. 冰淇淋　　　　　　　C. 糕点面糊　　　　　　D. 人造奶油

（11）磷脂属于（　　　）。

A. 脂肪酸　　　　　　　B. 单脂质　　　　　　　C. 复合脂类　　　　　　D. 衍生脂类

（12）不属于脂类的元素组成的是（　　　）。

A. 碳　　　　　　　　　B. 氢　　　　　　　　　C. 氧　　　　　　　　　D. 硅

（13）脂肪的性质与其中所含（　　　）有很大关系。

A. 脂肪酸　　　　　　　B. 甘油　　　　　　　　C. 醛　　　　　　　　　D. 磷脂

（14）卵磷脂由磷脂酸与（　　　）结合而成。

A. 甘油　　　　　　　　B. 醇类　　　　　　　　C. 胆碱　　　　　　　　D. 羟基

2. 名词解释

油脂的氢化　固体脂肪指数（SFI）　油脂的酸价　油脂的碘值　皂化值　过氧化值（POV）

3. 判断题

（1）猪油的不饱和度比植物油低，故猪油可放置的时间比植物油长。（　　　）

（2）家畜脂肪组织中油脂熔点高，是因为 SFA 多。（　　　）

（3）天然油脂没有确定的熔点和凝固点，而仅有一定的温度范围。（　　　）

（4）天然存在的脂肪酸均是直链的，且碳原子为偶数。（　　　）

（5）牛奶是油包水型的乳浊液。（　　　）

（6）脂肪氧化与水活度的关系是：水活度越低，氧化速率越慢。（　　　）

（7）过氧化值（POV）是衡量油脂水解程度的指标。（　　　）

（8）酸价是衡量油脂氧化程度的指标。（　　　）

（9）油脂酸败一般酸价升高，碘价降低。（　　　）

（10）油脂中饱和脂肪酸不发生自动氧化。（　　　）

4. 填空题

（1）油脂在食品加工和贮藏期间，因空气中的_____、_____、_____、_____等的作用，产生令人不愉快的气味、苦涩味和一些有毒性的化合物，这些统称为酸败。

（2）天然油脂是甘油三酯的混合物，而且还混杂有少量的_____，无确切的_____和_____。

（3）碘价越_____，说明油脂中双键_____，氧化程度越_____。

（4）脂肪自动氧化是典型的_____反应历程，分为_____、_____和_____三步。油脂氧化主要的初级产物是_____。

（5）HLB 值越小，乳化剂的亲油性越_____；HLB 值越大，亲水性越_____。HLB＞8 时，促进_____；HLB＜6 时，促进_____。

（6）在油脂的热解中，平均分子量_____，黏度_____，碘值_____，POV_____。

（7）衡量油脂不饱和程度的指标是_____。

（8）衡量油脂的平均分子量的指标是_____。

（9）测量游离脂肪酸含量的指标是_____。

（10）过氧化值是指_____。它是衡量油脂氧化初期氧化程度的指标。因为_____是油脂氧化主要的初级产物，随着氧化程度进一步加深，_____，此时不能再用过氧化值衡量氧化程度。

5. 问答题

（1）试述油脂自动氧化历程和影响食品中脂类自动氧化的因素。

（2）油炸过程中油脂有哪些化学变化？

（3）油脂精炼的步骤和原理是什么？

（4）油脂改性的工艺有哪些？各达到什么目的？

模块五　蛋白质化学

学习目标

（1）了解氨基酸、必需氨基酸和常见活性肽以及蛋白质的结构、特点、理化性质和生物功能性质；

（2）掌握蛋白质的变性机理及其影响因素；

（3）掌握蛋白质在食品加工和贮藏中发生的物理化学变化和营养变化以及如何利用或防止这些变化；

（4）掌握蛋白质的提取、分离和测定方法。

素质目标

（1）倡导团队精神，提升制度自信与文化自信；

（2）以人工全合成牛胰岛素为切入点培养家国情怀，树立民族自信心与自豪感；

（3）进行人道主义伦理教育，增强食品安全意识；

（4）培养社会责任感和基本道德操守，提高职业素养。

蛋白质是生命的物质基础，是一切细胞和组织的重要组成成分。从最简单的病毒到复杂的人体，凡是生物体无不含有蛋白质。蛋白质的希腊名字（proteios）的本意是第一、最初，这也反映出它的重要性。如同成千上万个英文词汇是用 26 个字母拼成的一样，所有生物的蛋白质都是用 20 种氨基酸合成的，不同蛋白质所含氨基酸的数量、比例和排列顺序均不相同，因而其结构也不相同。要讨论蛋白质的结构和性质，首先要研究 α-氨基酸。

一、氨基酸

1. 氨基酸的分类、命名和构型

（1）分类　分子中含有氨基的羧酸叫氨基酸（amino acid）。根据氨基和羧基的相对位置，氨基酸可分为 α-氨基酸、β-氨基酸、γ-氨基酸、……、ω-氨基酸等。其中以 α-氨基酸最为重要，因为蛋白质水解所得氨基酸除个别外，全都是 α-氨基酸。氨基酸根据分子中所含氨基和羧基的数目分为中性氨基酸、酸性氨基酸和碱性氨基酸三类。所谓中性氨基酸是指分子中氨基和羧基数目相等的氨基酸，但氨基的碱性和羧基的酸性并不是恰好抵消的，并非真正的中性物质。分子中羧基的数目多于氨基呈现酸性的氨基酸叫酸性氨基酸。分子中氨基的数目多于羧基时呈现碱性的氨基酸叫碱性氨基酸。按照分子结构的特点，氨基酸可分为脂肪族氨基酸、芳香族氨基酸以及杂环氨基酸。根据营养特性，氨基酸分为必需氨基酸和非必需氨基酸，所谓必需氨基酸是指那些构成蛋白质的、但不能为人体所合成、必须经过食物摄取的氨基酸。营养学研究表明，如果缺乏这些氨基酸，人体就会发生某些疾病，即它们是生命的必需物质。人们可以从不同的食物中得到必需的氨基酸，但并不能从某一种食物中获得全部必需的氨基酸，因此人们的饮食就应多样化，这对人体的健康是必需且有好处的。

（2）命名　天然氨基酸大多根据其来源或性质采用俗名命名。例如，最初从蚕丝中获得的氨基酸称为丝氨酸；一种略具甜味的氨基酸叫甘氨酸。1975 年，IUPAC（国际理论和应用化学联合会）对 20 多种蛋白氨基酸逐一正式命名并规定了通用的缩写和碳架定位。缩写符号由其英文名的前三个字母组成。由蛋白质水解得到的 α-氨基酸见表 1-5-1。

表 1-5-1　由蛋白质水解得到的 α-氨基酸

氨基酸	符号	字母代号	汉文代号	结构式	等电点（pI）	熔点/℃
甘氨酸	Gly	G	甘	H—CH—COOH ∣ NH₂	5.97	292，分解
丙氨酸	Ala	A	丙	CH₃—CH—COOH ∣ NH₂	6.00	297，分解
缬氨酸*	Val	V	缬	(CH₃)₂CH—CH—COOH ∣ NH₂	5.96	315，分解
亮氨酸*	Leu	L	亮	(CH₃)₂CH—CH₂—CH—COOH ∣ NH₂	6.02	337，分解
异亮氨酸*	Ile	I	异亮	CH₃—CH₂—CH—CH—COOH ∣　　 ∣ CH₃　NH₂	5.98	285，分解
苯丙氨酸*	Phe	F	苯丙	C₆H₅—CH₂—CH—COOH ∣ NH₂	5.48	283，分解
丝氨酸	Ser	S	丝	HO—CH₂—CH—COOH ∣ NH₂	5.68	228，分解
苏氨酸*	Thr	T	苏	HO—CH—CH—COOH ∣　　 ∣ CH₃　NH₂	6.53	253，分解
酪氨酸	Tyr	Y	酪	HO—C₆H₄—CH₂—CH—COOH ∣ NH₂	5.66	342
半胱氨酸	Cys	C	半胱	HS—CH₂—CH—COOH ∣ NH₂	5.05	—

氨基酸	符号	字母代号	汉文代号	结构式	等电点(pI)	熔点/℃
胱氨酸	Cys-Cys	M	胱	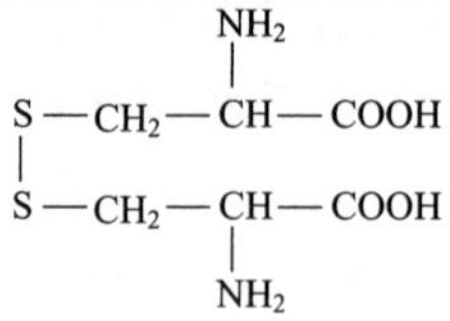 $\begin{array}{c} NH_2 \\ \mid \\ S-CH_2-CH-COOH \\ \mid \\ S-CH_2-CH-COOH \\ \mid \\ NH_2 \end{array}$	5.06	258
蛋氨酸 *	Met	W	蛋	$CH_3SCH_2CH_2CHCOOH$ 下 NH_2	5.74	283
色氨酸 *	Trp	K	色	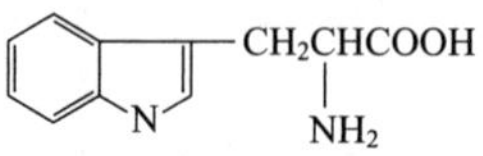 $CH_2CHCOOH$ 下 NH_2(吲哚环)	5.89	283
赖氨酸 *	Lys	R	赖	$H_2NCH_2(CH_2)_3CHCOOH$ 下 NH_2	9.74	224
精氨酸	Ary	H	精	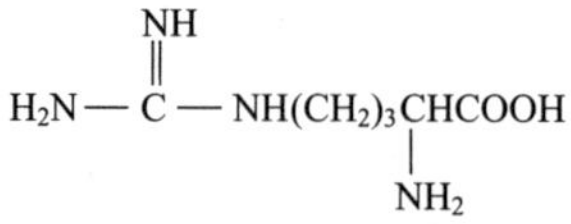 $\begin{array}{c} NH \\ \parallel \\ H_2N-C-NH(CH_2)_3CHCOOH \\ \mid \\ NH_2 \end{array}$	10.76	230~244,分解
组氨酸	His	H	组	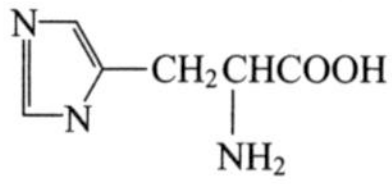 $CH_2CHCOOH$ 下 NH_2(咪唑环)	7.59	287
天冬氨酸	Asp	D	天冬(门)	$HOOC-CH_2-CH-COOH$ 下 NH_2	2.77	269
谷氨酸	Glu	E	谷	$HOOCCH_2CH_2CHCOOH$ 下 NH_2	3.22	247
天冬酰胺	Asn	N	门-NH₂	$H_2NCOCH_2CHCOOH$ 下 NH_2	5.41	236
谷氨酰胺	Gln	Q	谷-NH₂	$H_2NCOCH_2CH_2CHCOOH$ 下 NH_2	5.65	184
脯氨酸	Pro	P	脯	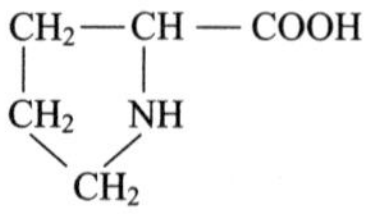 $\begin{array}{c} CH_2-CH-COOH \\ \mid \quad \mid \\ CH_2 \quad NH \\ \mid \quad / \\ CH_2 \end{array}$	6.30	220

注：带"＊"号的是人体必需氨基酸。

(3) 氨基酸的构型 氨基酸构型习惯用 D、L 标记，主要看 α 位手性碳，—NH₂ 在右为 D 型，—NH₂ 在左为 L 型。如图 1-5-1 所示为 L-丙氨酸。

自然界存在的氨基酸一般都是 α-氨基酸，而且是 L 型。

常见的氨基酸大约有 20 多种，但是组成蛋白质的氨基酸远不止 20 种，因为蛋白质在酶作用下水解，其中的氨基酸还会发生各种反应，水解后生成非典型的氨基酸。

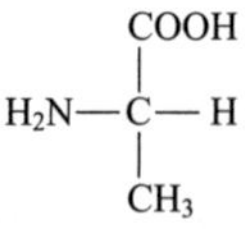

$$\begin{array}{c} COOH \\ \mid \\ H_2N-C-H \\ \mid \\ CH_3 \end{array}$$

图 1-5-1 L -丙氨酸

习惯上将组成蛋白质的氨基酸之外的其他氨基酸统称为非蛋白氨基酸，迄今发现的天然非蛋白氨基酸已超过 700 多种，它们广泛分布于植物、微生物和动物体内。D-氨基酸也属于非蛋白氨基酸。近年来在微生物产生的一些多肽抗生素和植物中也能分离到一些 D-氨基酸，其功能已经引起人们的注意。

2. 氨基酸的物理性质

α-氨基酸是难挥发的黏稠液体或无色晶体。固体氨基酸的熔点很高，并常常在熔融时分解。一般的氨基酸能溶于水，但是胱氨酸和酪氨酸在水中溶解度很小；氨基酸在盐酸溶液中都有一定的溶解度；氨基酸不溶于乙醚、丙酮、苯和氯仿等非极性有机溶剂；除脯氨酸和羟基脯氨酸之外，其余的 α-氨基酸都不溶于乙醇。除甘氨酸外，其他天然氨基酸都有旋光性。

α-氨基酸在固态或溶液中其红外光谱在 $1720cm^{-1}$ 处不呈现羧基典型谱带，而在 $1600\sim1500cm^{-1}$ 处有一羧酸负离子的吸收带，在 $3100\sim2600cm^{-1}$ 间有一强而宽的 N—H 伸缩吸收带。氨基酸的物理性质都显示出盐类化合物的特性，表 1-5-2 列出了常见的 α-氨基酸的物理常数。

表 1-5-2　常见的 α-氨基酸的物理常数

名称	溶解度(水,25℃)/(g/100g)	$[\alpha]_D^{25}$/(°)	pK_1	pK_2	pK_3	分解温度/℃
甘氨酸	25	—	2.35	9.78	—	233
丙氨酸	16.7	+8.5	2.35	9.87	—	297
丝氨酸	5.0	−6.8	2.19	9.44	—	288
半胱氨酸	—	+6.5	1.86	8.35	10.34	—
苏氨酸	易溶	−28.3	2.09	9.10	—	255
蛋氨酸	3.4	−8.2	2.17	9.27	—	280
缬氨酸	8.9	+13.9	2.29	9.72	—	315
亮氨酸	2.4	−10.8	2.33	9.74	—	293
异亮氨酸	4.1	+11.3	2.32	9.76	—	284
苯丙氨酸	3.0	−35.1	2.58	9.24	—	283
酪氨酸	0.04	−10.6	2.20	9.11	10.07	342
脯氨酸	162	−85.0	1.95	10.64	—	220
色氨酸	1.1	−31.5	2.43	9.44	—	289
天冬氨酸	0.54	+25.0	1.99	3.90	10.00	270
谷氨酸	0.86	+31.4	2.13	4.32	9.95	247
精氨酸	15	+12.5	1.82	8.99	13.20	244
赖氨酸	易溶	+14.6	2.16	9.20	10.80	225
组氨酸	4.2	−39.7	1.81	6.05	9.15	287

3. 氨基酸的化学性质

氨基酸具有氨基和羧基的典型性质，也具有氨基和羧基相互影响而产生的一些特殊性质。

(1) 氨基酸的两性　氨基酸在一般情况下不是以游离的羧基或氨基存在的，而是两性电离，在固态或水溶液中形成内盐。

当溶液调节至一定的 pH 时，氨基酸可以两性离子的形式存在，将此溶液置于电场中，氨基酸不向电场的任何一极移动，即处于电中性状态，这时溶液的 pH 称为氨基酸的等电点，常以 pI 表示。图 1-5-2 所示为不同 pH 条件下氨基酸的存在形式。

中性氨基酸的等电点小于 7 (负离子要多些)，一般在 5~6.3 之间；酸性氨基酸需加入

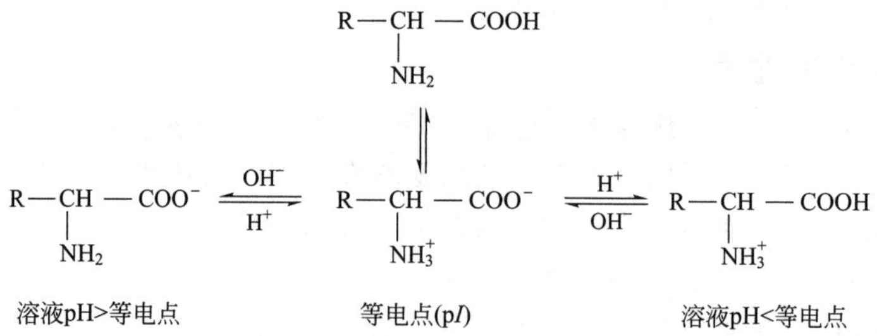

$$R-\underset{\underset{NH_2}{|}}{CH}-COOH$$

$$R-\underset{\underset{NH_2}{|}}{CH}-COO^- \underset{\overset{H^+}{\longleftarrow}}{\overset{OH^-}{\longrightarrow}} R-\underset{\underset{NH_3^+}{|}}{CH}-COO^- \underset{\overset{OH^-}{\longleftarrow}}{\overset{H^+}{\longrightarrow}} R-\underset{\underset{NH_3^+}{|}}{CH}-COOH$$

溶液pH>等电点　　　　　　等电点(pI)　　　　　　溶液pH<等电点

图 1-5-2　不同 pH 条件下氨基酸的存在形式

酸将溶液调到等电点，故其等电点小于 7，一般在 2.8～3.2 之间；碱性氨基酸需加入碱将溶液调到等电点，故其等电点大于 7，一般在 7.6～10.8 之间。氨基酸在等电点时，溶解度最小，可用调节氨基酸等电点的方法分离氨基酸的混合物。

（2）氨基酸氨基的反应

① 氨基的酰基化。氨基酸分子中的氨基能酰基化成酰胺，反应式如下：

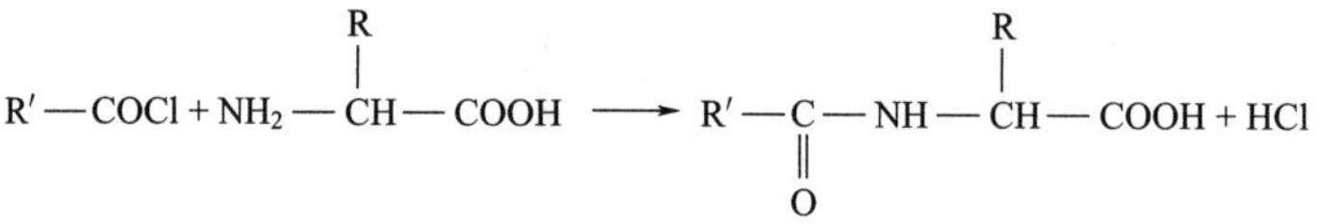

$$R'-COCl + NH_2-\underset{\underset{}{|}}{\overset{\overset{R}{|}}{CH}}-COOH \longrightarrow R'-\underset{\underset{O}{\parallel}}{C}-NH-\underset{\underset{}{|}}{\overset{\overset{R}{|}}{CH}}-COOH + HCl$$

乙酰氯、醋酸酐、苯甲酰氯、邻苯二甲酸酐等都可用作酰化剂。在蛋白质的合成过程中为了保护氨基则用苄氧甲酰氯作为酰化剂，反应式如下：

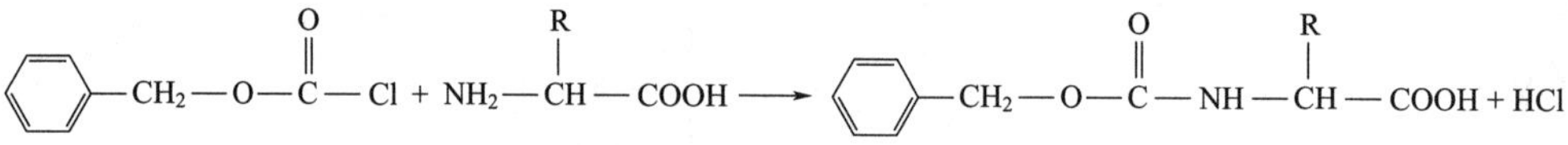

$$\text{⌬}-CH_2-O-\underset{\underset{O}{\parallel}}{C}-Cl + NH_2-\underset{\underset{}{|}}{\overset{\overset{R}{|}}{CH}}-COOH \longrightarrow \text{⌬}-CH_2-O-\underset{\underset{O}{\parallel}}{C}-NH-\underset{\underset{}{|}}{\overset{\overset{R}{|}}{CH}}-COOH + HCl$$

选用苄氧甲酰氯这一特殊试剂，是因为这样的酰基易引入，对以后应用的种种试剂较稳定，同时还能用多种方法把它脱下来。

② 氨基的烃基化。氨基酸与 R'X 作用则烃基化成 N-烃基氨基酸，反应式如下：

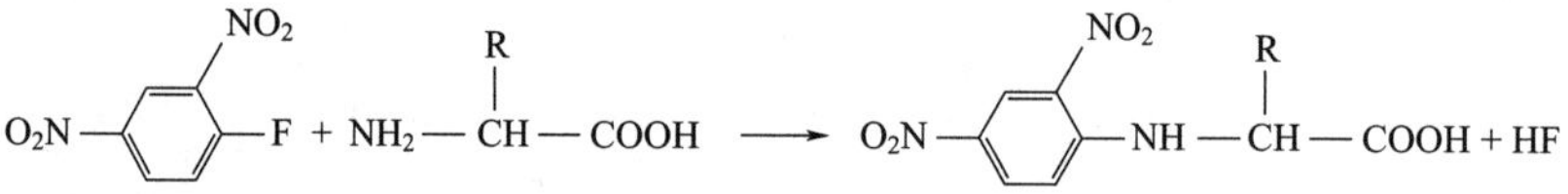

$$O_2N-\overset{\overset{NO_2}{|}}{\text{⌬}}-F + NH_2-\underset{\underset{}{|}}{\overset{\overset{R}{|}}{CH}}-COOH \longrightarrow O_2N-\overset{\overset{NO_2}{|}}{\text{⌬}}-NH-\underset{\underset{}{|}}{\overset{\overset{R}{|}}{CH}}-COOH + HF$$

氟代二硝基苯在多肽结构分析中用作测定 N 端的试剂。

③ 与亚硝酸反应。其反应式如下：

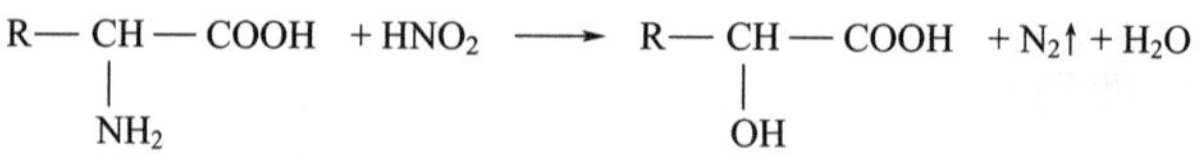

$$R-\underset{\underset{NH_2}{|}}{CH}-COOH + HNO_2 \longrightarrow R-\underset{\underset{OH}{|}}{CH}-COOH + N_2\uparrow + H_2O$$

该反应是定量完成的，定量放出 N_2，测定 N_2 的体积便可计算出氨基酸中氨基的含量。

④ 与茚三酮反应。α-氨基酸与水合茚三酮反应生成蓝紫色负离子，其强度正比于负离子的浓度，因此茚三酮可用于氨基酸的定性和定量试验，反应式如下：

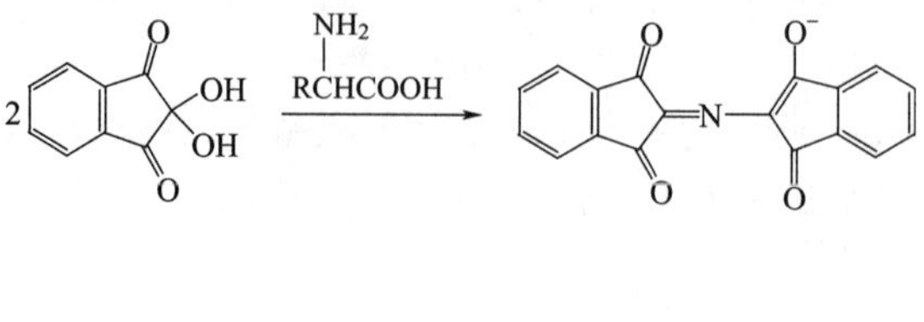

脯氨酸含亚氨基，与茚三酮反应得黄棕色化合物，此反应也可用于定性和定量试验。

（3）氨基酸羧基的反应　氨基酸分子中羧基主要有成酯、成酐、成酰胺等反应。这里值得特别提出的是将氨基酸转化为叠氮化合物的方法，即氨基酸酯与肼作用生成酰肼，酰肼与亚硝酸作用生成叠氮化合物，叠氮化合物与另一氨基酸酯作用即能缩合成二肽，用此法能合成光学纯度的肽。

二、多肽

1. 多肽的组成和命名

（1）肽和肽键　一分子氨基酸中的羧基与另一分子氨基酸的氨基脱水而形成的酰胺叫作肽，其形成的酰胺键称为肽键。其反应式如下：

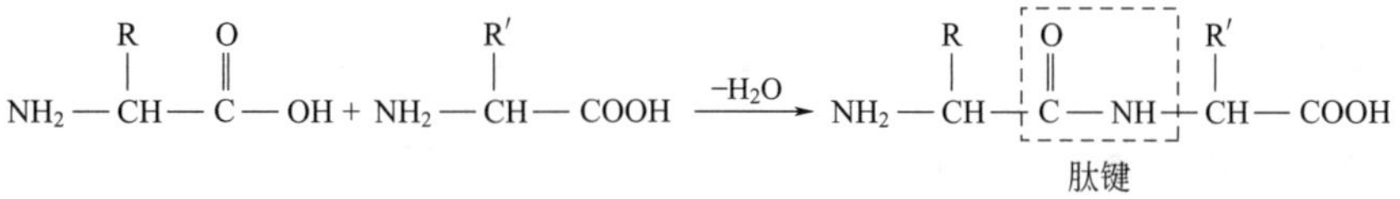

$$NH_2-\underset{\underset{R}{|}}{CH}-\underset{\underset{O}{||}}{C}-OH + NH_2-\underset{\underset{R'}{|}}{CH}-COOH \xrightarrow{-H_2O} NH_2-\underset{\underset{R}{|}}{CH}-\underset{\underset{O}{||}}{C}-NH-\underset{\underset{R'}{|}}{CH}-COOH$$

肽键

由 n 个 α-氨基酸缩合而成的肽称为 n 肽，由多个 α-氨基酸缩合而成的肽称为多肽。一般把含 100 个以上氨基酸的多肽（有时是含 50 个以上）称为蛋白质。如图 1-5-3 所示，无论肽链有多长，在链的两端，一端有游离的氨基（—NH_2），称为 N 端；链的另一端有游离的羧基（—COOH），称为 C 端。

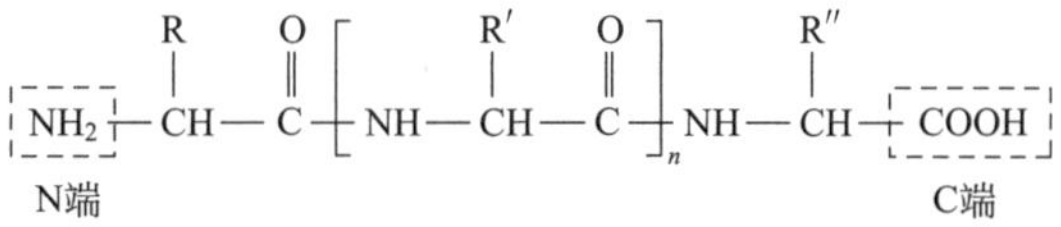

$$NH_2-\underset{\underset{R}{|}}{CH}-\underset{\underset{O}{||}}{C}-NH-\underset{\underset{R'}{|}}{CH}-\underset{\underset{O}{||}}{C}-NH-\underset{\underset{R''}{|}}{CH}-COOH$$

N端　　　　　　　　　　　　　　　　　　　　　　　C端

图 1-5-3　肽链的 N 端和 C 端

（2）肽的命名　肽的命名从 N 端开始，称"某氨酰某氨酸"（图 1-5-4）。

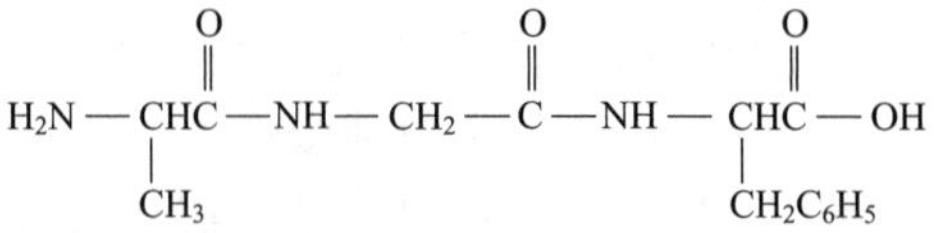

$$H_2N-\underset{\underset{CH_3}{|}}{CHC}-NH-CH_2-\underset{\underset{O}{||}}{C}-NH-\underset{\underset{CH_2C_6H_5}{|}}{CHC}-OH$$

丙氨酰—甘氨酰—苯丙氨酸(丙—甘—苯丙)(Ala—Gly—Phe)

图 1-5-4　肽的命名

很多多肽都采用俗名，如催产素、胰岛素等。多肽和氨基酸一样，是两性离子，它们的性质同氨基酸有许多相似之处。例如：多肽也有等电点，在等电点时溶解度最小；氨基酸和多肽都可以用离子变换色谱法进行分离。

2. 多肽和蛋白质的结构测定

多肽（或蛋白质）的结构与其生物功能密切相关。多肽与氨基酸的关系相当于英文单词和字母的关系，字母的特定排列得到特定含义的词。各种氨基酸在肽链中的排列顺序可以决定一个多肽（或蛋白质）的生物功能。

确定多肽的结构是一项非常复杂而细致的工作。英国化学家桑格（F. Sanger）花了十年的时间，在 1955 年首次测定出牛胰岛素的氨基酸顺序，于 1958 年获得诺贝尔化学奖。桑格的工作为多肽结构的测定奠定了基础。近三十年来，随着分离分析技术的发展，有不少多肽（蛋白质）的结构已相继被确定。

3. 活性肽

活性肽，也称作功能肽，是近年来非常活跃的研究领域，其应用涉及生物学、医药学、化学等多种学科，在食品科学研究及功能食品开发中也显示出良好的前景。

功能肽按照获得途径的差异可以分作两种类型：一类是由生物体特别是动物体获得的天然功能肽；另一类是利用动植物蛋白，通过水解或酶解，再经过活性筛选而获得的外源性功能肽。

营养学研究证明，功能肽在人体内的消化吸收明显优于蛋白质和单个氨基酸，功能肽对人体内蛋白质的合成无任何不良影响，而且具有促进钙吸收、降血压、提高免疫力等生理功能。此外，功能肽具有良好的水合性，可使其溶解度增加，黏度降低，胶凝程度减小，发泡性丧失，具有优良的加工性能。

三、蛋白质

蛋白质是由多种 α-氨基酸组成的一类天然高分子化合物，分子量一般可由一万左右到几百万，有的分子量甚至可达几千万。根据元素分析，蛋白质主要含有 C、H、O、N 等元素，有些蛋白质还含有 P、S 等，少数蛋白质含有 Fe、Zn、Mg、Mn、Co、Cu 等。多数蛋白质的元素组成如下：C 约为 $50\%\sim56\%$，H 为 $6\%\sim7\%$，O 为 $20\%\sim30\%$，N 为 $14\%\sim19\%$，S 为 $0.2\%\sim3\%$，P 为 $0\sim3\%$。

各种蛋白质的含氮量很接近，平均为 16%，即每克氮相当于 6.25g 蛋白质，生物体中的氮元素，绝大部分都是以蛋白质形式存在的，因此，常用定氮法先测出农副产品样品的含氮量，然后计算出蛋白质的近似含量，该近似含量称为粗蛋白质含量。

1. 蛋白质的分类

蛋白质种类繁多，结构复杂，目前只能根据蛋白质的形状、溶解性及化学组成粗略分类。根据蛋白质分子形状可将其分为球状蛋白质（如卵清蛋白）和纤维蛋白质（如角蛋白）；根据化学组成又可分为单纯蛋白质和结合蛋白质。

(1) 按化学组成分类　单纯蛋白质是由多肽组成的，其水解最终产物是 α-氨基酸，如白蛋白、球蛋白、谷蛋白等。结合蛋白质是由单纯蛋白质与非蛋白质部分结合而成的，被结合的其他化合物称结合蛋白质的辅基。结合蛋白质又因辅基不同而分为糖蛋白、核蛋白、脂蛋白、磷蛋白、金属蛋白、色蛋白等。

(2) 按分子形状分类　按分子形状，蛋白质可分为球状蛋白质和纤维蛋白质两类。球状蛋白质一般可溶于水，有特异生物活性，如胰岛素、血红蛋白、酶、免疫球蛋白等。纤维蛋白质多难溶解于水，多属于结构蛋白质，起支持作用，更新慢。

(3) 按功能分类　按功能，蛋白质可分为活性蛋白质和非活性蛋白质两类。活性蛋白质包括酶、蛋白质激素、运输和储存的蛋白质、运动蛋白质和受体蛋白质。非活性蛋白质包括角蛋白、胶原蛋白等。

(4) 按营养价值分类　完全蛋白质：含有人体所有的必需氨基酸，且量充足，比例合适，能维持人的生命健康，并能促进儿童的生长发育。半完全蛋白质：所含的必需氨基酸种类齐全，但比例不合适，若用作唯一蛋白质来源时可以维持生命，但不能促进生长发育。不完全蛋白质：所含的必需氨基酸种类不全，若用作唯一蛋白质来源时，既不能促进生长发育，也不能维持生命。

2. 蛋白质的结构

(1) 一级结构　蛋白质的一级结构是指蛋白质分子中氨基酸的连接方式和氨基酸在

多肽链中的排列顺序。肽键是一级结构中的主要连接键，氨基酸排列顺序是由遗传信息决定的。一级结构决定蛋白质分子的基本结构，它是决定蛋白质空间结构的基础。蛋白质的一级结构也称蛋白质的初级结构、基本结构或共价结构。目前发现的构成蛋白质的氨基酸全部为 L 型。图 1-5-5 所示的为 1965 年我国首先人工合成的具有生理作用的牛胰岛素的一级结构。

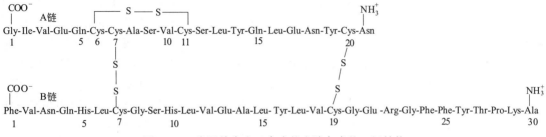

图 1-5-5　我国首先人工合成的牛胰岛素的一级结构

人胰岛素的结构和牛胰岛素的基本相同，只是 A-8、A-10、A-30 是苏氨酸、异亮氨和苏氨酸。

思政小课堂

中国科学家成功合成结晶牛胰岛素

【事件】

1965 年 9 月 17 日，我国科学家成功合成结晶牛胰岛素，这也是世界上第一个人工合成的蛋白质。

1956 年初，党中央发出了"向科学进军"的号召，随后，中华人民共和国第一个中长期科技发展规划《1956—1967 年科学技术发展远景规划》正式出炉。1958 年 6 月，中科院上海生物化学研究所的会议室里，九位科学家一起讨论所里下一步要研究的重大课题。有人提出了一个大胆的设想——要"合成一个蛋白质"。有人提出：蛋白质唯一知道结构的就是胰岛素，桑格（英国科学家）1955 年测定了胰岛素结构。这个"合成的蛋白质"唯一的首选就是胰岛素。

在此之前，除了制造味精之外，我国还从未制造过任何形式的氨基酸，而氨基酸正是蛋白质合成的基本材料。在如此极端困难的条件下，一切都要从零开始。胰岛素有 17 种氨基酸，17 种氨基酸生产过程中，有的试剂是非常毒的，当时因陋就简，在屋顶上面搭起一个棚，科学家戴着防毒面具。在科研基础十分薄弱、设备极其简陋的年代，历经七年的不懈攻关，这项凝聚着中科院生化所、有机所和北京大学三家单位百名科研人员心血的项目，终于获得成功。

1965 年 11 月，这一重要的科学研究成果首次在《科学通报》杂志上公开发表，被誉为"前沿研究的典范"。随后，瑞典皇家科学院诺贝尔奖评审委员会化学组主席蒂斯利尤斯专程到生化所访问，他说：你们没有这方面的专长和经验，但却成功合成了胰岛素，你们是世界第一！

中国科学家成功合成胰岛素，标志着人类在探索生命奥秘的征途中迈出了关键的一步，开辟了人工合成蛋白质的时代，在生命科学发展史上产生了重大影响，也为我国生命科学研究奠定了基础。

（2）二级结构　蛋白质的二级结构是指蛋白质多肽链折叠和盘绕的方式。在一个肽链中的羰基和另一个肽链中的氨基之间可形成氢键，正是由于这种氢键的存在维持了蛋白质的二级结构。二级结构主要有两种形式，即α-螺旋和β-折叠，如图1-5-6所示。天然蛋白质α-螺旋基本都是右手螺旋，近来也偶尔发现极少数蛋白质存在左手螺旋。β-折叠是由两条以上肽链或一条肽链内的若干肽段平行排列构成的，肽链的走向可相同，也可相反。β-折叠有两种类型：一种为平行式，即相邻两条肽链的排列方向相同；另一种为反平行式，即相邻两条肽链的排列方向相反。

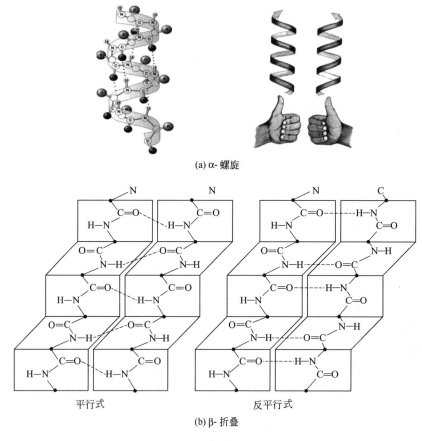

(a) α- 螺旋

平行式　　　　　　　　反平行式

(b) β- 折叠

图 1-5-6　α-螺旋和 β-折叠

（3）三级结构　蛋白质分子很少以简单的 α-螺旋或 β-折叠结构存在，而是在二级结构的基础上进一步卷曲折叠，构成具有特定构象的紧凑结构，即三级结构（参见图1-5-7）。氨基酸侧链上各种分别带有正或负的电荷基团之间的相互吸引可以形成盐键；相同性质的疏水基团之间能够形成疏水键；侧链靠近时又可以产生范德华力或氢键而相互吸引；两个半胱氨酸之间则可产生二硫键；等等。这些作用被统称为次级作用，次级作用对蛋白质三级结构的形成和稳定存在起着重要的作用。在二级结构基础上的折叠是有固定形式的，每一种蛋白质都在给定的条件下按特定的方式形成三级结构。

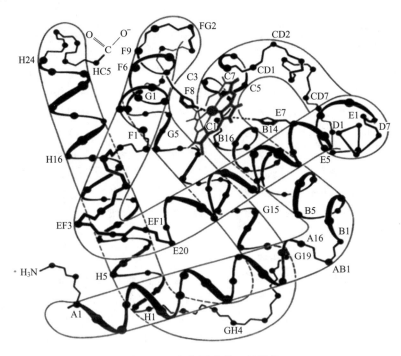

图 1-5-7　肌红蛋白的三级结构

三级结构对蛋白质的性质和生理功能产生很大的影响。如在球蛋白中，折叠结构使之尽可能将中性氨基酸中非极性的疏水基团包在多肽链内以保持一定的几何构型，起到一个基架的作用并排斥水分子的进入。而极性的基团，如酸性或碱性氨基酸中的亲水基团则暴露在外，它们可以和极性溶剂形成氢键。因此，球蛋白可以在水中形成水溶性胶体。球状蛋白质往往比纤维状蛋白质盘卷折叠得更厉害。肌红蛋白由一条多肽链和血红素结合而成，分子量达 18000，其中多肽链由 153 个氨基酸组成，有七个区域基本上是 α-螺旋的二级结构，肽链进一步盘曲折叠形成一个近乎球状的疏水囊袋，囊袋中有一个组氨酸，囊袋的空间构象正好和血红素分子匹配，这个血红素分子中的亚铁原子又正好可以和组氨酸咪唑环上的氮原子配位形成第五根向心配位键，其结构形式真可谓完美无缺。肌红蛋白血红素中的亚铁原子有六个配位键位置，其中五个已经与卟啉环和咪唑环上的氮原子配位，余下一个和氧分子配位，使肌红蛋白有储氧功用，而血红素或肌红蛋白单独存在时都不会和氧结合。

（4）四级结构　蛋白质分子作为一个整体所含有的不止一条肽链，由两个或两个以上具有三级结构的肽链缔合在一起，就是蛋白质的四级结构（见图 1-5-8）。每条肽链都有各自独立的一级、二级和三级结构。不同的肽链之间并无共价键联结，但它们也可依靠次级作用相互吸引靠拢。如纤维蛋白由几条 α-螺旋的多肽相互扭合成麻绳状，使肽链之间紧密结合；血红蛋白由四个相当于肌红蛋白三级结构形状的亚基组成，其中两条是 α 链，两条是 β 链，每条肽链就是一个亚基，其四级结构近似椭球形状。单独的亚基大多是没有生物活性的，而具有完整的四级结构的蛋白质分子将具有特定的生理活性，这些蛋白质分子中的亚基数目、种类和空间中相互的缔合吸引作用所造

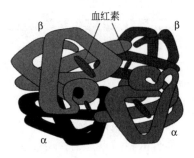

图 1-5-8　血红蛋白的四级结构

成的构象都有严格的排列方式。1962 年，J. C. Kendrew 和 M. F. Perutz 因对血红蛋白、球蛋白和纤维蛋白等的结构研究所取得的出色成果，而荣获诺贝尔化学奖。

20 世纪 80 年代以后，培养蛋白晶体的技术越来越发达，测定效率越来越高，具有强光源的同步衍射及检测计算设备不断更新，较小的蛋白质分子在溶液中的构象已可运用二维 NMR 方法测定。由于一级结构中也包含着高级结构的信息，探索两者之间的内在关系以及从一级结构出发结合同源蛋白的已知结构从而推断预测高级结构的工作也已有不少进展。可以说，化学之所以能够大步迈进生物学，很大程度上是与核磁共振和晶体衍射仪在测定蛋白质结构和核酸序列上所发挥的重要作用分不开的。

目前，已经搞清结构的蛋白质约有 2000 多种，仍然不多。已知的一个较大的蛋白质烟草斑纹病毒，辅基是由核酸组成的高分子，蛋白质部分的分子量近 4000 万之多，四级结构中有 2200 多个亚基。化学家人工合成的一些蛋白质虽然具有与天然蛋白质分子一样的一级结构，但往往缺乏生物活性，这与它们没有形成高级结构和缺少点什么有关。

3. 蛋白质结构与功能的关系

(1) 蛋白质一级结构与功能的关系 一级结构是空间结构的基础，如核糖核酸酶是由 124 个氨基酸残基组成的蛋白质，依靠分子内 4 对二硫键及非共价键维持其空间结构。当有尿素和 β-巯基乙醇存在时，二硫键和非共价键断裂，空间结构破坏，酶活性丧失。用透析的方法除去尿素和 β-巯基乙醇后，由于一级结构并未破坏，多肽链可自动形成 4 对二硫键，并折叠成其天然三级结构，核糖核酸酶即恢复原有的生物学功能。一级结构相似的蛋白质其空间结构和功能也相似。如来源于人、猪、牛和羊等不同哺乳类动物的胰岛素，其分子均由 A、B 两条链组成，一级结构和空间结构也很相似，因此它们都执行着相同的调节糖代谢等的生理功能。

(2) 空间结构与功能的关系 蛋白质的各种功能与其空间结构有着密切的关系，当蛋白质空间结构发生改变时，其生物学功能也随之发生变化。正常成人红细胞中的血红蛋白由两条 α 链和两条 β 链组成。血红蛋白有两种构象，即紧张态（T 态）和松弛态（R 态）。在血红蛋白未与氧结合时，其亚基间结合紧密（为紧张态），此时与氧的亲和力小。在组织中，血红蛋白呈 T 态，血红蛋白释放出氧供组织利用。在肺中血红蛋白各亚基间呈相对松弛状态（即松弛态），此时与氧的亲和力大，当第一个亚基与氧结合后，就会促使第二个、第三个亚基与氧结合，而前三个亚基与氧的结合，又大大促进了第四个亚基与氧的结合，这样有利于血红蛋白在氧分压高的肺中迅速充分地与氧结合。这种小分子物质与大分子蛋白质结合，引起蛋白质分子构象及生物学功能变化的过程称为变构效应。引起变构效应的小分子物质称为变构效应剂。血红蛋白通过变构效应改变其分子构象，从而完成其运输 O_2 和 CO_2 的功能。

4. 蛋白质的理化性质

(1) 蛋白质的两性和等电点 蛋白质多肽链的 N 端有氨基，C 端有羧基，其侧链上也常含有碱性基团和酸性基团。因此，蛋白质与氨基酸相似，也具有两性性质和等电点。蛋白质溶液在某一 pH 时，其分子所带的正、负电荷相等，即成为净电荷为零的偶极离子，此时溶液的 pH 称为该蛋白质的等电点（pI）。蛋白质在不同的 pH 溶液中，以不同的形式存在，其平衡体系如图 1-5-9 所示。

(2) 蛋白质的胶体性质 蛋白质是大分子化合物，其分子大小一般在 $1\sim100nm$ 之间，在胶体分散相质点范围，所以蛋白质分散在水中，其水溶液具有胶体溶液的一般特性。例如具有丁达尔（Tyndall）现象，进行布朗（Brown）运动，不能透过半透膜，以及具有较强

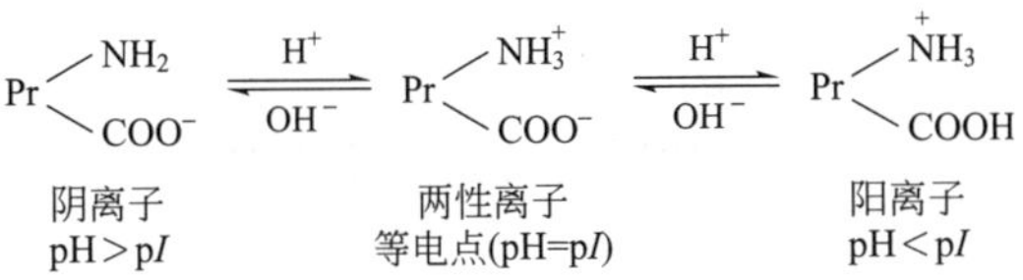

图 1-5-9　蛋白质在不同 pH 溶液中的平衡体系

其中 $H_2N—Pr—COOH$ 表示蛋白质分子，羧基代表分子中所有的酸性基团，
氨基代表所有的碱性基团，Pr 代表其他部分

的吸附作用等。

（3）蛋白质的沉淀　蛋白质溶液的稳定性是有条件的、相对的，如果改变这种相对稳定的条件（例如除去蛋白质外层的水膜或者电荷），蛋白质分子就会凝集而沉淀。蛋白质的沉淀分为可逆沉淀和不可逆沉淀。

① 可逆沉淀。沉淀时，蛋白质分子的内部结构仅发生了微小改变或基本保持不变，仍然保持原有的生理活性，只要消除了沉淀的因素，已沉淀的蛋白质又会重新溶解，这种沉淀称为可逆沉淀。向蛋白质溶液中加入大量的中性盐（硫酸铵、硫酸钠或氯化钠等），使蛋白质脱去水化层而聚集沉淀的现象叫作盐析。盐析一般不会破坏蛋白质的结构，当加水或透析时，沉淀又能重新溶解。所以盐析作用是可逆沉淀（图 1-5-10）。

$$蛋白质溶液 \xrightarrow{碱金属盐或铵盐} 沉淀（蛋白质） \xrightarrow{H_2O} 溶解$$

图 1-5-10　盐析

② 不可逆沉淀。蛋白质在沉淀时，空间构象发生了很大的变化或被破坏，失去了原有的生物活性，即使消除了沉淀因素也不能重新溶解，这种沉淀称为不可逆沉淀。不可逆沉淀的方法有：

a. 水溶性有机溶剂沉淀法。向蛋白质溶液中加入适量的水溶性有机溶剂（如乙醇、丙酮等），由于它们对水的亲和力大于蛋白质，可使蛋白质粒子脱去水化膜而沉淀。这种作用在短时间和低温时是可逆的，但若时间较长和温度较高时则为不可逆的。

b. 化学试剂沉淀法。重金属盐（如 Hg^{2+}、Pb^{2+}、Cu^{2+}、Ag^+ 等重金属阳离子）能与蛋白质阴离子结合而产生不可逆沉淀。

c. 生物碱试剂沉淀法。苦味酸、三氯乙酸、鞣酸、磷钨酸、磷钼酸等生物碱沉淀剂，能与蛋白质阳离子结合，使蛋白质产生不可逆沉淀。

此外，强酸或强碱以及加热、紫外线或 X 射线照射等物理因素，都可导致蛋白质的某些次级键被破坏，引起构象发生很大改变，使疏水基外露，引起沉淀，从而使蛋白质失去生物活性。

（4）蛋白质的变性与复性　天然蛋白质分子在某些理化因素的影响下，其分子内部原有的高度规律性结构发生变化，致使蛋白质的理化性质和生物学性质都有改变，但并不导致蛋白质一级结构的破坏，这种现象叫变性作用。蛋白质变性作用的实质是维持蛋白质分子特定结构的次级键和二硫键被破坏，引起天然构象解体，但主链共价键并未打断，即一级结构保持完好。能使蛋白质变性的因素很多，化学因素有强酸、强碱、尿素、胍、去污剂、重金属盐、浓乙醇等；物理因素有加热（70～100℃）、剧烈振荡或搅拌、紫外线及 X 射线照射、超声波等。但不同的蛋白质对各种因素的敏感程度是不同的。

蛋白质变性过程中，往往出现下列现象：

① 生物活性丧失。蛋白质的生物活性是指蛋白质所具有的酶、激素、抗原与抗体等的活性。生物活性的丧失是蛋白质变性的主要特征。

② 侧链基团暴露出来。蛋白质变性时，有些原来在分子内部包藏而不易与化学试剂起反应的侧链基团由于结构的伸展松散而暴露出来，导致黏度增加。

③ 理化性质改变。蛋白质变性后，疏水基外露，溶解度降低，一般在等电点区域不溶解，分子相互凝集形成沉淀。其他如结晶能力丧失，球状蛋白质变性后分子形状发生改变等。

④ 生物化学性质的改变。蛋白质变性后，分子结构伸展松散，易为蛋白水解酶分解。

目前认为蛋白质的变性作用主要是由蛋白质分子内部的结构发生改变所引起的。天然蛋白质分子内部通过氢键等次级键使整个分子具有紧密结构。变性后，氢键等次级键被破坏，蛋白质分子就从原来有秩序的卷曲紧密结构变为无秩序的松散伸展状结构，也就是二级、三级以上的高级结构发生改变或被破坏，但一级结构没有被破坏。所以变性后的蛋白质在结构上虽有改变，但组成成分和分子量不变。变性后的蛋白质溶解度降低的原因是：蛋白质高级结构受到破坏，使分子表面结构发生变化，亲水基团相对减少，原来藏在分子内部的疏水基团大量暴露在分子表面，使蛋白质颗粒不能与水相溶而失去水膜，很容易引起分子间相互碰撞发生聚集沉淀，或者随着二级、三级结构的破坏，发生解离或聚合现象。

当变性因素除去后，变性蛋白质又可重新恢复到天然构象，这一现象称为蛋白质的复性。是否所有蛋白质的变性都是可逆的，这一问题至今仍有疑问。至少实践中未能使所有蛋白质在变性后都重新恢复活力。然而多数人都接受变性是可逆的概念，认为天然构象是处于能量最低的状态。有些蛋白质变性后之所以不能逆转，主要是所需条件复杂，不易满足的缘故。

蛋白质的变性作用对工农业生产、科学研究都具有十分广泛的意义。例如通常采用加热、紫外线照射、酒精、杀菌剂等杀菌消毒，其结果就是使细菌体内的蛋白质变性；菌种、生物制剂的失效，种子失去发芽能力等均与蛋白质的变性有关。

蛋白质的变性与凝固已有许多实际应用，如豆腐就是大豆蛋白质的浓溶液加热加盐而成的变性蛋白凝固体。临床分析化验血清中非蛋白质成分，常常加三氯乙酸或钨酸使血液中的蛋白质变性沉淀而被去除。为鉴定尿中是否有蛋白质，常用加热法来检验。在急救重金属盐（如氯化汞）中毒者时，可给患者服用大量乳品或蛋清，其目的就是使乳品或蛋清中的蛋白质在消化道中与重金属离子结合成不溶解的变性蛋白质，从而阻止重金属离子被吸收进入体内，最后设法将沉淀物从肠胃中洗出。

此外，在制备蛋白质和酶制剂过程中，为了保持天然性质，就必须防止发生变性作用，因此在操作过程中必须注意保持低温，避开强酸、强碱、重金属盐类，防止振荡等。相反，那些不必需的杂蛋白则可通过变性作用而沉淀出去。

(5) 蛋白质的紫外吸收　参与蛋白质组成的 20 种氨基酸，在可见光区域都没有光吸收，但在远紫外区域（<220nm）均有光吸收。在近紫外区域（220~300nm）只有酪氨酸、苯丙氨酸和色氨酸有吸收光的能力，因为它们的 R 基含有苯环共轭双键系统。酪氨酸的最大光吸收波长在 275nm，苯丙氨酸的在 257nm，色氨酸的在 280nm。

(6) 蛋白质的水解　蛋白质水解经过一系列中间产物后，最终生成 α-氨基酸。其水解过程为：蛋白质→蛋白胨→蛋白胨→多肽→二肽→α-氨基酸。

蛋白质的水解反应，对研究蛋白质以及其在生物体中的代谢都具有十分重要的意义。

(7) 蛋白质的显色反应　蛋白质的分析工作中，常利用蛋白质分子中某些氨基酸或某些特殊结构与某些试剂发生显色反应作为测定的依据。重要的显色反应如下：

① 与水合茚三酮反应。蛋白质与水合茚三酮反应呈现蓝紫色（和氨基酸一样）。

② 缩二脲反应。蛋白质和缩二脲（$NH_2CONHCONH_2$）在 NaOH 溶液中加入 $CuSO_4$ 稀溶液时会呈现红紫色。

③ Folin-酚试剂反应。蛋白质分子中的酪氨酸残基在碱性条件下，与酚试剂（磷钨酸和磷钼酸）反应生成蓝色化合物。此反应的灵敏度比双缩脲反应高 100 倍，比紫外分光光度法高 10～20 倍，常用于测定一些微量蛋白质（如血清黏蛋白、脑脊液中的蛋白质等）的含量。

④ 黄蛋白反应。蛋白质中存在有苯环的氨基酸（如苯丙氨酸、酪氨酸、色氨酸），它们遇浓硝酸呈黄色。这是由于苯环发生了硝化反应，生成了黄色的硝基化合物，皮肤接触浓硝酸变黄就是这个缘故。

四、蛋白质在食品加工中的功能性质

蛋白质的功能性质是指在食品加工、贮藏和销售过程中蛋白质对食品需宜特征作出贡献的那些物理和化学性质。

1. 水化作用

水化作用（又称水合作用）取决于蛋白质与水的相互作用，包括水的吸收与保留、湿润性、溶胀、黏着性、分散性、溶解度和黏度等。

(1) 水化作用　蛋白质的水化作用也叫蛋白质的水化性质，是蛋白质的肽键和氨基酸的侧链与水分子间发生反应的特性。

蛋白质的水化作用是一个逐步的过程，即首先形成化合水和邻近水，再形成多分子层水，如若条件允许，蛋白质将进一步水化，这时表现为：蛋白质吸水充分膨胀而不溶解，这种水化性质通常叫膨润性；蛋白质在继续水化中被水分散而逐渐变为胶体溶液，具有这种水化特点的蛋白质称为可溶性蛋白。大多数食品为水化的固态体系。食品蛋白质及其他成分的物理化学性质和流变学性质，不仅强烈地受到体系中水的影响，而且还受水分活度的影响。干的浓缩蛋白质或离析物在应用时必须水化，因此食品蛋白质的水化和复水性质具有重要的实际意义。

环境因素对水化作用有一定的影响，如蛋白质的浓度、pH 值、温度、水化时间、离子强度和其他组分的存在都是影响蛋白质水化特性的主要因素。蛋白质的总水吸附率随蛋白质浓度的增加而增加。

pH 值的改变会影响蛋白质分子的解离和带电性，从而改变蛋白质的水化特性。在等电点下，蛋白质净电荷值为零，蛋白质间的相互作用最强，呈现最低水化和溶胀。例如，在宰后僵直期的生牛肉中，当 pH 值从 6.5 下降至 5.0（等电点）时，其持水力显著下降，并导致生牛肉的多汁性和嫩度下降。高于或低于等电点 pH 值时，由于净电荷和排斥力的增加使蛋白质肿胀并结合较多的水。

温度在 0～40℃ 或 0～50℃，蛋白质的水化特性随温度的提高而提高，更高温度下蛋白质高级结构被破坏，常导致变性聚集。结合水的含量虽受温度的影响不大，但氢键结合水和表面结合水随温度升高一般下降，蛋白质可溶性也可能下降。另外，结构很紧密和原来难溶的蛋白质被加热处理时，可能导致内部疏水基团暴露而改变水化特性。对于某些蛋白质，加热时形成不可逆凝胶，干燥后网眼结构保持，产生的毛细管作用力会提高蛋白质的吸水能力。

离子的种类和浓度对蛋白质吸水性、溶胀和溶解度也有很大的影响。盐类和氨基酸侧链基团通常同水发生竞争性结合，在低盐浓度时，离子同蛋白质荷电基团相互作用而降低相邻分子的相反电荷间的静电吸引，从而有助于蛋白质水化和提高其溶解度，这叫盐溶效应。当盐浓度更高时，由于离子的水化作用争夺了水，导致蛋白质"脱水"，从而降低了其溶解度，这叫盐析效应。在食品中用于提高蛋白质水化能力的中性盐主要是 NaCl，但也常用 $(NH_4)_2SO_4$ 和 NaCl 来沉淀蛋白质。食品中也常用磷酸盐改变蛋白质的水化性质，其作用机制与前两种盐不同，它是与蛋白质中结合或络合的 Ca^{2+}、Mg^{2+} 等结合而使蛋白质的侧链羧基转为 Na^+、K^+ 和 NH_4^+ 盐基或游离负离子的形式，从而提高蛋白质的水化能力，例如在肉制品中添加 0.2% 左右的聚磷酸盐可增加其持水力。

蛋白质吸附和保持水的能力对各种食品的质地和性质起着重要的作用，尤其是对碎肉和面团。如果蛋白质不溶解，则因吸水性会导致膨胀，这会影响它的质构、黏度和黏着力等特性。蛋白质的其他功能性质（如乳化、胶凝）也可使食品产生需宜的特性。

(2) 溶解度 蛋白质的溶解度是蛋白质-蛋白质和蛋白质-溶剂相互作用达到平衡的热力学表现形式。Bigelow 认为蛋白质的溶解度与氨基酸残基的疏水性有关，疏水性越小，蛋白质的溶解度越大。

蛋白质的溶解度大小还与 pH 值、离子强度、温度和蛋白质浓度有关。大多数食品蛋白质的溶解度-pH 值图是一条 U 形曲线，最低溶解度出现在蛋白质的等电点附近。在低于和高于等电点 pH 值时，蛋白质分别带有净的正电荷或净的负电荷，带电的氨基酸残基的静电推斥和水化作用促进了蛋白质的溶解。但 β-乳球蛋白（pI 5.2）和牛血清白蛋白（pI 4.8）即使在它们的等电点时，仍然是高度溶解的，这是因为其分子中表面亲水性残基的数量远高于疏水性残基的数量。由于大多数蛋白质在 pH 值为 8～9 时是高度溶解的，因此总是在此 pH 值范围从植物资源中提取蛋白质，然后在 pH 值为 4.5～4.8 处采用等电点沉淀法从提取液中回收蛋白质。

在低离子强度（<0.5）溶液中，盐的离子中和蛋白质表面的电荷，从而产生了电荷屏蔽效应，如果蛋白质含有高比例的非极性区域，那么此电荷屏蔽效应使它的溶解度下降；反之，溶解度提高。当离子强度>1.0 时，盐对蛋白质溶解度具有特异的离子效应，硫酸盐和氟化物（盐）逐渐降低蛋白质的溶解度（盐析），硫氰酸盐和过氯酸盐逐渐提高蛋白质的溶解度（盐溶）。在相同的离子强度时，各种离子对蛋白质溶解度的相对影响遵循 Hofmeister 系列规律。阴离子提高蛋白质溶解度的能力从小到大的顺序为：SO_4^{2-} < F^- < Cl^- < Br^- < I^- < ClO_4^- < SCN^-；阳离子降低蛋白质溶解度的能力从小到大的顺序为：NH_4^+ < K^+ < Na^+ < Li^+ < Mg^{2+} < Ca^{2+}。离子的这个性能类似于盐对蛋白质热变性温度的影响。

在恒定的 pH 值和离子强度下，大多数蛋白质的溶解度在 0～40℃ 范围内随温度的升高而提高，而一些高疏水性蛋白质，如 β-酪蛋白和一些谷类蛋白质的溶解度却和温度呈负相关。当温度超过 40℃ 时，由于热导致蛋白质结构的展开（变性），促进了聚集和沉淀作用，使蛋白质的溶解度下降。

加入能与水互溶的有机溶剂（如乙醇和丙酮），降低了水介质的介电常数，从而提高了蛋白质分子内和分子间的静电作用力（排斥和吸引），导致蛋白质分子结构的展开；在此展开状态下，介电常数的降低又能促进暴露的肽基团之间氢键的形成和带相反电荷基团之间的静电相互吸引作用，这些相互作用均导致蛋白质在有机溶剂-水体系中溶解度减小甚至产生沉淀。有机溶剂-水体系中的疏水相互作用对蛋白质沉淀所起的作用是最低的，这是因为有机溶剂对非极性残基具有增溶的效果。

由于蛋白质的溶解度与它们的结构状态紧密相关，因此，在蛋白质的提取、分离和纯化过程中，常用溶解度来衡量蛋白质的变性程度。此外，溶解度还是判断蛋白质潜在的应用价值的一个指标。

（3）黏度　液体的黏度反映它对流动的阻力。蛋白质流体的黏度主要由蛋白质粒子在其中的表观直径决定（表观直径越大，黏度越大）。表观直径又依下列参数而变：①蛋白质分子的固有特性（如物质的量浓度、大小、体积、结构及电荷等）；②蛋白质和溶剂间的相互作用，这种作用会影响膨胀、溶解度和水化作用；③蛋白质和蛋白质之间的相互作用，这种作用会影响凝集体的大小。

当大多数亲水性溶液的分散体系（匀浆或悬浊液）、乳浊液、糊状物或凝胶（包括蛋白质）的流速增加时，它的黏度系数降低，这种现象称为剪切稀释。剪切稀释可以用下面的现象来解释：①分子在流动的方向逐步定向，因而使摩擦阻力下降；②蛋白质水化球在流动方向变形；③氢键和其他弱键的断裂导致蛋白质聚集体或网络结构的解体。这些情况下，蛋白质分子或粒子在流动方向的表观直径减小，因而其黏度系数也减小。当剪切处理停止时，断裂的氢键和其他次级键若重新生成而产生同前的聚集体，那么黏度又重新恢复，这样的体系称为触变体系。例如大豆分离蛋白和乳清蛋白的分散体系就是触变体系。

黏度和蛋白质的溶解度无直接关系，但和蛋白质的吸水膨润性关系很大。一般情况下，蛋白质吸水膨润性越大，分散体系的黏度也越大。

一些液体和半固体型食品（如肉汁、饮料）的可接受性取决于产品的黏度。蛋白质体系的黏度和稠度是流体食品（如饮料、肉汤、汤汁、沙司和奶油）的主要功能性质。

2. 蛋白质相互作用有关的性质

蛋白质相互作用有关的性质是指控制沉淀、胶凝和形成各种其他结构时起作用的那些性质。

（1）胶凝作用　蛋白质的胶凝作用同蛋白质的缔合、凝集、聚合、沉淀、絮凝和凝结等分散性的降低是不同的。蛋白质的缔合一般是指亚基或分子水平上发生的变化；聚合或聚集一般是指较大复合物的形成；沉淀作用是指由于溶解度全部或部分丧失而引起的一切凝集反应；絮凝是指没有变性时的无序凝集反应，这种现象常常是因为链间静电排斥力的降低而引起的；凝结作用是指发生变性的无规则聚集反应和蛋白质与蛋白质的相互作用大于蛋白质与溶剂的相互作用引起的聚集反应。变性的蛋白质分子聚集并形成有序的蛋白质网络结构的过程称为胶凝作用。

食品蛋白凝胶可大致分为以下几类：①加热后冷却产生的凝胶，这种凝胶多为热可逆凝胶，例如明胶溶液加热后冷却形成的凝胶；②加热状态下产生凝胶，这种凝胶很多不透明而且是非可逆凝胶，例如在煮蛋中蛋清形成的凝胶；③由钙盐等二价金属盐作用于蛋白质形成的凝胶，例如大豆蛋白质形成豆腐；④不加热而经部分水解或 pH 值调整到等电点而产生凝胶，例如凝乳酶制作干酪、乳酸发酵制作酸奶、皮蛋等生产中的碱对蛋白的部分水解等。

大多数情况下，热处理是胶凝作用所必需的条件，然后必须冷却，略微酸化也是有利的。增加盐类，尤其是钙离子也可以提高胶凝速率和胶凝强度（大豆蛋白、乳清蛋白和血清蛋白）。但是，某些蛋白质不加热也可胶凝，而仅仅需经适当的酶解（酪蛋白胶束、卵白和血纤维蛋白），或者只是单纯地加入钙离子（酪蛋白胶束），或者在碱化后使其恢复到中性或等电点 pH 值（大豆蛋白）。虽然许多凝胶是由蛋白质溶液形成的（鸡卵清蛋白和其他卵清蛋白等），但不溶或难溶性的蛋白质水溶液或盐水分散液也可以形成凝胶（胶原蛋白、肌原纤维蛋白）。因此，蛋白质的溶解性并不是胶凝作用必需的条件。

一般认为蛋白质凝胶网络的形成是由于蛋白质与蛋白质、蛋白质与溶剂（水）的相互作用，邻近肽链之间的吸引力和排斥力达到平衡时引起的。疏水作用力、静电相互作用力、氢键和二硫键等对凝胶形成的相对贡献随蛋白质的性质、环境条件和胶凝过程中步骤的不同而异。静电排斥力和蛋白质与水之间的相互作用有利于肽链的分离。蛋白质溶液浓度高时，因分子间接触的概率增大，更容易产生蛋白质分子间的吸引力和胶凝作用。蛋白质溶液浓度高时，即使环境条件对凝集作用并不十分有利（如不加热、pH值与等电点相差很大时），也仍然可以发生胶凝作用。共价二硫交联键的形成通常会导致热不可逆凝胶的生成，如卵清蛋白和 β-乳球蛋白凝胶。而明胶则主要通过氢键的形成而保持稳定，加热时（约30℃）熔融，并且这种凝结-熔融可反复循环多次而不失去胶凝特性。

将种类不同的蛋白质放在一起加热可产生共胶凝作用而形成凝胶；而且蛋白质还能与多糖胶凝剂相互作用而形成凝胶；带正电荷的明胶与带负电荷的海藻酸盐或果胶酸盐之间通过非特异性离子间的相互作用能生成高熔点（80℃）的凝胶；同样，在牛乳pH值为4时，酪蛋白胶束能够存在于卡拉胶的凝胶中。

许多凝胶以一种高度膨胀（敞开）和水合结构的形式存在。每克蛋白质约可含水10g以上，而且食品中的其他成分可被截留在蛋白质的网络之中。有些蛋白质凝胶甚至可含98%的水，这是一种物理截留水，不易被挤压出来。曾有人对凝胶具有很大持水容量的能力作出假设，认为这可能是二级结构在热变性后，肽链上未被掩盖的羧基和亚氨基各自成为负的和正的极化中心，因而可能建立了一个广泛的渗层水体系；冷却时，这种蛋白质通过重新形成的氢键而相互作用，并提供固定自由水所必需的结构；也可能是蛋白质网络的微孔通过毛细管作用来保持水分。

凝胶的生成是否均匀，这和凝胶生成的速度有关。如果条件控制不当，使蛋白质在局部相互结合过快，凝胶就较粗糙不匀。凝胶的透明度与形成凝胶的蛋白质颗粒的大小有关，如果蛋白质颗粒或分子的表观分子量大，形成的凝胶就较不透明。同时蛋白质胶凝强度的平方根与蛋白质分子量之间呈线性关系。

(2) 质构化　蛋白质的质构化或者叫组织形成性，是在开发利用植物蛋白和新蛋白质中重要的一种功能性质。这是因为这些蛋白质本身不具有像畜肉那样的组织结构和咀嚼性，经过质构化后可使它们变为具有咀嚼性和持水性良好的片状或纤维状产品，从而制造出仿造食品或代用品。另外，质构化加工方法还可用于动物蛋白的"重质构化"或"重整"，如牛肉或禽肉的"重整"。

蛋白质质构化的方法和原理介绍如下：

① 热凝结和形成薄膜。浓缩的大豆蛋白质溶液能在滚筒干燥机等同类型机械的金属表面热凝结，产生薄而水化的蛋白质膜，能被折叠压缩在一起或切割。豆乳在95℃下保持几小时，表面水分蒸发，热凝结而形成一层薄的蛋白质-脂类膜，将这层膜揭除后，又形成一层膜，然后又能重新反复几次再产生同样的膜，这就是我国加工腐竹（豆腐衣）的传统方法。

② 纤维形成作用。大豆蛋白和乳蛋白液都可喷丝而组织化，就像人造纺织纤维一样，这种蛋白质的功能特性就叫蛋白质的纤维形成作用。利用这种功能特性，将植物蛋白或乳蛋白浓溶液喷丝、缔合、成型、调味后，可制成各种风味的人造肉。其工艺过程为：在pH值10以上制备10%～40%的蛋白质浓溶液，经脱气、澄清（防止喷丝时发生纤维断裂）后，在压力下通过一块含有1000目/cm² 以上小孔（直径为 $50\sim150\mu m$）的模板，产生的细丝进入酸性NaCl溶液中，由于等电点pH值和盐析效应致使蛋白质凝结，再通过滚筒取出。滚筒转动速度应与纤维拉直、多肽链的定位以及紧密结合相匹配，以便形成更多的分子间的键，这种局部结晶作用可增加纤维的机械阻力和咀嚼性，并降低其持水容量。再将纤维置于

滚筒之间压延和加热使之除去一部分水，以提高黏着力和增加韧性。加热前可添加黏结剂〔如明胶、卵清、谷蛋白（面筋）或胶凝多糖〕或其他食品添加剂（如增香剂或脂类）。凝结和调味后的蛋白质细丝，经过切割、成型、压缩等处理，便可加工形成与火腿、禽肉或鱼肌肉相似的人造肉制品。

③ 热塑性挤压。目前用于植物蛋白质构化的主要方法是热塑性挤压，采用这种方法可以得到干燥的纤维状多孔颗粒或小块，当复水时具有咀嚼性质地。进行这种加工的原料不需用蛋白质离析物，可用价格低廉的蛋白质浓缩物或粉状物（含 45％～70％蛋白质），其中酪蛋白或明胶既能作为蛋白质添加物，又可直接质构化，若添加少量淀粉或直链淀粉就可改进产品的质地，但脂类含量不应超过 5％～10％，氯化钠或钙盐添加量应低于 3％，否则，将使产品质地变硬。

热塑性挤压方法如下：含水（10％～30％）的蛋白质-多糖混合物通过一个圆筒，在高压（10～20MPa）下的剪切力和高温作用下（在 20～150s 时间内，混合料的温度升高到 150～200℃）转变成黏稠状态，然后快速地挤压通过一个模板进入正常的大气压环境，膨胀形成的水蒸气使内部的水闪蒸，冷却后，蛋白质-多糖混合物便具有高度膨胀、干燥的结构。

热塑性挤压可使蛋白质良好地质构化，但要求蛋白质具有适宜的起始溶解度、大的分子量以及蛋白质-多糖混合料在管芯内能产生适宜的可塑性和黏稠性。含水量较高的蛋白质同样也可以在挤压机内因热凝固而质构化，这将导致水合、非膨胀薄膜或凝胶的形成，添加交联剂戊二醛可以增大最终产物的硬度。这种技术还可用于血液、机械去骨的鱼、肉及其他动物副产品的质构化。

(3) 面团的形成　小麦胚乳面筋蛋白质于室温下与水混合、揉搓，能够形成黏稠、有弹性和可塑性的面团，这种作用就称为面团的形成。黑麦、燕麦、大麦的面粉也有这种特性，但是较小麦面粉差。小麦面粉中除含有面筋蛋白质（麦醇溶蛋白和麦谷蛋白）外，还含有淀粉粒、戊聚糖、极性和非极性脂类及可溶性蛋白质，所有这些成分都有助于面团网络和面团质地的形成。麦醇溶蛋白和麦谷蛋白及大分子体积使面筋富有很多特性。由于其可解离氨基酸含量低，面筋蛋白质不溶于中性水溶液。面筋蛋白质富含谷氨酰胺（超过 33％）、脯氨酸（15％～20％）、丝氨酸及苏氨酸，它们倾向于形成氢键，这在很大程度上解释了面筋蛋白质的吸水能力（面筋吸水量为干蛋白质的 180％～200％）和黏着性质；面筋中还含有较多的非极性氨基酸，这与水化面筋蛋白质的聚集作用、黏弹性和与脂肪的有效结合有关；面筋蛋白质中还含有众多的二硫键，这是面团物质产生坚韧性的原因。

麦醇溶蛋白（70％乙醇中溶解）和麦谷蛋白构成面筋蛋白质。麦谷蛋白分子量比麦醇溶蛋白分子量大，麦谷蛋白分子量可达数百万，既含有链内二硫键，又含有大量链间二硫键；麦醇溶蛋白仅含有链内二硫键，分子量在 35000～75000 之间。麦谷蛋白决定着面团的弹性、黏合性和抗张强度，而麦醇溶蛋白促进面团的流动性、伸展性和膨胀性。在制作面包的面团时，两类蛋白质的适当平衡是很重要的。过度黏结（麦谷蛋白过多）的面团会抑制发酵期间所截留的 CO_2 气泡的膨胀，抑制面团发起和成品面包中的空气泡，加入还原剂半胱氨酸、偏亚硫酸氢盐可打断部分二硫键而降低面团的黏弹性。过度延展（麦醇溶蛋白过多）的面团产生的气泡膜是易破裂的和可渗透的，不能很好地保留 CO_2，从而使面团和面包塌陷，加入溴酸盐、脱氢抗坏血酸氧化剂可使二硫键形成而提高面团的硬度和黏弹性。面团揉搓不足时因网络还来不及形成而使"强度"不足，但过多揉搓时可能由于二硫键断裂使"强度"降低。面粉中存在的氢醌类、超氧离子和易被氧化的脂类也被认为是促进二硫键形成的天然因素。

焙烤不会引起面筋蛋白质大的再变性，因为麦醇溶蛋白和麦谷蛋白在面粉中已经部分伸展，在捏揉面团时进一步伸展，而在正常温度下焙烤面包时面筋蛋白质不会再进一步伸展。当焙烤温度高于70～80℃时，面筋蛋白质释放出的水分能被部分糊化的淀粉粒所吸收，因此即使在焙烤时，面筋蛋白质也仍然能使面包柔软和保持水分（含40％～50％水），但焙烤能使面粉中可溶性蛋白质（清蛋白和球蛋白）变性和凝集，这种部分的胶凝作用有利于面包心的形成。

3. 表面性质

表面性质是指与蛋白质表面张力、乳化作用、发泡特性等有关的性质。

(1) 乳化作用 许多传统食品，像牛乳、蛋黄酱、冰淇淋、奶油和蛋糕面糊等是乳状液；许多新的加工食品，像咖啡增白剂等则是含乳状液的多相体系。天然乳状液靠脂肪球"膜"来稳定，这种"膜"由三酰甘油、磷脂、不溶性脂蛋白和可溶性蛋白的连续吸附层所构成。

蛋白质既能同水相互作用，又能同脂相互作用，因此蛋白质是天然的双亲物质，从而具有乳化性质。在油/水体系中，蛋白质能自发地迁移至油-水界面和气-水界面，到达界面上以后，疏水基定向到油相和气相，而亲水基向到水相并广泛展开和散布，在界面形成一蛋白质吸附层，从而起到稳定乳状液的作用。

很多因素能影响蛋白质的乳化性质，它们包括：内在因素，如pH值、离子强度、温度、低分子量的表面活性剂、糖、油相体积分数、蛋白质类型和使用的油的熔点等；外在因素，如制备乳状液的设备类型和几何形状，以及能量输入的强度和剪切速度。这里仅讨论内在的影响因素。

一般来说，蛋白质疏水性越强，在界面吸附的蛋白质浓度越高，界面张力越低，乳状液越稳定。

蛋白质的溶解度与其乳化容量或乳状液稳定性之间通常存在正相关，不溶性蛋白质对乳化作用的贡献很小，但不溶性蛋白质颗粒常常能够在已经形成的乳状液中起到加强稳定的作用。

pH值影响由蛋白质稳定的乳状液的形成和稳定，在等电点溶解度高的蛋白质（如明胶和蛋清蛋白），具有最佳乳化性质。由于大多数食品蛋白质（酪蛋白、商品乳清蛋白、肉蛋白、大豆蛋白）在它们的等电点pH值时是微溶和缺乏静电排斥力的，因此在此pH值时它们一般不具有良好的乳化性质。

加入低分子的表面活性剂，由于降低了蛋白质膜的硬度及蛋白质保留在界面上的作用力，因此，通常有损于依赖蛋白质稳定的乳状液的稳定性。

加热处理常可降低吸附在界面上的蛋白质膜的黏度和硬度，因而可降低乳状液的稳定性。

由于蛋白质从水相向界面缓慢扩散和被油滴吸附，将使水相中蛋白质的浓度降低，因此只有蛋白质的起始浓度较高时才能形成具有适宜厚度和流变学性质的蛋白质膜。

(2) 发泡作用 泡沫通常是指气泡分散在含有表面活性剂的连续液相或半固相中的分散体。泡沫的基本单位是液膜所包围的气泡，气泡的直径从$1\mu m$到数厘米不等，液膜和气泡间的界面上吸附着表面活性剂，起着降低表面张力和稳定气泡的作用。

食品中产生泡沫是常见现象，加工过程中起泡通常是不利的。但是，食品中也存在着许多诱人的泡沫食品，例如，搅打发泡的加糖蛋白、棉花糖、冰淇淋、起泡奶油、起泡的啤酒和蛋糕。食品泡沫中的表面活性剂叫发泡剂，一般是蛋白质、配糖体、纤维素衍生物和添加剂中的食用表面活性剂。

蛋白质能作为发泡剂主要取决于蛋白质的表面活性和成膜性，例如鸡蛋清中的水溶性蛋白质在鸡蛋液搅打时可被吸附到气泡表面来降低表面张力，又因为搅打过程中的变性，逐渐凝固在气液界面间形成有一定刚性和弹性的薄膜，从而使泡沫稳定。

典型的食品泡沫应具有以下特性：①含有大量的气体（低密度）；②在气相和连续液相之间要有较大的表面积；③溶质的浓度在表面较高；④要有能胀大且具刚性或半刚性并有弹性的膜或壁；⑤可反射光，所以看起来不透明。

形成泡沫通常采用三种方法：第一种是将气体通过一个多孔分配器鼓入低浓度的蛋白质溶液中使产生泡沫；第二种是在有大量气体存在的条件下，通过打擦或振荡蛋白质溶液而使产生泡沫；第三种方法是将预先被加压的气体溶于要生成泡沫的蛋白质溶液中，然后突然减压，系统中的气体则会膨胀而使泡沫形成。

由于泡沫具有很大的界面面积（气液界面可达 $1m^2/mL$ 液体），因而是不稳定的。

① 在重力、气泡内外压力差（由表面张力引起）和蒸发的作用下液膜排水。如果泡沫密度大、界面张力小和气泡平均直径大，则气泡内外的压力差较小；另外，如果连续相黏度大，吸附层蛋白质的表观黏度大，液膜中的水就较稳定。

② 气体从小泡向大泡扩散，这是使泡沫总表面能降低的自发变化。如果连续相黏度大，气体在其中溶解和扩散速率小，泡沫就较稳定。

③ 在液膜不断排水变薄时，受机械剪切力、气泡碰撞力和超声波振荡的作用，气泡液膜也会破裂。

如果液膜本身具有较大的刚性或蛋白质吸附层富有一定强度和弹性时，液膜就不易破裂。另外，如在液膜上粘有无孔隙的微细固体粉末并且未被完全润湿时，可防止液膜破裂，但如有多孔杂质或消泡性表面活性剂存在时液膜破裂将加剧。

(3) 与风味物质的结合 风味物质能够部分被吸附或结合在食品的蛋白质中，对豆腥味、酸败味和苦涩味等不良风味物质的结合常降低了蛋白质的食用性质，而对肉的风味物质和其他需宜风味物质的可逆结合，可使食品在保藏和加工过程中保持其风味。

蛋白质与风味物质的结合包括物理吸附和化学吸附。物理吸附主要通过范德华力和毛细管作用吸附，化学吸附包括静电吸附、氢键结合和共价结合。

蛋白质中有的部位与极性风味物质结合，例如乙醇可与极性氨基酸残基形成氢键；有的部位则与弱极性风味物质结合，如中等链长的醇、醛和杂环风味物质可能在蛋白质的疏水区发生结合；还有的部位能与醛、酮、胺等挥发物发生较强的结合，如赖氨酸的 ε-氨基可与风味物质醛和酮基形成席夫碱（Schiff base），而谷氨酸和天冬氨酸的游离羧基可与风味物质的氨基结合成酰胺。

当风味物质与蛋白质相结合时，蛋白质的构象实际上发生了变化。如风味物质扩散至蛋白质分子的内部则打断了蛋白质链段之间的疏水基相互作用，使蛋白质的结构失去稳定性；含活性基团的风味物质，如醛类化合物能与赖氨酸残基的 ε-氨基共价结合，改变了蛋白质的净电荷，导致蛋白质分子展开，更有利于风味物质的结合。因此，任何能改变蛋白质构象的因素都能影响其与风味物质的结合。

水能促进极性挥发物的结合，而对非极性化合物则没有影响。在干燥的蛋白质中挥发物的扩散是有限的，加水就能提高极性挥发物的扩散速率和与结合部位结合的机会。但脱水处理，即使是冷冻干燥也可使最初被蛋白质结合的挥发物质降低 50% 以上。

pH 的影响一般与 pH 诱导的蛋白质构象变化有关，通常在碱性 pH 条件下比在酸性 pH 条件下更有利于蛋白质与风味物质的结合，这是由于蛋白质在碱性 pH 条件下比在酸性 pH 条件下发生了更广泛的变性。

热变性蛋白质显示较高结合风味物质的能力，如 10％的大豆蛋白离析物水溶液在有正己醛存在时于 90℃加热 1h 或 24h，然后冷冻干燥，发现其对正己醛的结合量比未加热的对照组分别大 3 倍和 6 倍。

化学改性会改变蛋白质的风味物质结合性质。如蛋白质分子中的二硫键被亚硫酸盐断开引起蛋白质结构的展开，这通常会提高蛋白质与风味物质结合的能力；蛋白质经酶催化水解后，原先分子结构中的疏水区被打破，疏水区的数量也减少，这会降低蛋白质与风味物质的结合能力。因此，蛋白质经水解后可减轻大豆蛋白的豆腥味。除此之外，蛋白质还能通过弱相作用或共价键结合很多其他物质（如色素、合成染料和致突变及致敏等其他生物活性物质），这些物质的结合可导致毒性增强或解毒，同时蛋白质的营养价值也受到了影响。

4. 蛋白质的其他功能性质

（1）亲油性 亲油性也叫吸油性，是指蛋白质吸油，特别是在加热条件下吸油，并与油脂均匀结合的功能性质。吸油性高的蛋白质在制作香肠时，可使制品在热烹调时不发生油脂的过多流失；吸油性低的蛋白质用于油炸食品的制作可以减少对油的吸留量。

不溶性和疏水性的蛋白质亲油性较高；小颗粒、低密度的蛋白质粉吸油量大；在有水时，乳化性高的蛋白质和外加乳化剂时吸油量较大。

（2）成膜性 利用蛋白质可以制备可食膜或进行涂层。把蛋白质溶在水中，然后将此溶液用浸涂、喷涂等方法制成薄膜，这种膜可食、透明并有一定阻气性，还可作为特殊成分的载体，在食品保鲜、造型和提高附加值等方面发挥作用。

有较大溶解度和能够在成膜过程中较充分展成线性状态的蛋白质成膜性高，成膜作用是蛋白质与蛋白质间在膜干燥过程中逐渐靠近并产生次级键合作用和重叠交织作用而产生的。

蛋白质的功能性质有着极其广泛的应用，其意义十分重大。例如：制造蛋糕时就充分地利用了卵蛋白的乳化性、搅打起泡性和热凝聚作用。蛋白质的功能性质是在食品加工实践、模型体系实验、蛋白质结构特征和功能关系分析研究等多重基础上逐步探明的。系统地测定各种食品蛋白质（包括新开发的食品蛋白质产品）的功能性质有助于在食品加工业中正确地使用这些蛋白质资源，而探明、解释、把握和改进食品蛋白质的功能性质则利于研究一种新的食品配方和新的加工工艺。

上述几类性质并不是完全独立的，而是相互间存在一定的内在联系。如胶凝作用不仅包括蛋白质与蛋白质相互作用，还包括蛋白质与水相互作用；黏度和溶解度是蛋白质与水和蛋白质与蛋白质的相互作用的共同结果。

五、食品加工和贮藏中蛋白质的营养变化

食品进行加工、烹调或贮藏时会发生一系列的变化，其中食品蛋白质的主要变化是变性。蛋白质的变性不仅直接影响食品的外观形态，而且使蛋白质的消化和吸收发生了改变，也就是说直接关系到食品蛋白质的营养价值。

1. 热处理下的变化

蛋白质经过热处理会发生一系列的物理和化学变化，有些对于食品品质和加工过程是有利的，有些则会降低蛋白质的营养价值和加工性能。

（1）热处理的有利影响 经过适当的热处理，绝大多数蛋白质的营养价值会得到提高。这是因为在适宜的加热条件下，蛋白质发生变性以后，原有的卷曲甚至成球状的肽

链受热弱键断裂，使原来折叠部分的肽链松散，容易受消化酶的作用，从而提高了蛋白质的消化率以及必需氨基酸的生物利用率和生物有效性。适度的热处理也能使食品中的大多数酶由于变性而失活，保证食品在贮藏期间不发生酸败、变色或质构变化。此外，豆类和油料种子中常含有一些消化酶（如胰蛋白酶、胰凝乳蛋白酶等）的抑制剂，这些抑制剂通过对消化酶的作用而降低食物蛋白的吸收率；也含有一些外源凝集素，能导致血红细胞凝集。加热处理可以使这些物质失活，使它们不会发生不利于营养物质消化吸收或其他不利的作用。

（2）热处理的不利影响　热处理的不利影响主要表现在氨基酸结构（残基）发生变化，导致营养价值降低。

氨基酸结构的变化随着加热温度的不同而不同，如在 115℃下加热 27h，将有 50%～60% 的半胱氨酸被破坏并产生 H_2S 气体。天冬酰胺和谷氨酰胺还会发生脱氨反应，这种反应对于蛋白质的营养价值没有多大伤害，但释放出的氨会导致蛋白质荷电性和功能性质的改变。

在强烈加热（150℃以上）过程中，赖氨酸的末端氨基容易与天冬氨酸或谷氨酸发生反应，形成新的酰胺键，该反应既可以在同一肽链中发生，也可以在邻近的肽链中发生，新的酰胺键产生不但影响赖氨酸和谷氨酸等的吸收利用，还会干扰邻近肽链上氨基酸的消化性和利用性，新的肽链本身还可能有毒性。

在剧烈加热下，蛋白质多肽链还可发生环化反应而形成杂环衍生物，这些物质中的一些已经证明具有强的致突变作用。如果在 200℃以上加热，会导致氨基酸的异构化，使其从 L-氨基酸变为 D-氨基酸。由于大多数 D-氨基酸不具有营养价值，因此该变化使营养价值降低约 50%。另外，某些 D-氨基酸还具有毒性。

食品中与蛋白质共存的糖类，在加热时与蛋白质反应往往也造成营养价值的降低。大豆于 160℃ 加热 5～60min 时，有效赖氨酸的损失竟达 20%～50%，胱氨酸和精氨酸也有损失。这是由于赖氨酸与共存的糖结合发生羧氨褐变反应，从而不易被酶作用。除赖氨酸以外，组氨酸、精氨酸、缬氨酸、亮氨酸也可见此反应。葡萄糖和酪氨酸以及谷蛋白一起加热时造成胰蛋白酶、木瓜蛋白酶、胃蛋白酶、胰凝乳蛋白酶、胰酶等蛋白分解酶分解率的下降，使消化率下降。用 0.25% 的赖氨酸强化的面包，经加热制造后平均 32% 的赖氨酸被破坏了。

脂类与蛋白质共存时将和蛋白质反应使氨基酸的利用率下降，消化吸收率和生物有效性都下降。如加热过的鱼粉在保藏过程中会发生营养价值的降低。

2. 低温处理下的变化

一般食品中的蛋白类物质在冷藏或冷冻（−18℃）条件下不会发生大的变化，但如经历冷冻、解冻的过程，则蛋白的质地及口感会发生一些变化。

当肉类食品经冷冻、解冻后，细胞及细胞膜被破坏，酶被释放出来，随着温度的升高，酶的活性增强，导致蛋白质降解。而且蛋白质与蛋白质之间的不可逆结合，代替了水和蛋白质间的结合，使蛋白质的质地发生变化，保水性降低，但对蛋白质的营养价值影响很小。鱼蛋白质很不稳定，经冷冻和冷藏后，肌球蛋白变性，然后与肌动蛋白反应，使肌肉变硬，持水性降低，因此解冻后鱼肉变得干而强韧。而且鱼中的脂肪在冻藏期间仍会进行自动氧化反应，生成过氧化物和自由基，再与肌肉蛋白作用使蛋白聚合，氨基酸破坏。蛋黄能冷冻并贮于 −6℃，解冻后呈胶状结构，黏度也增大，若在冷冻前加 10% 的糖或盐则可防止此现象。

3. 碱处理下的变化

对蛋白质来说，碱性条件是一种比较苛刻、敏感的条件。在碱的存在下，蛋白质可以发生多种变化，导致氨基酸种类、构型发生变化。

导致氨基酸种类发生变化的碱处理反应，首先由半胱氨酸或磷酸丝氨酸经消化反应形成丙烯酸残基而引发，反应式如下：

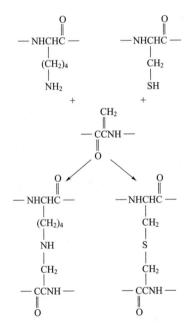

丙烯酸残基是一种非常活跃的中间产物，能够与末端带氨基或巯基的氨基酸发生反应，如图 1-5-11 所示。

图 1-5-11　丙烯酸残基的相关反应

反应的结果不仅是赖氨酸、半胱氨酸的结构发生了变化，而且也使原先彼此没有关系的蛋白多肽链发生交联而结合到了一起。除了赖氨酸、半胱氨酸残基外，其他氨基酸残基也可与丙烯酸残基发生反应，如精氨酸、组氨酸、苏氨酸、丝氨酸、酪氨酸、色氨酸等残基可通过缩合反应生成不常见的衍生物。

在碱处理下，蛋白质中的氨基酸也容易发生构型的转化，使营养价值降低。

4. 氧化剂处理下的变化

食品加工贮藏中常见的氧化剂如下：①漂白、杀菌中使用的氧化剂，如过氧化氢、过氧乙酸、过氧化苯甲酰等；②食品中脂类或其他物质氧化的中间产物，如脂类氧化中间产物氢过氧化物、过氧化物自由基及活性羰基类化合物等；③热加工中的氧气。存在于蛋白质中或游离的氨基酸其种类不同，被氧化的活性不同。容易被氧化的主要是含硫氨基酸和芳香族氨基酸，其氧化的容易程度为蛋氨酸＞半胱氨酸＞胱氨酸、色氨酸。在较高温度下或脂类自动氧化较甚时，几乎所有的氨基酸均可遭受破坏。为了防止此类反应的发生，可通过加入抗氧化剂、采用真空或充氮包装等措施防止蛋白质氧化。

5. 脱水处理下的变化

脱水处理是食品加工技术中的重要类型，包括传统脱水、真空干燥、冷冻干燥、喷雾干燥、鼓膜干燥等方法；脱水处理的目的是降低水分含量，提高食品稳定性，延长保质期，减轻质量等。

从食品化学的角度考虑，脱水方法中的真空干燥、冷冻干燥、喷雾干燥对蛋白质品质影响最小，而传统干燥、鼓膜干燥均会导致蛋白质溶解性能降低、持水能力下降等问题。

6. 辐照处理下的变化

辐照保藏食品是用电离辐射照射的方法延长食品保藏时间，提高食品质量的新技术。通过辐照杀虫、灭菌、抑制发芽、抑制成熟等途径，可减少食品在贮存和运输中的耗损，增加供应量，延长供应期，提高食品的卫生品质；辐照加工是一种"冷加工"，不需要加入添加剂，能保持食品原有的风味与鲜度，有的还可提高食品的工艺质量；辐照食品中没有药剂残留，也不污染环境，不会产生放射性；电离辐射穿透能力强，可对预先包装好的或烹调好的食品进行均匀、彻底的处理，消费者食用方便，节省时间；有些加工还可取消冷藏，是一种理想的节约能源的方法；辐照操作容易控制，适于进行大规模、连续加工。但在强辐照情况下，会产生蛋白质游离基并发生聚合，使蛋白质分子之间交联，导致蛋白质功能性质的改变，食品中蛋白质在辐照作用下主要发生两种形式的变化。

(1) 分解 较容易受辐照影响而发生分解的是多肽链中的含硫氨基酸和芳香族氨基酸，辐照也能使多肽链发生断裂分解。

(2) 交联 受 γ 射线作用时，氨基酸残基主要从 α-C 开始变化，交联反应如图 1-5-12 所示。

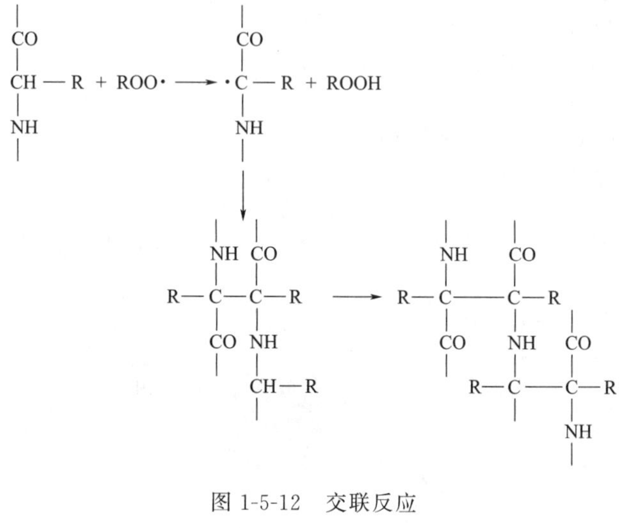

图 1-5-12 交联反应

思 考 题

1. 选择题

(1) 测得某一蛋白质样品的氮含量为 0.40g，此样品约含多少蛋白质？（ ）

A. 2.00g   B. 2.50g   C. 6.40g   D. 3.00g

(2) 维持蛋白质二级结构的主要作用力是（　　）。

A. 盐键   B. 疏水键   C. 肽键   D. 氢键

(3) 在等电点以上的 pH 溶液中氨基酸（　　）。

A. 带正电荷   B. 带负电荷   C. 不带电荷   D. 以上都有可能

(4) 天然蛋白质中含有的 20 种氨基酸的结构（　　）。

A. 全部是 L 型   B. 全部是 D 型

C. 部分是 L 型，部分是 D 型   D. 除甘氨酸外都是 L 型

(5) 当蛋白质处于等电点时，可使蛋白质分子的（　　）。

A. 稳定性增加   B. 表面净电荷不变

C. 表面净电荷增加   D. 溶解度最小

(6) 可引起蛋白质变性的物理因素有（　　）。

A. pH 值   B. 有机溶剂   C. 加热处理   D. 剪切

(7) 维持蛋白质三级结构的作用力为（　　）。

A. 肽键   B. 二硫键   C. 氢键   D. 疏水键

(8) 蛋白质变性后（　　）。

A. 失去生理活性   B. 肽键断裂   C. 空间结构变化   D. 溶解度下降

(9) 下列哪一项不是对蛋白质水合作用和溶解度同时具有影响的因素？（　　）

A. 蛋白质浓度   B. 离子强度   C. 氨基酸的组成   D. 温度

(10) 下列属于必需氨基酸的是（　　）。

A. 谷氨酸   B. 异亮氨酸   C. 丙氨酸   D. 精氨酸

2. 名词解释

氨基酸　肽键　肽　蛋白质变性　盐析　蛋白质等电点（pI）

3. 判断题

(1) 中性氨基酸的等电点等于 7。（　　）

(2) 蛋白质分子中氨基酸之间是通过肽键连接的。（　　）

(3) 氨基酸在等电点时不带电荷。（　　）

(4) 蛋白质的水合性好，则其溶解性也好。（　　）

(5) 肽链中氨基酸之间是以酯键相连接的。（　　）

(6) 维持蛋白质一级结构的作用力为氢键。（　　）

(7) 蛋白质的二级结构主要是靠氢键维持的。（　　）

(8) 蛋白质溶液 pH 值处于等电点时，溶解度最小。（　　）

(9) 通常蛋白质的起泡能力好，则稳定泡沫的能力也好。（　　）

(10) 溶解度越大，蛋白质的乳化性能也越好；溶解度非常低的蛋白质，乳化性能差。（　　）

4. 填空题

(1) 组成蛋白质的主要元素有_____、_____、_____、_____。

(2) 蛋白质具有两性电离性质，大多数在酸性溶液中带_____电荷，在碱性溶液中带_____电荷。当蛋白质处在某一 pH 值溶液中时，它所带的正负电荷数相等，此时的蛋白质成为_____，该溶液的 pH 值称为蛋白质的_____。

(3) 蛋白质的一级结构是指_____在蛋白质多肽链中的_____。

(4) 在蛋白质分子中，一个氨基酸的 α 碳原子上的_____与另一个氨基酸 α 碳原子上的_____脱去一分子水形成的键叫_____，它是蛋白质分子中的基本结构键。

(5) 蛋白质变性主要是因为破坏了维持和稳定其空间构象的各种_____键，使天然蛋白质原有的_____与_____性质改变。

5. 问答题

(1) 什么是蛋白质的变性？影响蛋白质变性的因素有哪些？

（2）试述蛋白质的功能性质的概念及其分类。

（3）蛋白质变性的机理是什么？

（4）在宰后僵直期的生牛肉，当 pH 值从 6.5 下降至 5.0（等电点）时，其持水力显著下降，并导致生牛肉的多汁性和嫩度下降。请解释此现象。

（5）简述蛋白质一级结构、二级结构、三级结构、四级结构的概念，并指出维持各级结构的作用力。

模块六 核酸化学

一、核酸的种类、分布与化学组成

1. 核酸的种类和分布

核酸的种类、分布与化学组成

（1）种类 核酸是生物体内极其重要的生物大分子，是生命最基本的物质之一。核酸最早是瑞士的化学家 F. Miescher 于 1870 年从脓细胞的核中分离出来的，由于它们是酸性的，并且最先是从核中分离的，故称为核酸。核酸的发现比蛋白质晚得多。经过不断的研究证明，核酸存在于绝大多数有机体中，包括病毒、细菌、动植物等。核酸是生物高分子，它的基本构成单位是单核苷酸。核酸分为脱氧核糖核酸（DNA）和核糖核酸（RNA）两大类。

（2）分布 原核生物中 DNA 主要集中在细胞的核区，真核生物中 DNA 主要集中在细胞核内，线粒体、叶绿体也含有 DNA。RNA 主要分布在细胞质中。DNA 是遗传物质，是遗传信息的载体。DNA 的分子量一般在 10^6 以上，是染色体的主要成分。原核生物无细胞核，只有由遗传物质组成的核区。真核细胞含不止一条染色体，每个染色体只含一个 DNA 分子。病毒核酸要么含有 DNA，要么含有 RNA，至今未发现两者都含有的病毒。DNA 的含量很稳定，在真核细胞中，DNA 与染色体的数目多少有平行关系，体细胞（双倍体）DNA 含量为生殖细胞（单倍体）DNA 含量的两倍；DNA 在代谢上也比较稳定，不受营养条件、年龄等因素的影响。

2. 核酸的化学组成

核酸仅由 C、H、O、N、P 五种元素组成，其中 P 的含量变化不大，平均含量为 9.5%，每克磷相当于 10.5g 的核酸。因此，通过测定核酸的含磷量，即可计算出核酸的大致含量。

$$W_{粗核酸}(\%)=W_P \times 10.5$$

核酸在酸、碱或酶的作用下，可以逐步水解。核酸完全水解后得到磷酸、戊糖、含氮碱三类化合物（图 1-6-1）。

核酸中的戊糖有两类：D-核糖和 D-2-脱氧核糖。核酸的分类就是根据两种戊糖种类不同而分为核糖核酸（RNA）和脱氧核糖核酸（DNA）的。

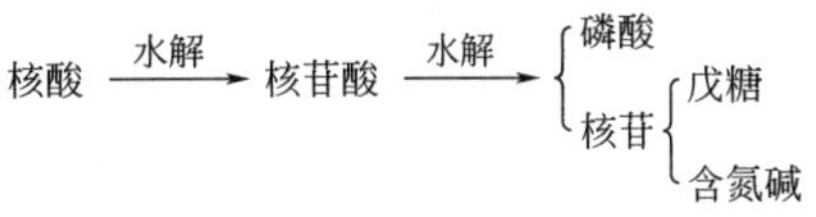

碱基在 RNA 中主要有四种：腺嘌呤（A）、鸟嘌呤（G）、胞嘧啶（C）、尿嘧啶（U）。DNA 中也

图 1-6-1 核酸的水解

有四种碱基，与 RNA 不同的是胸腺嘧啶（T）代替了尿嘧啶。表 1-6-1 所示为两种核酸的基本化学组成。

表 1-6-1 两种核酸的基本化学组成

核酸的成分	DNA	RNA
嘌呤碱	腺嘌呤	腺嘌呤
	鸟嘌呤	鸟嘌呤
嘧啶碱	胞嘧啶	胞嘧啶
	胸腺嘧啶	尿嘧啶
戊糖酸	D-2-脱氧核糖	D-核糖
	磷酸	磷酸

(1) 碱基 核酸中的碱基分两类：嘧啶碱和嘌呤碱。嘧啶碱是母体化合物嘧啶的衍生物。核酸中常见的嘧啶有三类：胞嘧啶、尿嘧啶和胸腺嘧啶。植物 DNA 中有相当量的 5′-甲基胞嘧啶。在一些大肠杆菌噬菌体中 5′-羟甲基胞嘧啶代替了胞嘧啶。嘌呤碱是母体化合物嘌呤的衍生物。核酸中常见的嘌呤有两类：腺嘌呤和鸟嘌呤。五种主要的碱基结构如图 1-6-2 所示。

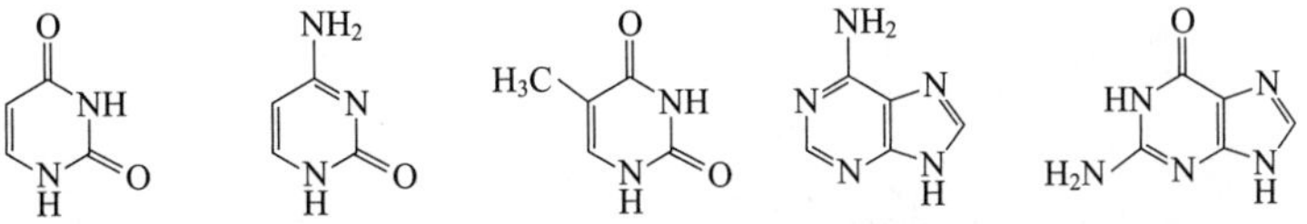

尿嘧啶　　胞嘧啶　　胸腺嘧啶　　腺嘌呤　　鸟嘌呤
(U)　　　(C)　　　(T)　　　(A)　　　(G)

图 1-6-2 核酸中主要的嘧啶碱和嘌呤碱

除以上五类基本的碱基外，核酸中还有一些含量极少的碱基，称为稀有碱基。稀有碱基种类十分多，大多数都是五类基本碱基衍生出的甲基化碱基。tRNA 中含有较多的稀有碱基。

(2) 核苷 核苷由戊糖和碱基缩合而成，并以糖苷键相连接。糖环上的 C-1 与嘧啶碱的

N-1 和嘌呤碱的 N-9 相连接。这种糖与碱基之间的连键是 N—C，称为 N-糖苷键。核苷中的 D-核糖与 D-2-脱氧核糖均为呋喃型环状结构。糖环中 C-1 是不对称碳原子，所以有 α 及 β 两种构型，但核酸分子中的糖苷键均为 β-糖苷键。核苷的碱基与糖环平面互相垂直。

核苷可分为核糖核苷和脱氧核糖核苷两大类。RNA 中杂环碱有腺嘌呤、鸟嘌呤、胞嘧啶、尿嘧啶，对应的四种核苷如图 1-6-3 所示。

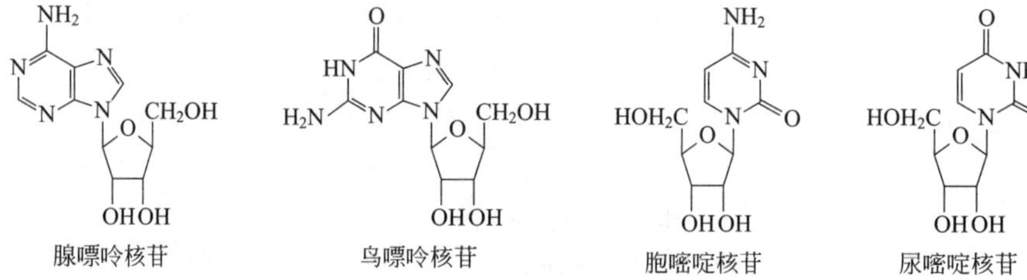

腺嘌呤核苷　　　　鸟嘌呤核苷　　　　胞嘧啶核苷　　　　尿嘧啶核苷

图 1-6-3　RNA 中杂环碱对应的四种核苷

DNA 中杂环碱有腺嘌呤、鸟嘌呤、胞嘧啶、胸腺嘧啶，对应的四种核苷如图 1-6-4 所示。

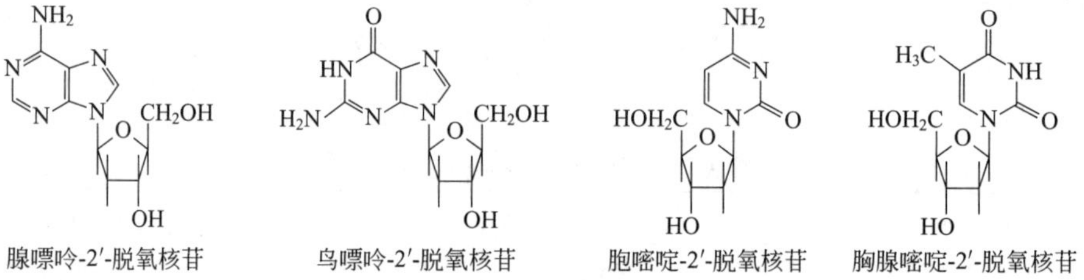

腺嘌呤-2′-脱氧核苷　　鸟嘌呤-2′-脱氧核苷　　胞嘧啶-2′-脱氧核苷　　胸腺嘧啶-2′-脱氧核苷

图 1-6-4　DNA 中杂环碱对应的四种核苷

（3）核苷酸　核苷中戊糖的 3′位或 5′位的羟基被磷酸酯化，就形成核苷酸。因此，核苷酸是核苷的磷酸酯。由于核糖核苷的糖环上有三个自由羟基，而脱氧核糖核苷只有两个，所以，它们分别能形成 2′-核糖核苷酸、3′-核糖核苷酸、5′-核糖核苷酸与 3′-脱氧核糖核苷酸、5′-脱氧核糖核苷酸。在生物体内游离存在的大多是 5′-核苷酸。对核苷酸命名时要包括磷酸在戊糖的位置，例如，5′-腺苷酸、3′-胞嘧啶脱氧核糖核酸。

核苷酸分子中既有只带一个磷酸基的一磷酸核苷（图 1-6-5），也有含两个和三个磷酸基的二磷酸腺苷（ADP）和三磷酸腺苷（ATP）等多磷酸核苷（见图 1-6-6），它们都有着非常重要的生理功能。

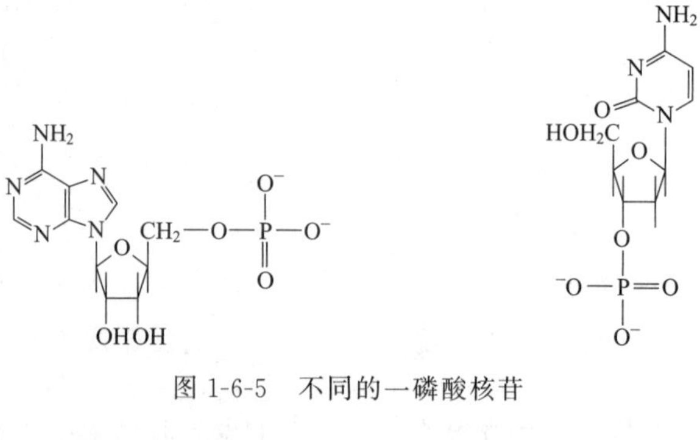

图 1-6-5　不同的一磷酸核苷

3. 细胞内的游离核苷酸及其衍生物

在生物体内以游离形式存在的单核苷酸为核苷-5′-磷酸酯。有一些单核苷酸的衍生物在生物体的能量代谢中起着重要作用。腺苷一磷酸（AMP 或腺苷酸）与 1 分子磷酸结合成腺苷二磷酸（ADP），腺苷二磷酸再与 1 分子磷酸结合成腺苷三磷酸（ATP）（图 1-6-6）。

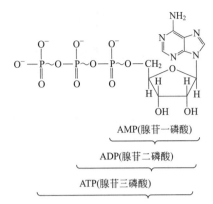

　　磷酸与磷酸之间的连接键水解裂开时能产生较大能量，所以此键叫高能磷酸键，习惯以"～"表示，含高能磷酸键的化合物叫高能化合物。ATP 含有两个高能磷酸键。物质代谢所产生的能量使 ADP 和磷酸合成 ATP，这是生物体内储能的一种方式，ATP 分解又释放能量。高能磷酸键水解裂开时，每生成 1mol 磷酸就释放出约 30.5kJ 能量（一般磷酸酯水解释放能量 8.4～12.5kJ/mol）。释放出的能量可以支持生理活动（如肌肉的收缩），也可用以促进生物化学反应（如蛋白质的合成）。所以 ATP 是体内蕴藏可利用能的主要仓库，也是体内所需能量的主要来源。

图 1-6-6　腺苷一磷酸、腺苷二磷酸、腺苷三磷酸的结构和它们的标准缩写

　　其他单核苷酸可以和腺苷酸一样磷酸化，产生相应的高能磷酸化合物。各种核苷三磷酸化合物（可简写为 ATP、CTP、GTP、UTP）实际是体内 RNA 合成的直接原料。各种脱氧核苷三磷酸化合物（可简写为 dATP、dCTP、dGTP 和 dTTP）是 DNA 合成的直接原料。它们在连接起来构成核酸大分子的过程中脱去"多余"的两分子磷酸。有些核苷三磷酸还参与特殊的代谢过程，如 UTP 参加磷脂的合成，GTP 参加蛋白质和嘌呤的合成等。

　　此外，在生物体内还有一些参与代谢作用的重要核苷酸衍生物，如烟酰胺腺嘌呤二核苷酸（辅酶Ⅰ，NAD）、烟酰胺腺嘌呤二核苷酸磷酸（辅酶Ⅱ，NADP）、黄素单核苷酸（FMN）、黄素腺嘌呤二核苷酸（FAD）等，它们与生物氧化作用的关系很密切，是重要的辅酶。

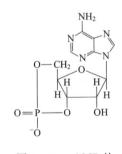

图 1-6-7　cAMP 的结构式

　　近年来，对 $3',5'$-环腺苷酸（cAMP 或环腺一磷）的作用有了新的认识。cAMP 在体内由 ATP 转化而来，是与激素作用密切相关的代谢调节物。cAMP 的结构式如图 1-6-7 所示。类似的化合物还有环鸟一磷（cGMP）和环胞一磷（cCMP）。

4. 核酸的生物学功能

　　DNA 是遗传信息的载体，遗传信息的传递是通过 DNA 的自我复制完成的。RNA 在蛋白质生物合成中起重要作用。动物、植物和微生物（不包括病毒）细胞内都含有三种主要的 RNA：

　　① 核糖体 RNA（rRNA）。rRNA 含量大，占细胞 RNA 总量的 80% 左右，是构成核糖体的骨架。核糖体含有大约 40% 的蛋白质和 60% 的 RNA，由两个大小不同的亚基组成，是蛋白质生物合成的场所。

　　② 转运 RNA（tRNA）。tRNA 约占细胞 RNA 的 15%。tRNA 的分子量较小，在 25000 左右，由 70～90 个核苷酸组成。tRNA 在蛋白质的生物合成中具有转运氨基酸的作用。tRNA 有许多种，每一种 tRNA 专门转运一种特定的氨基酸。tRNA 除转运氨基酸外，在蛋白质生物合成的起始、DNA 的反转录合成及其他代谢调节中都有重要作用。

　　③ 信使 RNA（mRNA）。mRNA 约占细胞 RNA 含量的 2%～5%。mRNA 的生物学功能是转录 DNA 上的遗传信息并指导蛋白质的合成。每一种多肽都有一种特定的 mRNA 负责编码，因此 mRNA 的种类很多。

二、核酸的分子结构

1. 脱氧核糖核酸的分子结构

（1）DNA 的一级结构 DNA 的一级结构是由数量极其庞大的四种脱氧核糖核苷酸（即脱氧腺嘌呤核苷酸、脱氧鸟嘌呤核苷酸、脱氧胞嘧啶核苷酸和脱氧胸腺嘧啶核苷酸）通过 3′,5′-磷酸二酯键连接起来的直线形或环形多聚体。由于脱氧核糖中 C-2 上不含羟基，C-1 又与碱基相连接，所以唯一可以形成的键是 3′,5′-磷酸二酯键。故 DNA 没有侧链。图 1-6-8 所示为 DNA 多核苷酸链的一个小片段。

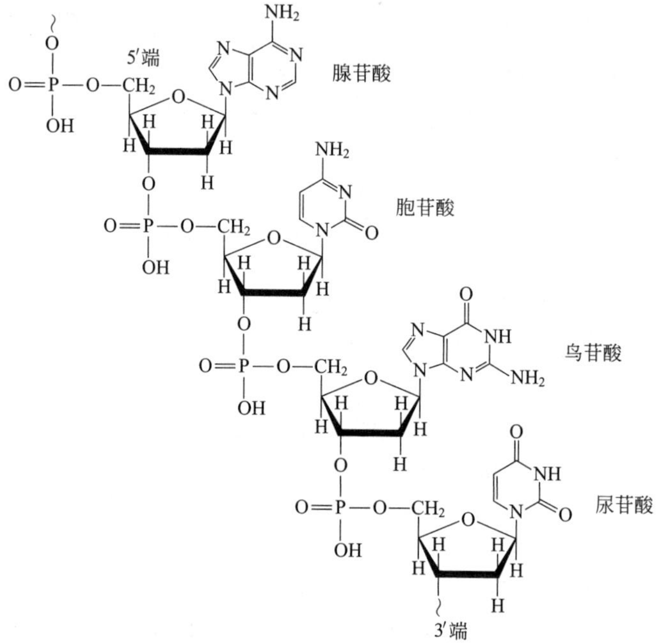

图 1-6-8 DNA 多核苷酸链的一个小片段

RNA 或 DNA 中的多核苷酸链，都按图 1-6-8 所示的方式表示，显然太繁复了，所以现在都用简化了的示意法来表示，如图 1-6-9 所示。

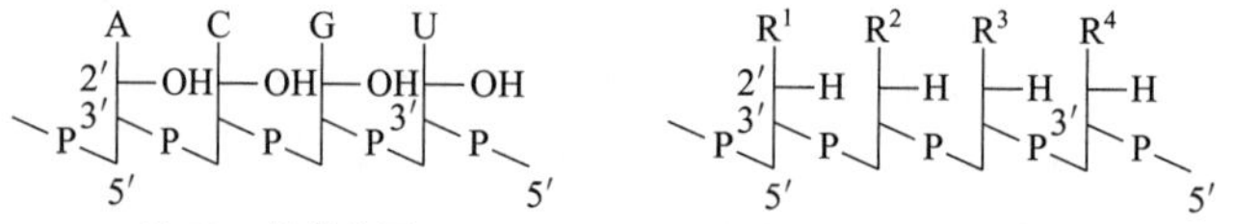

(a) RNA链简化图　　　　　(b) DNA链简化图

图 1-6-9 RNA 与 DNA 链简化图

其中 R^1、R^2、R^3、R^4 表示碱基，P 表示磷酸基，一竖表示糖分子，
2′、3′、5′表示糖中 C 原子编号。还可以进一步简化成 PA-C-G-UP。
这两种写法对 DNA 和 RNA 分子都适用

（2）DNA 的二级结构 DNA 的双螺旋结构模型是 Watson 和 Crick 于 1953 年提出的。后人的许多工作证明这个模型基本上是正确的。这种 DNA 称为右手双螺旋 DNA（B-DNA），螺旋表面形成大沟及小沟，彼此相间排列。小沟较浅，大沟较深（见图 1-6-10），这是蛋白质识别 DNA 碱基序列的基础。DNA 还有左手螺旋的，即 Z-DNA。其骨架呈锯齿走向，在嘌呤与嘧啶交替排列的寡聚 DNA 中发现，也是反平行互补的双螺旋，每匝 12 个碱基对，螺旋细长。这说明 DNA 的碱基序列不仅储存遗传信息，也储存了自身高级结构的信息。Z-DNA 作为特殊的结构标志，与基因表达的调控有关。

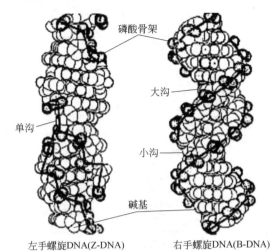

左手螺旋DNA(Z-DNA)　　　右手螺旋DNA(B-DNA)

图 1-6-10　DNA 双螺旋结构

① 双螺旋结构模型的主要依据。X 射线衍射数据：Wilkins 和 Franklin 发现不同来源的 DNA 纤维具有相似的 X 光衍射图谱，这说明 DNA 可能有共同的分子模型。X 射线衍射数据说明 DNA 含有 2 条或 2 条以上具有螺旋结构的多核苷酸链。

关于碱基成对的证据：Chargaff 等应用色谱法对多种生物 DNA 的碱基组成进行了分析，发现 DNA 中的腺嘌呤的数目与胸腺嘧啶的数目相等，胞嘧啶（包括 5-甲基胞嘧啶）的数目和鸟嘌呤的数目相等（表 1-6-2）。后来又有人证明腺嘌呤和胸腺嘧啶之间可以生成两个氢键；而胞嘧啶和鸟嘌呤之间可以允许生成三个氢键。

表 1-6-2　不同来源 DNA 的碱基组成

来源	碱基的相对含量（摩尔分数）/%				来源	碱基的相对含量（摩尔分数）/%			
	腺嘌呤	鸟嘌呤	胞嘧啶①	胸腺嘧啶		腺嘌呤	鸟嘌呤	胞嘧啶①	胸腺嘧啶
人	30.9	19.9	19.8	29.4	扁豆	29.7	20.6	20.1	29.6
牛胸腺	28.2	21.5	22.5	27.8	酵母	31.3	18.7	17.1	32.9
牛脾	27.9	22.7	22.1	27.3	大肠杆菌	24.7	26.0	25.7	23.6
牛精子	28.7	22.2	22.0	27.2	金黄色葡萄球菌	30.8	21.0	19.0	29.2
大鼠(骨髓)	28.6	21.4	21.5	28.4	结核分枝杆菌	15.1	34.9	35.4	14.6
母鸡	28.8	20.5	21.5	29.2	噬菌体 φ×174(单链)	24.6	24.1	18.5	32.7
蚕	28.6	22.5	21.9	27.2	噬菌体 φ×174(复制型)	26.3	22.3	22.3	26.4
小麦(胚)	27.3	22.7	22.8	27.1	噬菌体 λ	21.3	28.6	27.2	22.9

① 包括 5-甲基胞嘧啶。

电位滴定行为：用电位滴定法证明，DNA 的磷酸基可以滴定，而嘌呤和嘧啶的氨基和 —NH—CO— 则不能滴定，它们是用氢键连接的。

② B-DNA 双螺旋结构模型的要点。DNA 分子是由两条方向相反的平行多核苷酸链构成的，两条链的糖—磷酸主链都是右手螺旋，有一共同的螺旋轴。一条链的方向是 $5'→3'$，另一条链则是 $3'→5'$。螺旋直径为 2nm。螺旋表面有一条大沟和一条小沟。如图 1-6-11 所示。

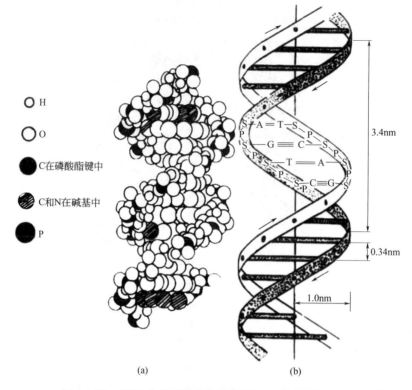

H
O
C在磷酸酯键中
C和N在碱基中
P

3.4nm

0.34nm

1.0nm

(a)   (b)

图 1-6-11　DNA 分子双螺旋结构模型（a）及其图解（b）

两条链的碱基在内侧，糖—磷酸主链在外侧，两条链由碱基间的氢键相连。碱基对的平面约与螺旋轴垂直，相邻碱基对平面间的距离（碱基堆积距离）是 0.34nm。相邻核苷酸彼此相差 36°。双螺旋的每一转有 10 对核苷酸，每转高度为 3.4nm。

碱基成对有一定规律，腺嘌呤一定与胸腺嘧啶成对，鸟嘌呤一定与胞嘧啶成对。因此有四种可能的碱基对，即 A-T、T-A、G-C 和 C-G。A 和 T 间构成两个氢键，G 和 C 间构成三个氢键。

碱基对都适合此模型，每条链可以有任意的碱基顺序，但由于碱基成对的规律性，如一条链的碱基顺序已确定，则另一条链必有相对应的碱基顺序。两条链的碱基组成和排列顺序并不一定相同。

大多数天然 DNA 具有双链结构，某些小细菌病毒（如 φ×174 和 M13）的 DNA 是单链分子。DNA 双螺旋模型最主要的成就是引出了"互补"（碱基配对）概念。根据碱基互补原则，当一条多核苷酸的序列被确定以后，即可推知另一条互补链的序列。碱基互补原则具有极其重要的生物学意义。DNA 复制、转录、反转录等的分子基础都是碱基互补。

③ 双螺旋结构的稳定性。DNA 双螺旋结构在生理状态下是很稳定的。维持这种稳定性的主要因素是碱基堆积力。碱基堆积力维持双链纵向稳定性，氢键维持双链横向稳定性。嘌呤与嘧啶形状扁平，呈疏水性，分布于双螺旋结构内侧。大量碱基层层堆积，两相邻碱基的平面十分贴近，于是使双螺旋结构内部形成一个强大的疏水区，与介质中的水分子隔开。另外，大量存在于 DNA 分子中的其他弱键在维持双螺旋结构的稳定上也起一定作用。这些弱键包括：互补碱基对间的氢键；磷酸基团上的负电荷与介质中的阳离子之间的离子键；范德华力。

（3）DNA 的三级结构　双链 DNA 多数为线形，少数为环形。某些小病毒、线粒体、叶绿体以及某些细菌中的 DNA 为双链环形。在细胞内，这些环形 DNA 进一步扭曲成超螺旋的三级结构，如图 1-6-12 所示。

　　真核细胞染色质和一些病毒的 DNA 是双螺旋线形分子。染色质 DNA 的结构极其复杂。双螺旋 DNA 先盘绕组蛋白形成核粒（超螺旋）（图 1-6-13），许多核粒（或称核小体）由 DNA 链连在一起构成念珠状结构，念珠状结构进一步盘绕成更复杂更高层次的结构。据估算，人的 DNA 大分子在染色质中反复折叠盘绕，共压缩 8000～10000 倍。

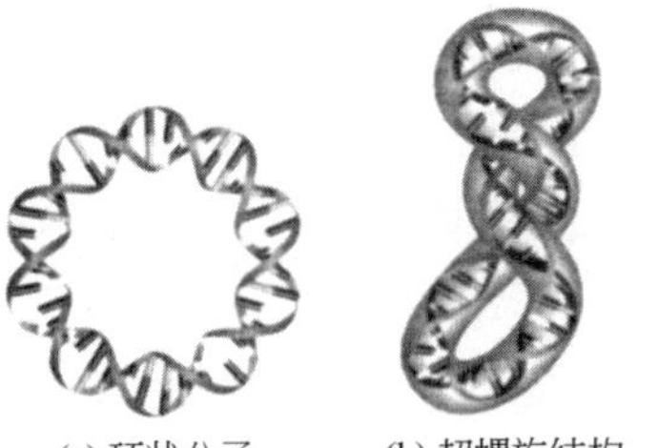

(a) 环状分子　　(b) 超螺旋结构

图 1-6-12　多瘤病毒的环状分子和
超螺旋结构

(a) 前面　　　　(b) 背面

图 1-6-13　核粒结构示意图
圆球代表组蛋白，缠绕在组蛋白上
的带子为 DNA 超螺旋

2. 核糖核酸的结构

　　RNA 在生命活动中具有重要作用，它和蛋白质共同负责基因的表达与表达过程的调控。RNA 的分子量较小，由数十个至数千个核苷酸组成。RNA 通常以一条单链形式存在，经卷曲盘绕可形成局部双螺旋结构和三级结构。RNA 的种类、大小、结构多种多样，其功能也各不相同。

　　（1）信使 RNA　传递 DNA 遗传信息的 RNA 称为信使 RNA（mRNA）。mRNA 作为蛋白质合成的模板，决定其合成的蛋白质中氨基酸顺序。mRNA 约占总 RNA 的 2%～5%，代谢非常活跃，真核生物 mRNA 的半寿期很短，从几分钟到数小时不等。

　　细胞核内初合成的是不均一核 RNA（hnRNA），是 mRNA 前体。hnRNA 经剪接加工转变为成熟的 mRNA。mRNA 的结构（见图 1-6-14）特点如下：

　　① 大多数真核 mRNA 的 5′-端在转录后均加上一个 7-甲基鸟苷二磷酸基，而第 1 个核苷酸的 C-2′ 位甲基化，形成的 m7GpppNm 结构称为帽子结构。mRNA 的帽子结构可保护 mRNA 免受核酸酶的降解，在翻译中促进核糖体与 mRNA 的结合。

　　② 绝大多数真核 mRNA 的 3′ 端有 30～200 个腺苷酸残基的尾巴，3′ 端尾巴是在转录后逐个添加上去的，其作用在于增加 mRNA 的稳定性和维持其翻译活性。

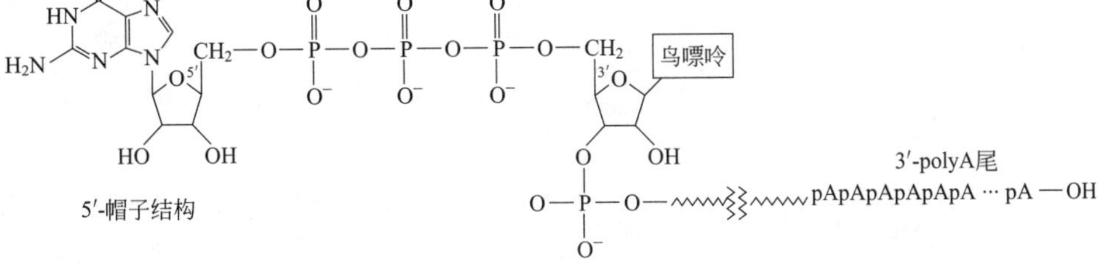

图 1-6-14　mRNA 的结构

　　（2）转运 RNA　转运 RNA（tRNA）是由 70～90 个核苷酸组成的一类小分子 RNA，

约占细胞总 RNA 的 15％，其主要功能是在蛋白质合成过程中作为各种氨基酸的载体，并按 mRNA 上的遗传密码顺序"对号入座"地将其转呈给蛋白质。细胞内 tRNA 的种类很多，每一种氨基酸都有其相应的一种或几种 tRNA。tRNA 的结构（见图 1-6-15）特点如下：

① tRNA 分子中含有较多的稀有碱基。

② tRNA 局部由于碱基互补而形成双螺旋区，非互补区则形成环状结构，进而形成一种茎-环结构。整个 tRNA 的二级结构呈现三叶草结构。tRNA 有 4 个螺旋区，3 个环和 1 个可变环。4 个螺旋区构成 4 个臂，其中直接与氨基酸结合的臂叫氨基酸臂。被激活的氨基酸连接在 3′C-C-A—OH 上。

③ tRNA 中的 3 个环分别是 DHU 环、TΨC 环和反密码子环。其中反密码子环中部为反密码子，由三个碱基组成。携带不同氨基酸的 tRNA 通过反密码子与 mRNA 密码子互补。

④ tRNA 的三级结构呈倒 L 形。

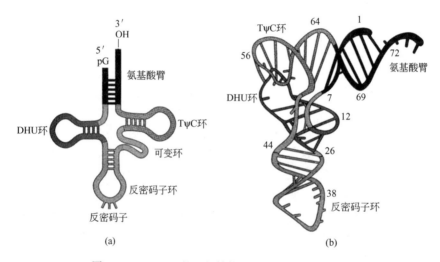

图 1-6-15　tRNA 的二级结构（a）与三级结构（b）

（3）核糖体 RNA　核糖体 RNA（rRNA）占细胞总 RNA 的 80％ 以上，是构成核糖体的骨架。大肠杆菌核糖体中有三类 rRNA，即 5S rRNA、16S rRNA、23S rRNA。动物细胞核糖体 rRNA 有四类：5S rRNA、5.8S rRNA、18S rRNA、28S rRNA。许多 rRNA 的一级结构及由一级结构推导出来的二级结构都已阐明，但是对许多 rRNA 的功能迄今仍不十分清楚。图 1-6-16 所示为大肠杆菌 5S rRNA 的结构。

在蛋白质的合成过程中，各种 rRNA 和多种蛋白质结合成核糖体后才能发挥作用。核糖体的功能是在蛋白质合成中起装配机的作用，在此装配过程中，无论是何种 mRNA 或 tRNA，都必须与核糖体进行结合，氨基酸才能有序地鱼贯而入，肽链合成才能启动和延伸。

3. 核酶

具有催化作用的 RNA 称为核酶，现已发现几十种核酶。核酶的一级结构没有一定的规律，但是有些二级结构对催化活性很重要。最简单核酶的二级结构呈锤头状，即锤头核酶。锤头核酶由 3 个茎和 1～3 个环组成，其结构中包括催化部分和底物部分。核酶的发现推动了对生命活动多样性的理解，其在医学上有特殊的用途，用以剪切破坏一些有害基因转录出的 mRNA 或其前体及病毒 RNA，现已被试用于治疗肿瘤、病毒性疾病和基因治疗研究。

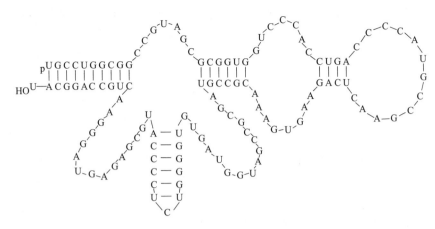

图 1-6-16 大肠杆菌 5S rRNA 的结构

具有酶的活性的 DNA 称为脱氧核酶。由于 DNA 较 RNA 稳定且成本低廉，脱氧核酶的应用已成为新药开发的热门课题。

三、核酸的理化性质

核酸的理化性质

1. 一般性质

(1) 溶解度 DNA 和 RNA 均微溶于水，它们的钠盐在水中的溶解度较大，DNA 和 RNA 均能溶于 2-甲氧乙醇，但不溶于乙醇、乙醚等有机溶剂，所以在分离核酸时，加入乙醇即可使之从溶液中沉淀出来。

(2) 分子大小、形状和黏度 多数 DNA 为线形分子，分子极不对称，其长度可以达到几厘米，而分子的直径只有 2nm。因此 DNA 溶液的黏度极高。RNA 溶液的黏度要小得多。

(3) 沉降特性 溶液中的核酸分子在引力场中可以下沉。不同构象的核酸（线形、开环、超螺旋结构）、蛋白质及其他杂质，在超离心机的强大引力场中，沉降的速率有很大差异，所以可以用超离心法纯化核酸或将不同构象的核酸进行分离，也可以测定核酸的沉降常数与分子量。

用不同介质组成密度梯度进行超离心分离核酸时，效果较好。RNA 分离常用蔗糖梯度，分离 DNA 时用得最多的是氯化铯梯度。氯化铯在水中有很大溶解度，可以制成浓度很高（80mol/L）的溶液。

应用菲啶溴红-氯化铯密度梯度平衡超离心，很容易将不同构象的 DNA、RNA 及蛋白质分开。这个方法是目前实验室中纯化质粒 DNA 时最常用的方法。如果应用垂直转头，65000r/min，只要 6h 就可以完成分离工作。但是如果采用角转头，转速为 45000r/min 时，则需 36h。离心完毕后，离心管中各种成分的分布可以在紫外线照射下显示得一清二楚（如图 1-6-17 所示）。蛋白质漂浮在最上面，RNA 沉淀在底部。超螺旋 DNA 沉降较快，开环及线形 DNA 沉降较慢。用注射针头从离心管侧面在超螺旋 DNA 区带部位刺入，收集这一区带的 DNA。用异戊醇抽提收集到的 DNA 以除去染料，然后透析除去 CsCl，再用苯酚抽提 1~2

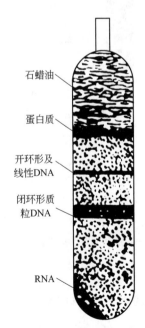

石蜡油

蛋白质

开环形及
线性DNA

闭环形质
粒DNA

RNA

图 1-6-17 经菲啶溴红-氯化铯密度超离心后，质粒 DNA 及各种杂质的分布

次，即可用乙醇将 DNA 沉淀出来。这样得到的 DNA 有很高的纯度，可供 DNA 重组、测定序列及限制酶图谱研究等之用。在少数情况下，需要特别纯的 DNA 时，可以将此 DNA 样品再进行一次氯化铯密度梯度超离心分离。

2. 凝胶电泳

凝胶电泳是当前核酸研究中最常用的方法。它有简单、快速、灵敏、成本低等优点。常用的凝胶电泳有琼脂糖凝胶电泳和聚丙烯酰胺凝胶电泳。凝胶电泳可以在水平或垂直的电泳槽中进行。凝胶电泳兼有分子筛和电泳双重效果，所以分离效率很高。

(1) 琼脂糖凝胶电泳 以琼脂糖为支持物，电泳的迁移率取决于以下因素：

① 迁移率与核酸分子量对数成反比。

② 迁移率与胶浓度成反比，常用 1% 的胶分离 DNA。

③ 与 DNA 的构象有关。一般条件下超螺旋 DNA 的迁移率最快，线形 DNA 次之，开环形 DNA 最慢。但在胶中加入过多的菲啶溴红时，上述分布次序会发生改变。

④ 电流一般不大于 5V/cm。有适当的电压差时，迁移率与电流大小成正比。

⑤ 碱基组成有一定影响，但影响不大。

⑥ 温度 4～30℃ 都可以，常为室温。

琼脂糖凝胶电泳常用于分析 DNA。由于琼脂糖制品中往往带有核糖核酸酶杂质，因此用于分析 RNA 时，必须加入蛋白质变性剂（如甲醛等）。

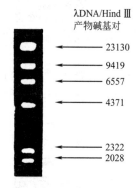

λDNA/Hind Ⅲ 产物碱基对

→ 23130
→ 9419
→ 6557
→ 4371
→ 2322
→ 2028

图 1-6-18 λDNA/Hind Ⅲ 片段琼脂糖凝胶电泳图

电泳完毕后，将胶在荧光染料菲啶溴红的水溶液中染色（0.5μg/mL）。菲啶溴红为一扁平分子，很易插入 DNA 的碱基对之间。DNA 与菲啶溴红结合后，经紫外线照射，可发射出红橙色可见荧光。0.1μg DNA 即可用此法检出，所以此法十分灵敏。根据荧光强度可以大体判断 DNA 样品的浓度。若在同一胶上加一已知其浓度的 DNA 作参考，则所测得的样品浓度更为准确。可以用灵敏度很高的负片将凝胶上所呈现的电泳图谱在紫外线照射下拍摄下来，作进一步分析与长期保留之用。

应用凝胶电泳可以正确地测定 DNA 片段的分子大小。实用的方法是在同一胶上加一已知分子量的样品（如图 1-6-18 中的 λDNA/Hind Ⅲ 的片段）。电泳完毕后，经菲啶溴红染色、照相，从照片上比较待测样品中的 DNA 片段与标准作品中的哪一条带最接近，即可推算出未知样品中各片段的大小。最常用的方法是将胶上某一区带在紫外线照射下切割下来，将切下的胶条放在透析袋中，装上电泳液，在水平电泳槽中进行电泳，让胶上的 DNA 释放出来并进一步粘在透析袋内壁上，电泳 3～4h 后，将电极倒转，再通电 30～60s，粘在壁上的 DNA 又释放到缓冲液中。取出透析袋内的缓冲液（丢弃胶条），用苯酚抽提 1～2 次，水相用乙醇沉淀。这样回收的 DNA 纯度很高，可供进一步进行限制酶分析、序列分析或作末端标记。回收率在 50% 以上。

(2) 聚丙烯酰胺凝胶电泳 以聚丙烯酰胺作支持物。单体丙烯酰胺在加入交联剂后就成了聚丙烯酰胺。由于这种凝胶的孔径比琼脂糖凝胶的要小，所以可用于分析小于 1000bp（碱基对）的 DNA 片段。聚丙烯酰胺中一般不含有 RNase（核糖核酸酶），所以可用于 RNA 的分析。

聚丙烯酰胺凝胶上的核酸样品，经菲啶溴红染色，在紫外线照射下，发出的荧光很弱，所以浓度很低的核酸样品用此法检测不出来。

3. 核酸的紫外吸收

嘌呤碱与嘧啶碱具有共轭双键，使碱基、核苷、核苷酸和核酸在 $240\sim290nm$ 的紫外波段有一强烈的吸收峰，最大吸收值在 $260nm$ 附近。不同核苷酸有不同的吸收特性，所以可以用紫外分光光度计加以定量及定性测定。

实验室中最常用的是定量测定少量的 DNA 或 RNA。检验待测样品是否为纯品，可用紫外分光光度计读出 $260nm$ 与 $280nm$ 的光吸收值（A 值），从 A_{260}/A_{280} 的值即可判断样品的比纯度。纯 DNA 的 A_{260}/A_{280} 应为 1.8，纯 RNA 的应为 2.0。样品中如含有杂蛋白及苯酚，A_{260}/A_{280} 的值即明显降低。不纯的样品不能用紫外吸收法作定量测定。对于纯的样品，只要读出 $260nm$ 的 A 值即可算出含量。通常按 $1A$ 值相当于 $50\mu g/mL$ 双螺旋 DNA，或 $40\mu g/mL$ 单螺旋 DNA（或 RNA），或 $2\mu g/mL$ 寡核苷酸计算。这个方法既快速又准确，而且不会浪费样品。对于不纯的核酸可以用琼脂糖凝胶电泳分离出区带后，经菲啶溴红染色而粗略地估计其含量。

4. 核酸的变性、复性和分子杂交

(1) 变性 高温、酸、碱以及某些变性剂（如尿素）能破坏核酸中的氢键，使之断裂，使核酸中的双螺旋区变成单链，并不涉及共价键的断裂，这一过程称为核酸的变性。

DNA 变性可使其理化性质发生一系列改变，如黏度下降和紫外吸收值增加等。

热变性是实验室 DNA 变性的常用方法。加热时，DNA 双链发生解离，在 $260nm$ 处的紫外吸收值增高，此种现象称为增色效应。

若以 A_{260} 对温度作图，所得的曲线称为解链曲线，将解链曲线的中点称为熔解温度或解链温度（T_m）。T_m 是 DNA 双链解开 50% 时的环境温度，如图 1-6-19 所示。

DNA 的 T_m 值大小与下列因素有关：

① DNA 的均一性。均一性愈高的样品，熔解过程愈是发生在一个很小的温度范围内。

② G+C 含量。G+C 含量越高，T_m 值越高，二者成正比关系，如图 1-6-20 所示。这是

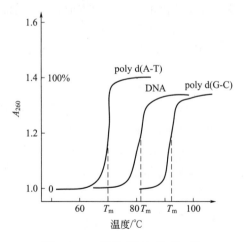

图 1-6-19 某些 DNA 的 T_m 值

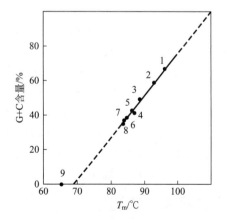

图 1-6-20 DNA 的 T_m 值与 G+C 含量的关系

DNA 来源：1—草分枝杆菌；2—沙门菌；

3—大肠杆菌；4—鲑鱼精子；5—小牛胸腺；

6—肺炎球菌；7—酵母；8—噬菌体 T_6；

9—poly d(A-T)

G-C 对比 A-T 对更为稳定的缘故。所以测定 T_m 值可推算出 G＋C 的含量。其经验公式为：

$$G＋C(\%)＝(T_m－69.3)×2.44$$

③ 介质中的离子强度。一般说来，在离子强度较低的介质中，DNA 的熔解温度较低，熔解温度的范围也较窄。而在离子强度较高的介质中，情况则相反。所以 DNA 制品应保存在较高浓度的缓冲液中或溶液中，故常在 1mol/L 的 NaCl 中保存。

RNA 分子中有局部的双螺旋区，所以 RNA 也可发生变性，但 T_m 值较低，变性曲线也不那么陡。

（2）复性与分子杂交 DNA 的变性是可逆的。热变性后温度缓慢下降时，解开的双链可重新形成双螺旋，这一过程称为 DNA 的复性或退火。复性的最佳温度比 T_m 低 25℃，这个温度称为退火温度。除去化学物质的作用也可以使变性的 DNA 复性，如碱变性后用酸中和至中性。

不同来源的 DNA 变性后，在一起进行复性，这时，只要核酸分子的核苷酸序列含有可以形成碱基互补的片段，彼此间就可以形成局部双链，即所谓杂化双链，这一过程称为杂交（图 1-6-21）。单链 DNA 与 RNA 也可以形成 DNA-RNA 杂交双链。DNA 变性与复性的原理在分子生物学中已被广泛地应用。核酸的杂交在分子生物学和分子遗传学的研究中应用极广，许多重大的分子遗传学问题都是用分子杂交来解决的。

图 1-6-21　核酸分子杂交原理示意图

5. 核酸的分离

（1）RNA 的分离 RNA 的分离方法因材料及所要分离的 RNA 种类而异。目前使用最普遍的是酚提取法。将组织匀浆用苯酚处理并离心，RNA 即溶解于上层被苯酚饱和的水层中，而 DNA 和已被凝固的蛋白质分布在下层为水饱和的苯酚中。将上清液吸出，加入乙醇，RNA 即呈白色絮状沉淀析出。

（2）DNA 的分离 DNA 的提取法也有多种。目前一般根据 DNA 核蛋白能溶于水及高浓度（1～2mol/L）NaCl 溶液，难溶于 0.14mol/L 的 NaCl，而 RNA 核蛋白则易溶于 0.14mol/L 的 NaCl 溶液这一原理进行分离。可先用 0.14mol/L 的 NaCl 溶液除去组织中的 RNA 核蛋白，然后用十二烷基硫酸钠（SDS）处理，使 DNA 与蛋白质分离，并用浓 NaCl 溶液（1mol/L）溶解 DNA，再用氯仿-异戊醇将蛋白质沉淀除去，最后向 DNA 溶液中加入乙醇，DNA 即呈丝状物沉淀析出。

四、病毒和核蛋白

1. 病毒

病毒是由具有侵染性的核酸和蛋白质组成的。病毒虽然含有核酸和蛋白质两种生物大分子，但它们本身不能进行繁殖，只有当侵入寄主细胞内后，才能利用寄主细胞的系统而进行繁殖。但病毒和其他生物一样，也具有繁殖、遗传、变异等生命现象。病毒能使动物和植物发生多种疾病：人类的疾病，如狂犬病、天花、肝炎、流行性感冒等，病毒也能引起恶性肿瘤；植物的病害，如烟草花叶病、番茄丛矮病、水稻矮缩病、小麦黄矮病等。病毒还能侵染细菌，侵染细菌的病毒称为噬菌体。

一个成熟的病毒称为病毒粒子，病毒粒子呈杆状或球状（多面体），如烟草花叶病毒是杆状的，长约 300nm，直径约为 18nm。番茄丛矮病毒为球状（二十面体）的，直径为 30nm。构造比较复杂的大肠杆菌噬菌体 T_4 呈蝌蚪形，具有头部、尾部和尾丝等部分（如图 1-6-22 所示）。

病毒的核酸可以是 DNA 或 RNA，但是在目前已知的病毒中未发现同时含 DNA 和 RNA 的。大多数病毒的核酸为双股 DNA 链或单股 RNA 链，但也有一些很简单的细菌病毒含单股 DNA

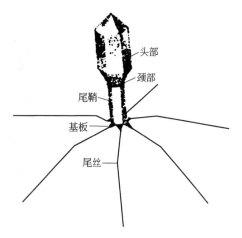

图 1-6-22 噬菌体 T_4 的结构

链，而呼肠弧病毒则含双股 RNA 链。大多数植物病毒含单股 RNA 链，动物的病毒有些含单股或双股 RNA 链，有些含单股或双股 DNA 链。不同病毒的核酸分子大小有很大差异，它们所含的基因数目也有很大差异（见表 1-6-3）。

表 1-6-3　一些病毒的特性

病毒名称	核酸类型	粒子重（×10⁶）	核酸分子量（×10⁶）	核酸含量/%
番茄环斑病病毒	RNA	1.5	0.66	44
脊髓灰质炎病毒	RNA	6.7	2.0	22～30
多瘤病毒	DNA	21.1	3.5	13～14
烟草花叶病病毒	RNA	40	2.2	5～6
腺病毒	DNA	200	10	5
噬菌体 T_2	DNA	220	134	61
人流行性感冒病毒	RNA	280	2.2	0.8

在病毒中核酸位于病毒粒子的中心，外面包围着蛋白质，蛋白质形成衣壳。这个衣壳起着保护的作用，使内部的核酸可以避免受酶的分解和机械破碎。衣壳也起着将病毒传至寄主细胞的作用。病毒的侵染性是由核酸引起的，衣壳无侵染性，因为用不含核酸的衣壳蛋白质处理寄主细胞不能引致细胞的破裂，也不能生成新的病毒粒子。有些较复杂的动物病毒在衣壳外面还包有被膜，在被膜中含有脂类和糖蛋白。病毒侵染寄主细胞，靠病毒的衣壳蛋白质辨认寄主细胞外壁的特殊部位，然后将病毒的核酸释放到寄主细胞中去，病毒破坏了寄主细胞的正常代谢过程，迫使寄主细胞进行病毒粒子的复制。之后，受侵染细胞死亡并随即溶解，新形成的病毒粒子则从其中释放出来。

2. 核蛋白

在所有真核细胞的细胞核内，DNA 与组蛋白结合成核蛋白。组蛋白是富含赖氨酸和精氨酸的碱性蛋白，呈单链态，分子量在 11000～21000 之间。在各种真核生物发现的组蛋白有五类，它们的区别在于含有不同比例的赖氨酸和精氨酸。

染色质是由核小体和 DNA 组成的。核小体由组蛋白 H_2a、H_2b、H_3 和 H_4 各两个分子组成，形成一个大小为 5nm×11nm 的椭圆形核心。DNA 双链沿核小体的短轴旋绕，其长度为 140 个碱基对。核小体与核小体之间的 DNA 链长 15～100 个碱基对，组蛋白 H_1 和非组蛋白的酸性蛋白则附着在 DNA 分子上。染色质结构模式如图 1-6-23 所示。

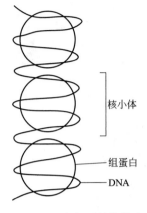

核小体

组蛋白

DNA

图 1-6-23　染色质结构模式

思 考 题

1. 选择题

(1) 热变性的 DNA 分子在适当条件下可以复性，条件之一是（　　）。

A. 骤然冷却　　　　　　B. 缓慢冷却　　　　　　C. 浓缩　　　　　　D. 加入浓的无机盐

(2) 在适宜条件下，核酸分子两条链通过杂交作用可自行形成双螺旋，取决于（　　）。

A. DNA 的 T_m 值　　　B. 序列的重复程度　　　C. 核酸链的长短　　　D. 碱基序列的互补

(3) 核酸中核苷酸之间的连接方式是（　　）。

A. $2',5'$-磷酸二酯键　　B. 氢键　　　　　　　C. $3',5'$-磷酸二酯键　　D. 糖苷键

(4) 下列关于 DNA 分子中碱基组成的定量关系哪个是不正确的？（　　）

A. C+A=G+T　　　　　B. C=G　　　　　　　C. A=T　　　　　　D. C+G=A+T

(5) RNA 和 DNA 彻底水解后的产物（　　）。

A. 核糖相同，部分碱基不同　　　　　　　　　B. 碱基相同，核糖不同

C. 碱基不同，核糖不同　　　　　　　　　　　D. 碱基不同，核糖相同

(6) 维系 DNA 双螺旋稳定的最主要的力是（　　）。

A. 氢键　　　　　　　　B. 离子键　　　　　　C. 碱基堆积力　　　　D. 范德华力

(7) DNA 上某段碱基顺序为 $5'$-ATCGGC-$3'$，其互补链的碱基顺序是（　　）。

A. $5'$-ATCGGC-$3'$　　B. $3'$-TAGCCG-$5'$　　C. $5'$-GCCGAT-$3'$　　D. $5'$-UAGCCG-$3'$

(8) DNA 分子的变性温度较高是由于其中的（　　）含量高。

A. T、G　　　　　　　　B. A、G　　　　　　　C. G、C　　　　　　D. A、T

(9) 组成核酸的基本单位是（　　）。

A. 碱基、磷酸、戊糖　　B. 核苷　　　　　　　C. 单核苷酸　　　　　D. 氨基酸

(10) 核苷酸分子中，碱基与戊糖之间的连接键是（　　）。

A. 磷酸二酯键　　　　　B. 高能磷酸键　　　　C. 糖苷键　　　　　　D. 酐键

2. 名词解释

核酸　DNA 的一级结构　碱基互补规则　核酸变性　T_m 值　增色效应　核酸分子杂交

3. 判断题

(1) DNA 是遗传物质，RNA 不是遗传物质。（　　）

(2) tRNA 的二级结构呈倒 L 形。（　　）

(3) 脱氧核糖核苷中糖环 $3'$ 位没有羟基。（　　）

(4) 生物体的不同组织的 DNA，其碱基组成不同。（　　）

(5) 蛋白质生物合成中核糖体沿 mRNA $3'$→$5'$ 的方向移动。（　　）

（6）嘌呤碱分子中含有嘧啶环。（　　　）

（7）DNA 分子含有等物质的量的 A、G、T、C。（　　　）

（8）多核苷酸链内共价键断裂叫变性。（　　　）

（9）构成 RNA 分子中局部双螺旋的两个片段是反向平行的。（　　　）

（10）真核细胞的 DNA 全部定位于细胞核。（　　　）

4. 填空题

（1）构成核酸的基本单位是_____，由_____、_____和_____ 3 个部分组成。

（2）RNA 常见的碱基是_____、_____、_____和_____。

（3）在_____条件下，互补的单股核苷酸序列将缔结成双链分子。

（4）tRNA 的二级结构呈_____，三级结构为_____形。

（5）核酸变性时，核苷酸之间的磷酸二酯键_____；变性后紫外吸收峰_____，黏度_____。

（6）DNA 双螺旋稳定的因素有_____、_____和_____。

（7）组成 DNA 的两条多核苷酸链是_____的，两链的碱基顺序_____，其中_____与_____配对，形成_____个氢键，_____与_____配对，形成_____个氢键。

（8）核酸完全水解的产物是_____、_____和_____。

（9）核酸变性时，260nm 处的紫外吸收显著升高，这种现象称为_____；变性的 DNA 复性时，紫外吸收恢复到原来水平，称为_____。

5. 问答题

（1）将核酸完全水解后可得到哪些组分？DNA 与 RNA 的水解产物有何不同？

（2）核酸的组成和在细胞内的分布如何？

（3）核酸分子中单核苷酸间是通过什么键连接起来的？什么是碱基配对？

（4）简述 DNA 和 RNA 分子的立体结构。它们各有哪些特点？稳定 DNA 结构的力有哪些？

模块七　酶　化　学

学习目标

（1）掌握酶的概念及酶分子的组成特点；

（2）掌握酶促反应的特点；

（3）理解并掌握底物浓度、酶浓度、温度、pH、抑制剂、激活剂对酶促反应速率的影响；

（4）理解并掌握竞争性抑制的特点；

（5）理解各种可逆抑制作用对酶 K_m 和 v_m 的影响。

素质目标

（1）具有联系实际、实事求是的科学态度；

（2）具有良好的思想修养、职业道德和社会公德；

（3）利用专业知识解决实际问题。

　　在生物体内，酶控制着所有的生物大分子（蛋白质、多糖、脂类、核酸）和小分子（氨基酸、单糖及低聚糖、脂肪和维生素）的合成和分解。由于食品加工的主要原料是生物来源的材料，因此，在食品加工中的原料部分含有种类繁多的内源酶，其中某些酶在原料的加工期间甚至在加工过程完成后仍然具有活性。这些酶的作用有的对食品加工是有益的，例如牛乳中的蛋白酶，在奶酪成熟过程中能催化酪蛋白水解而赋予奶酪以特殊风味；而有的是有害的，例如番茄中的果胶酶在番茄酱加工中能催化果胶物质的降解而使番茄酱产品的黏度下降。除了在食品原料中存在着内源酶的作用外，在食品加工和保藏过程中还可使用不同的外源酶，用以提高产品的产量和质量。例如使用淀粉酶和葡萄糖异构酶生产高果糖浆；又如在牛乳中加入乳糖酶（乳糖酶将乳糖转化成葡萄糖和半乳糖），制备适合于乳糖酶缺乏症人群饮用的牛乳。因此，酶对食品工业的重要性是显而易见的。

　　为有效地使用和控制外源酶和内源酶，需要掌握酶的基本知识，包括酶的本质、酶是怎样作用于底物的和如何控制酶的作用等。

　　酶是由活生命机体产生的具有催化活性的蛋白质、RNA 或其复合体，只要不是处于变性状态，无论是在细胞内还是在细胞外，酶都可发挥其催化作用。

一、酶的催化特性与分类

酶的催化特性
与分类

1. 酶的催化特性

酶除了具有一般化学催化剂的催化性质外，还具有下列特点：

（1）催化效率高　以分子比表示，酶催化反应的反应速率比非催化反应高 $10^8 \sim 10^{20}$ 倍，比其他催化反应高 $10^7 \sim 10^{13}$ 倍。以转换数（即指每分钟每个酶分子能催化反应物分子发生变化的数量）表示，大部分酶为 1000，最大的可达 100 万以上。

（2）专一性　一种酶只能作用于某一类或某一种特定的物质，这就是酶作用的专一性。通常把被酶作用的物质称为该酶的底物，所以也可以说一种酶只作用于一个或一类底物。如糖苷键、酯键、肽键等都能被酸碱催化而水解，但水解这些化学键的酶却各不相同，即它们分别需要在具有一定专一性的酶作用下才能水解。

（3）活性容易丧失　大多数酶的本质是蛋白质。由蛋白质的性质所决定，酶一般应在温和的条件下（如中性 pH、常温和常压）发挥作用。强酸、强碱或高温等条件都能使酶的活性部分或全部丧失。

（4）酶的催化活性是可调控的　酶作为生物催化剂，它的活性受到严格的调控。调控的方式有许多种，包括反馈抑制、别构调节、共价修饰调节、激活剂和抑制剂的作用。

2. 酶的分类与命名

（1）酶的分类　主要根据催化反应的类型将酶分成 6 大类：

① 氧化还原酶类，是指催化生物氧化还原反应的酶类，如脱氢酶、氧化酶、过氧化物酶、羟化酶以及加氧酶类。

② 转移酶类，是指催化不同物质分子间某种基团的交换或转移的酶类，如转甲基酶、转氨基酶、己糖激酶、磷酸化酶等。

③ 水解酶类，是指利用水使共价键分裂的酶类，如淀粉酶、蛋白酶、酯酶等。

④ 裂解酶类，是指由其底物移去一个基团而使共价键裂解的酶类，如脱羧酶、醛缩酶和脱水酶等。

⑤ 异构酶类，是指促进异构体相互转化的酶类，如消旋酶、顺反异构酶等。

⑥ 合成酶类，是指促进两分子化合物互相结合，同时使 ATP 分子中的高能磷酸键断裂的酶类，如谷氨酰胺合成酶、谷胱甘肽合成酶等。

（2）酶的命名　这里主要介绍习惯命名法和系统命名法。

① 习惯命名法。多年来普遍使用的酶的习惯名称是根据以下三种原则来命名的：一是根据酶作用的性质，例如水解酶、氧化酶、转移酶等；二是根据作用的底物并兼顾作用的性质，例如淀粉酶、脂酶和蛋白酶等；三是结合以上两种情况并根据酶的来源而命名，例如胃蛋白酶、胰蛋白酶等。

习惯命名法一般采用底物加反应类型而命名，如蛋白水解酶、乳酸脱氢酶、磷酸己糖异构酶等。对水解酶类，只要底物名称即可，如蔗糖酶、胆碱酯酶、蛋白酶等。有时在底物名称前冠以酶的来源，如血清谷氨酸-丙酮酸转氨酶、唾液淀粉酶等。习惯命名法简单，应用历史长，但缺乏系统性，有时出现一酶数名或一名数酶的现象。

② 系统命名法。酶的种类很多，现在已经知道的酶有 4000 多种，而且还不断有新的酶出现。1961 年国际生化协会酶学委员会根据酶所催化的反应类型将酶分为六大类，分别用

1、2、3、4、5、6的编号来表示（见酶的分类），再根据底物中被作用的基团或键的特点将每一大类分为若干个亚类，每个亚类可再分若干个亚亚类，仍用1、2、3、…编号。故每一个酶的分类编号由用"."隔开的四个数字组成。编号之前常冠以酶学委员会的缩写EC。酶编号的前三个数字表明酶的特性：反应性质、反应物（或底物）性质、键的类型，第四个数字则是酶在亚亚类中的顺序号。如EC 1.1.1.27为乳酸：NAD^+氧化还原酶。举例说明酶表中酶的编号，如图1-7-1所示。

图1-7-1 酶表中酶的编号说明

在系统命名法中，一种酶只可能有一个名称和一个编号。在国际科技文献中，一般使用酶的系统名称。但因某些系统名称太长，为方便起见，有时仍用酶的习惯名称。

3. 酶的辅助因子

从酶的组成来看，有些酶仅由蛋白质或核糖核酸组成，这种酶称为单成分酶。而有些酶除了蛋白质或核糖核酸以外，还需要有其他非生物大分子成分，这种酶称为双成分酶。蛋白类酶中的纯蛋白质部分称为酶蛋白。核酸类酶中的核糖核酸部分称为酶RNA。其他非生物大分子部分称为酶的辅助因子或辅基。

双成分酶需要有辅助因子存在才具有催化功能。单纯的酶蛋白或酶RNA不呈现酶活力，单纯的辅助因子也不呈现酶活力，只有两者结合在一起形成全酶才能显示出酶活力。全酶＝酶蛋白(或酶RNA)＋辅助因子。辅助因子可以是无机金属离子，也可以是小分子有机化合物。

二、酶的专一性

酶的两个最显著的特性是高度的专一性和极高的催化效率。不同的酶具有不同程度的专一性。可以将酶的专一性分为绝对专一性、相对专一性和立体专一性三种类型。

1. 绝对专一性

有些酶的专一性是绝对的，即除一种底物以外，对其他任何物质它都不起催化作用，这种专一性称为绝对专一性。若底物分子发生细微的改变，便不能作为绝对专一性酶的底物。例如脲酶只能分解脲，对脲的其他衍生物则完全不起作用。脲酶催化脲分解的反应式如下：

$$(NH_2)_2CO + H_2O \xrightarrow{\text{脲酶}} 2NH_3 + CO_2$$

2. 相对专一性

一些酶能够对在结构上相类似的一系列化合物起催化作用，这类酶的专一性称为相对专一性。相对专一性又可以分为基团专一性和键专一性两类。

现以水解酶为例说明这两种类型的专一性。假设A、B为底物的两个化学基团，两者之间以一定的键连接，当水解酶作用时，反应如下：

$$A—B + H_2O \rightleftharpoons AOH + BH$$

（1）基团专一性 有些酶除了要求A和B之间的键合适外，还对其所作用键两端的基团具有不同的专一性。例如A—B化合物，酶常常对其中的一个基团（如A）具有高度的甚至是绝对的专一性，而对另外一个基团（如 B）则具有相对的专一性。这种酶的专一性称为基团专一性。例如 α-D-葡萄糖苷酶能水解具有 α-1,4-糖苷键的 D-葡萄糖苷，这种酶对 α-D-葡萄糖基团和 α-糖苷键具有绝对专一性，而底物分子上的 R 基团则可以是任何糖或非糖基团（如甲基）。所以这种酶既能催化麦芽糖的水解，又能催化蔗糖的水解。

（2）键专一性　有些酶的专一性更低。它只要求底物分子上有适合的化学键就可以起催化作用，而对键两端的 A、B 基团的结构要求不严，只有相对的专一性。例如酯酶对具有酯键（RCOOR'）的化合物都能进行催化，酯酶除能水解脂肪外，还能水解脂肪酸和醇所合成的酯类。这种专一性称键专一性。

3. 立体专一性

一种酶只能对一种立体异构体起催化作用，对其对映体则全无作用，这种专一性称为立体专一性。自然界有许多化合物呈立体异构体存在，氨基酸和糖类有 D 型及 L 型的异构体。D-氨基酸氧化酶能催化许多 D-氨基酸的氧化，但对 L-氨基酸则完全不起作用。所以 D-氨基酸氧化酶与 DL-氨基酸作用时，只有一半的底物（D 型）被水解，可用此法来分离消旋化合物。

三、酶催化作用的机理

1. 酶催化的中间产物理论

酶的催化作用机理

在研究酶促反应的机理时，不得不提到过渡态理论或中间产物理论。1913 年生物化学家 Michaelis 和 Menten 提出了酶中间产物理论。他们认为：酶降低活化能的原因是酶参加了反应而形成了酶-底物复合物；这个中间产物不但容易生成（也就是只要较少的活化能就可生成），而且容易分解出产物，释放出原来的酶，这样就把原来能阈较高的一步反应变成了能阈较低的两步反应；由于活化能降低，所以活化分子大大增加，反应速率因此迅速提高。

Michaelis-Menten 学说的要点是他们假设有酶-底物中间产物的形成，并假设反应中底物转变成产物的速率取决于酶-底物复合物转变成反应产物和酶的速率。如，以 E 表示酶，S 表示底物，ES 表示中间产物，P 表示反应终产物，其关系可表示为：

$$E+S \underset{K_{-1}}{\overset{K_1}{\rightleftharpoons}} ES \overset{K_2}{\longrightarrow} E+P$$

在上式中，K_1、K_{-1} 和 K_2 为三个假设过程的速率常数。该反应中，酶与底物结合生成不稳定的中间物，再分解成产物，并释放出酶，使反应沿一个低活化能的途径进行，降低反应所需活化能，所以反应速率能加快。如图 1-7-2 所示为酶促反应活化能的改变。

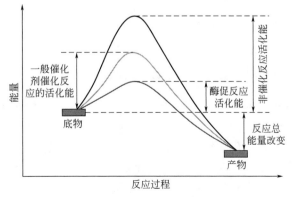

图 1-7-2　酶促反应活化能的改变

2. 酶的活性中心

酶分子中直接与底物结合，并和酶催化作用直接有关的区域叫酶的活性中心或活性部位，酶的活性中心通常是相隔很远的氨基酸残基形成的三维实体。酶的活性中心包括两个功能部位：结合部位和催化部位。酶分子中与底物结合的部位或区域一般称为结合部位，此部位决定酶的专一性。酶分子中促使底物发生化学变化的部位称为催化部位，此部位决定酶所催化反应的性质。参与构成酶的活性中心和维持酶的特定构象所必需的基团为酶分子的必需基团。有的酶被温和水解掉几个氨基酸残基，仍能表现活性，这些基团即非必需基团。如图 1-7-3 所示为酶的活性中心示意图。

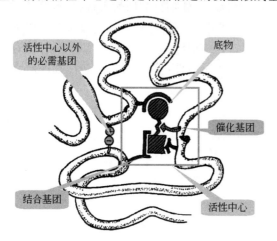

图 1-7-3 酶的活性中心示意图

3. 酶作用专一性的两种学说

（1）锁钥学说　1984 年 Emil Fischer 提出锁钥模型。该模型认为，底物的形状和酶的活性部位被认为是彼此相适合的，像钥匙插入锁孔中［图 1-7-4(a)］，即两种形状是刚性的和固定的，当正确组合在一起时，正好互相补充。葡萄糖氧化酶催化葡萄糖转化为葡萄糖酸，该酶对葡萄糖的专一性是很容易证实的，这是因为当采用结构上类似于葡萄糖的物质作为底物时酶的活力显著下降。例如以 2-脱氧-D-葡萄糖为底物时，葡萄糖氧化酶的活力仅为原来的 25%，以 6-甲基-D-葡萄糖为底物时活力仅为 2%，以木糖、半乳糖和纤维二糖为底物时活力低于 1%。

（2）诱导契合学说　后来许多化学家发现，许多酶的催化反应并不符合经典的锁钥模型。1958 年 D. E. Koshland Jr. 提出了诱导契合模型，底物结合在酶的活性部位诱导酶构象的变化［图 1-7-4(b)］。该模型的要点是：当底物与酶的活性部位结合时，酶蛋白的几何形状有相当大的改变；催化基团的精确定向对于底物转变成产物是必需的；底物诱导酶蛋白几何形状的改变使得催化基团能精确定向地结合到酶的活性部位上去。

(a) 锁钥学说　　　　　　　　　　　　　　(b) 诱导契合学说

图 1-7-4　底物与酶结合示意图

酶的专一性或特异性也可扩展到键的类型上。例如，α-淀粉酶选择性地作用于淀粉中连接葡萄糖基的 α-1,4-糖苷键，而纤维素酶选择性地作用于纤维素分子中连接葡萄糖基的 β-1,4-糖苷键。这两种酶作用于不同类型的键，然而，键所连接的糖基都是葡萄糖。并非所有的酶分子都具有上述的高度专一性。例如，在食品工业中使用的某些蛋白酶虽然选择性地作用于蛋白质，然而对于被水解的肽键却显示相对较低的专一性。当然，也有一些蛋白酶显示较高的专一性，例如胰凝乳蛋白酶优先选择水解含有芳香族氨基酸残基的肽键。

影响酶促反应
速率的因素

四、影响酶促反应速率的因素

许多因素影响着酶的活力，这些因素除了酶和底物的本质以及它们的浓度外，还包括其他一系列环境条件。控制这些因素对于在食品加工和保藏过程中控制酶的活力是非常重要的。下面将讨论影响酶活力的因素，它们包括底物浓度、酶浓度、pH 值、温度、水分活度、抑制剂和其他重要的条件。

1. 酶浓度

当底物足够，且酶促反应过程不受其他因素影响的情况下，测酶促反应的速率 v 与酶浓度 c_E 成正比。即：

$$v = K c_E$$

式中，K 为反应速率常数。

此关系如图 1-7-5 所示。在上述条件下，通过测定酶促反应速率，可以测定酶的活力或衡量酶的相对含量。

2. 底物浓度

所有的酶反应，如果其他条件恒定，则反应速率取决于酶浓度和底物浓度；如果酶的浓度保持不变，当底物浓度增加时，反应速率随着增加，并以双曲线形式达到最大速率，见图 1-7-6。

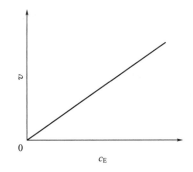

图 1-7-5　酶浓度对酶促反应速率的影响

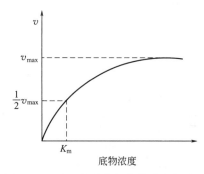

图 1-7-6　酶反应速率与底物浓度的关系

从图 1-7-6 可以看出，随着底物浓度的增加，酶反应速率并不是呈直线增加的，而是在高浓度时达到一个极限速率。这时所有的酶分子已被底物所饱和，即酶分子与底物结合的部位已被占据，所以反应速率不再增加。这可以用 Machaelis 与 Menten 于 1913 年提出的学说来解释。

（1）米氏方程　$v = K c_E$ 的关系式，只表示了反应速率与初始酶浓度的关系，不能代表整个反应过程中底物浓度与反应速率的关系。为此，Michaelis-Menten 用化学平衡原理研究出一个底物浓度与反应速率之间相互关系的方程式，称为米氏方程。

$$v = \frac{v_{max} c_S}{c_S + K_m}$$

式中，v 为酶促反应速率；v_{max} 为最大反应速率；c_S 为底物浓度；K_m 为米氏常数，米氏常数是酶的一个重要参数。

当 $v = \frac{1}{2} v_{max}$ 时，则上式可写为：

$$\frac{v_{max}}{2} = \frac{v_{max} c_S}{K_m + c_S}$$

将上式重排可得到：$c_S + K_m = 2 c_S$，即 $K_m = c_S$。

所以米氏常数 K_m 为反应速率达到最大反应速率一半时的底物浓度（图 1-7-6）。

（2）米氏常数的求法   测定米氏常数值有许多方法，最常用的是 Lineweaver-Burk 的双倒数作图法。取米氏方程的倒数，可得下式：

$$\frac{1}{v}=\frac{K_m}{v_{max}}\frac{1}{c_S}+\frac{1}{v_{max}}$$

以 $1/v$ 为纵坐标、$1/c_S$ 为横坐标作图，则得一直线，其斜率为 K_m/v_{max}，将直线延长，在 $1/c_S$ 及 $1/v$ 的截距为 $1/K_m$ 及 $1/v_{max}$，这样，K_m 就可以从直线的截距上计算出来（图 1-7-7）。

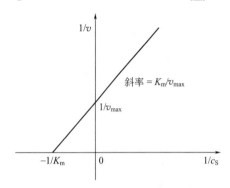

图 1-7-7   计算 K_m 值的双倒数作图法

（3）米氏常数的意义

① 米氏常数（K_m）为酶促反应速率达到最大反应速率一半时的底物浓度，所以单位为 mol/L。

② K_m 不是酶-底物复合物（ES）的单独解离常数，而是 ES 在参加酶促反应中整个复杂化学平衡的解离常数，因为在一种酶促反应中，不是只有一系列的 ES 生成。K_m 代表整个反应中底物浓度和反应速率的关系。K_m 只与酶的性质有关，而与酶浓度无关。

③ 在严格条件下，不同酶有不同的 K_m 值，因而它是酶的重要物理常数，可通过测定 K_m 值鉴定不同的酶类，但如果一种酶有几种底物，则对每一种底物各有一个特定的 K_m 值。K_m 还受 pH 值及温度的影响。

④ 当速率常数 K_2 比 K_{-1} 大很多时，米氏常数 K_m 表示酶对底物的亲和力。K_m 值高表示酶和底物的亲和力弱，K_m 值低时亲和力强。同一种酶有几种底物就有几个 K_m 值，其中 K_m 值最小的底物一般称为该酶的最适底物或天然底物。

3. 温度

一个反应的速率常数 k 和温度的关系可用 Arrhenius 方程式表示：

$$2.3\lg k=\lg A-E_a/(RT)$$

式中，A 为一常数；E_a 为活化能；R 为气体常数；T 为热力学温度。

温度对酶反应的影响是双重的。①随着温度的增加，反应速率也增加，直至最大速率。②随温度升高而使酶逐步变性，即通过减少有活性的酶而降低酶的反应速率。在酶本身不变性的温度范围内，Arrhenius 方程才适用。在一定条件下每一种酶在某一温度下才表现最大的活力，这个温度称为该酶的最适温度。最适温度是上述温度对酶反应双重影响的结果。在低于最适温度时，前一种效应为主，在高于最适温度时，后一效应为主。一般来说动物细胞的酶的最适温度通常在 $37\sim50℃$，而植物细胞的酶的最适温度较高，通常在 $50\sim60℃$ 以上。生产上，酶一般应在最适温度以下进行催化反应，以延长酶的使用寿命。

4. pH 值

pH 值的变化对酶促反应速率影响较大，即酶的活性随着介质的 pH 值变化而变化。每一种酶只能在一定 pH 值范围内表现出它的活性。使酶的活性达到最高的 pH 值称为最适 pH 值。在最适 pH 值的两侧酶活性都骤然下降，所以一般酶促反应速率-pH 值曲线呈钟形（图 1-7-8）。

所以在酶的研究和使用时，必须先了解其最适 pH 值范围，酶促反应混合液必须用缓冲液来控制 pH 值的稳定。不同酶的最适 pH 值有较大差异，有些酶的最大活性是在极端的

pH 值处，如胃蛋白酶的最适 pH 值为 1.5～3，精氨酸酶的最适 pH 值为 10.6。由于食品中成分多且复杂，在食品的加工与贮藏过程中，对 pH 值的控制很重要。如果某种酶的作用是必需的，则可将 pH 值调节至该酶的最适 pH 值处，使其活性达到最高；反之，如果要避免某种酶的作用，也可以改变 pH 值而抑制此酶的活性。例如，酚酶能产生酶褐变，其最适 pH 值为 6.5，若将 pH 值降低到 3.0 时就可防止褐变产生。如，在水果加工时常添加酸化剂（如柠檬酸、苹果酸和磷酸等）防止褐变，就是基于上述原理。

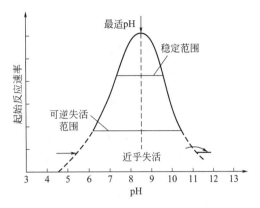

图 1-7-8　pH 值对酶促反应速率的影响

最适 pH 值时为什么酶的催化作用最大呢? 可能有下列几种原因:

① pH 值能影响酶分子结构的稳定性。一般来说酶在最适 pH 值条件下是稳定的，过酸或过碱都能引起酶蛋白变性而使酶失去活性。

② pH 值能影响酶分子的解离状态。因为大多数酶是蛋白质，pH 值的变化会影响到蛋白质上的许多极性基团（如氨基、羧基、咪唑基、巯基等）的离子特性，在不同 pH 值条件下，这些基团解离的状态不同，所带电荷也不同，只有在酶蛋白处于一定解离状态下，才能与底物形成中间产物。而且酶的解离状态也影响酶的活性。例如，胃蛋白酶在正离子状态下有活性，胰蛋白酶在负离子状态下有活性，而蔗糖酶在两性离子状态下才具有活性。

③ pH 值对底物解离的影响。许多底物或辅酶（如 ATP、NAD^+、CoA 等）也具有离子特性，pH 值的变化也影响它们的解离状态。而酶只与某种解离状态的底物才形成复合物。例如在 pH 值为 9.0～10.0 时，精氨酸解离成正离子，而精氨酸酶解离成负离子，此时酶活性最大。酶的最适 pH 值范围很广，有些酶在酸性 pH 值下最适，如胃蛋白酶；有些在碱性 pH 值下最适，如碱性磷酸酯酶；大部分酶的最适 pH 值则在 7 附近。

5. 水分活度

酶在含水量相当低的条件下仍具有活性。例如，脱水蔬菜要在干燥前进行热烫，否则将会很快产生干草味而不宜贮藏。干燥的燕麦食品，如果不用加热法使酶失活，则经过贮藏后会产生苦味。面粉在低水分（14％以下）时，脂酶能很快使脂肪分解成脂肪酸和醇类。水分活度对酶促反应的影响是不一致的，不同的反应，其影响也不相同。

6. 酶原的激活和激活剂

（1）酶原的激活　某些酶在细胞内合成或初分泌时没有活性，这些没有活性的酶的前身称为酶原，酶原需要经某种酶或酸将其分子作适当的改变或切去一部分才能呈现活性，使酶原转变为有活性酶的作用称为酶原激活或酶原致活作用。酶原之所以没活性是因为活性中心未形成或未暴露。例如胰蛋白酶原用肠激酶将其 N 端的一个肽段（六肽）切去，即变为活性胰蛋白酶，激活后产生的少量胰蛋白酶又可激活胰蛋白酶原。消化酶系和凝血酶在初分泌时都是酶原形式。

（2）激活剂　凡是能提高酶活性的物质，都称为激活剂。激活剂对酶的作用具有一定的选择性，一种激活剂对某种酶能起激活作用，而对另一种酶可能起抑制作用。酶的激活剂多为无机离子或简单有机化合物。无机离子（如 K^+、Na^+、Mg^{2+}、Zn^{2+}、Fe^{2+}、Ca^{2+} 及 Cl^-、Br^- 等），一是作为酶的辅助因子，二是作为激活剂起作用。某些还原剂（如 Cys、

GSH 谷胱甘肽、氰化物等）能激活某些酶，使酶蛋白中的二硫键还原成巯基，从而提高酶活性，如木瓜蛋白酶等。EDTA（乙二胺四乙酸）为金属螯合剂，因可解除重金属离子对酶的抑制作用而成为常用激活剂。

7. 酶的抑制作用和抑制剂

许多化合物能与一定的酶进行可逆或不可逆的结合，而使酶的催化作用受到抑制，这种化合物称为抑制剂，如药物、抗生素、毒物、抗代谢物等都是酶的抑制剂。一些动物、植物组织和微生物能产生多种水解酶抑制剂，如加工处理不当，会影响其食用安全性和营养价值。酶抑制作用的类型分为可逆的抑制作用和不可逆的抑制作用。

（1）可逆的抑制作用 抑制剂与酶蛋白以非共价键结合，可以用透析、超滤等物理方法除去抑制剂而使酶复活。可逆的抑制作用可以分为三大类，即竞争性抑制作用、非竞争性抑制作用和反竞争性抑制作用。

① 竞争性抑制作用。某些化合物特别是那些在结构上与天然底物相似的化合物可以与酶的活性中心可逆地结合。所以在反应中抑制剂可与底物竞争同一部位，与酶结合形成酶-抑制剂复合物：

$$E + S \rightleftharpoons ES \longrightarrow E + P$$
$$+$$
$$I$$
$$\updownarrow K_1$$
$$EI$$

式中，I 为抑制剂；EI 为酶-抑制剂复合物。

酶-抑制剂复合物不能再与底物结合生成 EIS。因为 EI 的形成是可逆的，并且底物和抑制剂不断竞争酶分子上的活性中心，这种情况称为竞争性抑制作用。竞争性抑制作用的典型例子为琥珀酸脱氢酶，当有适当的氢受体（A）时，此酶催化下列反应：

$$琥珀酸（丁二酸）+受体（FAD） \rightleftharpoons 反丁烯二酸+还原性受体（FADH_2）$$

许多与琥珀酸结构相似的化合物都能与琥珀酸脱氢酶结合，但不脱氢，这些化合物阻塞了酶的活性中心，因而可抑制正常反应的进行。抑制琥珀酸脱氢酶的化合物有乙二酸、丙二酸、戊二酸等，其中最强的是丙二酸，当抑制剂与底物的浓度比为 1：50 时，酶被抑制 50%。

② 非竞争性抑制作用。有些化合物既能与酶结合，也能与酶-底物复合物结合，这种化合物称为非竞争性抑制剂，可用下列反应表示其过程：

$$E + S \rightleftharpoons ES \longrightarrow E + P$$
$$+ \qquad\qquad +$$
$$I \qquad\qquad I$$
$$\updownarrow K_1 \qquad\qquad \updownarrow K_1'$$
$$EI \underset{S}{\rightleftharpoons} EIS$$

非竞争性抑制剂与竞争性抑制剂不同之处在于这种抑制剂能与 ES 结合，而 S 也能与 EI 结合，都形成 ESI。高浓度的底物不能使这种类型的抑制作用完全逆转，因为底物并不能阻止抑制剂与酶相结合。这是由于抑制剂和酶的结合部位与酶的活性部位不同，EI 的形成发生在酶分子不被底物作用的另一个部位。

许多酶能被重金属离子（如 Ag^+、Hg^{2+} 或 Pb^{2+} 等）抑制，都是非竞争性抑制的例子。重金属离子与酶的巯基（—SH）形成硫醇盐：

$$E—SH + Ag^+ \rightleftharpoons E—S—Ag + H^+$$

因为巯基对酶的活性是必需的，故形成硫醇盐后酶即失去活性。由于硫醇盐形成具有可逆性，这种抑制作用可用加适当的巯基化合物（如半胱氨酸、谷胱甘肽）的办法去掉重金属而得到解除。

③ 反竞争性抑制作用。反竞争性抑制剂 I 不能与自由酶结合，而只能与 ES 可逆结合生成不能分解成产物的 EIS。

$$E + S \rightleftharpoons ES \longrightarrow E + P$$
$$+$$
$$I$$
$$\Big\updownarrow K_I'$$
$$EIS$$

作用特点：v_{max} 和 K_m 都变小，并且 v_{max} 和 K_m 随抑制剂浓度的增加而减小，抑制程度与抑制剂浓度和底物浓度成正比。

表 1-7-1 为竞争性抑制作用、非竞争性抑制作用、反竞争性抑制作用及无抑制剂的酶促反应的比较。

表 1-7-1 各种抑制作用的比较

类型	v_{max}	K_m
无抑制剂（正常）	v_{max}	K_m
竞争性抑制作用	不变	增加
非竞争性抑制作用	减小	不变
反竞争性抑制作用	减小	减小

（2）不可逆的抑制作用 不可逆抑制剂靠共价键与酶的活性部位相结合而抑制酶的作用，不能用透析、超滤等物理方法除去抑制剂而使酶恢复活性。常见的不可逆抑制剂有以下几类：

① 重金属离子、有机汞化合物、有机砷化合物。如 Pb^{2+}、Hg^{2+} 及含有 Ag^+、Hg^{2+}、As^{2+} 等抑制离子的化合物可与某些酶活性中心的必需基团（如巯基）结合而使酶失去活性。化学毒剂"路易氏气"就是一种含砷的化合物，它能抑制需巯基的酶的活性。Hg^{2+} 抑制需巯基酶的活性的反应式如下：

$$E\begin{array}{c}SH\\SH\end{array} + Hg^{2+} \longrightarrow E\begin{array}{c}S\\S\end{array}Hg + 2H^+$$
（失活的酶）

② 有机化合物。如有机磷农药、敌敌畏、敌百虫等，能与酶（如乙酰胆碱酯酶）活性中心上的丝氨酸以共价键结合而使酶丧失活性。有机磷农药使酶失活的反应式如下：

$$\begin{array}{c}R-O\\R'O\end{array}P\begin{array}{c}O\\X\end{array} + E-Ser-OH \longrightarrow HX + \begin{array}{c}R-O\\R'O\end{array}P\begin{array}{c}O\\O-Ser-E\end{array}（失活的酶）$$
（R、R'代表烷基，X 代表卤素或—CN）

胆碱酯酶与中枢神经系统有关。正常机体在神经兴奋时，神经末梢释放出乙酰胆碱传导刺激。乙酰胆碱发挥作用后，被乙酰胆碱酯酶水解为乙酸和胆碱。若胆碱酯酶被抑制，神经末梢分泌的乙酰胆碱不能及时被分解掉，会造成突触间隙乙酰胆碱的积蓄，引起一系列胆碱能神经过度兴奋，如抽搐等症状，最终导致死亡。因此抑制胆碱酯酶的物质又称为神经毒剂。

③ 氰化物和一氧化碳。这些物质能与金属离子形成稳定的络合物，而使一些需要金属

离子的酶的活性受到抑制。如含铁卟啉辅基的细胞色素氧化酶。

五、同工酶、结构酶和诱导酶

同工酶和诱导酶

1. 同工酶

同工酶是指能催化同一种化学反应，但其酶蛋白本身的分子结构组成却有所不同的一组酶。这类酶存在于生物的同一种属或同一个体的不同组织中，甚至同一组织、同一细胞中。这类酶由两个或两个以上的肽链聚合而成，其肽链可由不同的基因编码，它们的生理性质及理化性质，如血清学性质、K_m值及电泳行为都是不同的。例如存在于哺乳动物中的五种乳酸脱氢酶（LDH），它们都催化同样的反应：

$$CH_3—CHOH—COOH+NAD^+ \underset{}{\overset{LDH}{\rightleftharpoons}} CH_3—CO—COOH+NADH+H^+$$

　　　　　乳酸　　　　　　　　　　　　　　　丙酮酸

五种乳酸脱氢酶对底物的K_m值却有显著的区别。它们都含有四个亚基，这些亚基分为两类：一类是骨骼肌型的，以 M 表示；另一类是心肌型的，以 H 表示。五个同工酶的亚基组成分别为 HHHH（这一种在心肌中占优势）、HHHM、HHMM、HMMM 及 MMMM（这一种在骨骼肌中占优势）。LDH 同工酶中的两种不同的肽链是受不同的基因控制而产生的。同工酶在分支代谢的调节中起重要作用。

一般情况下，父母亲缘关系愈远，一些同工酶肽链差异可能就愈大，这是人类进化的源泉和动力。

2. 结构酶和诱导酶

根据酶的合成与代谢物的关系，人们把酶相对地区分为结构酶和诱导酶。

① 结构酶。细胞内结构酶是指细胞中天然存在的酶，它的含量较为稳定，受外界的影响很小，如糖代谢酶系、呼吸酶系等。

② 诱导酶。诱导酶是指当细胞中加入特定诱导物后诱导产生的酶，它的含量在诱导物存在下显著增高，这种诱导物往往是该酶底物的类似物或底物本身。诱导酶在微生物中较多见，例如大肠杆菌平时一般只利用葡萄糖，但当培养基不含葡萄糖，而只含乳糖时，开始时代谢强度显著低于培养基含有葡萄糖的情况，继续培养一段时间后，代谢强度慢慢提高，最后达到与含葡萄糖时一样，因为这时大肠杆菌中已产生了属于诱导酶的半乳糖苷酶。

人体内降解酒精的乙醇脱氢酶、凝乳酶等也是诱导酶。结构酶和诱导酶的区分是相对的，只是数量的区别，而不是本质的区别。

六、酶的分离提纯及活力测定

酶活力测定和
酶活力单位

1. 酶的分离提纯

对酶进行分离提纯有两方面的目的：一是为了研究酶的理化特性，对酶进行鉴定，必须要用纯酶；二是作为生化试剂及工业用酶，常常也要求有较高的纯度。

在食品加工过程中使用的酶究竟要达到怎样的纯度主要取决于这样的考虑：一种酶制剂是否含有其他的酶或组分。一种食品级酶制剂必须符合食品法规，但不要求是纯酶，它可以含有其他的杂酶，当然还可含有各种非酶的组分。这些杂酶和非酶组分对于食品加工可能会带来有益的或有害的作用。例如，用于澄清果汁的果胶酶往往是由霉菌粗提取物制备的，除了聚半乳糖醛酸酶外，它还含有几种别的水解酶，在这种酶反应体系中，其他酶种，特别是果胶酯酶实际上对加工工艺是有益的。在另外一些情况下，酶制剂中的杂酶或许会有害于加工工艺，例如，在脂酶制剂中含有脂肪氧合酶，即使活力很低，也会造成脂肪氧化和产生不良的风味。但由于经济上的原因总是尽可能地避免将酶纯化，因为从微生物和其他来源得到的粗酶提取物中含有许多不同的酶，将它们完全分离是非常困难和代价昂贵的。

在酶纯化中采用的分离技术包括：使用高浓度盐或有机溶剂的选择性沉淀技术，根据分子大小（凝胶过滤色谱）、电荷密度（离子交换色谱）和酶对一个特定的化合物或基团的亲和力（亲和色谱）所设计的色谱技术以及膜分离技术。然而并非所有这些技术都适合于在工业化规模上应用。

根据酶在体内作用的部位，可以将酶分为胞外酶及胞内酶两大类。胞外酶易于分离，如收集动物胰液即可分离出其中的各种蛋白酶及酯酶等。胞内酶存在于细胞内，必须破碎细胞才能进行分离。分离提纯步骤简述于下：

① 选材。应选择酶含量高、易于分离的动植物组织或微生物材料作原料。

② 破碎细胞。动物细胞较易破碎，通过一般的研磨器、匀浆器、捣碎机等就可破碎。细菌细胞具有较厚的细胞壁，较难破碎，需要用超声波、细菌磨、溶菌酶、某些化学溶剂（如甲苯、脱氧胆酸钠）或冻融等处理加以破碎。植物细胞因为有较厚的细胞壁，也较难破碎。

③ 抽取。在低温下，用水或低盐缓冲液，从已破碎的细胞中将酶溶出。这样所得到的粗提液中往往含有很多杂蛋白质、核酸、多糖等成分。

④ 分离及提纯。根据大多数酶是蛋白质这一特性，可用一系列提纯蛋白质的方法提纯酶，如盐析（用硫酸铵或氯化钠）、调节 pH 值、等电点沉淀、有机溶剂（乙醇、丙酮、异丙醇等）分级分离等。

酶是生物活性物质，在提纯时必须考虑尽量减少酶活力的损失，因此全部操作需在低温下进行，一般在 0～5℃进行，用有机溶剂分级分离时必须在 −15～−20℃下进行。为防止重金属使酶失活，有时需在抽提溶剂中加入少量 EDTA 作螯合剂；为了防止酶蛋白—SH 被氧化失活，需要在抽提溶剂中加入少量巯基乙醇。在整个分离提纯过程中不能过度搅拌，以免产生大量泡沫，而使酶变性。

在分离提纯过程中，必须经常测定酶的比活力，以指导提纯工作正确进行。若要得到纯度更高的制品，还需进一步提纯，常用的方法有磷酸钙凝胶吸附、离子交换纤维素（如 DEAE-纤维素）分离、葡聚糖凝胶色谱、离子交换-葡聚糖凝胶色谱、凝胶电泳分离及亲和色谱分离等。

⑤ 保存。最后需将酶制品浓缩、结晶，以便于保存。酶制品一般都应在 −20℃以下低温保存，常用含有少量巯基乙醇或二硫苏糖醇的甘油作保存溶剂。

酶很易失活，绝不能用高温烘干，可用的方法是：

a. 保存浓缩的酶液。用硫酸铵沉淀或硫酸铵反透析法使酶浓缩，使用前再透析除去硫酸铵。

b. 冰冻干燥。对于已除去盐分的酶液可以先在低温结冻，再减压使水分升华，制成酶的干粉，保存于冰箱中。

c. 浓缩液加入等体积甘油，于 −20℃下保存。

2. 酶的活力测定

酶活力也称为酶活性，是指酶催化一定化学反应的能力。检查酶的含量及存在，不能直接用质量或体积来表示，常用它催化某一特定反应的能力来表示，即用酶的活力来表示。酶活力是研究酶的特性、进行酶制剂的生产及应用时的一项必不可少的指标。

（1）酶活力与酶促反应速率 酶活力的大小可以用在一定条件下，它所催化的某一化学反应的反应速率来表示，即酶催化的反应速率愈大，酶的活力就愈高，速率愈小，酶的活力就愈低。所以测定酶的活力（实质上就是酶的定量测定）就是测定酶促反应的速率。

酶促反应速率可用单位时间内，单位体积中底物的减少量或产物的增加量来表示，所以反应速率的单位是：浓度/单位时间。

反应速率只在最初一段时间内保持恒定，随着反应时间的延长，酶反应速率逐渐下降。引起下降的原因很多，如底物浓度的降低，酶在一定的 pH 值及温度下部分失活，产物对酶的抑制，产物浓度增加而加速了逆反应的进行等。因此，研究酶反应速率应以酶促反应的初速率为准。这时上述各种干扰因素尚未起作用，速率保持恒定不变。

测定产物增加量或底物减少量的方法很多，常用的方法有化学滴定、比色、比旋光度测定、气体测压、测定紫外吸收、电化学法、荧光测定以及同位素技术等。选择哪一种方法，要根据底物或产物的物理化学性质而定。在简单的酶促反应中，底物减少与产物增加的速率是相等的，但一般以测定产物为好。因为测定反应速率时，实验设计规定的底物浓度往往是过量的，反应时底物减少的量只占其总量的一个极小的部分，测定时不易准确；而产物则从无到有，只要方法足够灵敏，就可以准确测定。

（2）酶活力测定的方法 在酶学和酶工程的生产和研究中，经常需要进行酶活力的测定，以确定酶量的多少以及变化情况。酶活力测定是在一定条件下测定酶所催化的反应速率。在外界条件相同的情况下，反应速率越大，意味着酶的活力越高。

酶活力测定的方法很多，如化学测定法、光学测定法、气体测定法等。酶活力测定均包括两个阶段：首先是在一定条件下，让酶与底物反应一段时间，然后再测定反应体系中底物或产物的变化量。一般经过以下几个步骤：

① 根据酶催化的专一性，选择适宜的底物，并配制成一定浓度的底物溶液。所用的底物必须均匀一致，达到酶催化反应所要求的纯度。

② 根据酶的动力学性质，确定酶催化反应的 pH 值、温度、底物浓度、激活剂浓度等反应条件，底物浓度应该大于 $5K_m$。

③ 在一定条件下，将一定量的酶液和底物溶液混合均匀，适时记录反应开始的时间。

④ 反应到一定的时间，取出适量的反应液，运用各种检测技术，测定产物的生成量或底物的减少量。

（3）酶的活力单位 酶活力的高低，是以酶活力的单位数来表示的。

① 国际单位。1961 年国际生物化学与分子生物学联合会规定：在特定条件下（温度可采用 25℃ 或其他选用的温度，pH 值等条件均采用最适条件），每 1min 催化 $1\mu mol$ 的底物转化为产物的酶量定义为 1 个酶活力单位。

② 比活力。是酶纯度的一个指标，是指在特定的条件下，每毫克蛋白质或 RNA 所具有的酶活力单位数。即：

$$酶比活力＝酶活力（单位）/mg（蛋白质或 RNA）$$

③ 酶的转换数与催化周期。酶的转换数（K_{cat}）是指每个酶分子每分钟催化底物转化的分子数，即每摩尔酶每分钟催化底物转变为产物的物质的量（mol），是酶的一个指标。一般酶的转换数在 $10^3 min^{-1}$。转换数的倒数称为酶的催化周期。催化周期是指酶进行一次催化所需的时间，单位为毫秒（ms）或微秒（μs）。

$$K_{cat} = \frac{底物转变的物质的量（mol）}{酶的物质的量（mol）\times 时间（min）} = \frac{酶活力单位（IU）}{酶的物质的量（\mu mol）}$$

七、酶在食品工业中的应用

很久以前，人类就开始利用酶来制备食品，如在酿造中利用发芽的大麦来转化淀粉，用破碎的木瓜树叶包裹肉类以使肉嫩化等。在酶学发展史

食品加工中的酶

上，食品科学家对酶学的贡献主要是如何利用和控制酶。许多重要的酶所催化的反应从生长过程一开始就起作用；在发育和成熟期间这些酶的种类和数量都逐渐地改变；在不同的器官、组织和细胞中，酶的活力是不同的。掌握各种酶类的作用特点及食物内源酶系活力变化规律，对食品保藏和加工具有重要的意义。

1. 酶对食品的影响

（1）酶对食品感官质量的影响　任何动植物和微生物来源的新鲜食物，均含有一定的酶类，这些内源酶类对食品的风味、质构、色泽等感官质量具有重要的影响，其作用有的是期望的，有的是不期望的。如动物屠宰后，水解酶类的作用使肉嫩化，改善肉食原料的风味和质构；水果成熟时，内源酶类综合作用的结果会使各种水果具有各自独特的色、香、味，但如果过度作用，水果会变得过熟和酥软，甚至失去食用价值。在食品加工、贮藏等过程中，由酚酶、过氧化物酶、维生素 C 氧化酶等氧化酶类引起的酶促褐变反应对许多食品的感官质量具有极为重要的影响。

（2）酶对食品营养价值的影响　在食品加工中营养组分的损失大多是由于非酶作用所引起的，但是食品原料中的一些酶的作用也具有一定的影响。例如，脂肪氧合酶催化胡萝卜素降解而使面粉漂白，在蔬菜加工过程中则使胡萝卜素破坏而损失维生素 A 源；在一些用发酵方法加工的鱼制品中，由于鱼和细菌中的硫胺素酶的作用，这些制品缺乏维生素 B_1；果蔬中的维生素 C 氧化酶及其他氧化酶类是直接或间接导致果蔬在加工和贮存过程中维生素 C 氧化损失的重要原因之一。

（3）酶促致毒与解毒作用　在生物材料中，一些酶和底物处在细胞的不同部位，仅当生物材料破碎时，酶和底物的相互作用才有可能发生。有时底物本身是无毒的，在经酶催化降解后可变成有害物质。例如，木薯含有生氰糖苷，虽然它本身并无毒，但是在内源糖苷酶的作用下，可产生剧毒的氢氰酸。其反应式如下：

$$\begin{array}{l} CH_3 \\ \diagdown \\ \diagup \\ CH_3 \end{array} C \begin{array}{l} CN \\ \diagup \\ \diagdown \\ OC_6H_{11}O_5 \end{array} \quad \xrightarrow[\text{H}_2\text{O}]{\text{亚麻苦苷酶}} \quad \begin{array}{l} CH_3 \\ \diagdown \\ \diagup \\ CH_3 \end{array} C = O + C_6H_{12}O_6 + HCN$$

十字花科植物的种子、皮和根含有葡萄糖芥苷，在芥苷酶作用下会产生对人和动物体有害的化合物。例如菜籽中原甲状腺肿素在芥苷酶作用下产生的甲状腺肿素能使人和动物体的甲状腺代谢性增大。因此，在利用油菜籽饼作为新的植物蛋白质资源时，去除这类有毒物质是很关键的一步。芥苷酶催化的反应如下：

$$\xrightarrow[\text{H}_2\text{O}]{\text{芥苷酶}} + C_6H_{12}O_6 + HSO_4^-$$

原甲状腺肿素　　　　　　　　　甲状腺肿素

在酶的作用下，也可将食物中有毒的食物成分降解为无毒的化合物，从而起到解毒的作用。因食用蚕豆而引起的血细胞溶解贫血病是人体缺乏解毒酶的重要例子。这种症状仅出现在血浆葡萄糖-6-磷酸脱氢酶水平很低的人群中，蚕豆中的毒素（蚕豆病因子）能使体内葡萄糖-6-磷酸脱氢酶缺乏更为严重。蚕豆病因子的化学成分是蚕豆嘧啶葡萄糖苷和伴蚕豆嘧

啶核苷，在酸或 β-葡萄糖苷酶作用下产生降解：

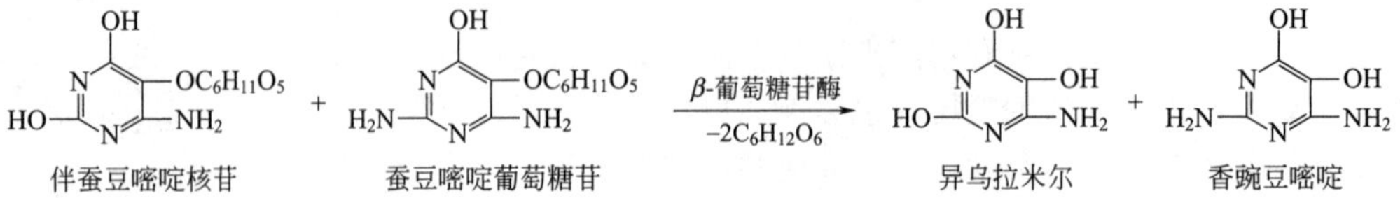

降解产生的酚类碱极不稳定，在加热时可迅速氧化降解。通过酶的作用还可除去食品中其他的毒素和抗营养素（表 1-7-2）。

表 1-7-2　酶作用除去食品中的毒素和抗营养素

物质	食品	毒性	起作用的酶
乳糖	乳	肠胃不适	β-半乳糖苷酶（乳糖酶）
寡聚半乳糖	豆	肠胃气胀	α-半乳糖苷酶
核酸	单细胞蛋白	痛风	核糖核酸酶
木酚素糖苷	红花籽	导泻	β-葡萄糖苷酶
植酸	豆、小麦	矿物质缺乏	植酸酶
胰蛋白酶抑制剂	大豆	不能利用蛋白质	脲酶
蓖麻毒	蓖麻豆	呼吸器官舒缩系统麻痹	蛋白酶
氰化物	水果	死亡	硫氰酸酶、氰基苯丙氨酸合成酶
亚硝酸盐	各种食品	致癌	亚硝酸盐还原酶
咖啡因	咖啡	亢奋	微生物嘌呤去甲基酶
胆固醇	各种食品	动脉粥样硬化	微生物酶
皂草苷	苜蓿	牛气胀病	β-葡萄糖苷酶
含氯农药	各种食品	致癌	谷胱甘肽-S-转移酶
有机磷酸盐	各种食品	神经毒素	酯酶

2. 酶活力的控制

控制食品中酶活力的主要方法是热处理和冷冻，适当地运用热加工法能破坏包括微生物产生的所有酶的活力。但热处理一般会损害食品的品质，所以热法灭酶应控制在恰好破坏食品中全部酶活力。一般情况下，当过氧化物酶完全失活时，其他酶类均已灭活。因此，采用残余过氧化物酶作为指标，可以确定水果和蔬菜最佳热处理的条件。过氧化物酶存在于所有植物组织中，因此，它是一项判断热处理是否适度的重要参数。冷冻并没有破坏酶的活力，它仅仅降低了酶的活力，从而延长食品的保藏期限。如果食品在冷冻前没有经过热烫处理，那么当它解冻时酶的活力会显著地升高。

3. 酶在食品分析和加工中的应用

由于酶具有特异性，适合用于测定植物和动物材料中特殊的化合物。一般情况下，当采用酶定量地进行食品成分分析测定时，没有必要先将它纯化。在酶法分析过程中，也可采用固定化酶或酶电极，如用固定化脲酶和对铵离子灵敏的玻璃膜制成电极，当酶作用于脲时，产生了铵离子，后者可用电极测定，此法如同玻璃电极测定 pH 那样方便和精确。食品工业用酶多来自植物和微生物，少部分来自动物，酶在食品加工中应用极为广泛，具体详见表 1-7-3。

表 1-7-3　食品加工中使用的酶制剂

酶	来源	催化的反应	在食品中的应用
(一)糖酶			
1. α-淀粉酶	(1)大麦芽; (2)霉菌,如黑曲霉、米曲霉、米根霉; (3)细菌,如枯草杆菌、地衣芽孢杆菌	淀粉、糖原+H_2O ⟶ 糊精、寡糖、单糖(α-1,4-糖苷键)	焙烤食品:增加酵母发酵过程中的糖含量。 酿造:在发酵过程中使淀粉转化为麦芽糖,除去淀粉造成的浑浊。 各类食品:将淀粉转化为糊精、糖,增加吸收水分的能力。 巧克力:将淀粉转化成流动状。 糖果:从糖果碎屑中回收糖。 果汁:除去淀粉,以增加起泡性。 果冻:除去淀粉,以增加光泽。 果胶:作为苹果皮制备果胶时的辅剂。 糖浆和糖:将淀粉转化为低分子量的糊精(玉米糖浆)。 蔬菜:在豌豆软化过程中将淀粉水解
2. β-淀粉酶	(1)小麦; (2)大麦芽; (3)细菌,如多黏芽孢杆菌、蜡状芽孢杆菌	淀粉、糖原+H_2O ⟶ 麦芽糖+β-限制糊精(α-1,4-糖苷键)	在焙烤和酿造工业中,提供可发酵的麦芽糖以产生 CO_2 和乙醇;帮助制造高麦芽糖浆
3. β-葡聚糖酶	(1)黑曲霉; (2)枯草杆菌; (3)大麦芽	β-D-葡聚糖+H_2O ⟶ 寡糖+葡萄糖(β-1,3-糖苷键和β-1,4-糖苷键)	在酿造中脱去糖胶;水解大麦的β-葡聚糖胶,加速酿造中的过滤进程;在咖啡取代物的制造中提高提取物的产量
4. 葡萄糖淀粉酶	(1)黑曲霉; (2)米曲霉; (3)米根霉	淀粉、糖原+H_2O ⟶ 葡萄糖(右旋糖)(α-1,4-糖苷键和α-1,6-糖苷键)	直接将低黏度淀粉转变成葡萄糖,然后利用葡萄糖异构酶将它转变成果糖
5. 纤维素酶	(1)黑曲霉; (2)木霉	纤维素+H_2O ⟶ β-糊精(β-1,4-糖苷键)	组成复合酶系。帮助果汁澄清;提高香精油和香料的产量;改进啤酒的"酒体";改进脱水蔬菜的烧煮性和复水性;帮助增加种子可利用蛋白质的提取;利用葡萄和苹果果皮废物生成可发酵的糖;利用纤维素废物生产葡萄糖
6. 半纤维素酶	黑曲霉	半纤维素+H_2O ⟶ β-糊精(角豆胶、瓜尔豆胶的β-1,4-糖苷键)	帮助除去咖啡豆的外壳;控制食品胶降解;从面包中除去戊聚糖;促进玉米脱胚;提高植物蛋白质的营养有效性;促进酿造中的糖化作用
7. 转化酶(蔗糖水解酶)		蔗糖+H_2O ⟶ 葡萄糖+果糖(转化糖)	催化形成转化糖;在糖果生产中防止结晶和起砂
8. 乳糖酶(β-半乳糖苷酶)	黑曲霉	乳糖+H_2O ⟶ 半乳糖+葡萄糖	水解乳品中的乳糖;增加甜味,防止乳糖的结晶;生产低乳糖含量牛乳;改进含乳面包的焙烤质量

酶	来源	催化的反应	在食品中的应用
9. 果胶酶(含聚半乳糖醛酸酶、果胶甲基酯酶、果胶酸裂解酶)	(1)黑曲霉; (2)米根霉	果胶甲酯酶脱去果胶的甲基;聚半乳糖醛酸酶水解 α-D-1,4-半乳糖醛酸苷	帮助澄清和过滤果汁和葡萄酒;防止在浓缩果汁和果肉中形成凝胶;控制果汁的浑浊程度;控制果冻中的果胶含量;在糖渍水果制造中促使柑橘瓤瓣分离
(二)蛋白质水解酶			
1. 菠萝蛋白酶	菠萝	水解肌纤维和结缔组织,使蛋白质降解成小分子多肽甚至氨基酸	用于澄清苹果汁、生产软糖、嫩化肉类、生产可溶性大豆蛋白制品、降解面筋并提高焙烤食品的口感与品质等
2. 无花果蛋白酶	无花果	水解精氨酸和赖氨酸的羧基端,产生低分子量的肽	主要用于肉类嫩化剂;也用于啤酒澄清,水解啤酒中的蛋白质,避免冷藏后引起的浑浊;还用于谷类预煮的准备
3. 木瓜蛋白酶	木瓜	植物蛋白酶一般水解多肽、酰胺和酯(特别是包括碱性氨基酸或亮氨酸或甘氨酸的键),同时产生低分子量的肽	主要用于肉类嫩化剂;也用于啤酒澄清,水解啤酒中的蛋白质,避免冷藏后引起的浑浊;还用于谷类预煮的准备
4. 霉菌蛋白酶	(1)黑曲霉; (2)米曲霉	微生物蛋白酶水解多肽并产生低分子量的肽	改进面包的颜色、质构和形态特征;控制面团流变性质;嫩化肉;改进干燥乳的分散性、蒸发乳的稳定性和涂抹用干酪的涂抹性能
5. 细菌蛋白酶	(1)枯草杆菌; (2)地衣芽孢杆菌		改进饼干、薄型蛋糕和水果蛋糕的风味、质构和保藏质量;帮助鱼中水分蒸发;在蔗糖生产中帮助过滤
6. 胃蛋白酶	猪或其他动物的胃	水解含有相邻于芳香族氨基酸或二羧基氨基酸肽键的多肽,同时产生低分子量的肽	牛胃蛋白酶常作为凝乳酶的取代品和乳凝结剂;生产水解蛋白质
7. 胰蛋白酶	动物胰	水解多肽、酰胺和酯,被作用的键包括 L-精氨酸和 L-赖氨酸的羧基,同时产生低分子量的肽	抑制乳的氧化风味;生产水解蛋白质
8. 粗制凝乳酶	(1)反刍动物的第四胃; (2)内寄生虫; (3)毛霉属; (4)微小毛霉	各种凝乳酶的特异性倾向于和胃蛋白酶的特异性相类似,作为酸性蛋白酶,其活力的最适 pH 值在酸性范围;或许在活性部位含有天冬氨酸的羧基,它们对于乳中 κ-酪蛋白的一个特殊的 Phe-Met 键具有非常高的选择性,因而能在裂开此键时引发乳的凝结	在制造干酪时,将乳凝结;在干酪成熟过程中,帮助形成风味和质构。惯用的动物(牛)粗制凝乳酶中的主要成分是凝乳酶、胃蛋白酶和胃分解蛋白酶;微生物粗制凝乳酶可取代动物粗制凝乳酶

酶	来源	催化的反应	在食品中的应用
(三)酯水解酶			
三酰甘油 水解酶、酯酶	(1)牛、小山羊和羊的可食前胃组织； (2)动物胰组织； (3)米曲霉； (4)黑曲霉	水解三酰甘油成简单脂肪酸，产生一酰甘油、二酰甘油和游离脂肪酸	动物酯酶在干酪制造和水解乳脂肪过程中形成风味，微生物酯酶催化脂类（如浓缩鱼油）的水解
(四)氧化还原酶			
1. 过氧化氢酶	(1)黑曲霉； (2)小球菌属	$2H_2O_2 \longrightarrow 2H_2O + O_2$	除去乳和蛋白质在低温消毒后的残余 H_2O_2；除去因葡萄糖氧化酶作用而产生的 H_2O_2
2. 葡萄糖氧化酶-过氧化氢酶	黑曲霉	葡萄糖 $+ O_2 \xrightarrow{\text{葡萄糖氧化酶}}$ 葡萄糖酸 $+ H_2O_2$； $2H_2O_2 \xrightarrow{\text{过氧化氢酶}} 2H_2O + O_2$	除去蛋中的糖以防止在干燥中和干燥后产生褐变和不良风味；除去饮料和色拉佐料中的 O_2 以防产生不良风味和提高保藏稳定性；改进焙烤食品的颜色和质构及面团的加工性
3. 脂肪氧合酶	大豆粉	亚油酸(和其他 1,4-戊二烯多不饱和脂肪酸) $+ O_2 \longrightarrow$ LOOH(氢过氧化物)	氢过氧化物漂白面团中的类胡萝卜素和氧化面筋蛋白中的巯基以改进面团的流变性
(五)异构酶			
葡萄糖异构酶	(1)游动放线菌属； (2)凝结芽孢杆菌； (3)链球菌属	葡萄糖 $\Longrightarrow$ 果糖； 木糖 $\Longrightarrow$ 木酮糖	在制备高果糖玉米糖浆时，将葡萄糖转变为果糖

思 考 题

1. 选择题

(1) 目前公认的酶和底物结合学说是（　　）。

A. 活性中心学说　　　　B. 诱导契合学说　　　　C. 锁钥学说　　　　D. 中间产物学说

(2) 酶原激活过程中，通常使酶原分子中（　　）断裂。

A. 氢键　　　　　　　　B. 疏水键　　　　　　　C. 离子键　　　　　　D. 肽键

(3) 酶促反应速率和下列哪种因素成正比？（　　）

A. 温度　　　　　　　　B. pH 值　　　　　　　　C. 酶浓度　　　　　　D. 底物浓度

(4) 具有生物活性的全酶，无辅助因子时（　　）。

A. 有活性　　　　　　　B. 无活性　　　　　　　C. 无特异性　　　　　D. 不易失活

(5) K_m 是指（　　）。

A. 反应速率是最大反应速率一半时的酶浓度

B. 反应速率是最大反应速率一半时的底物浓度

C. 反应速率是最大反应速率一半时的抑制剂浓度

D. 反应速率是最大反应速率一半时的温度

(6) 一般认为与果蔬质构直接有关的酶是（　　）。

A. 蛋白酶　　　　　　　B. 脂肪氧合酶　　　　　C. 果胶酶　　　　　　D. 多酚氧化酶

(7) 肉类嫩化最常用的酶制剂是（　　）。

A. 胰蛋白酶　　　　　　B. 胰脂酶　　　　　　　C. 木瓜蛋白酶　　　　D. 弹性蛋白酶

(8) 固定化葡萄糖异构酶被用于玉米糖浆的生产，它的作用是（　　　）。

A. 将果糖异构成葡萄糖　　　　　　　　B. 将半乳糖异构成葡萄糖

C. 将葡萄糖异构成果糖　　　　　　　　D. 将甘露糖异构成葡萄糖

(9) 在大多数情况下，多酚氧化酶的最适 pH 值是（　　　）。

A. 6～8　　　　　　　B. 4～7　　　　　　　C. 3～5　　　　　　　D. 7～9

(10) 有关 α-淀粉酶的特性描述，下列哪种说法不对？（　　　）

A. 它从直链淀粉分子内部水解 α-1,4-糖苷键

B. 它从支链淀粉分子内部水解 α-1,4-糖苷键

C. 它的作用能显著地影响含淀粉食品的黏度

D. 它从淀粉分子的非还原性末端水解 α-1,4-糖苷键

2. 名词解释

全酶　酶原　米氏方程　K_m　诱导契合学说　酶的最适温度　辅酶和辅基　抑制剂　固定化酶

3. 判断题

(1) 酶活力应该用酶促反应的初速率来表示。（　　　）

(2) 一种酶蛋白只与一种辅酶（基）结合，构成专一的酶。（　　　）

(3) 所有的酶都是蛋白质。（　　　）

(4) 竞争性抑制剂和酶的结合位点，同底物与酶的结合位点相同。（　　　）

(5) 别构酶都是寡聚酶。（　　　）

(6) K_m 是酶的特征常数，在任何条件下，K_m 都是常数。（　　　）

(7) $1/K_m$ 越大，表明底物和酶的亲和力越大。（　　　）

(8) 同工酶是功能相同、结构也相同的一类酶。（　　　）

(9) 米氏常数是底物与酶形成复合物的结合常数。（　　　）

(10) 一种辅基可与多种酶作用。（　　　）

4. 填空题

(1) 进行酶活力测定时底物浓度必须＿＿＿＿＿＿＿酶浓度。

(2) ＿＿＿＿＿＿＿抑制作用并不改变一个酶促反应的 K_m。

(3) ＿＿＿＿＿＿＿抑制作用并不改变一个酶促反应的 v_{max}。

(4) 酶按其催化反应的类型可分为＿＿＿＿＿＿＿大类。

(5) 使无活性的酶原转变为有活性的酶的过程，称为＿＿＿＿＿＿＿＿＿。

(6) 酶是由活细胞产生的，具有催化活性的＿＿＿＿＿＿＿＿＿＿＿＿＿＿。

(7) 酶活力指＿＿＿＿＿＿＿＿＿＿＿＿＿＿＿＿＿＿＿＿＿＿＿＿＿。

5. 问答题

(1) 酶与一般催化剂相比有何异同？

(2) 影响酶促反应的因素有哪些？它们是如何影响的？

(3) 什么是米氏方程？米氏常数 K_m 的意义是什么？

(4) 根据国际酶学委员会的规定，酶被分为六类，请写出是哪六类，并各举一例。

(5) 什么是同工酶？同工酶在科学研究和实践中有何应用？

模块八 维 生 素

学习目标

（1）掌握几种常见维生素的活性形式及作用；

（2）了解各种维生素缺乏导致的疾病；

（3）掌握食品中常见维生素的种类及其在机体中的主要作用；

（4）理解常见维生素的理化性质、稳定性，以及其在食品加工、贮藏中所发生的变化和对食品品质的影响。

素质目标

（1）培养辩证思维的能力；

（2）增强探索精神和专业意识；

（3）培养人文关怀和关心他人的品质。

一、概述

1. 维生素的概念和特点

维生素（vitamin）是人和动物维持正常的生理功能所必需的一类有机化合物。维生素不参与机体内各种组织器官的组成，也不能为机体提供能量，它们主要以辅酶形式参与细胞的物质代谢和能量代谢过程，缺乏时会引起机体代谢紊乱，导致特定的缺乏症或综合征，如缺乏维生素 A 时易患夜盲症。vitamin 曾音译为"维他命"就充分说明了其对人和动物健康的重要性。

除具有重要的生理作用外，有些维生素还可作为自由基的清除剂、风味物质的前体、还原剂，有的还可参与褐变反应，从而影响食品的某些属性。

人体所需的维生素大多数在体内不能合成，或即使能合成但合成的速度很慢，不能满足人体需要，加之维生素本身也在不断代谢，所以必须由食物供给。食物中的维生素含量较低，许多维生素稳定性差，在食品加工、贮藏过程中常常损失较大。因此，要尽可能最大限度地保存食品中的维生素，避免其损失或与食品中其他组分发生反应。

2. 维生素的研究历史

Wagner 和 Flokers（1964 年）将维生素的研究大致分为三个历史阶段。

第一阶段用特定食物治疗某些疾病。例如古希腊、罗马和阿拉伯人发现，在膳食中添加动物肝脏可治疗夜盲症。16 世纪和 18 世纪，人们发现橘子和柠檬可治疗坏血病。1882 年日本的 Takaki 将军观察到许多船员发生的脚气病与摄食大米有关，当在膳食中添加肉、面包和蔬菜后，发病人数大大减少。

第二阶段用动物诱发缺乏病。1897 年，荷兰医生 Eijkman 观察到给小鸡饲喂精米会出现类似于人的脚气病的多发性神经炎，若补充糙米或米糠可预防这种疾病。Boas 发现饲喂卵白的大鼠发生一种严重皮炎、脱毛和神经肌肉机能异常的综合征，用肝脏可治疗这种病。1907 年，Holst 和 Frohlich 报道了实验诱发的豚鼠坏血病。

第三阶段人和动物必需营养因子的发现。1881 年，Lunin 研究发现含有乳蛋白、碳水化合物、脂类、食盐和水分的高纯合饲粮不能满足动物需要，认为可能与某些未知成分有关。1912 年，Hopkins 报道人和动物需要某些必需营养因子才能维持正常的生命活动，若缺乏会导致疾病。同年，Funk 通过对因日粮而诱发的疾病的研究，成功地分离出抗脚气病因子，命名为 "vitamines"（即与生命有关的胺类），后来改为 "vitamin"。1929 年，Eijkman 和 Hopkins 因在维生素研究领域的重大贡献而获诺贝尔生理学或医学奖。Hodgkin 用 X 射线晶体学阐明了维生素 B_{12} 的化学结构而获 1964 年诺贝尔化学奖。

3. 维生素的分类与命名

在维生素发现早期，因对它们了解甚少，一般按其发现先后顺序命名，如维生素 A、维生素 B、维生素 C、维生素 D、维生素 E 等；或根据其生理功能特征或化学结构特点等命名，例如维生素 C 称抗坏血病维生素，维生素 B_1 因分子结构中含有硫和氨基，称为硫胺素。后来人们根据维生素在脂类溶剂或水中溶解性特征将其分为两大类：脂溶性维生素和水溶性维生素。脂溶性维生素包括维生素 A、维生素 D、维生素 E、维生素 K，水溶性维生素包括 B 族维生素和维生素 C。

二、脂溶性维生素

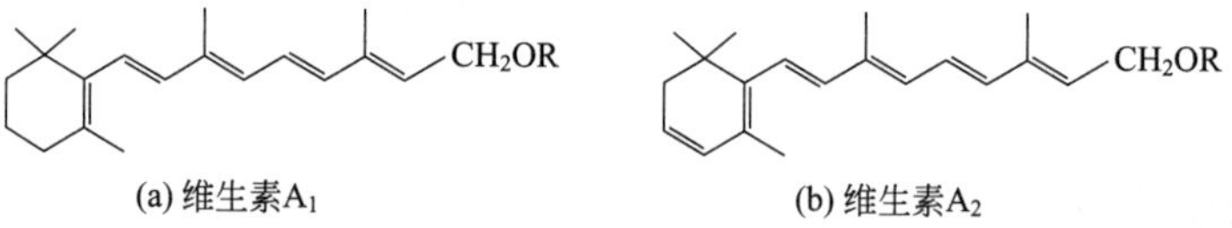

(a) 维生素A_1 (b) 维生素A_2

图 1-8-1　维生素 A 的化学结构
R＝H 或 $COCH_3$（乙酸酯）或 $CO(CH_2)_{14}CH_3$（棕榈酸酯）

1. 维生素 A

维生素 A 有多种形式（图 1-8-1）。其羟基可被酯化或转化为醛或酸，也能以游离醇的状态存在。维生素 A 主要有维生素 A_1（视黄醇）及其衍生物（醛、酸、酯）、维生素 A_2（脱氢视黄醇）。

维生素 A_1 结构中存在共轭双键（异戊二烯类），有多种顺反立体异构体。食物中的维生素 A_1 主要是全反式结构，生物效价最高。维生素 A_2 的生物效价只有维生素 A_1 的 40％，而 1,3-顺异构体（新维生素 A）的生物效价是维生素 A_1 的 75％。新维生素 A 在天然维生素 A 中约占 1/3，而在人工合成的维生素 A 中很少。维生素 A_1 主要存在于动物的肝脏和血液中，维生素 A$_2$ 主要存在于淡水鱼中。蔬菜中没有维生素 A，但含有的胡萝卜素（图 1-8-2）进入人体后可转化为维生素 A$_1$，通常称之为维生素 A 原或维生素 A 前体，其中以 β-胡萝卜素转化效率最高，1 分子的 β-胡萝卜素可转化为 2 分子的维生素 A。

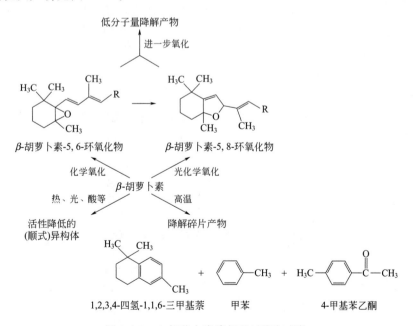

番茄红素

α-胡萝卜素

β-胡萝卜素

γ-胡萝卜素

图 1-8-2　几种胡萝卜素的结构式

维生素 A 的含量可用国际单位（IU）或美国药典单位（USPU）表示，两个单位相等。$1IU＝0.344\mu g$ 维生素乙酸酯＝$0.549\mu g$ 棕榈酸酯＝$0.600\mu g$ β-胡萝卜素。国际组织新近采用了生物当量单位来表示维生素 A 的含量，即 $1\mu g$ 视黄醇＝1 标准维生素 A 视黄醇当量（RE）。

在食品加工和贮藏中，维生素 A 对光、氧和氧化剂敏感，高温和金属离子可加速其分解，在碱性和冷冻环境中较稳定，贮藏中的损失主要取决于脱水的方法和避光情况。β-胡萝卜素降解过程及产物见图 1-8-3。

低分子量降解产物

进一步氧化

β-胡萝卜素-5,6-环氧化物　　β-胡萝卜素-5,8-环氧化物

化学氧化　　　　　光化学氧化

β-胡萝卜素

热、光、酸等　　　　高温

活性降低的　　　　降解碎片产物
(顺式)异构体

1,2,3,4-四氢-1,1,6-三甲基萘　　甲苯　　4-甲基苯乙酮

图 1-8-3　β-胡萝卜素降解的过程与产物

无氧条件下，β-胡萝卜素通过顺反异构作用转变为新 β-胡萝卜素。有氧时，β-胡萝卜素

先氧化生成 5,6-环氧化物，然后异构为 5,8-环氧化物。光、酶及脂质过氧化物的共同氧化作用导致 β-胡萝卜素大量损失。光氧化的产物主要是 5,8-环氧化物。高温时 β-胡萝卜素分解形成一系列芳香化合物，其中最重要的是紫罗烯，它与食品风味的形成有关。

人和动物感受暗光的物质是视紫红质，它的形成与生理功能的发挥与维生素 A 有关。人体缺乏维生素 A 时可引起表皮细胞角质、夜盲症等。

2. 维生素 D

维生素 D 为类固醇衍生物，它与动物骨骼的钙化有关，故又称为钙化醇，具有抗佝偻病的作用。维生素 D 家族最重要的成员是麦角钙化醇（维生素 D_2）及胆钙化醇（维生素 D_3）（图 1-8-4）。植物或酵母中所含的麦角甾醇经紫外线激活后可转化为维生素 D_2，动物皮下的 7-脱氢胆固醇经紫外线照射可以转化为维生素 D_3。因此麦角甾醇和 7-脱氢胆固醇被称为维生素 D 原。

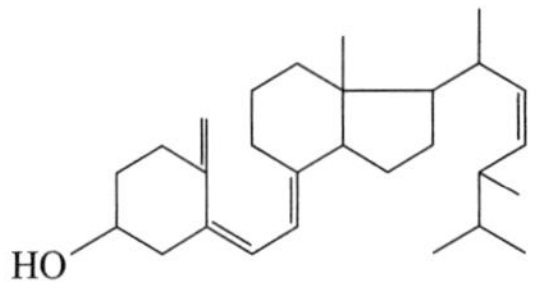

维生素D_2 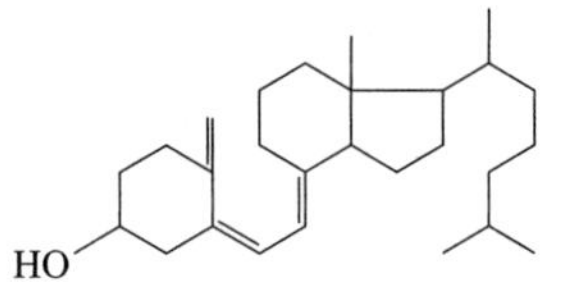 　　　　　　　　　　维生素D_3

图 1-8-4　维生素 D 结构式

维生素 D_3 经过肝和肾中的羟基化，最终形成高活性的 1,25-二羟胆钙化醇。1,25-二羟胆钙化醇的生理功能是促进钙、磷的吸收，减少钙、磷从尿中排出，提高血钙、血磷浓度，有利于新骨的生成与钙化。孕妇、婴儿和青少年对维生素 D 的需要量大，如果此时维生素 D 不足，会出现骨骼变软及畸形，发生在儿童身上称为佝偻病，在孕妇身上称为骨质软化症。

维生素 D_3 广泛存在于动物性食品中，以鱼肝油中含量最高，鸡蛋、牛乳、黄油、干酪中含量较少。维生素 D 十分稳定，消毒、煮沸及高压灭菌对其活性无影响；冷冻贮存对牛乳和黄油中维生素 D 的影响不大。维生素 D 的损失主要与光照和氧化有关。其光解机制可能是直接光化学反应或由光引发的脂肪自动氧化间接涉及反应。维生素 D 易发生氧化，主要是因为分子中含有不饱和键。

3. 维生素 E

维生素 E 是具有与 α-生育酚类似活性的生育酚和生育三烯酚的总称，结构式见图 1-8-5。生育三烯酚与 α-生育酚结构上的区别在于其侧链的 $3'$、$7'$ 和 $11'$ 处有双键。

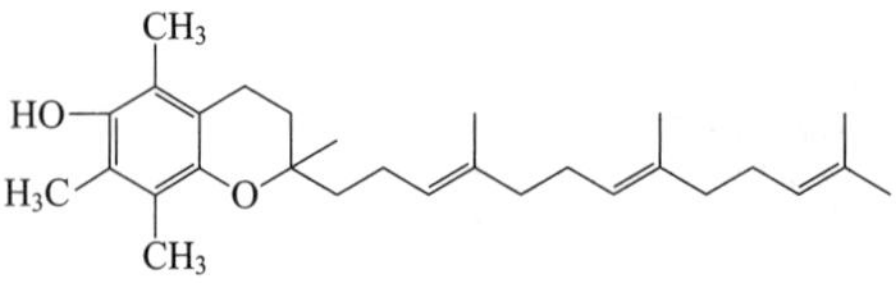

(a) 生育三烯酚

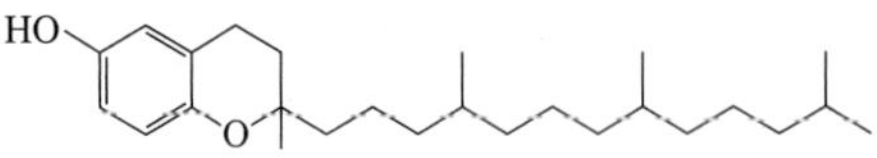

(b) 母生育酚 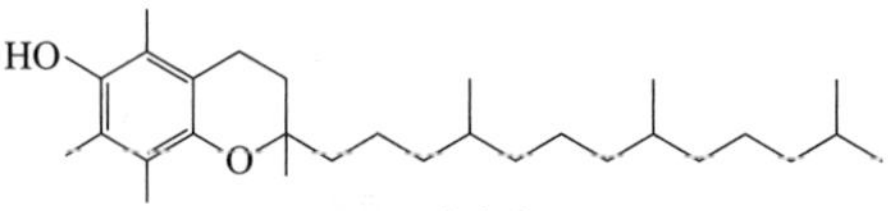 　　　　　　　　　　(c) α-生育酚

图 1-8-5　生育三烯酚、母生育酚、α-生育酚的结构式

维生素 E 活性成分主要是 α、β、γ 和 δ 四种异构体，即甲基取代物。甲基取代物的数

目和位置不同，其生物活性也不同，其中 α-生育酚活性最大。

维生素 E 广泛分布于种子、种子油、谷物、水果、蔬菜和动物产品中，植物油和谷物胚芽油中含量高。

维生素 E 易被分子氧和自由基氧化（图 1-8-6）。各种维生素 E 的异构体在未酯化前均具有抗氧化剂的活性，它们通过贡献一个酚基氢和一个电子来淬灭自由基。在肉类腌制中，亚硝胺的合成是通过自由基机制进行的，维生素 E 可清除自由基，防止亚硝胺的合成。

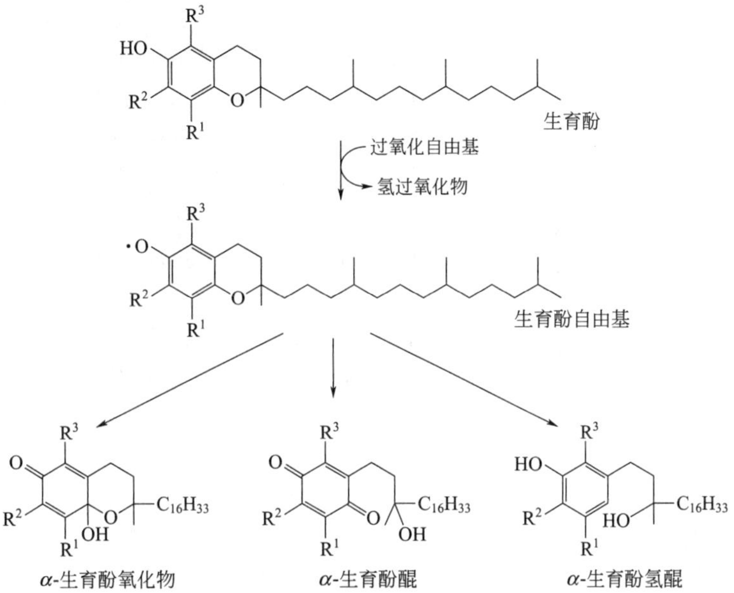

图 1-8-6 α-生育酚的氧化降解途径

生育酚是良好的抗氧化剂，广泛用于食品中，尤其是动植物油脂中。它主要通过淬灭单线态氧而保护食品中其他成分。在生育酚的几种异构体中，与单线态氧反应的活性大小依次为 $\alpha>\beta>\gamma>\delta$，而抗氧化能力大小顺序为 $\delta>\gamma>\beta>\alpha$。维生素 E 和维生素 D_3 共同作用可获得牛肉最佳的色泽与嫩度。

食品在加工贮藏中常常会造成维生素 E 大量损失。例如，谷物机械加工去胚时，维生素 E 大约损失 80%；油脂精炼也会导致维生素 E 损失；脱水可使鸡肉和牛肉中维生素 E 损失 36%～45%；肉和蔬菜罐头制作中维生素 E 损失 41%～65%；油炸马铃薯在 23℃下贮存一个月维生素 E 损失 71%，贮存两个月损失 77%。此外，氧、氧化剂和碱对维生素 E 也有破坏作用，某些金属离子（如 Fe^{2+} 等）可促进维生素 E 的氧化。

4. 维生素 K

维生素 K 是由一系列萘醌类物质组成的，常见的有维生素 K_1（即叶绿醌）、维生素 K_2（即聚异戊烯基甲基萘醌）和维生素 K_3（即 2-甲基-1,4-萘醌）（图 1-8-7）。维生素 K_1 主要存在于植物中，维生素 K_2 由小肠合成，维生素 K_3 由人工合成。维生素 K_3 的活性比维生

维生素K_1：R= $CH_2CH{=}C(CH_3)[CH_2CH_2CH(CH_3)CH_2]_2CH_2CH_2-CH(CH_3)_2$

维生素K_2：R= $+CH_2CH{=}C(CH_3)CH_2]_nH$

维生素K_3：R=H

n=6～9

图 1-8-7 维生素 K 结构式

素 K_1 和维生素 K_2 高。

维生素 K 对热相当稳定，遇光易降解。其萘醌结构可被还原成氢醌，但仍具有生物活性。维生素 K 具有还原性，可清除自由基，保护食品中其他成分（如脂类）不被氧化，并减少肉品腌制中亚硝胺的生成。

三、水溶性维生素

1. 维生素 C

维生素 C 又名抗坏血酸，是羟基羧酸的内酯，具烯二醇结构（图 1-8-8），有较强的还原性。维生素 C 有四种异构体：D-抗坏血酸、D-异抗坏血酸、L-抗坏血酸和 L-脱氢抗坏血酸。其中以 L-抗坏血酸生物活性最高。

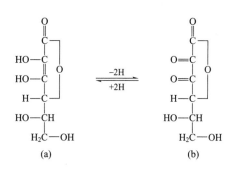

图 1-8-8　L-抗坏血酸（a）及
L-脱氢抗坏血酸（b）的结构

维生素 C 主要存在于水果和蔬菜中。猕猴桃、刺梨和番石榴中含量高；柑橘类、番茄、辣椒及某些浆果中含量也较高。动物性食品中只有牛奶和肝脏中含有少量维生素 C。

维生素 C 是最不稳定的维生素，易被氧化。光、Cu^{2+} 和 Fe^{2+} 等加速其氧化；pH、氧浓度和水分活度等也影响其稳定性。此外，含有 Fe 和 Cu 的酶（如抗坏血酸氧化酶、多酚氧化酶、过氧化物酶和细胞色素氧化酶）对维生素 C 也有破坏作用。水果受到机械损伤、成熟或腐烂时，由于其细胞组织被破坏，导致酶促反应的发生，维生素 C 降解。某些金属离子螯合物对维生素 C 有稳定作用；亚硫酸盐对维生素 C 具有保护作用。

维生素 C 降解最终阶段中的许多物质参与风味物质的形成或非酶褐变。降解过程中生成的 L-脱氢抗坏血酸和二羰基化合物与氨基酸共同作用生成糖胺类物质，形成二聚体、三聚体和四聚体。维生素 C 降解形成风味物质和褐色物质的主要原因是二羰基化合物及其他降解产物按糖类非酶褐变的方式转化为风味物质和类黑素。

维生素 C 广泛用于食品中，它可保护食品中其他成分不被氧化；可有效地抑制酶促褐变和脱色；在腌制肉品中可促进发色并抑制亚硝胺的形成；在啤酒工业中可作为抗氧化剂；在焙烤工业中可作为面团改良剂；对维生素 E 或其他酚类抗氧化剂有良好的增效作用；能捕获单线态氧和自由基，抑制脂类氧化；作为营养添加剂有抗应激、加速伤口愈合、参与体内氧化还原反应和促进铁的吸收等作用。

2. 维生素 B₁

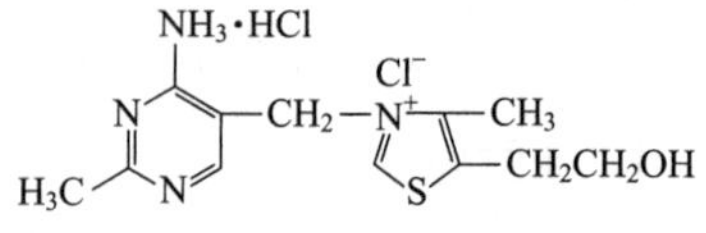

维生素 B_1 又称硫胺素，是取代的嘧啶环和噻唑环由亚甲基相连的一类化合物（图 1-8-9）。各种结构的硫胺素均具有维生素 B_1 的活性。硫胺素分子中有两个碱基氮原

图 1-8-9　维生素 B_1 的结构

子，一个在初级氨基基团中，另一个在具有强碱性质的四级胺中。因此，硫胺素能与酸类反应形成相应的盐。

硫胺素广泛分布于动植物食品中，其中在动物内脏、鸡蛋、马铃薯、核果及全粒小麦中含量较丰富。

硫胺素是 B 族维生素中最不稳定的一种，在中性或碱性条件下易降解，对热和光不敏感，酸性条件下较稳定。食品中其他组分也会影响硫胺素的降解，例如，单宁（即鞣质）能

与硫胺素形成加成物而使之失活；SO_2 或亚硫酸盐对其有破坏作用；胆碱加速其降解；蛋白质与硫胺素的硫醇形式形成二硫化物，阻止其降解。

在食品加工和贮藏中，硫胺素也有不同程度的损失。例如，面包焙烤破坏 20% 的硫胺素；牛奶巴氏消毒损失 3%～20%；高温消毒损失 30%～50%；喷雾干燥损失 10%；滚筒干燥损失 20%～30%。部分食品在加工后硫胺素的存留率见表 1-8-1。

表 1-8-1　食品加工后硫胺素的存留率

食品	加工方法	硫胺素的存留率/%
谷物	膨化	48～90
马铃薯	浸没水中 16h 后炒制	55～60
	浸没亚硫酸盐中 16h 后炒制	19～24
大豆	水中浸泡后在水中或碳酸盐中煮沸	23～52
蔬菜	各种热处理	80～95
肉	各种热处理	83～94
冷冻鱼	各种热处理	77～100

硫胺素在低 A_w 和室温下贮藏表现良好的稳定性，而在高 A_w 和高温下长期贮藏损失较大。

当 A_w 在 0.1～0.65 及温度在 37℃ 以下时，硫胺素几乎没有损失；温度上升到 45℃ 且 A_w 高于 0.4 时，硫胺素损失加快，A_w 在 0.5～0.65 之间时，损失更快；当 A_w 高于 0.65 时硫胺素的损失又降低。因此，贮藏中温度是影响硫胺素稳定性的一个重要因素，温度越高，硫胺素的损失越大（表 1-8-2）。

表 1-8-2　食品贮藏中硫胺素的存留率

食品	贮藏 12 个月后的存留率/%	
	38℃	1.5℃
杏	35	72
青豆	8	76
利马豆	48	92
番茄汁	60	100
豌豆	68	100
橙汁	78	100

硫胺素在一些鱼类和甲壳动物中不稳定，过去认为是硫胺素酶的作用，但现在认为至少应部分归因于含血红素的蛋白对硫胺素降解的非酶催化作用。在降解过程中，硫胺素的分子未裂开，可能发生了分子修饰。现已证实，热变性后的含血红素的蛋白参与了金枪鱼、猪肉和牛肉贮藏加工中硫胺素的降解。

硫胺素的热降解通常包括分子中亚甲基桥的断裂，其降解速率和机制受 pH 和反应介质影响较大。当 pH 小于 6 时，硫胺素热降解速率缓慢，亚甲基桥断裂释放出较完整的嘧啶和噻唑组分；当 pH 在 6～7 之间时硫胺素的降解速率加快，噻唑环碎裂程度增加；在 pH 为 8 时降解产物中几乎没有完整的噻唑环，而是许多种含硫化合物等。因此，硫胺素热分解产生"肉香味"可能与噻唑环释放下来后进一步形成硫、硫化氢、呋喃、噻唑和二氢噻吩有关。

3. 维生素 B_2

维生素 B_2 又称核黄素，是具有糖醇结构的异咯嗪衍生物（图 1-8-10），自然状态下常常是磷酸化的，在机体代谢中起辅酶作用。核黄素的生物活性形式是黄素单核苷酸（FMN）

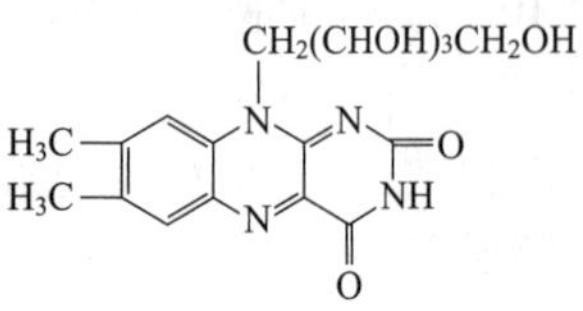
CH₂(CHOH)₃CH₂OH
H₃C
H₃C
N
NH
O
O

图 1-8-10　维生素 B_2 的结构

和黄素腺嘌呤二核苷酸（FAD），二者是细胞色素还原酶、黄素蛋白等的组成部分。FAD 起着电子载体的作用，在葡萄糖、脂肪酸、氨基酸和嘌呤的氧化中起重要作用。两种活性形式之间可通过食品中或胃肠道内的磷酸酶催化而相互转变。

食品中核黄素与硫酸和蛋白质结合形成复合物。动物性食品富含核黄素，尤其是肝、肾和心脏，奶类和蛋类中含量较丰富，豆类和绿色蔬菜中也含有一定量的核黄素。

核黄素在酸性条件下最稳定，在中性条件下稳定性降低，在碱性介质中不稳定。核黄素对热稳定，在食品加工、脱水和烹调中损失不大。引起核黄素降解的主要因素是光，光降解反应分为两个阶段：第一阶段是在光辐照表面时的迅速破坏阶段；第二阶段为一级反应，系慢速阶段。光的强度是决定整个反应速率的因素。酸性条件下，核黄素光解为光色素，碱性或中性条件下光解生成光黄素。光黄素是一种强氧化剂，对其他维生素尤其是抗坏血酸有破坏作用。核黄素的光氧化与食品中多种光敏氧化反应关系密切。例如，牛奶在日光下存放 2h 后核黄素损失 50% 以上；放在透明玻璃器皿中也会产生“日光臭味”，导致营养价值降低，若改用不透明容器存放就可避免这种现象的发生。

核黄素参与机体内许多氧化还原反应，一旦缺乏将影响机体呼吸和代谢，出现溢出性皮脂炎、口角炎和角膜炎等病症。

4. 维生素 B_5

维生素 B_5 又称维生素 PP，其活性形式包括烟酸（niacin）和烟酰胺（图 1-8-11），二者的天然形式均有相同的维生素 B_5 活性。在生物体内其活性形式是烟酰胺腺嘌呤二核苷酸（NAD）和烟酰胺腺嘌呤二核苷酸磷酸（NADP），它们是许多脱氢酶的辅酶，在糖酵解、脂肪合成及呼吸作用中发挥重要的生理功能。维生素 B_5 广泛存在于微生物、动植物体内，酵母、肝脏、瘦肉、牛乳、花生、黄豆中含量丰富，谷物皮层和胚芽中含量也较高。

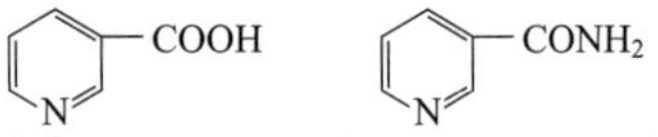
COOH
N
CONH₂
N

烟酸　烟酰胺

图 1-8-11　维生素 B_5 的结构

维生素 B_5 是最稳定的维生素，对光和热不敏感，在酸性或碱性条件下加热可使烟酰胺转变为烟酸，其生物活性不受影响。维生素 B_5 的损失主要与加工中原料的清洗、烫漂和修整等有关。

维生素 B_5 具有抗癞皮病的作用，当缺乏时会出现癞皮病，临床表现为“三 D 症”，即皮炎、腹泻和痴呆。这种情况常发生在以玉米为主食的地区，因为玉米中的烟酸与糖形成复合物，阻碍了烟酸在人体内的吸收和利用，碱处理可以使烟酸游离出来。

5. 维生素 B_6

维生素 B_6 是指在性质上紧密相关、具有潜在维生素 B_6 活性的三种天然存在的化合物，包括吡哆醛、吡哆醇和吡哆胺（图 1-8-12）。三者均可在 5′-羟甲基位置上发生磷酸化，三种形式在体内可相互转化。其生物活性形式以磷酸吡哆醛为主，也有少量的磷酸吡哆胺。它们作为辅酶参与体内的氨基酸、碳水化合物、脂类和神经递质的代谢。

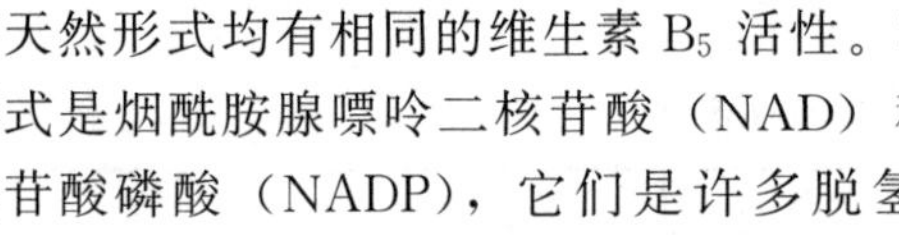
R
HO
H₃C
N
CH₂OH
R = CHO　吡哆醛
R = CH₂NH₂　吡哆胺
R = CH₂OH　吡哆醇

图 1-8-12　维生素 B_6 的结构

维生素 B_6 在蛋黄、肉、鱼、奶、全谷、白菜和豆类中含量丰富。其中，谷物中主要是吡哆醇，动物产品中主要是吡哆醛和吡哆胺，牛奶中主要是吡哆醛。

维生素 B_6 的各种形式对光敏感，光降解最终产物是 4-吡哆酸或 4-吡哆酸-5′-磷酸。这种降解可能是由自由基介导的光化学氧化反应，但并不需要氧的直接参与，氧化速率与氧的存在关系不大。维生素 B_6 的非光化学降解速率与 pH、温度和其他食品成分关系密切。在避光和低 pH 下，维生素 B_6 的三种形式均表现良好的稳定性，吡哆醛在 pH 为 5 时损失最大，吡哆胺在 pH 为 7 时损失最大，其降解动力学和热力学机制仍需深入研究。

在食品加工中维生素 B_6 可发生热降解和光化学降解。吡哆醛可能与蛋白质中的氨基酸反应生成含硫衍生物，导致维生素 B_6 的损失；吡哆醛与赖氨酸的 ε-氨基反应生成席夫碱，降低维生素 B_6 的活性；维生素 B_6 可与自由基反应生成无活性的产物。在维生素 B_6 三种形式中，吡哆醇是最稳定的，常被用于营养强化。

6. 叶酸

叶酸包括一系列结构相似、生物活性相同的化合物，分子结构中含有蝶呤、对氨基苯甲酸和谷氨酸三部分。其商品形式中含有一个谷氨酸残基，称为蝶酰谷氨酸；天然存在的蝶酰谷氨酸有 3~7 个谷氨酸残基。

绿色蔬菜和动物肝脏中富含叶酸，乳中含量较低。蔬菜中的叶酸呈结合型，而肝脏中的叶酸呈游离态。人体肠道中可合成部分叶酸。

叶酸对热、酸较稳定，但在中性和碱性条件下很快被破坏，光照下更易分解。叶酸及某各种衍生物中，以叶酸最稳定，四氢叶酸最不稳定，当被氧化后失去活性。亚硫酸盐使叶酸还原裂解；硝酸盐可与叶酸作用生成 N-9-硝基衍生物，该物质对小白鼠有致癌作用。Cu^{2+} 和 Fe^{3+} 催化叶酸氧化，且 Cu^{2+} 的作用大于 Fe^{3+}；柠檬酸等螯合剂可抑制金属离子的催化作用；维生素 C、硫醇等还原性物质对叶酸具有稳定作用。

7. 维生素 B_{12}

维生素 B_{12} 由几种密切相关的具有相似活性的化合物组成，这些化合物都含有钴，故又称钴胺素。维生素 B_{12} 是一种红色的结晶物质，是一共轭复合体，中心为三价的钴原子。其分子结构中主要包括两部分：一部分是与铁卟啉很相似的复合环式结构，另一部分是与核苷酸相似的 5,6-二甲基-1-(α-D-核糖呋喃酰）苯并咪唑-3′-磷酸酯。其中心卟啉环体系中的钴原子与卟啉环中四个内氮原子配位，二价钴原子的第六个配位位置被氰化物取代，生成氰钴胺素。

植物性食品中维生素 B_{12} 很少，其主要来源是菌类食品、发酵食品以及动物性食品（如肝脏、瘦肉、肾脏、牛奶、鱼、蛋黄等），人体肠道中的微生物也可合成一部分供人体利用。

维生素 B_{12} 在 pH 为 4~7 时最稳定；在接近中性条件下长时间加热可造成较大损失；碱性条件下酰胺键发生水解生成无活性的羧酸衍生物；pH 低于 4 时，其核苷酸组分发生水解；强酸下发生降解，但降解的机理目前尚未完全清楚。

抗坏血酸、亚硫酸盐、Fe^{2+}、硫胺素和烟酸可促进维生素 B_{12} 的降解。辅酶形式的 B_{12} 可发生光化学降解生成水钴胺素，但生物活性不变。食品加工过程中热处理对维生素 B_{12} 影响不大。例如肝脏在 100℃ 水中煮制 5min 维生素 B_{12} 只损失 8%，牛奶巴氏消毒只破坏很少的维生素 B_{12}，冷冻方便食品（如鱼、炸鸡和牛肉）加热时可保留 79%~100% 的维生素 B_{12}。

8. 泛酸

泛酸的结构为 D-(＋)-N-2,4-二羟基-3,3-二甲基丁酰-β-丙氨酸（图 1-8-13），它是辅酶 A 的重要组成部分。泛酸

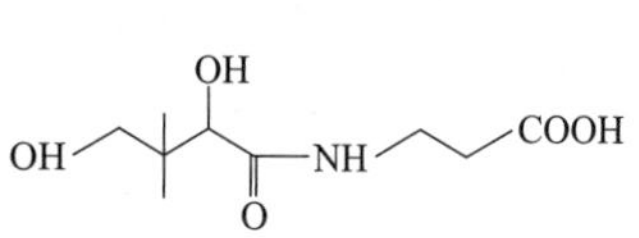

图 1-8-13　泛酸的化学结构

在肉类、水果、蔬菜、牛奶、鸡蛋、酵母、全麦和核果中含量丰富，动物性食品中的泛酸大多呈结合态。

泛酸在 pH 为 5~7 时最稳定，在碱性溶液中易分解。食品加工过程中，随温度的升高和水溶流失程度的增大，泛酸大约损失 30%~80%。热降解的原因可能是 β-丙氨酸和 2,4-二羟基-3,3-二甲基丁酸之间的连接键发生了酸催化水解。食品贮藏中泛酸较稳定，尤其是低 A_w 的食品。

9. 生物素

生物素的基本结构是脲和带有戊酸侧链噻吩组成的五元骈环，有八种异构体，天然存在的为具有活性的 D-生物素。

生物素广泛存在于动植物食品中，以肉类、牛奶、蛋黄、酵母、蔬菜和蘑菇中含量较丰富。生物素在牛奶、水果和蔬菜中呈游离态，而在动物内脏和酵母等中与蛋白质结合。人体肠道细菌可合成相当部分的生物素。生物素可因食用生鸡蛋清而失活，这是由一种称为抗生物素的糖蛋白引起的，鸡蛋被加热后就可破坏这种拮抗作用。

生物素对光、氧和热非常稳定，但强酸、强碱会导致其降解。某些氧化剂（如过氧化氢）使生物素分子中的硫氧化，生成无活性的生物素或生物素硫氧化物。此外，生物素环上的羰基也可与氨基发生反应。食品加工和贮藏中生物素的损失较小，所引起的损失主要是水溶流失，也有部分是由于酸碱处理和氧化造成的。

四、维生素类似物

除前面介绍的维生素外，还有一些物质从目前的研究材料还不能完全证明它们是维生素，但它们不同程度上具有维生素的属性，人们将这类物质称为维生素类似物，主要有以下几种：

1. 胆碱

胆碱又称维生素 B$_4$，是 β-羟基乙酸三甲基胺羟化物 $[(CH_3)_3N(OH)CH_2CH_2OH]$。胆碱是无色、黏滞状、具强碱性的液体，易吸潮，溶于水。胆碱非常稳定，在食品加工和贮藏中损失不大。

胆碱首次由 Streker 在 1849 年从猪胆汁中分离出来，1962 年被正式命名为胆碱，胆碱现已成为人类食品中常用的添加剂。美国的《联邦法典》将胆碱列为"一般认为安全"的产品；欧洲联盟 1991 年颁布的法规将胆碱列为允许添加于婴儿食品的产品。

胆碱分布广，以动物性食品（如肝脏、蛋黄、脑和鱼）中含量最高，一般以乙酰胆碱和卵磷脂形式存在；绿色植物、酵母、谷物幼芽、豆科植物籽实、油料作物籽实是丰富的植物性食品来源。表 1-8-3 列出了一些食品中胆碱的含量。

表 1-8-3　部分食品中胆碱的含量

食品	胆碱含量/(mg/kg)	食品	胆碱含量/(mg/kg)
玉米油	10	高粱	678
番茄	860	糙米	992~1014
小麦	1022	肉粉	2077
大麦	930~1157	玉米蛋白粉	330

2. 肉碱

肉碱又称肉毒碱，于 1905 年由两位俄国科学家 Gulewitsch 和 Krimberg 在肌肉抽提物中发现。1927 年 Tomita 和 Sendju 确定了其分子结构。1948 年 Fraenkel 发现大黄粉虫的生长需要一种生长因子，并将之命名为维生素 BT；1952 年 Carter 等人确认维生素 BT 即为左旋肉碱；1953 年美国《化学文摘》将左旋肉碱列在"Vitamin BT"的索引栏目下。肉碱有 D 型和 L 型两种形式，其中 L 型具有生物活性，而 D 型是竞争性抑制剂。L-肉碱的化学名称为 L-β-羟基-γ-三甲氨基丁酸，化学式是 $(CH_3)_3NCH_2CH(OH)CH_2COO^-$，其官能团和组合键具有较好的吸水性和溶水性。L-肉碱呈白色粉末状，易吸潮，耐高温，稳定性好，在 pH 3～6 下贮存一年以上几乎无损失。

自然界中只存在 L-肉碱，它是动物、植物、微生物的基本成分之一。大多数动物可以合成 L-肉碱，膳食中的 L-肉碱主要来源于动物性食品。部分食物中 L-肉碱含量见表 1-8-4。

表 1-8-4　部分食物中 L-肉碱的含量

食物	肉碱含量/(mg/kg)	食物	肉碱含量/(mg/kg)
山羊肉	2100	大麦	10～38
羔羊肉	780	小麦	3～12
牛肉	640	玉米	5～10
猪肉	300	花生	1
兔肉	85～145	高粱	15
鱼肉	75	油菜籽	10
鸡肉	26	面包	6
羊肝	20	花椰菜	1
牛奶	0.38～1.44	甘蓝、菠菜叶、橙汁	0

1958 年 Fritz 发现左旋肉碱能加速脂肪代谢的速率，从而确立了其对脂肪酸氧化的重要作用。目前已证实，左旋肉碱具有以下这些作用：促进脂肪酸的 β-氧化；调节线粒体内酰基比例；参加支链氨基酸代谢产物的运输；排出体内过量或非理性酰基，消除机体因酰基积累而造成的代谢中毒；促进乙酰乙酸的氧化，在酮体的消除和利用中起作用；防止体内过量氨产生的毒性；作为抗氧化剂清除自由基，保持细胞膜的完整性；提高机体的免疫力和抗病能力；间接参加糖原异生和调节生酮过程；有效降低运动后血液中乳酸的浓度；参与精子的成熟过程等。1984 年 FDA 确定 L-肉碱是一种重要的食品营养强化剂，我国卫生部于 1994 年将 L-肉碱列入食品营养强化剂范畴。

3. 肌醇

肌醇是有六个羟基的六碳环状物，它有九种立体构型，但只有肌型肌醇具有生物活性。

肌醇主要来源于心、肝、肾、脑、酵母、柑橘类水果中，谷物中的肌醇一般以植酸或植酸盐的形式存在，影响人体对矿物质元素的吸收和利用。肌醇很稳定，一般在食品加工和贮藏中损失很少。

肌醇对肝硬化、血管硬化、脂肪肝、胆固醇过高等有明显疗效，肌醇还可用于治疗 CCl_4 中毒、脱发症等。此外，肌醇还是磷酸肌醇的前体。肌醇中的三磷酸肌醇（IP$_3$）具有良好的清除自由基的功能，对心脑血管疾病、糖尿病和关节炎具有良好的预防和治疗效果。其中以肌醇-1,2,6-三磷酸即 I(1,2,6)P$_3$ 最重要。除具有上述功能外，肌醇还是一种新型的非肽类神经肽 Y（NPY）的受体拮抗剂。

4. 其他维生素类似物

（1）黄酮类化合物　黄酮类化合物是一类具有 C_6—C_3—C_6 基本结构的化合物，其两个

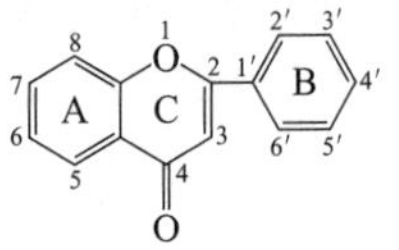

C_6—C_3—C_6连接形式

图1-8-14 黄酮类化合物
的母核结构式

苯环（A环和B环）通过中央三碳链相互连接（图1-8-14）。黄酮类化合物主要有黄酮醇、黄酮、黄烷酮、儿茶酚、花色苷、异黄酮、二氢黄酮醇和查耳酮等。

黄酮类化合物广泛存在于大豆、葛根、柑橘、黑米、黑芝麻、黑豆、葡萄、橄榄等中。

黄酮类化合物具有抗氧化作用，其抗氧化作用主要通过淬灭单线态氧、清除过氧化物以及消除羟基自由基活性等来体现。

（2）葡萄糖耐量因子 葡萄糖耐量因子（GTF）是天然存在的铬-烟酸低分子量的有机复合物。其基本结构包括铬、烟酸、甘氨酸、谷氨酸和半胱氨酸等，具有较强的生物活性，主要调节人体内糖类、脂类、蛋白质和核酸的代谢。

五、维生素的生物可利用性

1. 维生素生物可利用性的含义

维生素的生物可利用性是指人体摄入的维生素经肠道吸收并在体内被利用的程度。生物可利用性包含两方面含义，即吸收与利用。因此，在评价维生素营养完全性时除要考虑摄入的食品中维生素的含量和不同化学结构的鉴定外，更要考虑摄入食品中维生素的生物可利用性。

2. 影响维生素生物可利用性的因素

① 消费者本身的年龄、健康以及生理状况等。

② 膳食的组成影响维生素在肠道内的运输时间、黏度、pH及乳化特性等。

③ 同一种维生素的不同构型对其在体内的吸收速率、吸收程度、能否转变成活性形式以及生理作用的大小产生影响。

④ 维生素与其他组分的反应，如维生素与蛋白质、淀粉、膳食纤维、脂肪等发生反应均会影响其在体内的吸收与利用。

⑤ 维生素的拮抗物也影响维生素的活性，从而降低维生素的生物可利用性。例如，硫胺素酶可切断硫胺素代谢分子，使其丧失活性；抗生物素蛋白与代谢物结合，使生物素失去活性；双香豆素具有与维生素K相似的结构，可占据维生素K代谢物的作用位点而降低维生素K的生物可利用性。

⑥ 食品加工和贮存也影响维生素的生物可利用性。

六、维生素在食品加工与贮藏过程中的变化

食品中的维生素在加工与贮藏中受各种因素的影响，其损失程度取决于各种维生素的稳定性。食品中维生素损失的因素主要有食品原料本身（如品种和成熟度）、加工前预处理、加工方式、贮藏的时间和温度等。此外，维生素的损失与原料栽培的环境、植物采后或动物宰后的生理也有一定的关系。因此，在食品加工与贮藏过程中应最大限度地减少维生素的损失，并提高产品的安全性。

1. 食品原料本身的影响

（1）成熟度 水果和蔬菜中维生素随着成熟度的变化而变化。所以，选择适当的原料品种和成熟度是果蔬加工中十分重要的问题。例如，番茄在成熟前维生素C含量最高（表1-8-5），而辣椒成熟期时维生素C含量最高。

表 1-8-5　番茄不同成熟期维生素 C 的含量

开花期后的时间/周	平均质量/g	色泽	维生素 C 含量/(mg/100g)
2	33.4	绿	10.7
3	57.2	绿	7.6
4	102	黄-绿	10.9
5	146	红-绿	20.7
6	160	红	14.6
7	168	红	10.1

（2）不同组织部位　植物不同组织部位维生素含量有一定的差异。一般而言，维生素含量从高到低依次为叶片＞果实、茎＞根；对于水果，则表皮维生素含量最高，而核中最低。

（3）采后或宰后的变化　食品中维生素含量的变化是从收获时开始的。动植物食品原料采后或宰后，维生素在其体内的变化以分解代谢为主。由于酶的作用，某些维生素的存在形式发生了变化，例如从辅酶状态转变为游离态。脂肪氧合酶和维生素 C 氧化酶的作用直接导致维生素 C 的损失，例如豌豆从收获、运输到加工厂 30min 后维生素 C 含量有所降低；新鲜蔬菜在室温贮存 24h 后维生素 C 的含量下降 1/3 以上。因此，加工时应尽可能选用新鲜原料或将原料及时冷藏处理以减少维生素的损失。

2. 食品加工前预处理的影响

加工前的预处理与维生素的损失程度关系很大。水果和蔬菜的去皮、整理常会造成浓集于表皮或老叶中的维生素大量流失。据报道，苹果皮中维生素 C 的含量比果肉高 3～10 倍；柑橘皮中的维生素 C 含量比汁液高；莴苣和菠菜外层叶中 B 族维生素和维生素 C 的含量比内层叶中的高。水果和蔬菜在清洗时，一般维生素的损失很少，但要注意避免挤压和碰撞；也应尽量避免切后清洗造成水溶性维生素的大量流失。对于化学性质较稳定的水溶性维生素（如泛酸、烟酸、叶酸、核黄素等），溶水流失是最主要的损失途径。

3. 食品加工过程的影响

（1）碾磨　碾磨是谷物所特有的加工方式。谷物在磨碎后其中的维生素含量比完整的谷粒有所降低，并且与种子的胚乳和胚、种皮的分离程度有关。因此，粉碎对各种谷物种子中维生素的影响不一样。此外，不同的加工方式对维生素损失的影响也有差异，谷物精制程度越高，维生素损失越严重。例如，小麦在碾磨成面粉时，出粉率不同，维生素的存留率也不同。

（2）热处理　热处理主要有以下几种方法：

① 烫漂。烫漂是水果和蔬菜加工中不可缺少的处理方法，通过这种处理可以钝化影响产品品质的酶类，减少微生物污染及除去空气，有利于食品贮存期间保持维生素的稳定。但烫漂往往造成水溶性维生素大量流失（表 1-8-6）。其损失程度与 pH、烫漂的时间和温度、含水量、切口表面积、烫漂类型及成熟度有关。通常，短时间高温烫漂维生素损失较少。烫漂时间越长，维生素损失越多。产品成熟度越高，烫漂时维生素 C 和维生素 B_1 损失越少；食品切分越细，单位质量表面积越大，维生素损失越多。不同烫漂类型对维生素影响的顺序为沸水＞蒸汽＞微波。

表 1-8-6　青豆烫漂后贮存维生素的损失　　　　　　　　　　　　单位：%

处理方式	维生素 C	维生素 B_1	维生素 B_2
烫漂	90	70	40
未烫漂	50	20	30

② 干燥。脱水干燥是保藏食品的主要方法之一，具体方法有日光干燥、烘房干燥、隧道式干燥、滚筒干燥、喷雾干燥和冷冻干燥。维生素 C 对热不稳定，干燥损失大约为 10%～15%，但冷冻干燥对其影响很小。喷雾干燥和滚筒干燥时乳中硫胺素的损失大，为 10% 和 15%，而维生素 A 和维生素 D 几乎没有损失。蔬菜烫漂后空气干燥时硫胺素的损失平均为：豆类 5%，马铃薯 25%，胡萝卜 29%。

③ 加热。加热是延长食品保藏期最重要的方法，也是食品加工中应用最多的方法之一。热加工有利于改善食品的某些感官性状（如色、香、味等），提高营养素在体内的消化率和吸收率，但热处理会造成维生素不同程度的损失。高温加快维生素的降解，pH、金属离子、反应活性物质、溶解氧浓度以及维生素的存在形式影响降解的速度。隔绝氧气、除去某些金属离子可提高维生素 C 的存留率。

为了提高食品的安全性，延长食品的货架期，杀死微生物，食品加工中还常采用灭菌方法。高温短时杀菌不仅能有效杀死有害微生物，而且可以较大程度地减少维生素的损失（表 1-8-7）。罐装食品杀菌过程中维生素的损失与食品及维生素的种类有关（表 1-8-8）。

表 1-8-7　不同热处理牛奶中维生素的损失　　　　　　　　　　单位：%

热处理	维生素 B_1	维生素 B_2	维生素 B_6	烟酸	泛酸	叶酸	生物素	维生素 B_{12}	维生素 C	维生素 A	维生素 D
63℃,30min	10	0	20	0	0	10	0	10	20	0	0
72℃,15s	10	0	0	0	0	10	0	10	10	0	0
超高温杀菌	10	10	20	0	—	<10	0	20	10	0	0
瓶装杀菌	35	0	—	0	—	50	0	90	50	0	0
浓缩	40	0	—	—	—	—	0	10	90	60	0
加糖浓缩	10	0	0	—	—	—	0	10	30	15	0
滚筒干燥	15	0	0	—	—	—	0	10	30	30	0
喷雾干燥	10	0	0	—	—	—	0	10	20	20	0

表 1-8-8　罐装食品加工时维生素的损失　　　　　　　　　　单位：%

食品	生物素	叶酸	维生素 B_6	泛酸	维生素 A	维生素 B_1	维生素 B_2	烟酸	维生素 C
芦笋	0	75	64	—	43	67	55	47	54
青豆	—	57	50	60	52	62	64	40	79
甜菜	—	80	9	33	50	67	60	75	70
胡萝卜	40	59	80	54	9	67	60	33	75
玉米	63	72	0	59	32	80	58	47	58
蘑菇	54	84	—	54	—	80	46	52	33
青豌豆	78	59	69	80	30	74	64	69	67
菠菜	67	35	75	78	32	80	50	50	72
番茄	55	54	—	30	0	17	25	0	26

(3) 冷却或冷冻　热处理后的冷却方式不同对食品中维生素的影响不同。空气冷却比水冷却维生素的损失少，主要是因为水冷却时会造成大量水溶性维生素流失。

冷冻通常认为是保持食品的感官性状、营养及长期保藏的最好方法。冷冻一般包括预冻结、冻结、冻藏和解冻。预冻结前的蔬菜烫漂会造成水溶性维生素的损失；预冻结期间只要食品原料在冻结前贮存时间不长，维生素的损失就小。冷冻对维生素的影响因食品原料和冷冻方式而异。蔬菜冻藏期间维生素损失较多（表 1-8-9），损失量取决于原料、预冻结处理、包装类型、包装材料及贮藏条件等。冻藏温度对维生素 C 的影响很大。据报道，温度在 $-7 \sim -18℃$ 之间，温度上升 $10℃$ 可引起蔬菜（如青豆、菠菜等）维生素 C 以 $6 \sim 20$ 倍的速度快速降解，水果（如桃和草莓等）维生素 C 以 $30 \sim 70$ 倍的速度快速降解。动物性食品（如猪肉）在冻藏期间维生素损失大，其原因有待于进一步研究。解冻对维生素的影响主要表现在水溶性维生素，动物性食品损失的主要是 B 族维生素。

表 1-8-9　蔬菜冻藏期间维生素 C 的损失

食品	鲜样中含量/(mg/100g)	$-18℃$ 贮存 6～12 个月的损失率（平均值与范围）/%
芦笋	33	12(12～13)
青豆	19	45(30～68)
青豌豆	27	43(32～67)
菜豆	29	51(39～64)
嫩茎花椰菜	113	49(35～68)
花椰菜	78	50(40～60)
菠菜	51	65(54～80)

总之，冷冻对食品中维生素的影响通常较小，但水溶性维生素由于冻前的烫漂或肉类解冻时汁液的流失大约损失 $10\% \sim 14\%$。

(4) 辐照　辐照利用原子能射线对食品原料及其制品进行灭菌、杀虫、抑制发芽和延期后熟等，以延长食品的保存期，同时尽量减少食品中营养的损失。

辐照对维生素有一定的影响。水溶性维生素对辐照的敏感性主要取决于它们是处在水溶液中还是食品中或是否受到其他组分的保护等。维生素 C 对辐照很敏感，其损失随辐照剂量的增大而增加（表 1-8-10），这主要是辐照后产生的自由基破坏的结果。B 族维生素中维生素 B_1 最易受到辐照的破坏，其破坏程度与热加工相当，大约为 63%。辐照对烟酸的破坏较小，经过辐照的面粉烤制面包时烟酸的含量有所增高，这可能是因为面粉经辐照加热后烟酸从结合型转变成游离型造成的。脂溶性维生素对辐照的敏感程度大小依次为维生素 E＞胡萝卜素＞维生素 A＞维生素 D＞维生素 K。

表 1-8-10　不同辐照剂量对维生素 C 和烟酸的影响

维生素	辐照剂量/kGy①	维生素浓度/(μg/mL)	存留率/%
维生素 C	0.1	100	98
	0.25	100	85.6
	0.5	100	68.7
	1.5	100	19.8
	2.0	100	3.5
烟酸	4.0	50	100
	4.0	10	72.0
维生素 C＋烟酸	4.0	10	14.0(烟酸)、71.8(维生素 C)

① 1kGy＝1kJ/kg。

（5）添加剂　在食品加工中为防止食品腐败变质及提高其感官性状，通常加入一些添加剂，其中有些对维生素有一定的破坏作用。例如，维生素 A、维生素 C 和维生素 E 易被氧化剂破坏。因此，在面粉中使用漂白剂会降低这些维生素的含量或使它们失去活性。SO_2 或亚硫酸盐等还原剂对维生素 C 有保护作用，但因其亲核性会导致维生素 B_1 的失活。亚硝酸盐常用于肉类的发色与保藏，但它作为氧化剂可引起类胡萝卜素、维生素 B_1 和叶酸的损失。果蔬加工中添加的有机酸可减少维生素 C 和硫胺素的损失。碱性物质会增加维生素 C、硫胺素和叶酸等的损失。

不同维生素间也相互影响。例如，辐照时烟酸对活化水分子的竞争、破坏增大，保护了维生素 C。此外，维生素 C 对维生素 B_2 也有保护作用。食品中添加维生素 C 和维生素 E 可降低胡萝卜素的损失。

4. 贮藏过程的影响

食品在贮藏期间，维生素的损失与贮藏温度关系密切。罐头食品冷藏保存一年后，维生素 B_1 的损失低于室温保存的。包装材料对贮存食品维生素的含量有一定的影响。例如透明包装的乳制品在贮藏期间会发生维生素 B_2 和维生素 D 的损失。

食品中脂类的氧化作用产生的氢过氧化物、过氧化物和环过氧化物会引起胡萝卜素、维生素 E 和维生素 C 等的氧化，也能破坏叶酸、生物素、维生素 B_{12} 和维生素 D 等；过氧化物与活化的羰基反应导致维生素 B_1、维生素 B_6 和泛酸等的破坏；碳水化合物非酶褐变产生的高度活化的羰基对维生素同样有破坏作用。

思　考　题

1. 选择题

（1）缺乏后会导致脚气病的维生素是（　　）。
A. 维生素 B_1　　　　B. 维生素 B_2　　　　C. 维生素 C　　　　D. 维生素 PP

（2）缺乏维生素 C 会导致（　　）。
A. 坏血病　　　　B. 夜盲症　　　　C. 贫血　　　　D. 癞皮病

（3）下列维生素中对光最不稳定的是（　　）。
A. 维生素 A　　　　B. 维生素 B_2　　　　C. 维生素 C　　　　D. 维生素 D

（4）在强酸性条件下加工下列食品，（　　）的营养价值损失比较大。
A. 橙子　　　　B. 大豆　　　　C. 花生　　　　D. 动物肝脏

（5）延缓衰老是每个女性的梦想，因此近年来许多女性都服用富含（　　）的食品或药剂。
A. 维生素 C　　　　B. 维生素 E　　　　C. 维生素 D　　　　D. 维生素 A

（6）下列哪种加工过程不会引起 B 族维生素的严重损失？（　　）
A. 将小麦磨碎制成面粉　　　　　　　　B. 做馒头时往里面加入强碱性物质
C. 淘米时多次用清水淘洗米　　　　　　D. 在弱酸性条件下加热含 B 族维生素的食品

（7）以下维生素属于水溶性的是（　　）。
A. 维生素 C　　　　B. 维生素 A　　　　C. 维生素 D　　　　D. 维生素 E

（8）蔬菜加工中维生素损失最少的烹调方法是（　　）。
A. 旺火快炒　　　　B. 炒后再熬　　　　C. 加水煮　　　　D. 凉拌

（9）下列面粉中维生素 B_1 含量最低的是（　　）。
A. 富强粉　　　　B. 标准粉　　　　C. 普通粉　　　　D. 全麦粉

（10）与视觉有关的是（　　）。
A. 维生素 A　　　　B. 维生素 D　　　　C. 维生素 C　　　　D. 维生素 P

2. 名词解释

维生素 A 原　维生素　脂溶性维生素　水溶性维生素

3. 判断题

(1) 维生素是生物生长和代谢必需的微量物质。(　　)

(2) 维生素是机体内完全不能自身合成的物质。(　　)

(3) 水溶性维生素有维生素 B_1、维生素 B_2、维生素 B_6、维生素 C、维生素 H、维生素 K。(　　)

(4) 从鸡蛋中可获取人体所需的多种维生素，如维生素 B_1、维生素 B_2、维生素 B_6、维生素 D 等。(　　)

(5) 由于人体内维生素 C 合成不足，必须从食品尤其是果蔬中摄取。(　　)

(6) 由于维生素 C 对人体有多种生理功能，因而摄入越多越好。(　　)

(7) 维生素 C 对热很不稳定，很容易被氧化。(　　)

(8) 维生素 A 和维生素 A 原对热不稳定。(　　)

(9) 脂溶性维生素对酸不稳定，水溶性维生素对碱不稳定。(　　)

(10) 细胞外起作用的维生素 E 与细胞内起作用的维生素 C 都有较强的抗氧化能力。(　　)

4. 填空题

(1) 维生素俗称为_____。

(2) 硫胺素是_____。

(3) 维生素 B_2 俗称为_____。

(4) 通常所说的烟酸是_____。

(5) 维生素 C 又称为_____。

(6) β-胡萝卜素是_____的前体。

(7) 维生素 K 的主要作用是_____。

(8) 写出下列维生素的名称。

维生素 B_1_____；维生素 B_2_____；泛酸_____；维生素 PP_____；维生素 B_6_____；生物素_____；叶酸_____；维生素 B_{12}_____；维生素 C_____；维生素 A_____；维生素 E_____。

(9) 水溶性维生素有_____和_____。

(10) 脂溶性维生素有_____、_____、_____、_____。

(11) _____是一种最稳定的维生素，对热、光、空气、酸、碱都不敏感。

(12) 维生素 E 具有_____功能，可使细胞膜上_____免于氧化而被破坏。

(13) 食物中的维生素 D 有两种，即_____和_____，维生素 D 前体包括_____和_____。

(14) 维生素 A 主要存在于_____中，而不存在于_____中。所以，要补充维生素 A，只能食用_____食物。

(15) _____、_____、_____、_____在酸性条件下比碱性条件下易降解。

5. 问答题

(1) 维生素按其溶解性分成几类？

(2) 维生素有哪些特点？

(3) 影响维生素 C 降解的因素有哪些？

(4) 试述维生素在食品贮藏与加工过程中的损失和保持。

(5) 分别写出维生素 A、维生素 D、维生素 E、维生素 C、维生素 B_2、维生素 B_1 及维生素 B_6 的结构式并总结它们对光、热、空气、酸、碱的稳定性。

模块九　物质代谢

学习目标

（1）掌握生物氧化的概念及生理意义；

（2）掌握糖的无氧分解（酵解）、有氧氧化和磷酸戊糖途径的概念及其基本反应过程，并掌握 ATP 生成、作用部位及生理意义；

（3）熟悉糖酵解的调节、甘油磷脂的代谢，熟悉糖类、脂类和蛋白质代谢的联系及代谢调节特点；

（4）掌握脂肪酸 β-氧化，掌握氨基酸的脱氨基作用和转氨基作用的机制；

（5）了解动植物食品原料中组织代谢活动的特点。

素质目标

（1）具备爱岗敬业、诚实守信、勤奋工作、奉献社会等职业道德；

（2）从实际出发分析问题和解决问题；

（3）培养严谨求实的科学态度。

一、生物氧化

在人体生命活动过程中，三大营养素在细胞中氧化分解，最终彻底氧化成二氧化碳和水，并释放能量的过程，称为生物氧化。由于生物氧化是在组织细胞中进行的，氧化过程又和吸入氧和呼出二氧化碳的呼吸作用密切相关，所以又将生物氧化称为细胞氧化或细胞呼吸。

生物氧化与体外氧化的相同点是：反应的本质都是脱氢、失电子或加氧；最终产物（CO_2、H_2O）和释放能量均相同。两者的主要差别是：生物氧化是在细胞内温和的环境中在一系列酶、辅酶（辅基）和电子传递体的作用下逐步进行的，能量是逐步释放的，并储存于 ATP 中，代谢物脱下的氢与氧结合产生 H_2O，有机酸脱羧产生 CO_2；体外氧化能量是突然释放的，CO_2、H_2O 由物质中的碳和氢直接与氧结合生成。

1. 生物氧化过程中二氧化碳的生成

根据脱去的羧基在有机酸中的位置不同，脱羧分为 α-脱羧和 β-脱羧；也可根据脱羧是否伴有氧化，将其分为单纯脱羧和氧化脱羧。

（1）单纯脱羧 氧化代谢的中间产物羧酸在脱羧酶的催化下，直接从分子中脱去羧基。例如氨基酸的脱羧：

$$R—CH—COOH \xrightarrow{\text{氨基酸脱羧酶}} R—CH_2—NH_2 + CO_2$$
$$\quad\quad |$$
$$\quad\quad NH_2$$

此类型也是 α-脱羧。

（2）氧化脱羧 氧化代谢中产生的有机羧酸（主要是酮酸）在氧化脱羧酶系的催化下，在脱羧的同时，也发生氧化（脱氢）作用。例如异柠檬酸的氧化脱羧：

$$\begin{array}{l} CHOH—COOH \\ | \\ CH—COOH \\ | \\ CH_2—COOH \end{array} \xrightarrow[\substack{NAD \quad NADH+H^+}]{\text{异柠檬酸脱羧酶}} \begin{array}{l} CO—COOH \\ | \\ CH_2 \\ | \\ CH_2—COOH \end{array} + CO_2$$

此类型也是 β-脱羧。

2. 生物氧化过程中水的生成

生物氧化过程中，代谢物脱去的氢（2H）经线粒体内呼吸链逐步传递，最终与分子氧结合生成水。代谢物上的氢原子被脱氢酶激活脱落后，经一系列传递体，最后传递给氧而生成水的全部体系，称呼吸链。传递氢的酶或辅酶称为氢传递体，传递电子的酶或辅酶称为电子传递体。氢传递体和电子传递体都起传递电子的作用，故又把呼吸链称为电子传递链。

组成呼吸链的成分有四种复合体：NADH-泛醌还原酶（复合体Ⅰ）、琥珀酸-泛醌还原酶（琥珀酸脱氢酶）（复合体Ⅱ）、泛醌-细胞色素 c 还原酶（复合体Ⅲ）、细胞色素 c 氧化酶（复合体Ⅳ）。通过测定呼吸链各组分的标准氧化还原电位等方法，可以推测出呼吸链各组分电子传递顺序。在具有线粒体的生物中，典型的呼吸链有两种，即 NADH 呼吸链和琥珀酸氧化呼吸链（$FADH_2$ 呼吸链）。这两种呼吸链的区别仅在于最初的受氢体不同。在 NADH 呼吸链中，最初的受氢体是 NAD；在 $FADH_2$ 呼吸链中，最初的受氢体是 FAD。除此之外，其余组分基本一致。呼吸链电子传递顺序见图 1-9-1 和图 1-9-2。

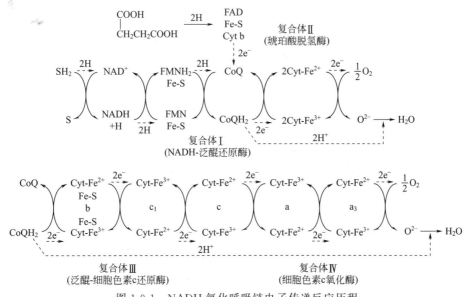

图 1-9-1　NADH 氧化呼吸链电子传递反应历程

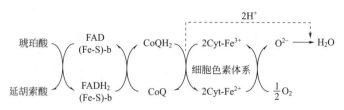

图 1-9-2 $FADH_2$ 氧化呼吸链电子传递反应历程

3. 生物氧化过程中 ATP 的生成

从低等的单细胞生物到高等的人类，能量的释放、储存和利用都以三磷酸腺苷（ATP）为中心，ATP 是整个生命世界能量交换的"通用货币"。ATP 和其他的高能磷酸化合物——三磷酸鸟苷（GTP）、三磷酸尿苷（UTP）、三磷酸胞苷（CTP）常称作富含能量的代谢物。它们几乎有相同的水解（或形成）的标准自由能，核苷酸之间的磷酰基团转移的平衡常数接近 1.0，所以计算物质代谢能量时，消耗的其他核苷三磷酸用等价的 ATP 表示。体内 ATP 生成的主要方式有两种，即底物水平磷酸化和氧化磷酸化。

（1）底物水平磷酸化 在有些物质代谢过程中，当底物分子起化学变化时，因脱氢、脱水等作用使能量在分子内部重新分布而形成高能磷酸化合物，高能磷酸化合物将高能磷酸基团转移给 ADP 形成 ATP，这种合成 ATP 的方式就称为底物水平磷酸化。底物水平磷酸化是底物分子内部能量重新分布，生成高能磷酸基团，使 ADP 磷酸化生成 ATP 的过程。

（2）氧化磷酸化 在生物氧化的过程中，代谢物脱出的氢或电子沿呼吸链向氧传递的过程中，逐步释放能量用于 ADP 与无机磷酸化合生成 ATP，这种氧化过程放能和 ADP 磷酸化截获能量的偶联作用称为氧化磷酸化。生物体内 95％的 ATP 来自这种方式。

电子从 NADH 或 $FADH_2$ 经过电子传递体传递到 O_2 形成 H_2O 时，同时偶联 ADP 磷酸化为 ATP，这一过程又称为电子传递偶联的磷酸化（图 1-9-3）。

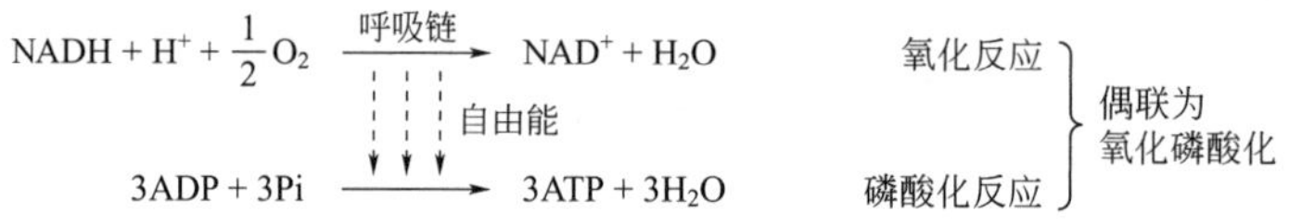

$$NADH + H^+ + \frac{1}{2}O_2 \xrightarrow{\text{呼吸链}} NAD^+ + H_2O \qquad \text{氧化反应}$$
$$\Big\downarrow \text{自由能}$$
$$3ADP + 3Pi \longrightarrow 3ATP + 3H_2O \qquad \text{磷酸化反应}$$

偶联为氧化磷酸化

图 1-9-3 氧化磷酸化

① 氧化磷酸化偶联的部位。如图 1-9-4 所示，氧化磷酸化偶联的部位在 NADH 与辅酶 Q 之间，细胞色素 b 与细胞色素 c 之间，细胞色素 aa_3 与 O_2 之间。

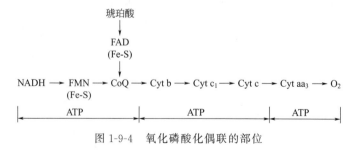

图 1-9-4 氧化磷酸化偶联的部位

② 氧化磷酸化偶联机制。

a. 化学渗透假说：电子经过呼吸链传递时，可将质子（H^+）从线粒体内膜的基质泵到内膜外侧，产生膜内外质子化学梯度（H^+ 浓度梯度和跨膜电位差），以此储存能量，当质子顺浓度回流时驱动 ADP 与 Pi 生成 ATP。

b. ATP 合酶：线粒体内膜上存在着能够利用呼吸链所释放的能量催化 ADP 和 Pi 生成 ATP 的酶。

二、糖类的代谢

糖类的代谢主要是指葡萄糖在体内的一系列复杂的化学反应，包括合成代谢和分解代谢。糖的合成代谢包括糖原合成、糖异生和结构多糖的合成。糖的分解代谢主要包括无氧氧化（糖酵解）、有氧氧化、磷酸戊糖途径及糖原分解等。糖的分解代谢主要用以完成能量供应任务，而糖的合成代谢主要用以协调糖的储存和利用及完成糖的构造作用。

1. 糖原的合成与分解

糖原是由若干葡萄糖单位组成的具有多分支结构的大分子化合物。

（1）糖原合成 糖原是由葡萄糖合成的，主要储存在肌肉组织和肝组织中。糖原合成过程是一个耗能的过程。

① 葡萄糖生成 6-磷酸葡萄糖（G-6-P），此反应是由己糖激酶（葡萄糖激酶）催化的不可逆反应，由 ATP 供应能量。反应式如下：

$$\text{葡萄糖} \xrightarrow{\text{己糖激酶}} \text{6-磷酸葡萄糖}$$

② 6-磷酸葡萄糖转变为 1-磷酸葡萄糖（G-1-P），此为可逆反应。反应式如下：

$$\text{6-磷酸葡萄糖} \underset{}{\overset{\text{变位酶}}{\rightleftharpoons}} \text{1-磷酸葡萄糖}$$

③ 尿苷二磷酸葡萄糖（UDPG）的生成。在 UDPG 焦磷酸化酶作用下，1-磷酸葡萄糖与三磷酸尿苷（UTP）作用，生成 UDPG 和焦磷酸（PPi）。反应式如下：

$$\text{UTP} + \text{G-1-P} \xrightarrow{\text{UDPG 焦磷酸化酶}} \text{UDPG} + \text{PPi}$$

④ UDPG 合成糖原。UDPG 中葡萄糖单位在糖原合酶作用下，在糖原引物（G_n）上增加一个葡萄糖单位，形成 α-1,4-糖苷键，同时生成二磷酸尿苷（UDP）。反应式如下：

$$\text{UDPG} + \text{G}_n \xrightarrow{\text{糖原合酶}} \text{G}_{n+1} + \text{UDP}$$

当糖链长度达到 12～18 个葡萄糖基时，分支酶将一段约 6～7 个葡萄糖基的糖链转移到邻近的糖链上，以 α-1,6-糖苷键相接，从而形成分支。

（2）糖原分解 肝糖原分解为葡萄糖的过程如下：

① 糖原分解为 1-磷酸葡萄糖：

$$\text{G}_n \xrightarrow{\text{糖原磷酸化酶}} \text{G}_{n-1} + \text{G-1-P}$$

② 脱支酶的作用。糖原磷酸化酶只催化糖原 α-1,4-糖苷键断裂，当催化至距 α-1,6-糖苷键（分支点）4 个葡萄糖单位时脱支酶发挥作用。脱支酶一方面将糖原上四糖分支链上的 3 个葡聚糖残基转移到邻近的糖链上，以 α-1,4-糖苷键相连，使直链延长；另一方面催化分支点处剩下的葡萄糖单位水解，使生成游离葡萄糖。在磷酸化酶与脱支酶的协同和反复作用下，完成糖原分解过程。

③ 1-磷酸葡萄糖在变位酶作用下转变为 6-磷酸葡萄糖：

$$\text{1-磷酸葡萄糖} \underset{}{\overset{\text{变位酶}}{\rightleftharpoons}} \text{6-磷酸葡萄糖}$$

④ 6-磷酸葡萄糖水解为葡萄糖：

$$\text{6-磷酸葡萄糖} \xrightarrow{\text{葡萄糖-6-磷酸酶}} \text{葡萄糖}$$

糖原合成与糖原分解的过程如图 1-9-5 所示。

（3）糖原合成与分解的生理意义 糖原是葡萄糖的储存形式。当机体糖供应丰富及细胞

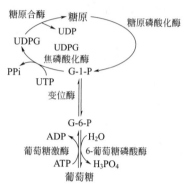

图 1-9-5　糖原合成与分解

中能量充足时，即合成糖原将能量进行储存。当糖的供应不足或能量需求增加时，储存的糖原即分解为葡萄糖，以维持血糖浓度，提供能量。

（4）糖原合成与分解的调节　糖原合酶和糖原磷酸化酶分别是糖原合成与分解代谢中的限速酶，其活性强弱直接影响着糖原代谢的方向与速率。糖原合酶与糖原磷酸化酶在体内分为有活性型和无活性型两种形式，它们均受到共价修饰调节和变构调节双重作用。

① 共价修饰调节。糖原合酶与糖原磷酸化酶均受到磷酸化与去磷酸化的共价修饰调节。糖原合酶 b 发生磷酸化后无活性，而糖原磷酸化酶 a 发生磷酸化后则是有活性的。

② 变构调节。糖原合酶与糖原磷酸化酶都是变构酶，可受到代谢物的变构调节。6-磷酸葡萄糖是糖原合酶 b 的变构激活剂。AMP 是糖原磷酸化酶 b 的变构激活剂。ATP 是糖原磷酸化酶 a 的变构抑制剂。

2. 糖的分解代谢

糖的分解代谢有无氧氧化（糖酵解）、有氧氧化和磷酸戊糖途径等。

（1）糖的无氧氧化　葡萄糖或糖原在无氧的条件下，分解为乳酸的过程称为糖的无氧氧化，又称为糖酵解。糖酵解是动物、植物以及微生物细胞中葡萄糖分解产生能量的共同代谢途径。事实上在所有的细胞中都存在着糖酵解途径，对于某些细胞，糖酵解是唯一生成 ATP 的途径。糖酵解途径涉及 10 个酶催化反应，途径中的酶都位于细胞质中，一分子葡萄糖通过该途径被转换成两分子丙酮酸。

① 糖酵解的反应过程　糖无氧氧化反应在胞液中进行，可分成 3 个阶段：第一阶段葡萄糖裂解为 2 分子磷酸丙糖；第二阶段磷酸丙糖经一系列反应转变为丙酮酸；第三阶段丙酮酸在无氧条件下加氢还原为乳酸。

a. 第一阶段葡萄糖裂解成磷酸丙糖。

（a）葡萄糖磷酸化成 6-磷酸葡萄糖（G-6-P），催化此反应的酶是己糖激酶，在肝脏中的称葡萄糖激酶，己糖激酶是糖酵解过程的第一个关键酶。反应式如下：

$$\text{葡萄糖} \xrightarrow[\text{ATP \quad ADP}]{\text{己糖激酶}} \text{6-磷酸葡萄糖}$$

（b）6-磷酸葡萄糖转变成 6-磷酸果糖，由磷酸己糖异构酶催化。反应式如下：

$$\text{6-磷酸葡萄糖} \xrightleftharpoons{\text{磷酸己糖异构酶}} \text{6-磷酸果糖}$$

（c）6-磷酸果糖转变成 1,6-二磷酸果糖，反应式如下：

$$\text{6-磷酸果糖} \xrightarrow[\text{ATP \quad ADP}]{\text{磷酸果糖激酶-1}} \text{1,6-二磷酸果糖}$$

该反应由磷酸果糖激酶-1 催化，此酶是糖酵解过程的第二个关键酶。

（d）1,6-二磷酸果糖裂解成磷酸二羟丙酮和 3-磷酸甘油醛，出醛缩酶催化。反应式如下：

$$\text{1,6-二磷酸果糖} \xrightleftharpoons{\text{醛缩酶}} \text{磷酸二羟丙酮＋3-磷酸甘油醛}$$

（e）磷酸丙糖的异构化，由异构酶催化。

b. 第二阶段磷酸丙糖转变为丙酮酸。

（a）3-磷酸甘油醛氧化成 1,3-二磷酸甘油酸，反应由 3-磷醛甘油醛脱氢酶催化。反应式如下：

$$3\text{-磷酸甘油醛} \xrightleftharpoons{\text{3-磷酸甘油醛脱氢酶}} 1,3\text{-二磷酸甘油酸}$$

（b）1,3-二磷酸甘油酸转变成 3-磷酸甘油酸，生成一分子 ATP，反应由磷酸甘油酸激酶催化。反应式如下：

$$1,3\text{-二磷酸甘油酸} \xrightleftharpoons[\text{ADP} \quad \text{ATP}]{\text{磷酸甘油酸激酶}} 3\text{-磷酸甘油酸}$$

在以上反应中，底物分子内部能量重新分布，生成高能键，使 ADP 磷酸化生成 ATP，该过程也就是底物水平磷酸化。

（c）3-磷酸甘油酸转变成 2-磷酸甘油酸，由变位酶催化。反应式如下：

$$3\text{-磷酸甘油酸} \xrightleftharpoons{\text{变位酶}} 2\text{-磷酸甘油酸}$$

（d）2-磷酸甘油酸转变成磷酸烯醇式丙酮酸，由烯醇化酶催化。反应式如下：

$$2\text{-磷酸甘油酸} \xrightleftharpoons{\text{烯醇化酶}} \text{磷酸烯醇式丙酮酸}$$

（e）磷酸烯醇式丙酮酸转变成丙酮酸，生成一分子 ATP，反应由丙酮酸激酶催化。丙酮酸激酶是糖酵解过程的第三个关键酶。反应式如下：

$$\text{磷酸烯醇式丙酮酸} \xrightleftharpoons[\text{ADP} \quad \text{ATP}]{\text{丙酮酸激酶}} \text{丙酮酸}$$

c. 第三阶段丙酮酸加氢还原成乳酸。

该反应由乳酸脱氢酶催化。反应中的 NADH＋H$^+$ 来自于上述第二阶段第（a）步反应中的3-磷酸甘油醛的脱氢反应，在缺氧情况下，氢用于还原丙酮酸生成乳酸。反应式如下：

$$\text{丙酮酸} \xrightleftharpoons{\text{乳酸脱氢酶}} \text{乳酸}$$

糖酵解的全过程见图 1-9-6。

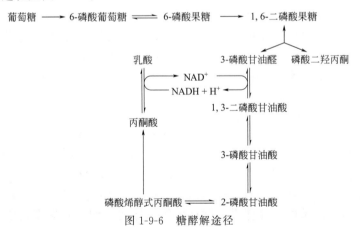

图 1-9-6　糖酵解途径

② 糖酵解的反应特点　反应部位在胞液，糖酵解反应过程无氧参与，乳酸是糖酵解的必然产物。糖酵解释放能量较少，1 分子葡萄糖净生成 2 分子 ATP，若从糖原开始，则净生成 3 分子 ATP。己糖激酶（葡萄糖激酶）、磷酸果糖激酶-1 和丙酮酸激酶是糖酵解途径的关键酶，催化的是单向反应。

③ 糖酵解的生物学意义　糖酵解在所有生物体中普遍存在，它在无氧及有氧条件下都

能进行，是葡萄糖进行有氧或无氧分解的共同代谢途径。通过糖酵解，生物体获得生命活动所需的能量。其中糖通过糖酵解途径的无氧降解是厌氧生物获得能量的主要方式，这是这类生物能在缺氧环境中生存的主要原因。需氧生物则可通过糖的有氧降解，获得比糖酵解更多的能量，更利于进行生命活动，这在地球的演变（从缺氧→有氧）过程中，生物因此得以进化（从厌氧生物→兼性厌氧生物→需氧生物）。

糖酵解途径中形成多种中间产物，其中某些中间产物可作为合成其他物质的原料离开糖酵解途径转移到其他代谢途径，生成别的化合物。如 3-磷酸甘油醛或磷酸二羟丙酮可转变为甘油，丙酮酸可转变为丙氨酸，6-磷酸葡萄糖可进入磷酸戊糖途径。这些中间产物的转移使糖酵解与其他代谢途径联系起来，实现了某些物质间的相互转化。

某些组织细胞（如视网膜细胞、睾丸细胞、白细胞、肿瘤细胞等）即使在有氧条件下仍以糖酵解为其主要供能方式。糖酵解途径虽然有三步反应不可逆，但其余反应均可逆，所以，它为糖异生作用提供了基本途径。

④ 糖酵解的调节　正常生理条件下，生物体内的各种代谢受到严格而精确的调节，以满足机体的需要，保持内环境的稳定。这种控制主要是通过调节酶的活性来实现的，在一个代谢过程中，往往由催化不可逆反应的酶限制代谢反应速率，这种酶称为限速酶。糖酵解途径有三个限速反应，主要限速酶是己糖激酶或葡萄糖激酶（HK）、磷酸果糖激酶-1(PFK-1) 和丙酮酸激酶（PK）。

胰岛素能诱导体内葡萄糖激酶、磷酸果糖激酶和丙酮酸激酶的合成，因而可促进这些酶的活性，从而促进糖的代谢。

(2) 糖的有氧氧化　葡萄糖在有氧条件下彻底氧化分解生成 CO_2 和 H_2O 并释放能量的过程，称为糖的有氧氧化。这是糖氧化的主要方式。

① 有氧氧化的反应过程　糖的有氧氧化分三个阶段进行：

第一阶段葡萄糖或糖原经糖酵解途径转变为丙酮酸，在细胞液中进行，同糖酵解过程。

第二阶段丙酮酸氧化脱羧生成乙酰 CoA，在线粒体内进行。丙酮酸经脱氢、脱羧、酰化生成乙酰 CoA，这是不可逆反应。

第三阶段是三羧酸循环。三羧酸循环（TCA cycle）也称为柠檬酸循环，这是因为循环反应中的第一个中间产物是一个含三个羧基的柠檬酸。由于 Krebs 正式提出了三羧酸循环的学说，故此循环又称为 Krebs 循环（克雷布斯循环），它由一连串反应组成。所有的反应均在线粒体中进行。

三羧酸循环的全过程见图 1-9-7。

② 三羧酸循环的特点　a. 三羧酸循环必须在有氧条件下进行。当氧供给充足时，丙酮酸氧化脱羧生成乙酰辅酶 A，进入三羧酸循环彻底氧化。b. 三羧酸循环是机体主要的产能途径。一次三羧酸循环有四个脱氢反应，共生成 3 分子 $NADH+H^+$ 和 1 分子 $FADH_2$，生成 11 分子 ATP，加上底物水平磷酸化生成的 ATP，每一次三羧酸循环共生成 12 分子 ATP。c. 三羧酸循环是单向反应体系。循环中的柠檬酸合酶、异柠檬酸脱氢酶、α-酮戊二酸脱氢酶系是该代谢途径的限速酶。d. 三羧酸循环必须不断补充中间产物。

③ 有氧氧化的生物学意义　a. 糖的有氧氧化是机体获得能量的主要方式，1 分子葡萄糖经有氧氧化可生成 38（或 36）分子 ATP（见表 1-9-1）。它不仅产能效率高，而且由于产生的能量逐步分次释放，有相当一部分形成 ATP，所以能量的利用率也高。b. 三羧酸循环是体内营养物质彻底氧化分解的共同通路。c. 三羧酸循环是体内物质代谢相互联系的枢纽。d. 三羧酸循环为呼吸链提供还原当量 $NADH+H^+$。

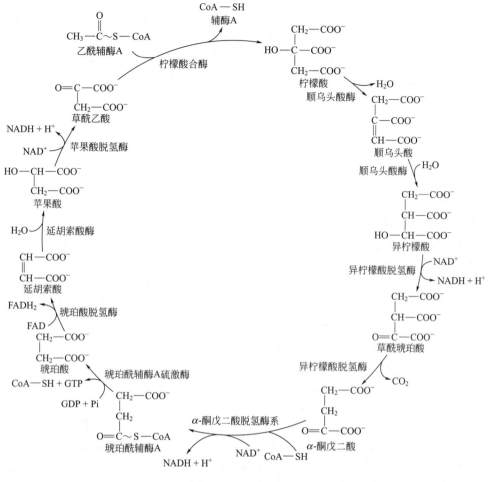

图 1-9-7 三羧酸循环

表 1-9-1 1 分子葡萄糖有氧氧化生成的 ATP

阶段		生成的 ATP
葡萄糖 ↓ 丙酮酸 ↓ 乙酰辅酶 A	葡萄糖 —→ 6-磷酸葡萄糖	−1
	6-磷酸葡萄糖 —→ 1,6-二磷酸果糖	−1
	$2\times[3\text{ 磷酸甘油醛}+NAD^{+}+H_3PO_4 \longrightarrow 1,3\text{-二磷酸甘油酸}+NADH+H^{+}]$	3×2(或 2×2)
	$2\times[1,3\text{-二磷酸甘油酸}+ADP \longrightarrow 3\text{ 磷酸甘油酸}+ATP]$	1×2
	$2\times[\text{磷酸烯醇式丙酮酸}+ADP \longrightarrow \text{烯醇式丙酮酸}+ATP]$	1×2
	$2\times[\text{丙酮酸}+NAD^{+}+\text{辅酶 A} \longrightarrow \text{乙酰辅酶 A}+NADH+H^{+}+CO_2]$	3×2
	$2\times[\text{异柠檬酸}+NAD^{+} \longrightarrow \alpha\text{-酮戊二酸}+NADH+H^{+}+CO_2]$	3×2
	$2\times[\alpha\text{-酮戊二酸}+NAD^{+}+\text{辅酶 A} \longrightarrow \text{琥珀酰辅酶 A}+NADH+H^{+}+CO_2]$	3×2
	$2\times[\text{琥珀酰辅酶 A}+ADP+H_3PO_4 \longrightarrow \text{琥珀酸}+ATP+\text{辅酶 A}]$	1×2
	$2\times[\text{琥珀酸}+FAD \longrightarrow \text{延胡索酸}+FADH_2]$	2×2
	$2\times[\text{苹果酸}+NAD^{+} \longrightarrow \text{草酰乙酸}+NADH+H^{+}]$	3×2
合计		38(或 36)

④ 有氧氧化的调节　如上所述，糖的有氧氧化分三个阶段。第一阶段糖酵解途径的调节前面已说明。第二阶段丙酮酸氧化脱羧，限速酶是丙酮酸脱氢酶复合体，乙酰辅酶 A、NADH 对该酶系具有反馈抑制作用，ATP 对该酶系有抑制作用，AMP 则为其激活剂。第三阶段三羧酸循环中的柠檬酸合酶、异柠檬酸脱氢酶和 α-酮戊二酸脱氢酶系是 3 个重要的关键酶。三羧酸循环速率受多种因素调控，其中异柠檬酸脱氢酶和 α-酮戊二酸脱氢酶系是两个重要的调节点，二者在 NADH/NAD$^+$、ATP/ADP 或 ATP/AMP 比值高时被反馈抑制，使三羧酸循环速率减慢。ADP 是异柠檬酸脱氢酶的变构激活剂，可加速三羧酸循环的进行。

(3) 磷酸戊糖途径　磷酸戊糖途径是指由葡萄糖生成磷酸戊糖及 NADPH＋H$^+$，磷酸戊糖再进一步转变成 3-磷酸甘油醛和 6-磷酸果糖的反应过程。

① 磷酸戊糖途径的反应过程　磷酸戊糖途径的反应部位在胞浆，存在于肝脏、乳腺、血液等组织。其过程分为两个阶段。

第一阶段是氧化反应，生成磷酸戊糖、NADPH 及 CO$_2$。首先，6-磷酸葡萄糖由 6-磷酸葡萄糖脱氢酶催化脱氢生成 6-磷酸葡萄糖酸内酯，在此反应中 NADP$^+$ 为电子受体，平衡趋向于生成 NADPH，该过程需要 Mg^{2+} 参与。其次，6-磷酸葡萄糖酸内酯在内酯酶的作用下水解为 6-磷酸葡萄糖酸，6-磷酸葡萄糖酸在 6-磷酸葡萄糖酸脱氢酶作用下再次脱氢并自发脱羧而转变为 5-磷酸核酮糖，同时生成 NADPH 及 CO$_2$。最后，5-磷酸核酮糖在异构酶作用下，即转变为 5-磷酸核糖；或者在差向异构酶作用下，转变为 5-磷酸木酮糖。在第一阶段，6-磷酸葡萄糖生成 5-磷酸核糖的过程中，同时生成 2 分子 NADPH 及 1 分子 CO$_2$。

第二阶段则是非氧化反应，包括一系列基团转移，即将核糖转变成 6-磷酸果糖和 3-磷酸甘油醛而进入糖酵解途径。因此磷酸戊糖途径也称磷酸戊糖旁路。

② 磷酸戊糖途径的生物学意义　a. 提供 5-磷酸核糖，用于核苷酸和核酸的生物合成。b. 提供 NADPH 形式的还原力，参与多种代谢反应，维持谷胱甘肽的还原状态等。

③ 磷酸戊糖途径的调节　6-磷酸葡萄糖脱氢酶催化的反应是此途径的限速反应。磷酸戊糖途径的代谢速率主要受细胞内 NADPH＋H$^+$ 需求量的调节。

(4) 糖醛酸途径　糖醛酸途径主要在肝脏和红细胞中进行，它由尿嘧啶核苷二磷酸（UDPG）上联糖原途径，经过一系列反应后生成磷酸戊糖而进入磷酸戊糖途径，从而构成糖代谢分解的另一条道路。

① 糖醛酸途径的反应过程　a. 6-磷酸葡萄糖转化为 UDP-葡萄糖，再由 NAD 连接的脱氢酶催化，形成 UDP-葡萄糖醛酸。b. 合成维生素 C。UDP-葡萄糖醛酸经水解、还原、脱水，形成 L-古洛糖酸内酯，再经 L-古洛糖酸内酯氧化酶氧化成维生素 C。灵长类动物、豚鼠、印度果蝙蝠不能合成维生素 C。c. 通过 C$_5$ 差向酶，形成 UDP-艾杜糖醛酸。d. L-古洛糖酸脱氢，再脱羧，生成 L-木酮糖，然后与 NADPH 加氢生成木糖醇，还原 NAD$^+$ 生成木酮糖，进入磷酸戊糖途径。

② 糖醛酸途径的意义　a. 解毒。肝脏中的糖醛酸有解毒作用，可与含羟基、巯基、羧基、氨基等基团的异物或药物结合，生成水溶性加成物，使其溶于水而排出。b. 生物合成。UDP-葡萄糖醛酸可用于合成糖胺聚糖，如肝素、透明质酸、硫酸软骨素等。c. 合成维生素 C（但灵长类动物不能）。d. 形成木酮糖，可与磷酸戊糖途径相连。

3. 糖异生途径

由非糖物质转变为葡萄糖或糖原的过程称为糖异生途径。主要原料是甘油、有机酸（乳酸、丙酮酸及三羧酸循环中的各种羧酸）和生糖氨基酸等。主要部位在肝脏，其次是肾脏。

長期饥饿或酸中毒时，肾脏的糖异生作用可大大加强。

（1）糖异生的途径 糖异生的途径基本上是糖酵解途径的逆行过程（见图1-9-8）。糖酵解途径中由己糖激酶、磷酸果糖激酶-1及丙酮酸激酶催化的单向反应，构成所谓"能障"，实现糖异生必须绕过这三个"能障"。

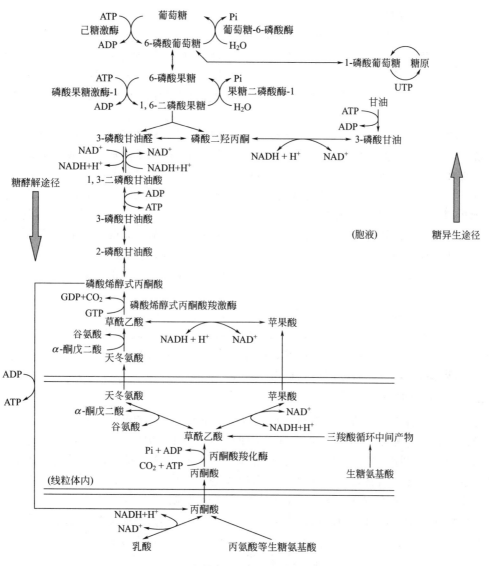

图 1-9-8　糖异生途径和糖氧化作用的关系

（2）糖异生的生理意义 a. 维持血糖浓度。空腹或饥饿时，依赖氨基酸、甘油等异生成葡萄糖，以维持血糖水平恒定。正常成人的脑组织不能利用脂肪酸，主要依赖葡萄糖供给能量；红细胞没有线粒体，完全通过糖酵解获得能量；骨髓、神经等组织由于代谢活跃，经常进行糖酵解。这样，即使在非饥饿状况下，机体也需消耗一定量的糖，以维持生命活动。此时这些糖全部依赖糖异生途径生成。b. 补充肝糖原。补充肝糖原是指进食后，大部分葡萄糖先在肝外细胞中分解为乳酸或丙酮酸等三碳化合物，再进入肝细胞异生为糖原的过程。c. 调节酸碱平衡（乳酸异生为糖）。当肌肉在缺氧或剧烈运动时，肌糖原经酵解产生大量乳酸，通过血液循环运到肝脏，在肝内异生为葡萄糖，葡萄糖可再经血液返回肌肉而被利用，这个循环称为乳酸循环。通过乳酸循环，促进乳酸的再利用，有助于防止乳酸酸中毒的发生。

三、脂类的代谢

1. 脂类的消化吸收

正常人每日每人从食物中消化 $60\sim150g$ 脂类，其中甘油三酯占 90% 以上，还有少量的磷脂、胆固醇及其酯和一些游离脂肪酸。脂类是脂肪和类脂的总称。脂肪即甘油三酯（TG），主要生理功能是储能及供能。类脂包括胆固醇（Ch）、胆固醇酯（CE）、磷脂（PL）和糖脂（GL）等，是生物膜的重要成分，参与细胞识别及信息传递，还是多种生理活性物质的前体。

（1）脂类的消化　脂类的消化在小肠上段，在胆汁酸盐和辅脂酶的共同参与下，甘油三酯被胰脂酶水解成甘油一酯和脂肪酸，胆固醇酯被胆固醇酯酶水解成胆固醇和脂肪酸，磷脂被磷脂酶水解成溶血磷脂和脂肪酸，这些消化产物主要在小肠被吸收。

由于甘油三酯是水不溶性的，而消化作用的酶却是水溶性的，因此甘油三酯的消化是在脂类-水的界面处发生的，消化速率取决于界面的表面积，在小肠蠕动的"剧烈搅拌"下，特别是在胆汁酸盐的乳化作用下，消化量大幅度增高。胆汁酸盐是强有力的、用于消化的乳化剂，它是在肝脏中合成的，经过胆囊分泌进入小肠。脂肪的消化和吸收主要在小肠中进行。另外，肝脏还产生磷脂酰胆碱，它的亲水基和疏水基分居分子的两端，也有助于脂肪的乳化。

（2）脂肪的吸收　脂肪消化后的产物脂肪酸和 2-单酰甘油由小肠上皮黏膜细胞吸收，随后又经黏膜细胞转化为甘油三酯，甘油三酯和蛋白质一起包装成乳糜微粒，释放到血液，又通过淋巴系统运送到各种组织。短的和中等长度链的脂肪酸在膳食中含量不多，它们被吸收进入门静脉血液，并以游离酸形式被送入肝脏。

2. 脂肪的分解代谢

甘油三酯水解产生甘油和脂肪酸。甘油活化、脱氢、转变为磷酸二羟丙酮后，遵循糖代谢途径代谢。脂肪酸则在肝脏、骨骼肌、心肌等组织中分解氧化，释放出大量能量，以ATP 形式供机体利用。脂肪酸的分解需经活化、进入线粒体、β-氧化（脱氢、加水、再脱氢及硫解）等步骤。脂肪酸在肝脏内 β-氧化生成酮体，但肝脏不能利用酮体，须运至肝外组织氧化。长期饥饿时脑及肌肉组织主要靠酮体氧化供能。

（1）甘油三酯的水解　脂肪组织中的甘油三酯的水解称为脂肪动员。脂肪动员时，甘油三酯首先在脂肪细胞中被水解为 3 分子游离脂肪酸（FFA）和 1 分子甘油，反应式如下：

$$甘油三酯 \xrightarrow{\text{脂肪酶}} 3\,脂肪酸 + 甘油$$

（2）甘油的氧化　脂肪动员产生的甘油扩散入血液，随血液循环运往肝、肾等组织被摄取利用。甘油的氧化分四步进行（图 1-9-9）。甘油首先在甘油激酶与 ATP 作用下变为 α-磷酸甘油，α-磷酸甘油在 α-磷酸甘油脱氢酶和辅酶的作用下变成磷酸二羟丙酮，磷酸二羟丙酮经醇解变成丙酮酸，最后经三羧酸循环被氧化成 CO_2 和 H_2O，并释放能量。部分磷酸二羟丙酮也可沿糖异生途径转变为糖原或葡萄糖。

（3）脂肪酸的氧化分解　肝脏和肌肉是进行脂肪酸氧化最活跃的组织，其最主要的氧化形式是 β-氧化。此过程可分为活化、转移、β-氧化三个阶段。脂肪酸的 β-氧化在肝脏、心肌、骨骼肌、脂肪等许多组织的细胞内进行，是脂肪氧化分解供能的重要组成部分，长链脂肪酸在此过程中被分解，释放出大量能量，对机体能量代谢有重要作用。

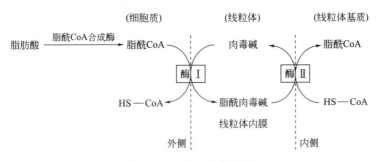

图 1-9-9　甘油的氧化

① 脂肪酸的 β-氧化。

a. 脂肪酸的激活——脂酰 CoA 的生成。长链脂肪酸氧化前必须进行活化，活化在线粒体外的细胞液进行。内质网和线粒体外膜上的脂酰 CoA 合成酶在 ATP、CoA—SH、Mg^{2+} 存在条件下，催化脂肪酸活化，生成脂酰 CoA。反应式如下：

$$脂肪酸 + CoA—SH + ATP \xrightarrow{\text{脂酰 CoA 合成酶}} 脂酰 CoA + AMP + PPi$$

因催化脂肪酸氧化的酶系在线粒体基质内，活化的脂酰 CoA 必须进入线粒体内进行氧化。脂酰 CoA 与肉毒碱结合在线粒体内膜上生成脂酰肉毒碱，脂酰肉毒碱通过内膜生成脂酰 CoA 和游离的肉毒碱。脂肪酸激活的过程如图 1-9-10 所示。

图 1-9-10　脂肪酸的激活

b. 脂酰 CoA 的 β-氧化过程。脂酰 CoA 进入线粒体基质后，从脂酰基的 β-碳原子开始，进行脱氢、加水、再脱氢和硫解等四步连续反应，详细过程如下：

第一步，脱氢反应。经脂酰 CoA 脱氢酶催化，在其 α 和 β 碳原子上脱氢，生成反 Δ^2-烯脂酰 CoA。该脱氢反应的辅基为 FAD（作为氢的载体）。反应式如下：

第二步，加水反应。在烯脂酰 CoA 水化酶催化下，在双键上加水生成 L-β-羟脂酰 CoA。

第三步，脱氢反应。在 L-β-羟脂酰 CoA 脱氢酶催化下，脱去 β 碳原子与羟基上的氢原子生成 β-酮脂酰 CoA，该反应 NAD$^+$ 作为氢的载体。

第四步，硫解反应。在 β-酮脂酰 CoA 硫解酶催化下，β-酮脂酰 CoA 与 CoA—SH 作用，硫解产生 1 分子乙酰 CoA 和比原来少两个碳原子的脂酰 CoA。

$$RCH_2\overset{O}{\overset{\|}{C}}-CH_2-\overset{O}{\overset{\|}{C}}\sim SCoA \xrightarrow[\underset{CoA-SH}{}]{\beta\text{-酮脂酰CoA硫解酶}} RCH_2\overset{O}{\overset{\|}{C}}\sim SCoA + CH_3\overset{O}{\overset{\|}{C}}\sim SCoA$$

c. 乙酰 CoA 的彻底氧化。脂肪酸 β-氧化过程中生成的乙酰 CoA 除可在肝细胞线粒体缩合成酮体外，主要通过三羧酸循环彻底氧化成 CO_2 和 H_2O，并释放出能量。

碳链短的脂酰 CoA 再经脱氢、加水、再脱氢、硫解等反应，生成乙酰 CoA，反复进行，直至全部变成乙酰 CoA。乙酰 CoA 进入三羧酸循环氧化成 CO_2 和 H_2O，释放能量，或参与其他的合成代谢。如图 1-9-11 所示为脂肪酸 β-氧化的过程。

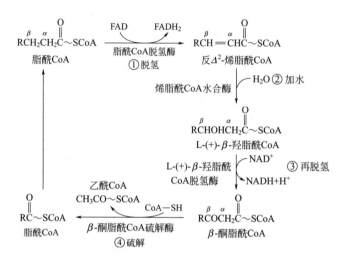

图 1-9-11　脂肪酸 β-氧化的过程

② 脂肪酸 β-氧化的生理意义。脂肪酸 β-氧化是体内脂肪酸分解的主要途径，脂肪酸氧化可以供应机体所需的大量能量。以软脂酸为例，其 β-氧化的总反应为：

软脂酰 $CoA+7FAD+7NAD^{+}+7CoASH+7H_2O \longrightarrow$ 8 乙酰 $CoA+7FADH_2+7NADH+7H^{+}$

每分子乙酰 CoA 通过三羧酸循环氧化可产生 12 分子 ATP，每分子 $NADH+H^{+}$ 产生 3 分子 ATP，每分子 $FADH_2$ 产生 2 分子 ATP，因此，1 分子软脂酸彻底氧化共生成 131 $[(8×12)+(7×3)+(7×2)=131]$ 分子 ATP，减去脂肪酸活化时消耗的 2 分子 ATP，净生成 129 分子 ATP。

脂肪酸氧化时释放出来的能量约有 40% 被机体用于合成高能化合物，其余 60% 以热的形式释出，热效率为 40%，说明人体能很有效地利用脂肪酸氧化所提供的能量。

脂肪酸 β-氧化也是脂肪酸的改造过程，人体所需的脂肪酸链的长短不同，通过 β-氧化可将长链脂肪酸改造成长度适宜的脂肪酸，供机体代谢所需。

脂肪酸 β-氧化过程中生成的乙酰 CoA 是一种十分重要的中间化合物，乙酰 CoA 除能进入三羧酸循环氧化供能外，还是许多重要化合物〔如酮体（医学上将乙酰乙酸、β-羟丁酸和丙酮统称为酮体）、胆固醇和类固醇化合物〕合成的原料。

3. 甘油三酯的合成代谢

人体能以甘油、糖、脂肪酸和甘油一酯为原料，经过甘油一酯途径和磷脂酸途径合成甘油三酯。

(1) 甘油一酯途径　该途径以甘油一酯为起始物，与脂酰 CoA 共同在脂酰转移酶作用下酯化生成甘油三酯。合成过程如下：

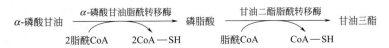

反应过程中，α-磷酸甘油脂酰转移酶是甘油三酯合成的限速酶。C-1 位上多为饱和脂酰基，C-2 位上多为不饱和脂酰基，C-3 位上为饱和或不饱和脂酰基。人体甘油三酯中所含的脂肪酸有 50％以上为不饱和脂肪酸。

(2) 磷脂酸途径　磷脂酸，即 3-磷酸-1,2-甘油二酯，是含甘油脂类合成的共同前体。糖酵解的中间产物——磷酸二羟丙酮在磷酸甘油脱氢酶作用下，还原生成 3-磷酸甘油；游离的甘油也可经甘油激酶催化，生成 3-磷酸甘油（因脂肪及肌肉组织缺乏甘油激酶，故不能利用游离的甘油）。

3-磷酸甘油在脂酰转移酶作用下，与两分子脂酰 CoA 反应生成 3-磷酸-1,2-甘油二酯，即磷脂酸。此外，磷酸二羟丙酮也可不转化为 3-磷酸甘油，而是先酯化，后还原生成溶血磷脂酸，然后再经酯化合成磷脂酸。磷脂酸在磷脂酸磷酸酶作用下，水解释放出无机磷酸，而转变为甘油二酯，它是甘油三酯的前体物，只需酯化即可生成甘油三酯（见图 1-9-12）。

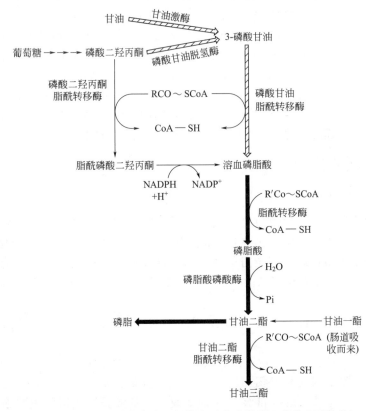

图 1-9-12　甘油三酯的合成（粗线表示生成甘油三酯的主要途径）

甘油三酯的合成速度可以受激素的影响而改变，如胰岛素可促进糖转变为甘油三酯。由于胰岛素分泌不足或作用失效所致的糖尿病患者，不仅不能很好地利用葡萄糖，而且其葡萄糖或某些氨基酸也不能用于合成脂肪酸，从而表现为脂肪的氧化速度增加，酮体生成过多，其结果是患者体重下降。此外，胰高血糖素、肾上腺皮质激素等也影响甘油三酯的合成。

4. 磷脂的合成与分解

（1）甘油磷脂的合成与分解　甘油磷脂分为磷脂酰胆碱（卵磷脂）、磷脂酰乙醇胺（脑磷脂）、磷脂酰丝氨酸及磷脂酰肌醇等。体内以卵磷脂和脑磷脂的含量最多，约占总磷脂的 75%。

① 甘油磷脂的合成。全身各组织细胞的内质网中都含有合成甘油磷脂的酶，因此各组织细胞均可合成甘油磷脂，肝、肾及小肠等组织细胞是合成甘油磷脂的主要场所。

甘油磷脂合成的原料主要包括甘油、脂肪酸、磷酸盐、胆碱、乙醇胺、丝氨酸及肌醇等物质。甘油和脂肪酸主要由糖代谢转变而来，胆碱和乙醇胺可由食物提供，也可由丝氨酸在体内转变而来。

甘油磷脂的合成过程比较复杂，一方面不同的磷脂需经不同途径合成，另一方面不同的途径可合成同一磷脂，而且有些磷脂在体内还可以互相转变。

② 甘油磷脂的分解。在磷脂酶（A_1、A_2、B、C 和 D）的作用下，甘油磷脂逐步水解生成甘油、脂肪酸、磷酸及各种含氮化合物（如胆碱、乙醇胺和丝氨酸等）。

（2）鞘磷脂的合成与分解

① 神经鞘磷脂（即鞘磷脂）的合成可分为三个阶段。第一阶段为鞘氨醇的合成：软脂酰 CoA 和丝氨酸在鞘氨醇合成酶系催化下，合成鞘氨醇。第二阶段为 N-脂酰鞘氨醇的合成：鞘氨醇在脂酰转移酶的催化下与脂酰 CoA 反应，生成 N-脂酰鞘氨醇。第三阶段为神经鞘磷脂的合成：N-脂酰鞘氨醇在转移酶的催化下与 CDP-胆碱反应，合成神经鞘磷脂。

② 神经鞘磷脂的分解。神经鞘磷脂的分解是在神经鞘磷脂酶的催化下进行的。此酶存在于脑、肝、脾、肾等细胞的溶酶体中，此酶能够水解磷酸酯键，将神经鞘磷脂降解生成 N-脂酰鞘氨醇和磷酸胆碱。先天性缺乏神经鞘磷脂酶的病人，由于神经鞘磷脂不能降解而在细胞内积存，可引起肝、脾肿大及痴呆等，严重时危及生命。

四、蛋白质的代谢

1. 蛋白质的分解代谢

当人和动物的食物中缺少蛋白质或其处于饥饿状态时，体内组织蛋白质的分解显著增加，这说明人和动物要不断地从食物中摄取蛋白质。食物中的蛋白质经过消化吸收后，以氨基酸的形式通过血液循环运输到全身的各组织，这种来源的氨基酸称为外源性氨基酸。此外，机体各组织的蛋白质在组织酶的作用下，也不断地分解为氨基酸，这种来源的氨基酸称为内源性氨基酸。

由上述可见，不论是食物中的蛋白质还是体内组织中的蛋白质，都要先水解为氨基酸才能被组织利用。

体内组织利用氨基酸，一方面可以合成蛋白质，另一方面可以继续进行分解代谢。从氨基酸的结构来看，除了侧链 R 基团不同外，均有 α-氨基和 α-羧基。所以，氨基酸在体内的分解代谢实际上就是氨基、羧基和 R 基团的代谢。氨基酸分解代谢的主要途径是脱氨基生成氨和相应的 α-酮酸；氨基酸的另一条分解途径是脱羧基生成 CO_2 和胺，胺在体内可经胺氧化酶作用，进一步分解生成氨和相应的醛和酸。R 基团部分生成的酮酸可进一步氧化分解生成 CO_2 和水，并提供能量，也可经一定的代谢反应转变生成糖或脂肪在体内储存。由于不同的氨基酸结构不同，因此它们的代谢也有各自的特点。

（1）氨基酸的脱氨基作用　脱氨基作用是指氨基酸在酶的催化下脱去氨基生成 α-酮酸的过程，这是氨基酸在体内分解的主要方式。参与人体蛋白质合成的氨基酸共有 20 种，它们的结构不同，脱氨基的方式也不同，主要有氧化脱氨、转氨脱氨、联合脱氨等。

① 氧化脱氨基作用。氧化脱氨基作用是指在酶的催化下氨基酸在氧化脱氢的同时脱去氨基的过程。例如，L-谷氨酸在线粒体中由 L-谷氨酸脱氢酶催化氧化脱氨，形成 α-亚氨基戊二酸，再水解生成 α-酮戊二酸和氨。反应过程如图 1-9-13 所示。

$$
\begin{array}{ccccc}
\underset{|}{NH_2} & & \underset{\|}{NH} & & \underset{\|}{O}\\
CH-COOH & \xrightarrow[\substack{\text{L-谷氨酸脱氢酶}}]{} & C-COOH & \xrightarrow{H_2O} & C-COOH\\
| & NAD(P)\quad NAD(P)H+H^+ & | & & |\\
(CH_2)_2-COOH & & (CH_2)_2-COOH & & (CH_2)_2-COOH\\
\text{L-谷氨酸} & & \alpha\text{-亚氨基二酸} & & \alpha\text{-酮戊二酸}
\end{array}
$$

图 1-9-13　L-谷氨酸氧化脱氨基作用

② 转氨脱氨基作用。转氨脱氨基作用是指在转氨酶催化下将 α-氨基酸的氨基转移给 α-酮酸，生成相应的 α-酮酸和一种新的 α-氨基酸的过程。体内绝大多数氨基酸通过转氨基作用脱氨。参与蛋白质合成的 20 种 α-氨基酸中，除甘氨酸、赖氨酸、苏氨酸和脯氨酸不参加转氨基作用，其余均可由特异的转氨酶催化参加转氨基作用。转氨基作用最重要的氨基受体是 α-酮戊二酸，谷氨酸作为新生成的氨基酸：

$$\text{氨基酸}+\alpha\text{-酮戊二酸}\longrightarrow\text{谷氨酸}+\alpha\text{-酮酸}$$

谷氨酸在天冬氨酸氨基转移酶（AST；也称谷草转氨酶，GOT）的作用下进一步将氨基转移给草酰乙酸，生成 α-酮戊二酸和天冬氨酸：

$$\text{谷氨酸}+\text{草酰乙酸}\xrightarrow{AST}\alpha\text{-酮戊二酸}+\text{天冬氨酸}$$

谷氨酸也可在丙氨酸氨基转移酶（ALT；也称谷丙转氨酶，GPT）作用下将氨基转移给丙酮酸，生成 α-酮戊二酸和丙氨酸：

$$\text{谷氨酸}+\text{丙酮酸}\xrightarrow{ALT}\alpha\text{-酮戊二酸}+\text{丙氨酸}$$

天冬氨酸和丙氨酸通过第二次转氨作用，再生成 α-酮戊二酸。

③ 联合脱氨基作用。联合脱氨基作用是体内重要的脱氨方式，主要有两种反应途径。

途径一是由 L-谷氨酸脱氢酶和转氨酶联合催化的联合脱氨基作用。即先在转氨酶催化下，将某种氨基酸的 α-氨基转移到 α-酮戊二酸上生成 L-谷氨酸，然后，在 L-谷氨酸脱氢酶作用下 L-谷氨酸氧化脱氨生成 α-酮戊二酸，而 α-酮戊二酸再继续参加转氨基作用。反应过程如图1-9-14 所示。

$$
\begin{array}{ccc}
\text{氨基酸} & \alpha\text{-酮戊二酸} & NH_3+NADH+H^+\\
& \times\qquad\times & \\
\alpha\text{-酮酸} & \text{L-谷氨酸} & H_2O+NAD^+
\end{array}
$$

图 1-9-14　联合脱氨基作用

途径二是嘌呤核苷酸循环。骨骼肌和心肌组织中 L-谷氨酸脱氢酶的活性很低，因而不能通过上述形式的联合脱氨反应脱氨。但骨骼肌和心肌中含丰富的腺苷酸脱氨酶，能催化腺苷酸加水、脱氨生成次黄嘌呤核苷酸（IMP）。一种氨基酸经过两次转氨作用可将 α-氨基转移至草酰乙酸生成天冬氨酸。天冬氨酸又可将此氨基转移到次黄嘌呤核苷酸上生成腺嘌呤核苷酸。

④ α-酮酸的代谢。氨基酸经联合脱氨或其他方式脱氨所生成的 α-酮酸有下述去路：

a. 生成非必需氨基酸。α-酮酸经联合加氨反应可生成相应的氨基酸。八种必需氨基酸中，除赖氨酸和苏氨酸外其余六种亦可由相应的 α-酮酸加氨生成。但和必需氨基酸相对应

的 α-酮酸不能在体内合成，所以必需氨基酸依赖于食物供应。

b. 氧化生成 CO_2 和水。这是 α-酮酸的重要去路之一。α-酮酸通过一定的反应途径先转变成丙酮酸、乙酰 CoA 或三羧酸循环的中间产物，再经过三羧酸循环彻底氧化分解。

c. 生成糖和酮体。

（2）氨基酸的脱羧基作用　部分氨基酸可在氨基酸脱羧酶催化下进行脱羧基作用，生成相应的胺。脱羧基作用不是体内氨基酸分解的主要方式，但可生成有重要生理功能的胺。下面列举几种氨基酸脱羧产生重要胺类物质的过程。

① γ-氨基丁酸。γ-氨基丁酸（GABA）由谷氨酸脱羧基生成，催化此反应的酶是谷氨酸脱羧酶。此酶在脑、肾组织中活性很高，所以脑中 GABA 含量较高。反应式如下：

$$\text{L-谷氨酸} \xrightarrow[CO_2]{\text{L-谷氨酸脱羧酶}} \text{GABA}$$

GABA 是一种仅见于中枢神经系统的抑制性神经递质，对中枢神经元有普遍性抑制作用。

② 组胺。组胺由组氨酸脱羧生成。反应式如下：

$$\text{L-组氨酸} \xrightarrow[CO_2]{\text{组氨酸脱羧酶}} \text{组胺}$$

组胺主要由肥大细胞产生并储存，在乳腺、肺、肝、肌肉及胃黏膜中含量较高。组胺是一种强烈的血管舒张剂，并能增加毛细血管的通透性。组胺可刺激胃蛋白酶和胃酸的分泌，常用它作胃分泌功能的研究。

③ 5-羟色胺。色氨酸在脑中首先由色氨酸羟化酶催化生成 5-羟色氨酸，再经脱羧酶作用生成 5-羟色胺。反应式如下：

$$\text{色氨酸} \xrightarrow{\text{色氨酸羟化酶}} \text{5-羟色氨酸} \xrightarrow[CO_2]{\text{5-羟色氨酸脱羧酶}} \text{5-羟色胺}$$

5-羟色胺在神经组织中有重要的功能。

④ 牛磺酸。体内牛磺酸主要由半胱氨酸脱羧生成。半胱氨酸先氧化生成磺酸丙氨酸，再由磺酸丙氨酸脱羧酶催化脱去羧基，生成牛磺酸。牛磺酸是结合胆汁酸的重要组成成分。反应式如下：

$$\text{半胱氨酸} \xrightarrow{[O]} \text{磺酸丙氨酸} \xrightarrow{\text{脱羧酶}} \text{牛磺酸}$$

（3）氨基酸分解产物的去路　组织中的氨基酸经过脱氨作用脱去的氨，是组织中氨的主要来源。组织中氨基酸经脱羧基反应生成胺，再经单胺氧化酶或二胺氧化酶作用生成游离氨和相应的醛，这是组织中氨的次要来源。组织中氨基酸分解生成的氨是体内氨的主要来源（图 1-9-15）。膳食中蛋白质过多时，这一部分氨的生成量也增多。氨是有毒的物质，人体必须及时将氨转变成无毒或毒性小的物质，然后排出体外。氨的主要去路是在肝脏合成尿素，然后随尿排出；一部分氨可以合成谷氨酰胺和天冬酰胺，也可合成其他非必需氨基酸；少量的氨可直接经尿排出体外，尿中排氨有利于排酸。

2. 蛋白质的合成代谢

（1）非必需氨基酸的合成代谢　合成蛋白质的原料是氨基酸。其中，必需氨基酸即外源性氨基酸，是由食物蛋白质分解得到的；非必需氨基酸能够由人体自身合成，它们属于内源性氨基酸。

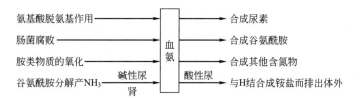

图 1-9-15　血氨的来源与去路

除酪氨酸外，体内非必需氨基酸由四种共同代谢中间产物（丙酮酸、草酰乙酸、α-酮戊二酸及 3-磷酸甘油）之一作其前体简单合成。

① 丙氨酸、天冬氨酸及天冬酰胺、谷氨酸及谷氨酰胺由丙酮酸、草酰乙酸和 α-酮戊二酸合成。三种 α-酮酸（丙酮酸、草酰乙酸和 α-酮戊二酸）分别为丙氨酸、天冬氨酸和谷氨酸的前体，经一步转氨反应可生成相应氨基酸。天冬酰胺和谷氨酰胺分别由天冬氨酸和谷氨酸加氨反应生成。

② 谷氨酸是脯氨酸、鸟氨酸和精氨酸的前体。谷氨酸 γ-羧基还原生成醛，继而形成中间席夫碱，进一步还原可生成脯氨酸。此过程的中间产物 5-谷氨酸半醛在鸟氨酸-δ-氨基转移酶催化下直接转氨生成鸟氨酸。

③ 丝氨酸、半胱氨酸和甘氨酸由 3-磷酸甘油酸生成。丝氨酸由糖代谢中间产物 3-磷酸甘油酸经三步反应生成：3-磷酸甘油酸在 3-磷酸甘油酸脱氢酶催化下生成 3-磷酸羟基丙酮酸；由谷氨酸提供氨基经转氨作用生成 3-磷酸丝氨酸；3-磷酸丝氨酸水解生成丝氨酸。

④ 举例说明几种氨基酸的合成。

a. 丙氨酸的合成。丙酮酸与谷氨酸转氨产生丙氨酸和 α-酮戊二酸，反应式如下：

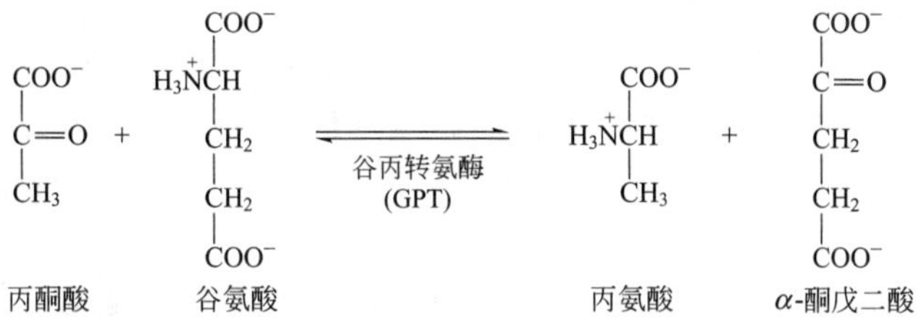

b. 天冬氨酸与天冬酰胺的合成，反应式如下：

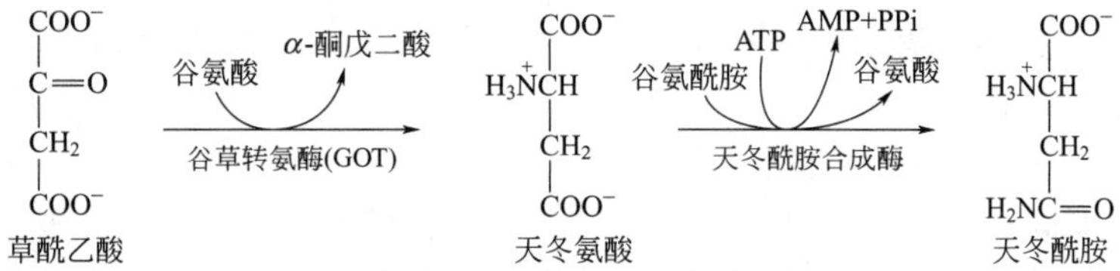

c. γ-氨基丁酸的合成。在谷氨酸脱羧酶催化下，谷氨酸脱羧产生 γ-氨基丁酸（GABA），反应式如下：

（2）蛋白质的生物合成　简单说来，蛋白质的合成过程，就是氨基酸分子相互结合形成肽链，并且在不断生长着的肽链上由氨基端到羧基端逐个加上氨基酸分子的过程。

但是，在不同的蛋白质分子中，氨基酸有着特定的排列顺序。在细胞核中，以 DNA 分子的一条链为模板合成信使 RNA（mRNA），此时 mRNA 就得到了从 DNA 传递来的遗传信息（这一过程叫作转录），这种遗传信息决定蛋白质分子中的氨基酸排列顺序。

mRNA 携带着转录来的遗传信息进入细胞质中与核糖体 RNA（rRNA）结合，形成对氨基酸分子来说具有指令性功能的"载体"。

转运 RNA（tRNA）是氨基酸的运载工具。不同的 tRNA 搬运能与之匹配的不同的氨基酸，并按照 mRNA 携带的遗传信息（密码顺序）的要求将氨基酸放置在一定位置上。

在 mRNA 与核糖体形成的"载体"上，按照一定顺序排列的氨基酸分子靠酶的催化作用形成多肽链，然后按照 mRNA 所携带的遗传信息的要求作进一步折叠、卷曲等，最后形成具有一定空间结构的蛋白质分子。

事实上，蛋白质的合成是氨基酸分子在 DNA 分子指导下，靠 mRNA、rRNA、tRNA、多种酶以及能量等因素的协同作用而进行的极其复杂的过程。

五、几类物质代谢之间的相互关系以及调节与控制

1. 物质代谢途径之间的联系

氨基酸在代谢过程中，生成的某些中间产物也是糖类和脂类代谢的中间产物。共同的中间产物是物质代谢之间发生联系和相互转变的枢纽。糖类代谢、脂类代谢、蛋白质代谢及核酸代谢的相互关系见图 1-9-16。

（1）氨基酸与糖类代谢之间的联系　生糖的氨基酸和生糖兼生酮的氨基酸在体内分解代谢时，其碳链部分可全部或部分转变成糖异生的原料（例如丙酮酸、α-酮戊二酸、琥珀酰 CoA 和草酰乙酸等），最后生成糖类。人体内，氨基酸能转变成糖类具有重要的生理意义：当血糖浓度下降时，可以通过加快氨基酸的糖异生作用补充血糖，以维持大脑等器官的重要功能。

糖类在体内也能转变成某些氨基酸。如糖类代谢产生的丙酮酸、草酰乙酸和 α-酮戊二酸等都可经氨基化分别生成丙氨酸、天冬氨酸和谷氨酸，这是体内合成非必需氨基酸的途径。

（2）氨基酸与脂类代谢之间的联系　某些氨基酸在体内分解代谢时，其碳链部分可以转变成脂肪代谢的中间产物（例如乙酰 CoA 和乙酰乙酸），然后合成脂肪酸进而合成脂肪。此外，脂肪的甘油部分也可由生糖氨基酸合成。脂肪的甘油部分可经糖异生途径转变成某些 α-酮酸，再与氨基化合成某些氨基酸，但脂肪酸部分合成氨基酸的可能性极小。

氨基酸与某些类脂的合成有密切关系。例如，丝氨酸是丝氨酸磷脂的成分；丝氨酸脱羧形成的胆胺是脑磷脂的成分；卵磷脂是脑磷脂甲基化而成的，甲基化的供体是蛋氨酸。

（3）糖类与脂类代谢之间的联系　在体内，糖类分解代谢产生的乙酰 CoA，既可以彻底氧化供能，也可以在供能充足时，大量转变成脂肪。这是摄取不含脂肪的高糖膳食也能使人肥胖，以及血甘油三酯升高的原因。此外，糖类代谢产物还是磷脂和胆固醇等类脂合成的原料。如脂肪酸和甘油是磷脂合成的原料，它们主要由糖类代谢转化而来，胆固醇合成的原料部分来自糖类代谢。相反，脂肪绝大部分不能在体内转变为糖，因为脂肪分解产生的乙酰 CoA 不能逆转成丙酮酸。脂肪的分解产物甘油可以最后转变成糖，但其量很少。总之，在一般生理条件下，糖可大量转变成脂肪，而脂肪大量转化成糖是困难的。

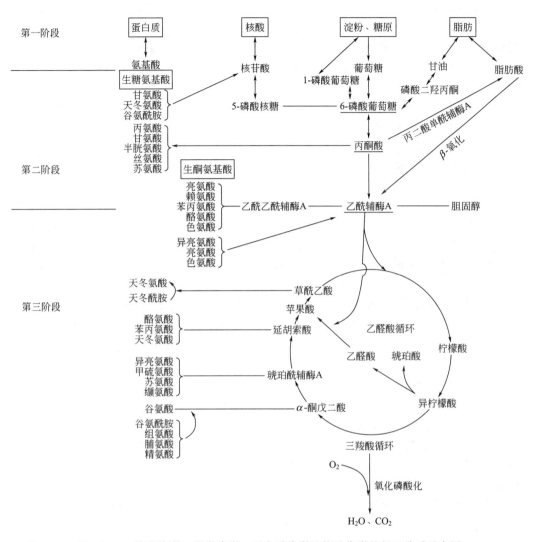

图 1-9-16　糖类代谢、脂类代谢、蛋白质代谢及核酸代谢的相互关系示意图

2. 物质代谢的调节与控制

生物体内的物质代谢虽然错综复杂、高效多变，但总是彼此配合、有条不紊的，在一定条件下可保持相对稳定，在代谢过程中不会引起某些产物的不足或过剩，也不会造成某些原料的缺乏或积累。之所以能够保持这样的协调统一，是由于生物体内存在着十分完善的自我调控机制。这种调控机制是生物在进化过程中逐渐形成的，并随进化发展而完善，它在三种不同的水平上进行，即细胞内的调控、体液激素的调控和神经系统的调控。

（1）细胞内的调控　细胞内的调控是一种最原始的调节机制，单细胞生物仅仅靠这种机制来调节各种物质代谢的平衡。多细胞生物（如复杂的高等生物），虽有更高层次的调控机制，但仍存在细胞内的调控，而且其他调控机制最终还是要通过细胞水平的调控来实现，所以细胞内的调控是最基础的调控机制。细胞内的调控，主要是通过酶来实现的，所以又称酶水平的调控或分子水平的调控。酶的调节按下面几种模式进行：

① 区域定位的调节。不同的酶分布于细胞的不同部位，细胞内不同部位分布着不同的酶，这称为酶的区域定位或酶分布的分隔性。这个特性就决定了细胞内的不同部位（细胞

器）进行着不同的代谢。例如，脂肪酸的氧化酶系存在于线粒体内，而脂肪酸的合成酶系主要存在于线粒体外，它们的代谢是互相制约的。合成脂肪酸的原料乙酰 CoA 要由线粒体内转移到线粒体外，脂肪酸氧化的原料脂酰 CoA 要由线粒体外向线粒体内运转。所以酶分布的局限决定了代谢途径的区域化，这样的区域化分布为代谢调节创造了有利条件。某些调节因素可以较专一地影响某一细胞组分中的酶活性，并不影响其他组分中的酶活性。也就是说，当一些因素改变某种代谢速率时，并不影响其他代谢的进行。这样，当一些离子（如 Ca^{2+}）或代谢物在各细胞组分之间穿梭移动时，就可以改变不同细胞组分的某些代谢速率。

② 酶活性的调节。酶结构的变化改变酶活性，酶可以通过多种方式改变其结构，从而改变活性，达到控制代谢速率的目的。这些方式包括：酶原激活、酶的化学修饰、酶的聚合与解聚等。

a. 酶原激活。许多水解酶类以无活性的酶原形式从细胞分泌出来，经过切断部分肽段后即变成有活性的酶。如胃蛋白酶原在胃酸和胃蛋白酶自身催化下，切除四十二肽后，即形成有活性的胃蛋白酶。又如胰蛋白酶原经肠激酶或胰蛋白酶的自身催化，切下 N 末端一个六肽后即变成有活性的胰蛋白酶。酶原的这种激活，除了切除一定片段，通常还要引起其构象变化。

b. 酶的化学修饰。有些酶通过在它的某些氨基酸残基上连接一定的化学基团或者去掉一定的化学基团，来实现酶的活性态与非活性态的互相转变，这称为酶的化学修饰（或共价修饰）。例如，催化糖原代谢的糖原磷酸化酶和糖原合成酶可以通过连接一个磷酸基（磷酸化）或去除一个磷酸基（去磷酸化或脱磷酸化）来实现活性态与非活性态的相互转变。

c. 酶的聚合与解聚。有一些寡聚酶通过与一些分子调节因子结合，引起酶的聚合或解聚，从而使酶发生活性态与非活性态的互变，这也是代谢调节的一种方式。有的酶聚合态时是活性态，有的酶解聚为单体后才是有活性的。

乙酰 CoA 羧化酶是脂肪酸合成中的关键酶，由 4 个不同的亚基组成，亚基的解聚和聚合，使酶存在三种形态。当与柠檬酸或异柠檬酸结合后，促使其聚合为多聚体，此时才具有催化活性。

d. 酶的构象变化。某些酶当与细胞内一定代谢物结合后可引起空间结构的变化，从而改变酶的活性，调节代谢速率，这种调节称为变构调节。

③ 酶量的调节。细胞内有些酶可以通过酶量的变化来调节代谢的速率，这其实就是酶合成的调节。它有诱导和阻遏两种方式，诱导促进酶的合成，阻遏阻止酶的合成。

从对代谢速率调节的效果来看，酶活性调节显得直接而快速，酶量调节则间接而缓慢，但是酶量的调节可以防止酶的过量合成，因而节省了生物合成的原料和能量。

绝大多数酶是蛋白质，酶的合成即酶蛋白的生物合成。每一种蛋白质（包括酶）都是由相应的决定基因通过转录合成 mRNA，再由 mRNA 来合成的，这就是基因表达。一个基因什么时候表达，什么时候不表达，表达时生成多少蛋白质，这些都是在特定调节控制下进行的，这称为基因表达的调节控制，通过这种调控即可调节细胞内酶的量，从而调节代谢活动。

根据细胞内酶的合成对环境的影响反映不同，可将酶分为两大类。一类称为组成酶，如糖酵解和三羧酸循环的酶系，其酶蛋白的合成量十分稳定，通常不受代谢状态的影响。一般说来，保持机体基本能源供应的酶常常是组成酶。另一类酶，它的合成量受环境营养条件及细胞内有关因子的影响，分为诱导酶和阻遏酶。如 β-半乳糖苷酶，在以乳糖为唯一碳源时，大肠杆菌细胞受乳糖的诱导，可大量合成，其量可成千倍地增长，这类酶称为诱导酶。与组氨酸合成相关的酶系，在有组氨酸存在的条件下，其酶蛋白的合成量受到抑制，这类酶称为阻遏酶。诱导酶通常与分解代谢有关，阻遏酶与合成代谢有关。

（2）体液激素的调控 无论氨基酸、肽和蛋白质激素还是类固醇激素，它们对代谢的调节作用有两个显著的特点，即组织细胞特异性和效应特异性。组织细胞特异性，是指一定的激素只作用于一定的靶细胞，激素与靶细胞的受体结合是特异的；效应特异性，是指一定的激素只调节一定的生化反应，产生一定的生理效应。

不少类固醇激素调节基因活性存在初级效应与次级效应两级效应。初级效应，即激素对基因活性有直接诱导作用，产生蛋白质，这种效应的基因较少；次级效应，即初级效应的基因产物再激活其他基因，这种调节方式可以对激素的初级效应起放大作用，因而是重要的。

（3）神经系统的调控 人和高等动物的代谢活动极为复杂，但又是高度和谐统一的，这是由于人和高等动物除具备其他生物具有的细胞水平和激素水平调节外，还具有神经系统的调节控制。人和高等动物的新陈代谢处于中枢神经系统的控制下。神经调节与激素调节相比，神经系统的作用短而快，激素的作用缓慢而持久。激素的调节往往是局部性的，协调组织与组织间、器官与器官间的代谢。神经系统的调节则具有整体性，协调全部代谢。由于绝大多数激素的合成和分泌直接或间接受到神经系统支配，因此激素调节也离不开神经系统的调节。

神经系统的调节既能直接影响代谢活动，又能影响内分泌腺分泌激素而间接控制新陈代谢的进行。

（4）反馈调节 ①前馈和反馈这两个都属于电子学中的概念，前馈指输入对输出的影响，反馈指输出对输入的影响，用于代谢的调控，输入和输出则指代谢底物和代谢产物。②反馈——终产物的调节作用。反馈是一个代谢途径的终产物对代谢速率的影响，这种影响是通过对某种酶活性的影响来实现的。在大多数情况下，终产物（或某些中间产物）影响代谢途径中的第一个酶，这样就不会总积累中间产物，以便合理利用原料并节约能量。因此，受终产物调节的这个酶的活性决定了整个代谢途径的速率，这个酶称为限速酶或关键酶。

在整个代谢过程中，如果随终产物浓度的升高而关键酶的活性增高，则这种现象称为正反馈；相反，终产物的积累，使关键酶的活性降低，代谢速率减慢，则称为负反馈。

在细胞内的反馈调节中，广泛存在着负反馈，正反馈的例子却不多。例如在糖的有氧氧化三羧酸循环中，乙酰 CoA 必须先与草酰乙酸结合才能被氧化，而草酰乙酸又是乙酰 CoA 被氧化的最终产物。草酰乙酸的量若增多，则乙酰 CoA 被氧化的量亦增多，草酰乙酸的量减少（如部分 α-酮戊二酸氨基化生成谷氨酸，导致草酰乙酸的量减少），则乙酰 CoA 的氧化量亦减少，这是草酰乙酸对乙酰 CoA 氧化正反馈控制的例子。

3. 代谢紊乱与人体健康的关系

调节机制一旦失灵，将导致营养物质代谢紊乱，人体将会出现相应的病症。

（1）糖代谢紊乱与高血糖症、低血糖症 正常人体内糖代谢的中心问题是维持血糖浓度的相对恒定。糖代谢紊乱将会引起血糖浓度过高（高血糖症）或血糖浓度过低（低血糖症）。

血糖是指血液中的葡萄糖。正常人空腹血糖浓度为 $4.4\sim6.7\text{mmol/L}$（$80\sim120\text{mg/100mL}$）。全身各组织都从血液中摄取葡萄糖以氧化供能。当血糖下降到一定程度时（低于60mg/100mL），就会严重妨碍脑等组织的能量代谢，导致低血糖症状。当血糖浓度高于 160mg/100mL 时，血糖不能完全被机体利用导致高血糖症，多余的糖随尿液排出，导致糖尿病。

（2）脂类代谢紊乱 脂类代谢途径受阻，将导致高脂血症、高脂蛋白症、高甘油三酯血症、高游离脂肪酸血症、高酮血症、肥胖症以及动脉硬化等疾病。

长链脂肪酸在肝脏中经 β-氧化作用产生大量的乙酰 CoA。肝细胞中有两种活性很强的酶能催化乙酰 CoA 转变为乙酰乙酸。乙酰乙酸还可以还原生成内酮。肝外组织氧化酮体的速率相当快，能及时除去血中的酮体。因此，在正常情况下血液中酮体含量很少，通常小于 1mg/100mL。但患有糖尿病时，糖利用受阻或长期不能进食，机体所需能量不能从糖的氧化取得，于是脂肪被大量动员，肝内脂肪酸大量氧化。肝内生成的酮体超过了肝外组织所能利用的限度，血中酮体堆积起来称为"酮血症"。患者随尿排出大量酮体即"酮尿症"。乙酰乙酸和 β-羟丁酸是酸性物质，体内积存过多，会影响血液酸碱度，造成"酸中毒"。

脂肪肝是肝脏脂蛋白不能及时将肝细胞中的脂肪运出，造成脂肪在肝细胞中的堆积所致的，脂肪肝患者的肝脏脂肪含量超过 10%。这时肝细胞中堆积的大量脂肪占据肝细胞的很大空间，影响了肝细胞的机能，甚至使许多肝细胞破坏，结缔组织增生，造成"肝硬变"。虽然胆固醇是高等真核细胞膜的组成部分，在细胞生长发育中是必需的，但是血清中胆固醇水平增高常使动脉粥样硬化的发病率增高。动脉粥样硬化的形成和发展与脂类特别是胆固醇代谢紊乱有关。胆固醇进食过量、甲状腺机能衰退、肾病综合征、胆道阻塞和糖尿病等情况常出现高胆固醇血症。

(3) 蛋白质代谢紊乱　蛋白质是机体组成的重要成分，蛋白质缺乏将导致营养不良，成人消瘦疲乏，易被病菌感染，小儿生长发育迟缓，晚期病人可有低蛋白血症，抵抗力下降，细胞免疫与体液免疫下降。

氨基酸代谢中缺乏某一种酶，都可能引起疾病，这种疾病称为代谢缺陷症。由于某种酶的缺乏致使该酶的作用物在血中或尿中大量出现，这种代谢缺陷属于分子疾病。其病因和 DNA 分子突变有关，往往是先天性的，故该病又称为先天性遗传代谢病。先天性遗传代谢病大部分发生在婴儿时期，常在幼年就导致死亡，发病的症状表现有智力迟钝、发育不良、周期性呕吐、沉睡、抽搐、昏迷等。

六、动植物食品原料中组织代谢活动的特点

上面讨论了生物体系中新陈代谢的一般化学历程，下面将在此基础上讨论动植物食品原料组织中代谢活动的特点及其与食品加工和品质的关系。了解这些知识，对于食品原料的保鲜和保藏具有积极的意义。

宰杀或采摘后的动植物食品原料，在生物学上虽然都已经死亡或离开母体，但仍然具有活跃的生物化学活性，但这种生物活性的方向、途径、强度则与活体生物有所不同。

1. 动物屠宰后组织中的代谢活动

(1) 动物死亡后代谢的一般特征　动物在屠宰死亡后，机体组织在一定时间内仍具相当水平的代谢活性，但正常的生化平衡已被打破，发生许多死亡后特有的生化过程，在物理特征方面出现所谓死后强直（或称尸僵）的现象，死亡动物组织中的生化活动一直延续到组织中的酶因自溶作用完全失活。动物死亡的生物化学与物理变化过程可以划分为三个阶段。

① 尸僵前期。这个阶段中，肌肉组织柔软、松弛，生物化学特征是 ATP 及磷酸肌酸含量下降，无氧呼吸（即酵解）作用活跃。

② 尸僵期。哺乳动物死亡后，僵化开始于死亡后 8～12h，经 15～20h 后终止；鱼类死后僵化开始于死后约 1～7h，持续时间约 5～20h 不等。在此时期中的生物化学特征是磷酸肌酸消失，ATP 含量下降，肌肉中的肌动蛋白及肌球蛋白逐渐结合，形成没有延伸性的肌动球蛋白，结果形成僵硬强直的状态，即尸僵。

③ 尸僵后期。此阶段由于组织蛋白酶的活性作用而使肌肉蛋白质发生部分水解，水溶

性肽及氨基酸等非蛋白氮增加，肉的食用质量随着尸僵缓解达到最佳适口度。

（2）组织呼吸途径的转变　正常生活的动物体内，虽然并存着有氧呼吸和无氧呼吸两种方式，但主要的呼吸过程是有氧呼吸。动物宰杀后，血液循环停止而供氧也停止，组织呼吸转变为无氧的酵解途径，最终产物为乳酸。

死亡动物组织中糖原降解有两条途径：水解途径、磷酸解途径。在哺乳动物肌肉内，磷酸解途径是主要过程；在鱼类体中，水解途径是主要过程。

（3）动物死亡后组织中 ATP 含量的变化及其重要性

① ATP 在死亡动物肌肉中的变化及其对肉的风味的重要性。动物宰杀死亡后，由于糖原不能再继续被氧化为 CO_2 和 H_2O，因而阻断了肌肉中 ATP 的主要来源。在正常的有氧条件下，糖原的每一个葡萄糖残基经生物氧化可净获 39 个 ATP 分子，但在无氧酵解中，每一个己糖残基只能净获 3 个 ATP 分子。此外，由于 ATP 酶的作用，也在不断分解 ATP 而使 ATP 不断减少。但在动物死后的一段时间里，肌肉中的 ATP 尚能保持一定的水平，这是一种暂时性的表面现象。其原因是在刚死后的动物肌肉中肌酸激酶与 ATP 酶的偶联作用而使一部分 ATP 得以再生，一旦磷酸肌酸消耗完毕，ATP 含量就显著降低。ATP 的降解途径如下：

$$ATP \xrightarrow[Pi]{ATP酶} ADP \xrightarrow[Pi]{肌酸激酶} AMP \xrightarrow[NH_3]{腺苷酸脱氨酶} IMP \xrightarrow{肌苷酸酶} 肌苷$$

肌苷酸是构成动物肉香味及鲜味的重要成分。肌苷是无味的，肌苷的进一步分解有两条途径：

$$肌苷 \xrightarrow{核苷水解酶} 核糖＋次黄嘌呤$$

$$肌苷 \xrightarrow{核苷磷酸解酶} 1\text{-}磷酸核糖＋次黄嘌呤$$

② ATP 减少与尸僵的关系。肌肉纤维由许多肌原纤维组成，是肌肉收缩运动的单元。在电子显微镜下可以看见，肌原纤维之间由小管状细网（即肌质网）所隔开，每条肌原纤维由两组纤丝状部分所组成，较粗的部分是肌球蛋白，较细的部分是肌动蛋白。

肌球蛋白有高度的 ATP 酶活性，作用时需有钙离子及镁离子存在。ATP 与钙离子结合时为活性态，与镁离子结合时为惰性态。当肌肉纤维接受中枢神经传来的信息冲动后，肌质网就释放出钙离子，与 ATP-镁复合物作用，生成 ATP-钙复合物，并刺激肌球蛋白 ATP 酶，于是释放出能量而使肌动蛋白纤丝在肌球蛋白纤丝之间滑动，形成收缩态的肌动球蛋白。刺激停止时，钙离子又被收回肌质网，ATP-镁复合物重新形成，ATP 酶活性受抑制，肌纤维中的肌动蛋白纤丝与肌球蛋白纤丝又成为分开而又重叠的松弛状态。肌质网的作用好像是一个钙"泵"。动物死亡后，中枢神经冲动完全消失，肌肉立即出现松弛状态，所以肌肉柔软并具弹性，但随着 ATP 浓度的逐渐下降，肌动蛋白与肌球蛋白逐渐结合成没有弹性的肌动球蛋白，结果造成僵硬强直状态，即尸僵现象。

（4）死后动物组织 pH 的变化　由于刚屠宰死亡的动物组织的呼吸途径由有氧呼吸转变为无氧酵解，组织中乳酸逐渐积累，所以组织 pH 下降，温血动物宰杀后 24h 内肌肉组织的 pH 由正常生活时的 7.2～7.4 降至 5.3～5.5，但一般也很少低于 5.3。鱼类死后肌肉组织的 pH 大多比温血动物高，在完全尸僵时甚至可达 6.2～6.6。

屠宰后 pH 受屠宰前动物体内糖原储藏量的影响，若屠宰前动物曾强烈挣扎或运动，则体内糖原含量减少，宰后 pH 也因此较高，在牲畜中可达 6.0～6.6，在鱼类中达 7.0，这种现象被称为碱性尸僵。宰后动物肌肉保持较低的 pH，有利于抑制腐败细菌的生长和保持肌肉色泽。

(5) 屠宰后动物肌肉中蛋白质的变化　蛋白质对于温度和 pH 都很敏感，由于动物肌肉组织中的酵解作用，在一段时间内，肉尸组织中的温度升高（牛胴体的温度可由活体时的37.6℃上升到 39.4℃），pH 降低，肌肉蛋白质很容易因此而变性，对于一些肉糜制品（如午餐肉等）的品质将带来不良的影响。因此大型屠宰场中要将肉胴体清洗干净后立即放在冷却室中冷却。

① 肌肉蛋白质的变性。肌动蛋白及肌球蛋白是动物肌肉中主要的两种蛋白质，在尸僵前期两者是分离的，随着 ATP 浓度降低，肌动蛋白及肌球蛋白逐渐结合成没有弹性的肌动球蛋白，这是尸僵发生的一个主要标志，此时肉的口感特别粗糙。肌肉纤维里还存在一种液态基质，称为肌浆。肌浆中的蛋白质最不稳定，在屠宰后很容易变性，牢牢贴在肌原纤维上，因而肌肉上呈现一种浅淡的色泽。

② 肌肉蛋白质持水力的变化。肌肉蛋白质在尸僵前具有高度的持水力，随着尸僵的发生，在组织 pH 降到最低点（pH 为 5.3～5.5）时，持水力也降至最低点。尸僵以后，肌肉的持水力又有所回升，其原因是尸僵缓解过程中，肌肉中的钠、钾、钙、镁等阳离子的移动造成蛋白质分子电荷增加，从而有助于水合离子的形成。

③ 尸僵的缓解与肌肉蛋白质的自溶。尸僵缓解后，肉的持水力及 pH 较尸僵期有所回升，此时肉触感柔软，煮食时风味好，嫩度提高。这些变化与组织蛋白酶的作用有关。宰后动物随着 pH 的降低和组织破坏，原处于非活化状态的组织蛋白酶被释放出来，对肌肉蛋白质起分解作用，组织蛋白酶的分解对象以肌浆蛋白质为主。在组织蛋白酶的作用下，肌浆蛋白质部分分解成肽和氨基酸游离出来，这些肽和氨基酸是构成肉浸出物的成分，它与加工中肉的香气形成和肉的鲜味有关，因而可使肉的风味得以改善。

2. 新鲜水果、蔬菜组织中的代谢活动

在生长发育中的植株，主要的生理过程有光合作用、吸收作用（水分及矿物盐的吸收）和呼吸作用，在强度上以前两者为主。采收后的新鲜水果、蔬菜仍然具有活跃的生理活动，并且很大程度上是在母株上发生过程的继续，但是，采收后的水果、蔬菜与整株植物的新陈代谢具有显著不同的特点。这主要表现在生长中的整株植物中同时存在着两种过程：一方面是同化（合成）作用，另一方面是异化（分解）作用。而在采收后的水果、蔬菜中，由于切断了养料供应的来源，组织细胞只能利用内部储存的营养来进行生命活动，也就是主要表现为异化（分解）作用。

(1) 采收后水果、蔬菜组织的呼吸

① 水果、蔬菜组织呼吸的化学历程。在植物组织中，已知呼吸作用的基本途径包括酵解、三羧酸循环及磷酸己糖支路等历程。在未发育成熟的植物组织中，几乎整个呼吸作用都通过酵解、三羧酸循环这一代谢主流途径进行；在组织器官发育成熟以后，则整个呼吸作用中有相当大的部分（有时可达 50%）为磷酸己糖支路所代替，例如在辣椒中为 28%～36%，番茄中为 16%。

② 新鲜水果、蔬菜组织的呼吸强度。不同种类植物的呼吸强度不同，同一植物不同器官的呼吸强度也不同。各器官具有的构造特征，也在它们的呼吸特征中反映出来。

叶片组织的特征表现在其结构有很发达的细胞间隙，气孔极多，表面积巨大，因而叶片随时受到大量空气的洗刷，表现在呼吸上有两个重要的特征：呼吸强度大；叶片内部组织间隙中的气体按其组成很近似于大气。正因为叶片的呼吸强度大，所以叶菜类不易在普通条件下保存。

肉质的植物组织由于不易透过气体，所以呼吸强度比叶片组织低，组织间隙气体组成中CO_2比大气中多，而O_2则稀少得多。组织间隙中的CO_2是呼吸作用产生的，由于气体交换不畅而滞留在组织中。

组织间隙气体的存在给水果、蔬菜的罐藏加工至少带来以下三个问题：由于组织间隙中O_2的存在，水果、蔬菜在加工过程中发生氧化作用，常使产品变褐色；在罐头杀菌时因气体受高温而发生物理性的膨胀；影响罐头内容物的沥干重。生产实践中排出水果、蔬菜组织间隙气体的方法有两种：热烫法，其作用之一就是排出组织间隙气体；用真空渗入法把糖（盐）水强行渗入组织，排出气体。

③ 影响水果、蔬菜组织呼吸的因素。

a. 温度的影响。水果、蔬菜组织呼吸作用的温度系数在$2\sim4$之间，依类别、品种、生理时期、环境温度不同而异。一般来说，水果、蔬菜在10℃时的呼吸强度与产生的热量为0℃时的3倍。环境中温度愈高，蔬菜组织呼吸愈旺盛，在室温下放置24h可损失其所含糖分的$1/3\sim1/2$之多。降温冷藏可以降低呼吸强度，减少水果、蔬菜的贮藏损失。但并非呼吸强度都随温度降低而降低，例如马铃薯的最低呼吸率在$3\sim5$℃之间，而不是在0℃。各种水果、蔬菜保持正常生理状态的最低适宜温度不同，因为不同植物的代谢体系建立的温度是不同的，所以对温度降低的反映自然也不同。例如香蕉不能贮存于低于12℃的温度下，否则就会发黑腐烂；柠檬贮藏在$3\sim5$℃条件下为宜；苹果、梨、葡萄等只要细胞不结冰，仍能维持正常的生理活动。

了解水果、蔬菜组织的冰点与结冰现象对贮藏有重要的意义。细胞结冰时，由于水变成冰，体积膨胀，使细胞原生质受损害，酶与原生质的关系由结合态变为游离态。根据奥巴林的学说，游离态的酶以分解活性为主，因此冰冻反而有刺激呼吸作用的效果。一般水果、蔬菜汁液的冰点在$-2.5\sim-4$℃之间，因此大多数水果、蔬菜可在0℃附近的温度下贮藏。水果、蔬菜一旦受冻，细胞原生质便遭到损伤，正常呼吸系统的功能便不能维持，使一些中间产物积累而造成异味。氧化产物特别是醌类的累积使受冻害组织变成黑褐色，但某些种类的果实（如柿子和一些品种的梨、苹果和海棠等）经受冰冻后在缓慢解冻的条件下仍可恢复正常。

温度的波动也影响呼吸强度。温度不同，植物组织呼吸对不同底物的利用程度也不同。对柑橘类水果的研究表明：在3℃下经5个月的贮藏，其含酸量降低2/3，而在6℃下仅降低1/2，在甜菜中也发现类似情况。维持正常环境状态的最低适宜温度因水果、蔬菜类别和品种而异。

b. 湿度的影响。生长中的植株一方面不断由其表面蒸发水分，另一方面由根部吸收水分而得到补充。收获后的水果、蔬菜已经离开了母株，水分蒸发后组织干枯、凋萎，破坏了细胞原生质的正常状态，游离态的酶比例增大，细胞内分解过程加强，呼吸作用大大增强，少量失水可使呼吸底物的消耗几乎增加一倍。

为了防止水果、蔬菜组织水分蒸发，保存水果、蔬菜的环境中的相对湿度以保持在$80\%\sim90\%$为宜。湿度过大以至饱和时，水蒸气及呼吸产生的水分会凝结在水果、蔬菜的表面，形成"发汗"现象，为微生物的滋生准备了条件，因此必须避免。

c. 大气组成的影响。改变环境大气的组成可以有效地控制植物组织的呼吸强度。空气中含氧过多会刺激呼吸作用，降低大气中的含氧量可降低呼吸强度，苹果在3.3℃下贮存在含氧$1.5\%\sim3\%$的空气中，其呼吸强度仅为同温度下正常大气中的$39\%\sim63\%$。CO_2一般有强化减氧降低呼吸强度的效应，在含氧$1.5\%\sim1.6\%$、含CO_2 5%的空气中于33℃下贮存苹果的呼吸强度仅为对照组的$50\%\sim64\%$。减氧与增二氧化碳对植物组织呼吸的抑制效应是可叠加的。根据这一原理制订的以控制大气中氧和二氧化碳浓度为基础的贮藏方法称为气调贮藏法或调变大气贮藏法。每一种水果、蔬菜都有其特有的"临界需氧量",低于临界量,组织就会因缺氧呼吸而受到损害。几种水果、蔬菜的临界需氧量如下(温度20℃):菠菜和菜豆约1%;豌豆和胡萝卜约4%;苹果约2.5%;柠檬约5%。

d. 机械损伤及微生物感染的影响。植物组织受到机械损伤(压伤、碰伤、刺伤)和虫咬,以及受微生物感染后呼吸强度都可增高,即使一些看来并不明显的损伤都会引起很强的呼吸强度增高现象。

e. 植物组织的龄期与呼吸强度的关系。水果、蔬菜的呼吸强度不仅因种类而异,而且因龄期而不同。较幼的正在旺盛生长的组织和器官具有较高的呼吸能力,趋向成熟的水果、蔬菜的呼吸强度则逐渐降低。

(2) 水果、蔬菜成熟的过程

① 成熟的概念。成熟是指植物种子的胚发育完全,具有萌发成新植株能力时的状态。种子由成熟开始(初熟)到完全成熟(晚熟)是一个过程,在此过程中,干物质迅速增加,水分迅速减少。多汁果实(水果)的果肉的成熟和种子的成熟一样,也伴随着营养物质的积累,但这些物质并不用作种胚的营养。种子的成熟与果肉的成熟是一致的,当种子尚未成熟时,果肉有不可口的涩味或酸味,组织生硬。种子成熟以后,水果果肉的食用质量(风味、质构)都达到了最佳点。

② 成熟过程中的生物化学变化。

a. 色素物质及鞣质的变化。成熟过程伴随着一系列的生物化学变化,最明显的是绿色由于叶绿素降解而消失,类胡萝卜素和花青素逐渐形成而显红色或橙色。例如,苹果由于形成花青素而呈红色,番茄则由于番茄红素的形成而呈红色。幼嫩果实常因含多量鞣质而呈强烈涩味,在成熟过程中涩味逐渐消失。

b. 果胶物质的变化。多汁果实的果肉在成熟过程中变软,是由于果胶酶活性增大,将果肉组织细胞间的不溶性果胶物质分解,果肉细胞失去相互间的联系所致的。

c. 芳香物质形成。水果、蔬菜的芳香物质的形成是极其复杂的化学变化过程,其机制多数不甚清楚。芳香物质是一些醛类、酮类、醇类、酸类、酯类物质,其形成过程常与大量氧的吸收有关,可以认为是成熟过程中呼吸作用的产物。

d. 维生素C积累。果实通常在成熟期间大量积累维生素C。维生素C是己糖的氧化衍生物,它的形成也与成熟过程中的呼吸作用有关。

e. 糖酸比的变化。多汁果实在发育初期,从叶子流入果实的糖分在果肉组织细胞内转化为淀粉而储存,因而缺乏甜味,而有机酸的含量则相对较高。随后淀粉又转变为糖,而有机酸则优先作为呼吸底物被消耗掉,因此,糖分与有机酸的比例即上升。糖酸比是衡量水果风味的一个重要指标。

③ 水果、蔬菜成熟过程中的呼吸作用特征。

a. 呼吸跃变现象。许多水果在成熟过程中其呼吸强度有一陡然上升的现象,称为呼吸跃变或呼吸高峰。呼吸高峰是果实完全成熟的标志,此时果实的色、香、味都达到最佳状态。呼吸高峰后,果实进入衰老阶段。有呼吸跃变现象的水果(如苹果、梨、香蕉、杏、李子、柿子、芒果、草莓、番茄等)一般都在呼吸跃变之前收获,在受控条件下储存,到食用前再令其成熟。无呼吸跃变现象的水果(如柑橘类、葡萄、菠萝、枇杷、樱桃等),采摘后呼吸持续缓慢下降而不表现有暂时上升,由于没有呼吸跃变现象,这类水果应在成熟后采摘。绿叶蔬菜没有明显的呼吸跃变现象,因此在成熟与衰老之间没有明显的区别。

b. 呼吸方向的变化。果实在成熟过程中,呼吸方向发生明显的质的变化,即由有氧呼吸转向无氧呼吸，因此在果肉中积累乙醇等二碳化合物。在果实成熟前，乙烯的生成量最大，现在已知乙烯是加速果实成熟的调节物质，是一种植物激素。乙烯的产生是水果成熟的开始，催熟所需的乙烯的临界体积浓度为 $0.1\sim1.0\mu L/L$。

④ 水果成熟的机制。乙烯对水果的催熟机制是由于它能提高果实组织原生质对氧的渗透性，促进果实的呼吸作用和有氧参与的其他生化过程。同时乙烯能改变果实酶的活动方向，使水解酶类从吸附状态转变为游离状态，从而增强果实成熟过程的水解作用。

CO_2 对乙烯的催熟作用有竞争性抑制作用。乙烯生物合成的机制经多年研究现已确定，其在活细胞内的唯一前体是蛋氨酸。

⑤ 水果的人工催熟。果实成熟机制的研究为人工催熟水果奠定了理论基础。目前运用乙烯利催熟水果，已经是一项很成熟的技术了。乙烯利几乎对所有水果都有不同程度的催熟作用。乙烯利的化学名称是 2-氯乙基膦酸，在中性或碱性溶液中易分解，产生乙烯。反应式如下：

$$Cl-CH_2-CH_2-H_2PO_3+OH^- \longrightarrow CH_2=CH_2+H_3PO_4+Cl^-$$

商品乙烯利为其 40% 的溶液，通常配成 0.05%～0.1% 的溶液使用，约 3～5 天即可催熟柿子、西瓜、杏、苹果、柑橘、梨、桃等，目前用乙烯利催熟香蕉已成为一项很普遍的技术。

思 考 题

1. 选择题

(1) 下列有关葡萄糖磷酸化的叙述中，错误的是（ ）。
A. 己糖激酶催化葡萄糖转变成 6-磷酸葡萄糖
B. 葡萄糖激酶只存在于肝脏和胰腺 β 细胞
C. 磷酸化反应受到激素的调节
D. 磷酸化后的葡萄糖能自由通过细胞膜

(2) 下列哪个酶直接参与底物水平磷酸化？（ ）
A. 3-磷酸甘油醛脱氢酶　　　B. α-酮戊二酸脱氢酶
C. 琥珀酸脱氢酶　　　D. 磷酸甘油酸激酶

(3) 下列物质中，不属于高能化合物的是（ ）。
A. CTP　　　B. AMP　　　C. 磷酸肌酸　　　D. 乙酰 CoA

(4) 下列关于细胞色素的叙述中，正确的是（ ）。
A. 全部存在于线粒体中　　　B. 都是氢传递体
C. 都是电子传递体　　　D. 都是小分子有机化合物

(5) 能直接将电子传递给氧的细胞色素是（ ）。
A. Cyt c　　　B. Cyt c1　　　C. Cyt b　　　D. Cyt aa3

(6) 呼吸链存在于（ ）。
A. 胞液　　　B. 线粒体外膜　　　C. 线粒体内膜　　　D. 线粒体基质

(7) 脑中氨的主要去路是（ ）。
A. 合成谷氨酰胺　　　B. 合成非必需氨基酸
C. 合成尿素　　　D. 生成铵盐

(8) 体内氨的主要去路是（ ）。
A. 生成非必需氨基酸　　　B. 合成尿素
C. 参与合成核苷酸　　　D. 生成谷氨酰胺

(9) 蛋白质生物合成是指（ ）。
A. 蛋白质分解代谢的逆过程

B. 由氨基酸自发聚合多肽的过程

C. 氨基酸在氨基酸聚合酶催化下连接成肽的过程

D. 由 mRNA 上的密码子翻译成多肽链的过程

(10) 蛋白质合成的直接模板是（　　）。

A. DNA　　　　　　　B. hnRNA　　　　　　C. mRNA　　　　　　D. tRNA

2. 名词解释

脂肪动员　酮体　糖酵解　糖的有氧氧化　柠檬酸循环　磷酸戊糖途径　糖异生

3. 判断题

(1) 糖在体内的储存形式为糖原，葡萄糖、果糖、半乳糖等都可转变为糖原。（　　）

(2) 糖在生命活动中主要作用是提供能量和碳源。（　　）

(3) 磷酸戊糖途径的重要性在于产生了 5-磷酸核糖和 NADPH。（　　）

(4) 糖异生的生理意义主要是维持血糖水平恒定。（　　）

(5) 三羧酸循环能将草酰乙酸彻底氧化。（　　）

(6) 氨基酸合成时使用的碳架和降解后产生的碳架是一致的。（　　）

(7) 人体内若缺乏维生素 B_6 和维生素 PP，均会引起氨基酸代谢障碍。（　　）

(8) 尿素是所有动物氨基氮代谢的最终产物。（　　）

(9) 转氨作用是氨基酸脱去氨基的唯一方式。（　　）

(10) L-谷氨酸脱氨酶不仅可以使 L-谷氨酸脱氨基，而且同时也是联合脱氨基作用不可缺少的重要酶。（　　）

(11) 脱羧酶的辅酶是 1-磷酸吡哆醛。（　　）

(12) 非必需氨基酸和必需氨基酸是针对人和哺乳动物而言的，它们是依据人或动物不需或必需而言的。（　　）

4. 填空题

(1) 糖酵解途径中的三个调节酶是_____、_____、_____。

(2) 1-磷酸果糖在磷酸果糖醛缩酶催化下可生成_____和_____。

(3) 合成糖原的前体分子是_____，糖原分解的产物是_____。

(4) 生物氧化的三种方式是_____、_____、_____。

(5) 呼吸链上流动的电子载体包括_____、_____、_____等。

(6) 水解淀粉的酶类包括_____、_____。前者主要存在于动物的消化道中，后者主要存在于植物中。其中_____可以越过支链作用，催化活力高。

(7) 糖异生主要在_____中进行，饥饿或酸中毒等病理条件下_____也可以进行糖异生。

(8) 动物中不能合成_____和_____等必需的多烯脂肪酸。

(9) 氨基酸降解反应主要有三种方式，即_____、_____、_____。

(10) 氨的同化途径主要有两条，分别为_____、_____。

5. 简答题

(1) 生物氧化的方式有哪些？有何特点？

(2) 三羧酸循环的意义是什么？

(3) 糖酵解中产生的 NADH 是怎样进入呼吸链氧化的？

(4) 简述脂肪酸氧化的过程。

(5) 磷酸戊糖途径的主要生理意义是什么？

模块十　食品的色香味

学习目标

（1）了解食品色素的分类及一些常见色素的结构和性质；

（2）掌握血红素、叶绿素的结构特点；

（3）了解酶促褐变的机理及非酶褐变的类型；

（4）掌握常用的控制酶促褐变的方法；

（5）了解呈味物质的呈味机理和食品中呈味物质的相互作用及其影响；

（6）掌握几类呈味物质（如甜味剂、酸味剂、鲜味剂）的呈味特点及其在食品加工中的应用。

素质目标

（1）引导要辩证地看待问题，利用有利方面从事食品的生产、贮藏，同时避免不利的因素；

（2）敢于担当，不断提升社会责任感；

（3）在学习中要发现问题，敢于质疑，养成实事求是的科学态度；

（4）宣讲创新精神，做事情要有自己的想法，要有恒心，有毅力。

一、食品中的色素

新鲜的食品具有天然的色泽，这与食物本身所具有的特性有关。食品的颜色是食品感官质量中最有影响的性质之一，某些食品在加工、制备或贮藏时会发生褪色或变化，这直接影响食品的质量。所以在食品加工和贮藏过程中为保持食品的天然色泽，防止其劣变，就必须了解在食品中应用的色素及其性质。

食品中的色素

1. 天然色素

食品呈现的各种颜色，来源于食品中固有的天然色素和人工着色。人工着色可以用天然的动植物色素或合成色素。食品中的天然色素是指在新鲜原料中眼睛能看到的有色物质，或者本来无色，在加工过程中由于化学反应而呈现颜色的物质。天然色素就其来源，可分为动物色素、植物色素和微生物色素，其中以植物色素最为丰富多彩。这些不同来源的色素也可以按溶解性分为脂溶性色素和水溶性色素。从化学结构类型的不同来区分，色素可以分为吡咯类色素、多烯类色素、酚类色素和醌酮类色素等。下面按天然色素的化学结构分类进行介绍。

（1）吡咯类色素　这类化合物是由 4 个吡咯环的 α-碳原子通过次甲基（—CH ＝）相连而成的共轭体系。生物组织中有两种吡咯类色素，即动物组织中的血红素和植物组织中的叶绿素。它们都与蛋白质相结合，不同的是血红素的卟啉环与铁原子结合，叶绿素的卟啉环与镁原子结合，另外二者卟啉环的 β 位上连接的取代基不同。

① 血红素。血红素是高等动物血液和肌肉的红色色素，在动物活机体中，它是呼吸过程中 O_2 和 CO_2 的载体，是肌红蛋白（Mb）和血红蛋白（Hb）的辅基。血红素属吡咯类色素。

血红素以结合蛋白质的形式存在，血红蛋白是由 4 个血红素分子和具有 4 个亚基的球蛋白结合而成的，而肌红蛋白则由 1 分子血红素和只有一条肽链的球蛋白结合而成。

血红素是由 1 个铁原子与卟啉环构成的铁卟啉化合物。血红素分子中的 4 个氮原子位于同一个平面上，两个氮原子与亚铁原子以共价键相结合，还有两个氮原子以配位键与亚铁原子相结合。铁原子的配位能力为 6，剩下的两个配位数，一个与球蛋白分子中组氨酸残基上咪唑环的一个氮原子相结合，在平面以上形成配位键，另外一个在平面以下与水或氧配位结合。亚铁血红素（即血红素）的分子结构如图 1-10-1 所示。

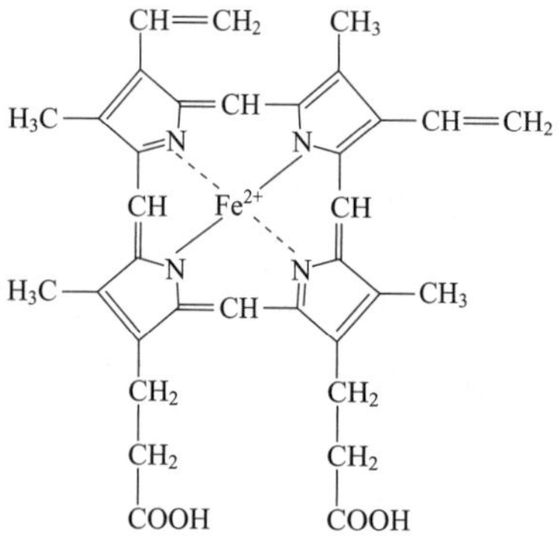

图 1-10-1　血红素的分子结构

肌肉和血液颜色的深浅是由于血红素含量不同所致的。鱼肉中细血管分布较少，血红素少，故鱼肉的颜色较浅。血红素分子中的铁原子上有结合水，它与分子氧相遇时，水分子被氧分子置换形成氧合血红素而呈鲜红色。在有氧时血红素被加热，蛋白质发生热变性，血红素中的 Fe^{2+} 被氧化为 Fe^{3+}，生成黄褐色的正铁血红素蛋白（或称肌色质）。但在缺氧条件下贮存，正铁血红素蛋白中 Fe^{3+} 又被还原成 Fe^{2+} 而变成粉红色的血红素蛋白。这种现象在煮肉时或在肉类贮存过程中均可见到。

在一定的 pH 和温度条件下，向肌肉中加入还原剂——抗坏血酸，可使正铁血红素蛋白重新生成血红素蛋白，这是保持肉制品色泽的重要手段。血红素与 NO 作用，生成红色亚硝基血红素蛋白，加热则生成稳定的鲜红色亚硝基血红素蛋白，故用硝酸盐、亚硝酸盐可使肉发色。但过量的亚硝酸盐能与食物中的胺类化合物反应，生成亚硝胺类物质，此类物质具有致癌作用，所以肉制品的发色不得使用过多的硝酸盐和亚硝酸盐。

② 叶绿素。叶绿素是高等植物和其他所有能进行光合作用的生物体内所含有的一类绿色色素，是一切绿色植物绿色的来源。

叶绿素是由叶绿酸（镁卟啉衍生物）与叶绿醇及甲醇所构成的二醇酯，绿色来自叶绿酸残基部分。叶绿素有叶绿素 a、叶绿素 b、叶绿素 c、和叶绿素 d 等几种。高等植物中的叶绿素主要有蓝绿色和黄绿色两种。图 1-10-2 为叶绿素的分子结构。

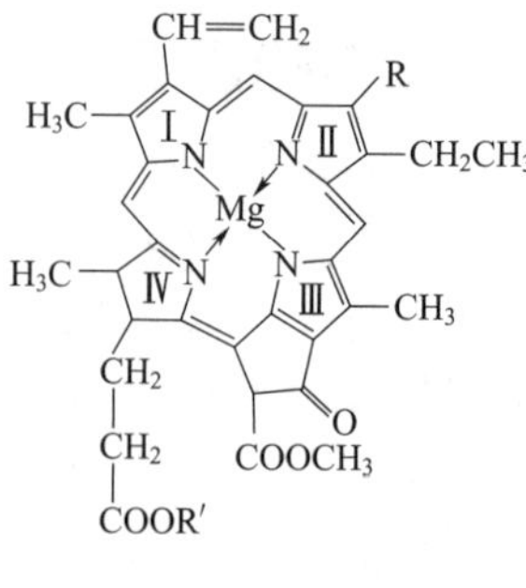

图 1-10-2　叶绿素的分子结构

叶绿素 a：R＝CH_3；叶绿素 b：R＝CHO

R′＝CH_2CH ＝$C(CH_3)[(CH_2)_3CH(CH_3)]_3CH_3$

叶绿素在稀酸条件下，卟啉环中的镁被氢原子替代生成褐色脱镁叶绿素，这就是在食品加工中常出现黄褐色的原因，故需加入叶绿素铜钠盐护色。植物细胞中含有叶绿素分解酶，当叶绿体受破坏或植物衰败时，叶绿素被分解为绿色的叶绿素醇和甲基叶绿酸。

（2）多烯类色素　多烯类色素是以异戊二烯残基为单位的共轭双键长链色素，习惯上又称为类胡萝卜素（见图 1-10-3），属于脂溶性色素，大量存在于植物、动物和微生物体内。类胡萝卜素分为胡萝卜素和叶黄素两大类，胡萝卜素为共轭多烯，叶黄素为共轭多烯的氧化物。类胡萝卜素的加工稳定性较强。

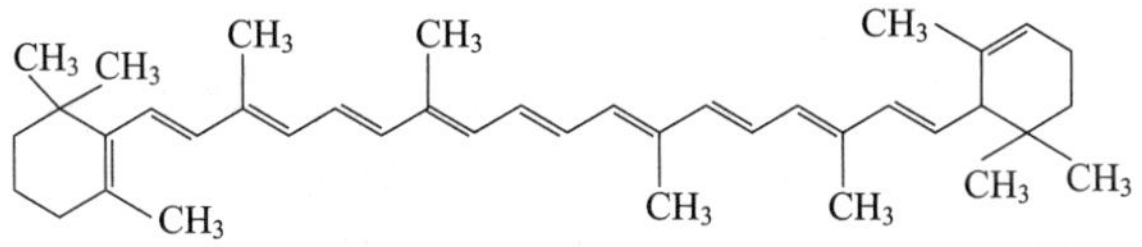

(a) α-胡萝卜素

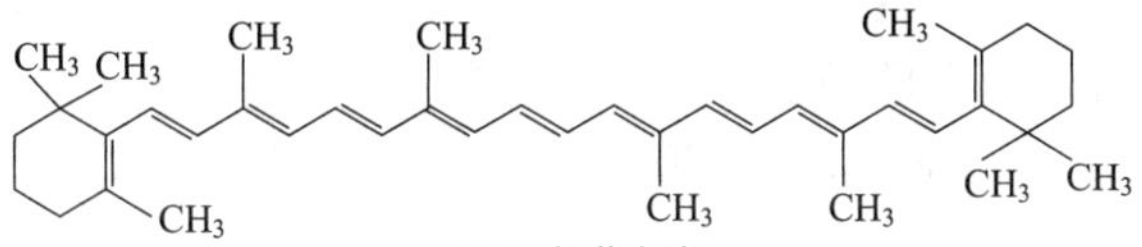

(b) β-胡萝卜素

图 1-10-3　类胡萝卜素的结构

类胡萝卜素是胡萝卜的主要色素，其颜色主要是因为它存在共轭双键系统。分子中的共轭双键数越多，其主要吸收带就越向长波区域移动，其颜色就越偏向红色，而且当含有 7 个共轭双键时就能呈现出黄色。此外在主链上还可能含有一些羟基或醛基等基团，这些基团的数目和位置也会影响色素的颜色。植物和动物体内的类胡萝卜素具有维生素 A 的功能，所以称为维生素 A 原。生物活性最高的维生素 A 原是 β-胡萝卜素，其次是 α-胡萝卜素，而叶黄素等类胡萝卜素则无此活性。

类胡萝卜素还可以与蛋白质结合形成稳定的色素，如类胡萝卜素中的虾黄素与蛋白质结合生成龙虾壳中的蓝色色素。类胡萝卜素还可以与糖结合生成糖苷类化合物。所有的类胡萝卜素都是脂溶性色素，易溶于氯仿和丙酮等有机溶剂，几乎不溶于水。类胡萝卜素热稳定性较好，pH 对其影响不大，但其抗氧化、抗光照性能较差，容易被酶分解褪色，因此在加工或者贮藏中，可采用真空干燥、充氮包装防止其氧化褪色。

（3）酚类色素　酚类色素是一类水溶性植物色素，有花青素、花黄素和鞣质三大类。

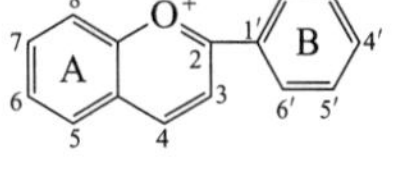

图 1-10-4　花色基元

① 花青素。大多数花青素在花色基元（见图 1-10-4）的 C-3、C-5、C-7 位上有取代羟基。在 B 环上各碳位上取代基不同（羟基或甲氧基）而形成了各种不同的花青素。不同花青素之间的区别主要为苯基上的取代基不一样，取代基直接影响花青素的呈色，羟基越多，颜色越深（蓝色），甲氧基越多，颜色越浅（红色）。

在自然状态下，花青素的游离态极为少见，常常以糖苷形式存在。花青素通常与一个或几个单糖，大多在 C-3 和 C-5 位上成苷。成苷的糖常见的有五种：葡萄糖、鼠李糖、半乳糖、木糖、阿拉伯糖。植物中花青苷的含量也不等，有的仅 1 种（如黑莓），有的达十几种，如某种葡萄中所含花青苷竟达 21 种。

常见的矢车菊花青苷、天竺葵花青苷、飞燕草花青苷都是相应的花青素的 3,5-二-β-葡萄糖苷。

花青素是水溶性色素，在果蔬加工时会大量流失。花青素分子中吡喃环上的氧为 4 价，呈碱性，同时因为有酚羟基，又具有酸性，故花青素在不同的 pH 下有不同的结构，从而呈

模块十　食品的色香味

177

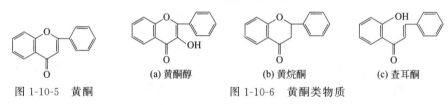

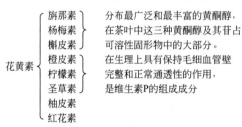

现不同的颜色。果蔬在成熟前后分别出现不同的颜色，这是因为 pH 变化的缘故，这也是同一种花青素在不同的花果中呈现不同颜色的原因之一。

花青素对光和热极为敏感，在光照或受热下会发生聚合反应，生成高分子聚合物而呈褐色。花青素易受氧化剂和还原剂的作用而变色。二氧化硫能与花青素发生加成反应，使之褪色，若将二氧化硫加热除去，原有的颜色可以部分恢复。因此，在加工含有花青素的食品时一定要进行护色处理。花青素能与钙、镁、铁、铝等金属离子反应生成盐类而呈现灰紫色、紫红色等深色，不再受 pH 的影响，因而果蔬加工时宜用不锈钢器皿。此外，霉菌和植物组织中有分解花青素的酶，可使花青素褪色。

许多水果蔬菜中，广泛存在一种无色或接近无色的酚类物质，称为无色花青素，它的结构不同于花青素，但可以转变为有色的花青素。这是罐藏水果果肉变红、变褐的原因之一。

② 花黄素。花黄素是广泛分布于植物组织细胞中的另一类水溶性色素物质，常为浅黄色或无色，偶尔呈鲜橙黄色，普遍存在于果蔬中。它的呈色能力不强，但在加工过程中会因 pH 和金属离子的存在而产生不良颜色，影响产品的色泽。

花黄素的结构母核是 2-苯基苯并吡喃酮，分子中含有 1 个酮式羰基，它们的羟基衍生物多为黄色，故又称为黄酮（图 1-10-5）。

最重要的黄酮类物质是黄酮、黄酮醇、二氢黄酮（黄烷酮）、查耳酮等（见图 1-10-6）。

图 1-10-5　黄酮
(a) 黄酮醇　(b) 黄烷酮　(c) 查耳酮
图 1-10-6　黄酮类物质

上述各种黄酮类物质的两个苯环上的氢原子可以被羟基、甲氧基、甲基等取代，衍生出各种黄酮色素，这些黄酮色素又能与糖成苷。常见的、重要的花黄素见表 1-10-1。

表 1-10-1　常见的、重要的花黄素

花黄素｛ 莰那素／杨梅素／槲皮素：分布最广泛和最丰富的黄酮醇，在茶叶中这三种黄酮醇及其苷占可溶性固形物中的大部分。 橙皮素／柠檬素／圣草素：在生理上具有保持毛细血管壁完整和正常通透性的作用，是维生素P的组成成分 柚皮素 红花素 ｝

作为色素物质，花黄素对食品感官性质的作用远不如其潜在的影响大。黄酮类物质的颜色大多呈浅黄色至无色，分子中羟基多者颜色深。黄酮类物质在遇碱时会变明显的黄色，如含黄酮类的果蔬（洋葱、荸荠、马铃薯等）在碱性水中预煮时往往会变黄而影响产品质量，在生产时加入少量酒石酸氢钾或柠檬酸调节 pH，可以避免黄酮色素的变化。

黄酮类物质遇铁离子可变成蓝绿色，这是酚羟基的呈色反应，在相关的食品加工中应引起注意。

③ 鞣质。鞣质是植物中存在的复杂混合物，具有涩味，能与金属反应，分子结构中含多个酚羟基。植物鞣质在某些植物（如石榴、咖啡、茶叶、柿子等）中含量较多，是涩味的主要来源。植物鞣质主要由儿茶酚、焦性没食子酸、根皮酚、原儿茶酸、没食子酸等单体组成，这些单体的结构式如图 1-10-7 所示。

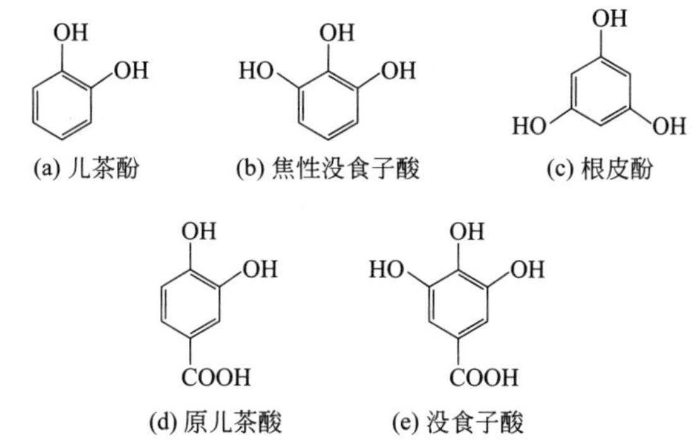

(a) 儿茶酚　(b) 焦性没食子酸　(c) 根皮酚
(d) 原儿茶酸　(e) 没食子酸

图 1-10-7　鞣质单体的结构式

单宁在植物中广泛存在，在五倍子和柿子中含量较高，有十分强的涩味，能与金属离子反应或因氧化而呈黑色。它实际上是酚酸与多元醇、糖类所成的酯（或苷），见图 1-10-8。

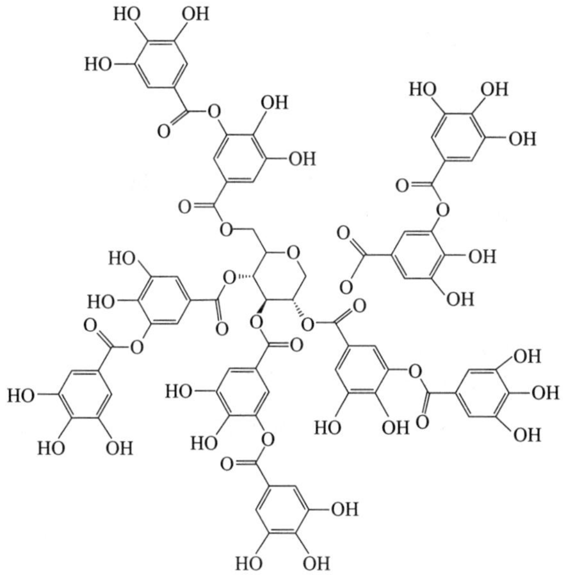

图 1-10-8　单宁的结构式

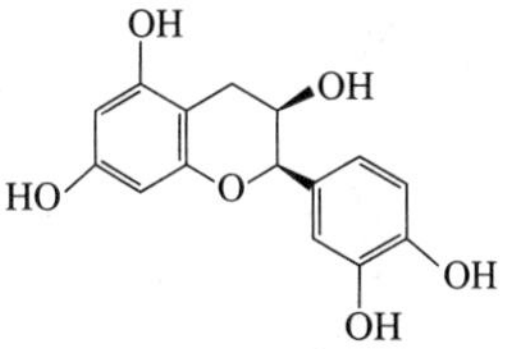

图 1-10-9　儿茶素的结构式
（3,5,7,3′,4′-五羟基黄烷）

儿茶素在一些植物中（葡萄、苹果、桃、李）存在，在茶叶中含量很高，具有较轻的涩味。儿茶素具有二苯丙烷型结构，见图 1-10-9。儿茶素或其衍生物棓儿茶素等黄烷-3-醇化合物以碳-碳键聚合形成缩合鞣质。

单宁的颜色为白中带黄或轻微褐色，儿茶素本身无色。单宁与蛋白质作用可产生不溶于水的沉淀，与多种生物碱或多价金属离子结合生成暗黑色的不溶性沉淀；儿茶素与金属离子结合产生白色或有色沉淀。遇三价铁离子时，单宁呈微蓝的黑色，儿茶素呈发绿的黑色，所以加工这类食物不能使用铁质器皿。果汁中的鞣质能与果胶作用生成沉淀。鞣质作为呈色物质，主要是在植物受损及加工过程中起作用，可影响制品的色泽。

（4）醌酮类色素

① 红曲色素。红曲色素有 6 种不同成分，其中黄色成分、橙色成分和紫色成分各两种，其结构式见图 1-10-10。

② 姜黄色素。姜黄色素是从植物姜黄根茎中提取的黄色色素，是二酮类化合物。姜黄

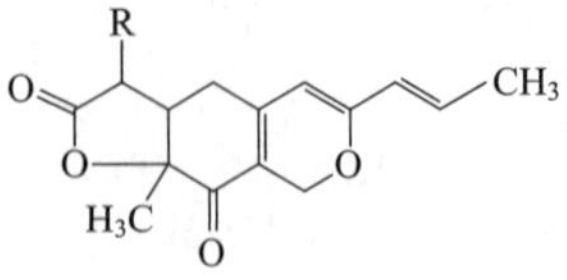

$R = COC_5H_{11}$，红曲素($C_{21}H_{26}O_5$)
$R = COC_7H_{15}$，黄红曲素($C_{23}H_{30}O_5$)

(a) 黄色红曲色素

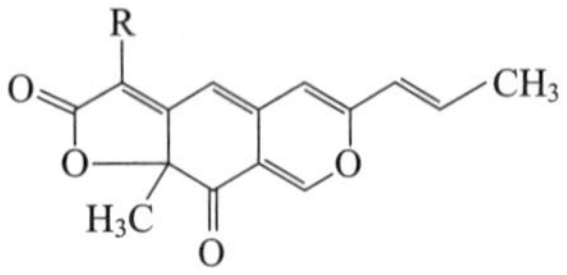

$R = COC_5H_{11}$，红斑红曲素($C_{21}H_{22}O_5$)
$R = COC_7H_{15}$，红曲玉红素($C_{23}H_{26}O_5$)

(b) 橙色红曲色素

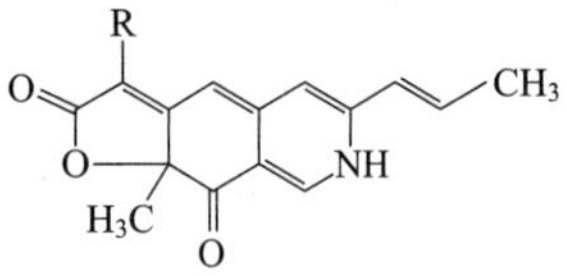

$R = COC_5H_{11}$，红斑红曲胺($C_{21}H_{23}NO_4$)
$R = COC_7H_{15}$，红曲玉红胺($C_{23}H_{27}NO_4$)

(c) 紫色红曲色素

图 1-10-10　红曲色素的结构式

色素为橙黄色粉末，在中性和酸性水溶液中呈黄色，在碱性溶液中呈褐红色，对蛋白质着色力较强，常用于咖喱粉、黄色萝卜条的增香着色，它具有类似胡椒的香味。姜黄色素耐光耐热性差，易与铁离子结合而变色。其结构式见图 1-10-11。

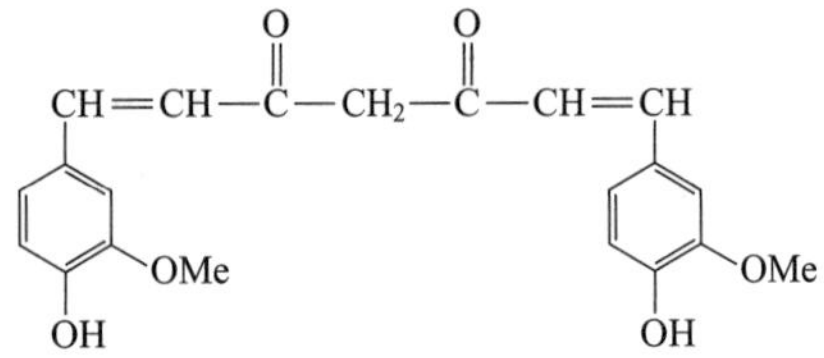

图 1-10-11　姜黄色素的结构式

③ 甜菜色素。甜菜色素是存在于食用红甜菜（俗称紫菜头）中的天然食用色素，也存在于一些花和果实中，它包括甜菜红素与甜菜黄素。甜菜红素与甜菜黄素都是吡啶的衍生物，与糖成苷而存在于植物中。

甜菜色素易溶于水，pH 4～7 内不变色，耐热性不高，也不耐氧化，光照会加速其氧化，抗坏血酸会减慢其氧化。甜菜色素的稳定性随水分活度的降低而增强，因此可作为低水分食品的着色剂。

④ 其他天然色素。胭脂虫色素及紫胶虫色素是两种性质与结构相似的蒽醌系色素，用于食品着色由来已久。

胭脂虫色素是寄生在胭脂仙人掌上的雌性昆虫体内的一种蒽醌色素（又称胭脂红酸），耐热性、耐光性、耐微生物性好。

紫胶虫是一种树木寄生昆虫，其分泌物即紫胶，又称紫草茸，是一种中药。紫胶虫色素主要成分为紫胶红酸，系蒽酮衍生物。紫胶虫色素已知有 5 种成分，即紫胶红酸 A、紫胶红酸 B、紫胶红酸 C、紫胶红酸 D、紫胶红酸 E，结构式如图 1-10-12 所示。

胭脂红酸和紫胶红酸的性质相似，酸性时呈橙黄色，中性时为红色，碱性时为紫色，在强碱溶液中褪色，常用于果汁、果子露、汽水、配制酒及糖果的着色。

2. 人工合成色素

天然色素一般稳定性差，供应量也有限。随着化学工业和食品工业的发展，人工合成色素得到了广泛应用。然而合成色素多以煤焦油为原料，本身无营养价值，而有些物质对人体有害，因此，使用时必须注意其安全性，我国允许使用的人工合成色素有四种：苋菜红、胭脂红、柠檬黄、靛蓝。

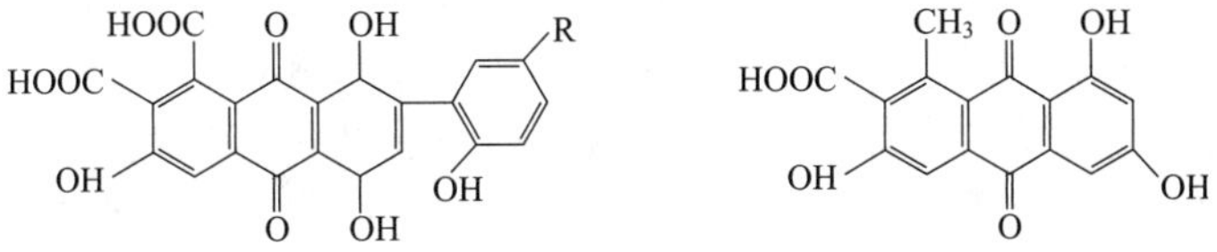

(a) 紫胶红酸A、紫胶红酸B、
紫胶红酸C、紫胶红酸E

(b) 紫胶红酸D

紫胶红酸A：R = CH₂CH₂NHCOCH₃
紫胶红酸B：R = CH₂CH₂OH
紫胶红酸C：R = CH₂CH(NH₂)COOH
紫胶红酸E：R = CH₂CH₂NH₂

图 1-10-12　紫胶虫色素的结构式

(1) 胭脂红　即食用红色 1 号，为红色或暗红色的颗粒或粉末，溶于水和甘油，难溶于乙醇，不溶于油脂，对光和酸稳定，但抗热性、还原性弱，遇碱变褐色，易被细菌分解。胭脂红结构式如图 1-10-13 所示。

胭脂红可应用于蛋卷、肉制品的可食用动物肠衣类、植物蛋白饮料、胶原蛋白肠衣、调制乳、风味发酵乳、调制乳粉和调制奶油粉、调制炼乳（包括加糖炼乳及使用非乳原料的调制炼乳等）、冷冻饮品、蜜饯凉果、腌渍的蔬菜、可可制品、巧克力和巧克力制品（包括代可可脂巧克力及制品）以及糖果（装饰糖果、顶饰和甜汁除外）、糖果和巧克力制品包衣、虾味片、糕点上彩装、焙烤食品馅料及表面用挂浆（仅限饼干夹心和蛋糕夹心）、水果调味糖浆、果蔬汁（浆）类饮料、含乳饮料、碳酸饮料、风味饮料（仅限果味饮料）、配制酒、果冻、膨化食品、水果罐头、装饰性果蔬、果酱、半固体复合调味料（蛋黄酱、沙拉酱除外）等。

(2) 苋菜红　苋菜红是胭脂红的异构体，即食用红色 2 号，又称蓝光酸性红。苋菜红为红色粉末，水溶液为红紫色。苋菜红溶于甘油和丙醇，稍溶于乙醇，不溶于油脂，易为细菌分解，对光、热、盐类均较稳定，对柠檬酸、酒石酸也比较稳定，碱性溶液中呈暗红色，对氧化还原剂敏感，不能用于发酵食品的着色。苋菜红结构式如图 1-10-14 所示。

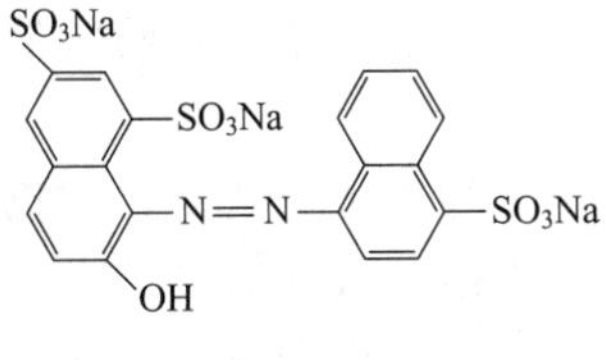

图 1-10-13　胭脂红的结构式

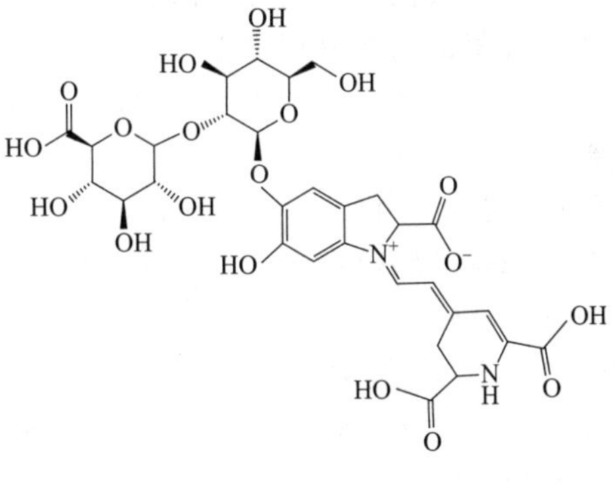

图 1-10-14　苋菜红的结构式

苋菜红可用于冷冻饮品、蜜饯凉果、腌渍的蔬菜、可可制品、巧克力和巧克力制品（包括代可可脂巧克力及制品）以及糖果、糕点上彩装、焙烤食品馅料及表面用挂浆（仅限饼干夹心）、果蔬汁（浆）类饮料、碳酸饮料、风味饮料（仅限果味饮料）、固体饮料、配制酒、果冻等。

(3) 柠檬黄　柠檬黄又称肼黄或酒石黄，为橙色或橙黄色的颗粒或粉末。溶于水、甘油、丙二醇，稍溶于乙醇，不溶于油脂，对热、酸、光和盐都稳定，遇碱变红，氧化性差，还原时呈褐色。柠檬黄的结构式如图 1-10-15 所示。

柠檬黄可用于蛋卷、风味发酵乳、调制炼乳（包括加糖炼乳及使用了非乳原料的调制炼乳等）、冷冻饮品、焙烤食品馅料及表面用挂浆（仅限风味派馅料、饼干夹心和蛋糕夹心）、谷类和淀粉类甜品（如米布丁、木薯布丁）、蜜饯凉果、装饰性果蔬、腌渍的蔬菜、熟制豆类、加工坚果与籽类、可可制品、巧克力和巧克力制品（包括代可可脂巧克力及制品）、虾味片、糕点上彩装、香辛料酱（如芥末酱、青芥酱）、饮料类（包装饮用水除外）、配制酒、膨化食品、液体复合调味料等。

（4）靛蓝 靛蓝又称酸性靛蓝或磺化靛蓝，为暗红色至暗紫色的颗粒或粉末，不溶于水，溶于甘油、丙二醇，稍溶于乙醇，不溶于乙醚、油脂，对光、热、酸、碱和氧化剂都很敏感，耐热性较差，易为细菌分解，还原后褪色，对食品的着色好。靛蓝结构式如图1-10-16所示。

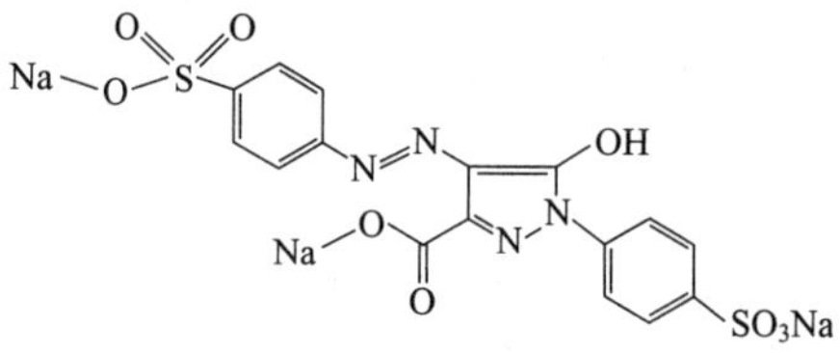

图 1-10-15　柠檬黄的结构式 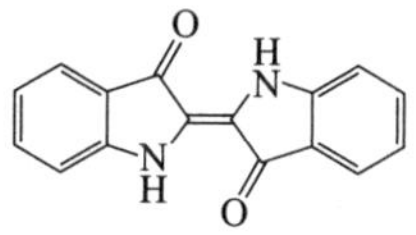　　　　图 1-10-16　靛蓝的结构式

靛蓝可用于腌渍的蔬菜、熟制坚果与籽类（仅限油炸坚果与籽类）、膨化食品、蜜饯类、凉果类、可可制品、巧克力和巧克力制品（包括代可可脂巧克力及制品）以及糖果、糕点上彩装、焙烤食品馅料及表面用挂浆（仅限饼干夹心）、果蔬汁（浆）类饮料、碳酸饮料、风味饮料（仅限果味饮料）、配制酒等。

3. 食品加工和贮藏中的褐变现象

食品在加工、贮藏过程中或受到机械损伤时，颜色变褐，有的出现红色、黄色、蓝色、绿色等色泽，这种颜色变化统称为褐变，它是食品比较普遍的一种变色现象。例如，去皮的桃子、苹果、香蕉、马铃薯等暴露在空气中就会变成褐色。对一般食品来说，褐变是不受欢迎的，但有些褐变也是人们希望看到的，如酿造酱油的棕褐色，红茶、啤酒的红褐色，熏制食品的棕褐色，焙烤制品的金黄色等。

褐变作用按其发生机制可以分为酶促褐变和非酶褐变两大类。

（1）酶促褐变 酶促褐变多发生在水果、蔬菜等新鲜植物性食物中，是酚酶催化酚类物质形成醌及其聚合物的结果。

植物组织中含有酚类物质，酚类物质在完整的细胞中作为呼吸传递物质，在正常的情况下，氧化还原反应之间（酚和醌的互变）保持着动态平衡，当组织破坏后氧就大量侵入，打破了氧化还原反应的平衡，于是发生了氧化产物醌的积累和进一步聚合及氧化，使组织变成黑色。

a. 酶促褐变的机理。酚酶是以氧为受氢体的末端氧化酶，是两种酶的复合体：一种是甲酚酶（又称酚羟化酶），作用于一元酚；另一种是儿茶酚酶（又称为多元酚氧化酶），作用于二元酚。也有人认为酚酶是既能作用于一元酚又能作用于二元酚的一种特异性不强的酶。

酚酶属氧化还原酶类中的氧化酶类，能直接催化氧化底物酚类，它最适pH为7，较耐热，在100℃可钝化。

马铃薯切开后暴露在空气中，切面会变黑褐色，是因为其中含有的酚类物质酪氨酸，在酚酶作用下发生了褐变。酱油在发酵时变褐色，这也是原因之一。

酚酶氧化酚的反应如下：

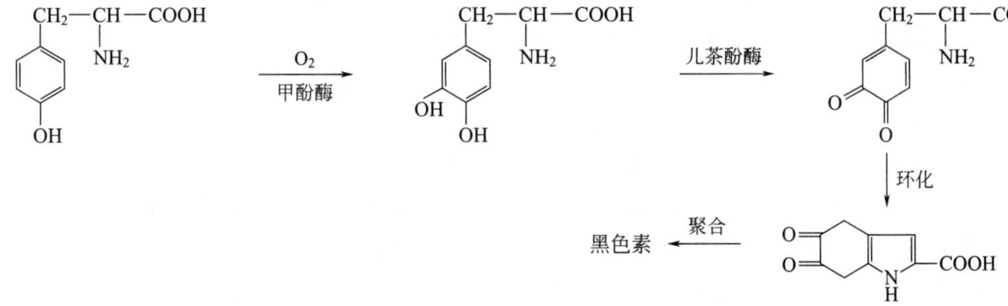

动物皮毛中的黑色素是通过这一机理而形成的，虾类在冷藏过程产生黑斑的原因也是基于这一机理。

在水果中，儿茶酚分布非常广泛，它在儿茶酚酶作用下非常容易氧化成醌（邻苯醌），反应式如下：

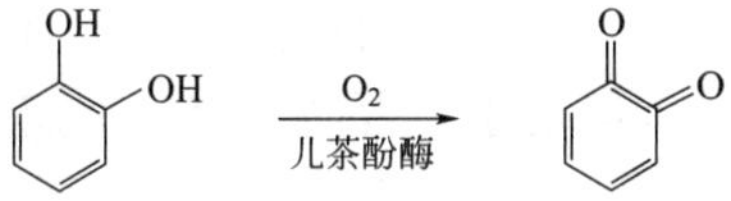

醌形成后，进一步形成羟醌 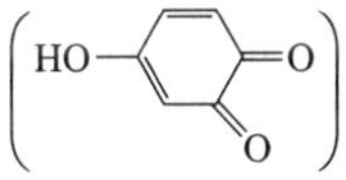 则是个自动反应，无需酶参与，羟醌再进行聚合，依聚合度的大小由红色变褐色，最后形成黑褐色物质。

酚酶作用的底物主要有一元酚型、邻二酚型化合物（如前述的花青素、黄酮类物质、鞣质等），酚酶对邻二酚的作用快于一元酚，但间位二酚不能作为底物，邻位二酚的取代衍生物（如愈创木酚、阿魏酸，见图 1-10-17）也不能作为底物。

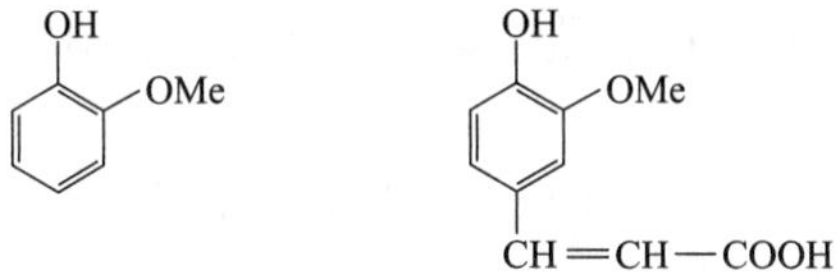

(a) 愈创木酚　(b) 阿魏酸

图 1-10-17　愈创木酚与阿魏酸的结构式

如前所述，马铃薯褐变的主要底物是酪氨酸，香蕉中的褐变底物是 3,4-二羟基苯乙胺，而在桃、苹果中褐变的关键物质是绿原酸（图 1-10-18）。苹果切口褐变程度与苹果的品种有关：国光最重，红玉最轻，红星和皇冠等居中。

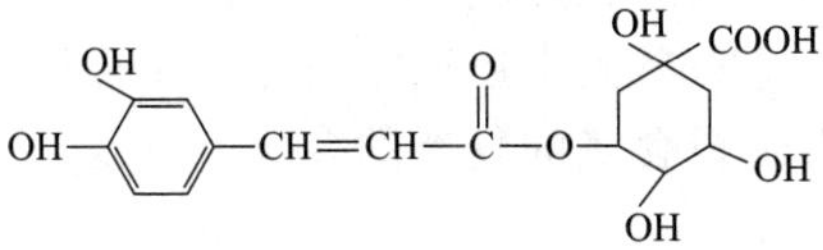

咖啡酸残基　奎宁酸残基

图 1-10-18　绿原酸的结构式

b. 酶促褐变的控制。发生酶促褐变的原因是因为植物细胞中的酚类物质和醌类物质平衡被破坏，致使醌积累，而醌再进一步聚合可形成黑精或类黑精等褐色色素。发生酶促褐变必须具备多酚类物质、酚酶和氧气三个条件，褐变的程度主要取决于多酚类物质含量的高低，与酚酶活性关系不大。如果没有酚酶的作用则不会发生酶促褐变，如柠檬、橘子、西瓜等就不会发生酶促褐变。防止酶促褐变可采用以下几种方法：

（a）加热处理，使酚酶失活。

（b）调节 pH。酚酶作用的最适 pH 为 6～7，低于 3 时已无活性，故常利用柠檬酸、苹果酸、抗坏血酸以及其他有机酸的混合液降低酶的活性。

（c）利用酚酶的强抑制剂（如 SO_2、Na_2SO_3、$NaHSO_3$）的作用抑制酚酶的活性。在蘑菇、马铃薯、桃、苹果加工中常用二氧化硫及亚硫酸盐溶液作为护色剂。

二氧化硫气体处理水果蔬菜，渗入组织快，但亚硫酸盐溶液使用更方便。二氧化硫及亚硫酸盐溶液在弱酸性（pH=6）条件下对酚酶的抑制效果最好。

关于二氧化硫和亚硫酸盐对褐变的抑制机理，有三种观点：有的认为是抑制了酶；有的认为是二氧化硫把酮还原成了酚；还有的认为二氧化硫和醌的加合防止了醌的进一步聚合。

用二氧化硫和亚硫酸盐处理不仅能抑制褐变，还有一定的防腐作用，并可避免维生素 C 的氧化。但其缺点有：对色素（花青素）有漂白作用，腐蚀铁罐内壁，破坏维生素 B_1，有不愉快的味感和嗅感，浓度高时有碍健康。食品卫生标准规定其残留量不得超过 0.05g/kg（以二氧化硫计）。

（d）采用充填惰性气体、真空包袋或其他隔离氧气的措施。将切开的水果、蔬菜浸泡在水中，隔绝氧，可以防止酶促褐变。更有效的方法是在水中加入抗坏血酸，抗坏血酸在自动氧化过程中会消耗果蔬切开组织表面的氧，使表面生成一层氧化态抗坏血酸隔离层。组织中含氧较多的水果（如苹果、梨），组织中的氧也会引起缓慢褐变，需要用真空渗入法把糖水或盐水强行渗入组织内部，以驱出细胞间隙中的氧。一般在一定的真空下保持一段时间后突然破坏真空即可达到目的。

（e）加入酚酶底物的类似物。最近报道，加入酚酶底物的类似物（如肉桂酸、阿魏酸、对香豆酸等），能有效抑制苹果汁的酶促褐变，而且这 3 种有机酸是果蔬中天然存在的芳香有机酸。

（2）非酶褐变　在食品的贮藏与加工过程中常发生一些与酶无关的褐变作用，称为非酶褐变。非酶褐变包括下列几种：

① 美拉德反应。法国化学家美拉德在 1912 年发现，当甘氨酸和葡萄糖的混合液在一起加热时，会形成褐色的色素（又称为类黑色素），之后将这类羰基化合物与氨基化合物之间的反应称为美拉德反应（又称羰氨反应）。

凡是有氨基和羰基共存时，都能引起美拉德反应。几乎所有的食品都含有氨基（来源于游离氨基酸、多肽、蛋白质、胺类）和羰基（来源于醛、酮、糖或油脂氧化酸败所产生的醛、酮）。因此美拉德反应是食品在加热或长期贮藏后发生褐变的主要原因。

美拉德反应是个复杂的反应。首先由还原糖与氨基化合物缩合（这一反应称羰氨反应），然后通过一系列的缩合与聚合形成含氮的复杂的多分子色素，这种色素称为黑色素。羰氨反应的反应式如下：

$$R-\overset{\overset{\displaystyle O}{\|}}{C}-H \ + \ H_2N-R'-\overset{\overset{\displaystyle O}{\|}}{C}-OH \ \xrightarrow{-H_2O} \ R-CH=N-R'-\overset{\overset{\displaystyle O}{\|}}{C}-OH$$

影响美拉德反应的因素有：

a. 反应物结构。还原糖是美拉德反应的主要成分，一般来讲，戊糖的反应速率较己糖快 10 倍左右，双糖因分子较大，反应较慢；醛比酮快。至于氨基化合物的反应速率，一般胺类较氨基酸易于褐变，在氨基酸中，碱性的易褐变，氨基在 ε 位或在末端的比在 α 位的易褐变。

蛋白质也能与羰基化合物发生美拉德反应，但反应速率比肽和氨基酸缓慢。

b. 温度。褐变受温度影响较大，温度每差 10℃，褐变速率可相差 3～5 倍，一般在 30℃以上褐变较快，因此易褐变的食品应置于低温下贮藏。

c. 水分。褐变需要在有水存在的条件下进行，其速率与基质浓度成正比，水分在 10%～15% 时褐变最易发生。

水分越低，褐变越缓慢，如奶粉、冰淇淋的水分需控制在 3% 以下。干制品的水分低于 1% 时，褐变缓慢至难以觉察；而液体状食品，虽水分较高，但由于基质浓度低，褐变也较缓慢。

d. 酸度。当 pH＞3 时，褐变速率随 pH 增加而加快，酸度较高的食品，褐变不易发生。如在加工蛋粉时，干燥之前，加酸降低 pH，以抑制褐变，然后再加碳酸钠来恢复 pH。

e. 氧。氧能促进褐变，因此，易褐变的食品在 10℃ 以下真空贮藏，可推迟褐变的发生。

f. 亚硫酸盐。在生产加工中，亚硫酸氢钠可以抑制褐变，水果熏硫处理，不仅能抑制酶促褐变，还能延缓美拉德反应。

② 焦糖化作用。糖类在没有氨基化合物存在的情况下，加热至其熔点以上，也会变为黑褐色色素物质，这一作用称为焦糖化作用。焦糖化作用生成两类物质：一类是糖的脱水产物，即焦糖或酱色；另一类是因裂解而形成的挥发性醛、酮类物质，它们再进一步缩合、聚合成深色物质。

在一些食品（如焙烤、油炸食品）加工时，焦糖化作用控制得当，可以产生诱人的色泽与风味。

以蔗糖为例，形成焦糖的过程可以分为三个阶段。

第一阶段：由蔗糖熔解开始，经一段时间起泡，蔗糖失去 1 分子水生成异蔗糖酐，起泡暂时停止。

第二阶段：再次起泡，时间较长，失水达 9%，形成焦糖酐产物。焦糖酐分子式为 $C_{24}H_{36}O_{18}$，味苦，可溶于水、乙醇。反应式如下：

$$2C_{12}H_{22}O_{11} \xrightarrow{-4H_2O} C_{24}H_{36}O_{18}$$

第三阶段：进一步脱水，形成焦糖烯。

$$3C_{12}H_{22}O_{11} \xrightarrow{-8H_2O} C_{36}H_{50}O_{25}$$

焦糖烯可溶于水，继续加热，生成高分子难溶性物质，称为焦糖素。焦糖素化学式为 $C_{125}H_{188}O_{88}$，难溶于水，它的结构尚不清楚，但已知有以下官能团：羰基、羧基、烯醇基和酚羟基。铁能催化酚氧化为醌，所以铁的存在能强化焦糖色泽。

焦糖是一种胶态物质，因制造方法不同，等电点在 3.0～6.9。焦糖的等电点在食品制造中有重要意义，例如：在 pH 为 4～5 的饮料中使用了等电点为 4～6 的焦糖，就会发生絮凝浑浊以致出现沉淀。

糖在加热条件下的第二种变化是分解，产生一些醛类物质。如在酸性条件下，己糖加热分解生成羟甲基糠醛，戊糖加热则分解成糠醛；然后经过结合或与胺类（R—NH₂）反应，生成深褐色的色素。用酸法水解淀粉制葡萄糖的过程中，伴随着褐色物质的生成，就是这个原因。如在碱性条件下加热，单糖首先异构化（如葡萄糖异构为果糖、甘露糖），然后裂解为三碳物质（如甘油醛等），经复杂的缩合、聚合或发生美拉德反应生成黑褐色物质。

③ 抗坏血酸褐变。抗坏血酸褐变在果汁及果汁浓缩物的褐变中起着重要作用，尤其在柑橘类果汁的变色中起着主要作用。实践中发现，柑橘类果汁在贮藏过程中色泽变暗，产生二氧化碳，同时抗坏血酸含量也降低，都是由于抗坏血酸自动氧化造成的。其反应过程如图 1-10-19 所示。

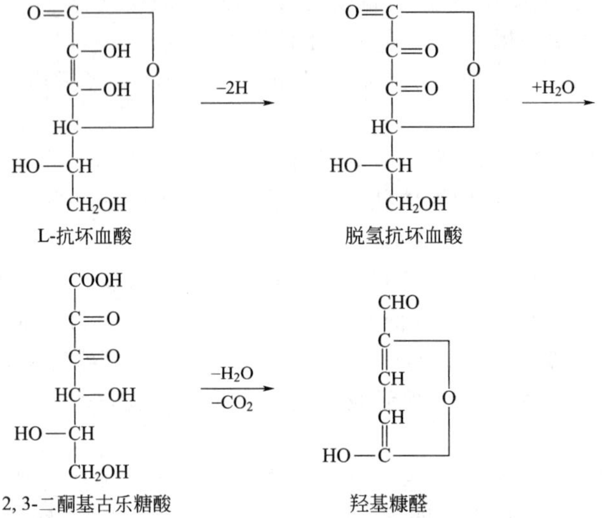

図 1-10-19 抗坏血酸褐变的过程

抗坏血酸褐变主要取决于 pH 与抗坏血酸的浓度，在 pH 为 2.0～3.5 时，褐变程度与 pH 成反比，所以 pH 较低的柠檬汁（pH 2.2）和葡萄汁（pH 2.9）要比柑橘汁易发生褐变。食品变质后，一方面造成一部分营养成分的损失和破坏，如维生素 C 的破坏、氨基酸尤其是赖氨酸的损失；另一方面会使有些营养成分不能被消化，从而降低其营养价值。

美拉德反应和焦糖化作用是脱水干制过程中常见的非酶褐变，两者的区别是：美拉德反应为氨基与还原糖的相互反应；而焦糖化作用是糖先裂解为各种羰基中间产物，然后聚合成褐色物质。抗坏血酸褐变主要发生在富含维生素 C 的果汁中。

非酶褐变对食品的营养质量和感官质量会产生影响。非酶褐变会造成氨基酸特别是赖氨酸的损失；适当的焦糖化作用在食品表面会呈现诱人的金黄色和褐黄色，并产生愉快的焦香味，但过度的焦糖化则产生苦味。因此，必须根据被加工物的特点，正确控制非酶褐变的程度。

食品的褐变往往是以几种方式进行的。对于非酶褐变，一般可用降温、加 SO_2、改变 pH、降低成品浓度、使用较不易发生褐变的糖类（蔗糖）等方法加以延缓及抑制。

二、味觉及味觉物质

1. 味觉的概念和生理基础

味觉是指口腔内味觉器官舌头与物质接触时所产生的感觉，这种感觉有时是单一性的，但多数情况下是复合性的。

味觉及味觉物质

在生理上有酸、甜、苦、咸四种基本味觉，除此之外，还有辣味、涩味、鲜味、碱味、金属味等。但有的研究者认为这些不是真正的味觉，而是触觉、痛觉或是味觉与触觉、嗅觉融合在一起的综合反应。如辣味是刺激口腔黏膜引起的痛觉，也伴有鼻腔黏膜的痛觉，同时皮肤其他部位也可感到痛觉。涩味是舌头黏膜的收敛作用引起的反应。

味觉感受器是舌头上的味蕾，味蕾接触到食物以后，受到刺激的神经冲动传导到中枢神经（大脑）就产生了味觉反应。舌头的不同部位对味觉的灵敏度不同。一般味觉在舌尖部、舌两边敏感，在中间和舌根部较迟钝。舌头的不同部位对不同味觉的敏感度也不同：舌尖对甜味最敏感，舌尖和舌前侧边缘对咸味最敏感，舌后侧靠腮的两边对酸味最敏感，舌根部对苦味最敏感。舌的不同部位对味觉的敏感性如图 1-10-20 所示。

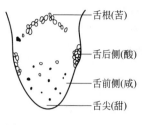

图 1-10-20　舌的不同部位对味觉的敏感性示意图

2. 影响味觉的因素

（1）呈味物质的结构　呈味物质的结构是影响味觉的内因。一般说来，糖类（如葡萄糖、蔗糖等）多呈甜味；羧酸（如醋酸、柠檬酸等）多呈酸味；盐类（如氯化钠、氯化钾等）多呈咸味；而生物碱、重金属盐则多呈苦味。但它们都有许多例外，如糖精、乙酸铅等非糖有机盐也有甜味；草酸并无酸味而有涩味；碘化钾呈苦味而不显咸味等。总之，物质结构与其味觉间的关系非常复杂，有时分子结构上的微小改变也会使其味觉发生非常大的变化，如图 1-10-21 所示。

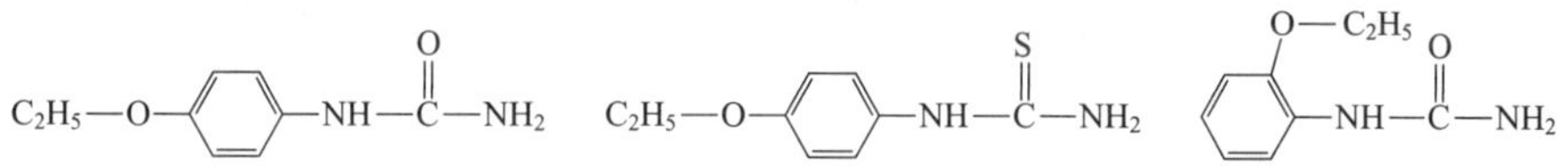

$$C_2H_5-O-\!\!\!\!\bigcirc\!\!\!\!-NH-C(=O)-NH_2 \qquad C_2H_5-O-\!\!\!\!\bigcirc\!\!\!\!-NH-C(=S)-NH_2 \qquad \bigcirc\!\!\!(O-C_2H_5)-NH-C(=O)-NH_2$$

　　　甜味　　　　　　　　　　　苦味　　　　　　　　　　无味

图 1-10-21　分子结构对味觉的影响

（2）温度　实验表明，味觉一般在 30℃上下比较敏锐，而在低于 10℃或高于 50℃时各种味觉大多变得迟钝。

（3）浓度和溶解度　味觉物质在适当浓度时通常会使人有愉快感，而不适当的浓度则会使人产生不愉快的感觉。一般说来，甜味在任何被感觉到的浓度下都会给人带来愉快的感受；单纯的苦味一般总是令人不快的；而酸味和咸味在低浓度时使人有愉快感，在高浓度时则会使人感到不悦。

呈味物质只有溶解后才能刺激味蕾。因此，其溶解度大小及溶解速度快慢，也会使味觉产生的时间有快有慢，维持时间有长有短。例如蔗糖易溶解，故产生甜味快，消失也快；而糖精较难溶，则味觉产生较慢，维持时间也较长。

（4）各物质间的相互作用　某物质的味觉会因另一味觉物质的存在而显著加强，这种现象叫味觉的协同作用（又称之为相乘作用）。例如谷氨酸钠（MSG）与 $5'$-肌苷酸（$5'$-IMP）共用时能大幅度增强鲜味强度；麦芽酚几乎对任何风味物质都有协同作用，在饮料、果汁中加入麦芽酚能增强甜味。有时由于两种味觉物质的共存也会对人的感觉或心理产生影响，也有人将这种现象称为味的对比作用。例如加入一定量的食盐使人感到味精的鲜味增强，在西瓜上撒上少量的食盐会感到提高了甜度，粗砂糖中由于杂质的存在有些人也会觉得比纯砂糖更甜。

一种物质往往能减弱或抑制另一物质的味觉强度，这种现象称为味觉的拮抗作用（又称之为消杀作用）。例如砂糖、柠檬酸、食盐和奎宁，若将任何两种物质以适当比例混合时，都会使其中一种的味觉比单独存在时减弱。有人发现在热带植物匙羹藤的叶子内含有匙羹藤酸，当嘴里咬过这种叶子后，再吃甜或苦的食物时便不知其味，它抑制甜味和苦味的时间长达数小时，但对酸味和咸味并无抑制作用。有时两种物质的相互影响甚至会使味觉改变。非洲有一种"神秘果"，内含一种碱性蛋白质，吃了以后再吃酸的东西时，口感反而会有甜味。如吃了有酸味的橙子，口内也会有种甜的感觉。有的人将这种现象称为变调作用或阻碍作用。

当较长时间受到某味觉物质的刺激后，再吃相同的味觉物质时往往会感到味觉强度下降，这种现象称为味的疲劳作用。味的疲劳现象涉及心理因素。例如吃第二块糖感觉不如吃第一块糖甜。有的人习惯吃味精，加入量越多，反而感到鲜味越来越淡。

总之各呈味物质之间或呈味物质与其味觉之间的相互影响，以及它们所引起的心理作用，都是非常微妙的，机理也十分复杂，许多至今尚不清楚，还需深入研究。

3. 甜味及甜味物质

甜味是人们最喜欢的基本味觉，甜味物质常常作为饮料、糕点和饼干等食品的原料，用于改进食品的可口性和风味。现代科学理论认为，甜味呈味单元由一个能形成氢键的质子和电负性轨道组成。

食品中的甜味剂很多，一般分为天然甜味剂和合成甜味剂两大类。天然甜味剂除在糖类中介绍的葡萄糖、果糖、麦芽糖、蔗糖及糖醇等外，还有一些非糖甜味剂（如甘草苷、甜味菊苷、奇异果素、罗汉果素、索马甜等）。

(1) 糖醇类甜味剂　常用的糖醇类甜味剂有四种：木糖醇、山梨醇、甘露醇、麦芽糖醇。

① 木糖醇。木糖醇存在于许多植物中（如香蕉、杨梅、胡萝卜、洋葱、花椰菜、莴苣、菠菜等），工业上由还原木糖的方法制造木糖醇。木糖醇在体内代谢很完全，可以作为人体能源物质，含热量为 17000kJ/kg，与蔗糖相似，甜度略高于蔗糖。木糖醇在水中的溶解度为 64.2%，略低于蔗糖。其化学性质稳定，吸湿性小，掺和在食用糖中有清凉的甜味，酵母菌和细菌不能发酵，是一种防龋齿的含能量甜味剂，在食品生产中广为应用，尤其是口香糖的生产。

木糖醇是糖尿病人疗效食品中的理想甜味剂。糖尿病人由于胰岛素障碍，葡萄糖不能正常代谢。木糖醇的代谢与胰岛素无关，又不影响糖原的合成，不会使糖尿病人血糖值增加。

② 山梨醇。山梨醇是一种六元醇，与甘露醇同时以游离态存在于梨、苹果、葡萄、红藻等植物中。工业上用葡萄糖经催化还原制得山梨醇。山梨醇含热量为 16570kJ/kg。山梨醇有清凉甜味，甜度约为蔗糖的一半，在血液中不转化为葡萄糖，而且不受胰岛素的控制，适合于作糖尿病、肝病、胆囊炎患者的甜味剂。

山梨醇可维持一定的水分，有保湿性，所以能防止食品干燥，防止糖、盐从食品中析出结晶，同时还有改善风味的作用。

③ 甘露醇。甘露醇是由甘露糖还原后制得的，植物中也天然存在。现在仅用于胶姆糖及饴糖类食品防止粘牙，其他很少应用。

④ 麦芽糖醇。麦芽糖醇是麦芽糖经氢化还原制得的，易溶于水，常配制成质量分数为 75%～80% 的溶液使用，甜度与蔗糖接近。人体摄入后不会使血糖升高，不会增加脂肪与胆固醇，对心血管病、糖尿病、动脉硬化、高血压患者而言是理想的医疗食品甜味剂。麦芽糖醇已经实际应用于果冻、果酱、糖果、糕点等医疗食品的制造。本品是非发酵性糖，所以是防龋齿甜味剂。

糖醇类有一共同特点，就是在摄食过多时会引起腹泻，因此摄入适量有通便的功能。

(2) 非糖天然甜味剂　常用的非糖类天然甜味剂有两种：甘草苷和甜叶菊苷。

①　甘草苷。作为甜味剂的甘草是多年生豆科植物甘草的根，产于欧亚各地。甘草中的甜味成分是由甘草酸和两分子葡萄糖结合成的甘草苷。纯甘草苷的甜度为蔗糖的 250 倍，其甜味缓慢而长存，蔗糖可有助于甘草苷甜味的发挥，因此使用蔗糖时加入甘草可节省蔗糖。

作为商品使用的一般是甘草苷二钠盐或三钠盐，通常用作酱油、豆酱腌渍物的调味剂。甘草还有很强的增香效果，可用作食品香味的增强剂。

②　甜叶菊苷。甜叶菊是一种多年生草本植物，其叶含有较多甜度很高的甜叶菊苷。甜叶菊苷甜度为蔗糖的 300 倍，是一种低热值的甜味物质，可作甜味代用品应用于食品工业，而且能制成各种保健食品和保健药品，对有些疾病能起治疗和缓解作用，对忌食糖的病人是一种可口佳品。目前甜叶菊已被日本、美国、西欧一些国家普遍应用于饮料、糕点、罐头、果脯蜜饯、保健食品及儿童食品中，我国也生产甜叶菊。

(3)　合成甜味剂　常用的合成甜味剂有糖精钠、甜蜜素、甜味素（阿斯巴甜）。

①　糖精钠。糖精的学名是邻苯甲酰磺亚胺，其结构式如图 1-10-22 所示。一般商品糖精是它的钠盐，所以俗称糖精钠。糖精钠本身并无甜味，而具有苦味，但其在水中离解生成的阳离子有较强甜味，浓度超过 0.5% 就会显出苦味，糖精钠溶液煮沸分解会生成有苦味的物质，尤其在酸性（pH 3.8 以下）条件下可促进其分解。

糖精钠不被人体消化吸收，食用后大部分以原形从尿中排出，少量从粪便排出，故无营养价值。关于糖精钠是否参与或干预人体的代谢及安全性问题，目前世界各国还有争议。

②　甜蜜素。甜蜜素学名环己基氨基磺酸钠，结构式如图 1-10-23 所示。甜蜜素为白色结晶或白色晶体粉末，无臭，味甜；易溶于水，难溶于乙醇；对热、光、空气稳定，加热后微有苦味，分解温度为 280℃；在酸性条件下略有分解，在碱性条件下稳定。甜蜜素甜度为蔗糖的 40～50 倍，为无营养甜味剂。人摄入甜蜜素无蓄积现象，40% 由尿排出，60% 由粪便排出。现已证实甜蜜素无致癌作用，目前已有 40 多个国家承认它是安全的。

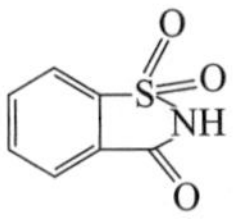

图 1-10-22　糖精的结构式 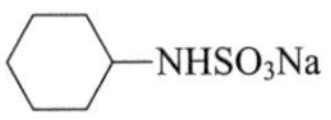　　　图 1-10-23　甜蜜素的结构式

③　甜味素（阿斯巴甜）。甜味素学名天冬酰苯丙氨酸甲酯，结构式如图 1-10-24 所示。甜味素为白色晶体粉末，无臭，有强甜味。常温下，在水中的溶解度为 1%，在等电点（pH 5.2）时溶解度最低。溶于乙醇，在水溶液中不稳定，易分解而失去甜味。在低温和 pH 为 3～5 时较稳定，干燥状态可长期保存；温度过高时稳定性较差，结构被破坏而失去甜味。干燥条件下，甜味素用于食品加工的温度不超过 200℃。其稀溶液的甜度约为蔗糖的 100～200 倍，甜味与砂糖十分接近，有凉爽感，无苦味和金属味。甜味素含热量低，故适合作糖尿病、肥胖症等病人用甜味剂。我国规定甜味素可用于除罐头食品外的各类食品。

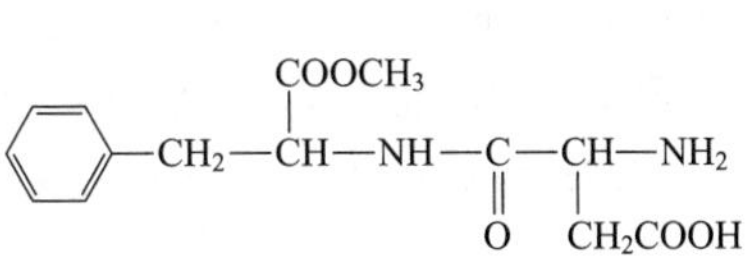

图 1-10-24　甜味素的结构式

4. 酸味及酸味物质

(1) 产生酸味的机制及影响因素　酸味是由于酸味物质中的氢离子刺激舌黏膜而产生的，因此在溶液中能解离出 H^+ 的化合物都具有酸味。食品中常用的酸味物质大体上分为无机酸和有机酸，无机酸 pH 为 $3.4\sim3.5$，有机酸 pH 在 $3.7\sim4.9$ 之间。但物质的酸度与 pH 不是平行的，例如，在相同的 pH 下，一般几种常见酸味剂的酸味强度顺序是醋酸＞甲酸＞乳酸＞草酸＞盐酸。酸味主要是 H^+ 的味道，但阴离子也有一定的"副味"，无机酸一般伴有苦味、涩味，令人不愉快。有机酸因阴离子部分的基团结构不同，而有不同的风味，如：柠檬酸、L-抗坏血酸、葡萄糖酸具有令人愉快的酸味；苹果酸伴有苦味；乳酸、酒石酸、延胡索酸伴有涩味；醋酸和丙酸伴有刺激性臭味；而琥珀酸、谷氨酸伴有鲜味。

酸味还受其他物质缓冲作用的影响，例如酸的水果加些白砂糖，吃起来就感觉酸味缓和了，这是甜味使酸味得到减弱的缘故，但酸中加少量的食盐，则会使酸味增加；又如水果中有机酸含量相当高，但由于糖、蛋白质等物质存在，它们对酸味都有缓冲作用，使人并不感到很酸。酸味料是食品中常用的调料，并有防腐作用，因此使用很普遍。

(2) 重要的常用酸味剂　常用酸味剂主要有食醋、柠檬酸、苹果酸、酒石酸、乳酸、抗坏血酸、葡萄糖酸和磷酸。

① 食醋。食醋是我国最常用的酸味剂。其成分除含有 $3\%\sim5\%$ 的醋酸外，还含有少量的其他有机酸、氨基酸、糖、醇等。它的酸味温和，在烹调中除用作调味外，还有防腐败、去腥臭等作用。由工业生产的醋酸为无色的刺激性液体，能与水任意混合，可用于调配合成醋，但缺乏食醋风味。

② 柠檬酸。柠檬酸是在水果、蔬菜中分布最广的有机酸。柠檬酸为无色结晶，溶于水及乙醇，20℃时可溶解 59.2%。它可形成 3 种形式的盐，但除碱金属盐外其他的柠檬酸盐大多不溶或难溶。柠檬酸的酸味圆润、滋美、爽快、可口，入嘴即达最高酸感，后味时间短。它广泛用于清凉饮料、水果罐头、糖果等，通常用量为 $0.1\%\sim1.0\%$。柠檬酸还可用于配制果汁粉，作抗氧化剂的增效剂。

③ 苹果酸。苹果酸多与柠檬酸共存，为无色结晶，易溶，20℃时可溶解 55.5%。其酸味较柠檬酸强，爽口，略带刺激性，稍有苦涩感，呈味时间长。与柠檬酸合用时在强调酸味方面效果好，常用于调配饮料等，尤其适用于果冻。其钠盐有咸味，可作咸味剂。

④ 酒石酸。酒石酸广泛存在，为无色晶体，易溶于水及乙醇，20℃时在水中溶解 20.6%。其酸味强，约为柠檬酸的 1.3 倍，但稍有涩感。其用途与柠檬酸相同，多与其他酸合用。它不适合于配制起泡的饮料或用作食品膨胀剂。

⑤ 乳酸。乳酸在水果、蔬菜中很少存在，现多用人工合成品。乳酸溶于水及乙醇，有防腐作用，酸味稍强于柠檬酸。可用于清凉饮料、合成酒、合成醋、辣酱油等。用其制泡菜或酸菜，不仅调味，还可防止杂菌繁殖。

⑥ 抗坏血酸。抗坏血酸又称维生素 C，为白色结晶，易溶于水，有爽快的酸味，但易被氧化。在食品中可作为酸味剂，还有防氧化和防褐变作用。

⑦ 葡萄糖酸。葡萄糖酸为无色液体，易溶于水。干燥时易脱水生成 γ-葡萄糖内酯或 δ-葡萄糖内酯，反应可逆。利用这一特性可将其用于某些最初不能有酸性而在水中受热后又需要酸性的食品中。例如将葡萄糖内酯加入豆腐粉内，加热即会生成葡萄糖酸而使大豆蛋白凝固，得到嫩豆腐。此外将葡萄糖内酯加入饼干中，烘烤时即成为膨胀剂。葡萄糖酸也可直接用于调配清凉饮料、食醋等，还可作方便面的防腐调味剂或在营养食品中代替乳酸。

⑧ 磷酸。磷酸的酸味爽快温和，但略带涩味。磷酸可用于清凉饮料，但用量过多时会影响人体对钙的吸收。

5. 咸味及咸味物质

咸味是中性盐所显示的味，并且是由离解后的盐离子所决定的。阳离子是定味基，易被味感受器的蛋白质的羧基或磷酸吸附而呈咸味；阴离子是助味基，影响咸味的强弱和副味。盐类中，只有氯化钠才产生纯粹的咸味，其他盐类多带有苦味、涩味或其他味道。一般盐的阳离子和阴离子的原子量越大，越有增大苦味的倾向。

咸味剂，只有氯化钠，俗称食盐，在体内主要起调节渗透压和维持电解质平衡的作用。人对食盐的摄取过少会引起乏力乃至虚脱，但饮食中盐分长期过量常可引起高血压。在味觉性质上，食盐的主要作用是起风味增强或调味作用。

6. 苦味及苦味物质

苦味物质广泛存在于生物界，来源于许多有机和无机物质。苦味本身并不是令人愉快的味觉，但当与甜、酸或其他味觉恰当组合时却能形成一些食物的特殊风味。例如苦瓜、莲子、白果（银杏种子）等都有一定苦味，但均被视为美味食品。有些氨基酸是苦味的，蛋白质在部分酶解时产生的一些小分子肽的片段（如亮氨酰亮氨酸二肽、精氨酰脯氨酸二肽等）也是苦味的，牛奶变质呈苦味就是这个原因。苦味剂大多具有药用价值，可调节生理机能，我国历来就有"苦口良药"之说。

食物中的天然苦味物质中，植物来源的有两大类，即生物碱和一些糖苷；动物来源的主要是胆汁。生物碱是由吡啶、四氢化吡咯、喹啉、异喹啉或嘌呤等的衍生物构成的含氮有机碱性物质。苦味的基准物质是奎宁。

(1) 嘌呤类苦味物质 嘌呤类苦味物质主要是存在于咖啡、可可等植物中的咖啡碱、茶碱。它们易溶于沸水，微溶于冷水，能溶于氯仿中，具有兴奋神经中枢的作用，所以是人类重要的提神饮料。

(2) 藻类物质 藻类物质主要是存在于啤酒花中的 α-酸、异 α-酸等，它们构成啤酒独特的苦味。当啤酒花煮沸或在稀碱溶液中煮沸，α-酸等苦味物质分解，则苦味消失。

(3) 糖苷类物质 存在于柑橘、桃、杏仁、李子、樱桃等水果中的苦味物质是黄酮类、鼠李糖、葡萄糖等构成的糖苷苦味物质。新橙皮苷和柚苷类物质可在酶的作用下分解，则苦味消失。苦杏仁苷被酶水解时，产生极毒的氢氰酸，所以杏仁不能生食而必须煮沸漂洗之后，方能食用。

(4) 胆汁 胆汁是存在于动物胆中的一种液体，味极苦，其主要成分是胆酸、鹅胆酸及脱氧胆酸。

7. 其他味觉及呈味物质

除了以上 4 种基本味觉外，还有 3 种主要味觉，简述如下：

(1) 鲜味 鲜味是食物的一种复杂美味感，呈味成分有核苷酸、氨基酸、酰胺、三甲基胺、肽、有机酸等物质。主要的鲜味成分是谷氨酸钠、5′-肌苷酸及 5′-鸟苷酸。

① 鲜味氨基酸。在天然氨基酸中，L-谷氨酸和 L-天冬氨酸的钠盐和酰胺具有鲜味。

谷氨酸一钠俗称味精，具有强烈的肉类鲜味，在 D 和 L 两种构型中只有 L 型有鲜味。为了补充和强化鲜味，常在食品中加入工业制造的 L-谷氨酸钠。调味用的谷氨酸钠现在几乎完全是用发酵法制造的。味精实际上是食盐的助味剂，没有食盐就感觉不出鲜味来。

氨基端为 L-谷氨酸的二肽中，谷氨酰天冬氨酸二肽、谷氨酰谷氨酸二肽和谷氨酰丝氨酸二肽等都有类似谷氨酸的鲜味。天冬氨酸钠是竹笋等植物性鲜味食物中的主要鲜味物质。

② 鲜味核苷酸。核苷酸类有鲜味是早在 20 世纪初就发现了的，1913 年日本人发现鲤鱼体内的主要鲜味成分是 5′-肌苷酸，但用工业方法制造 5′-肌苷酸并正式作为调味品使用，则是在 20 世纪 60 年代初才开始的。

在核苷酸中能够呈鲜味的有 5′-肌苷酸、5′-鸟苷酸和 5′-黄苷酸。在这 3 种呈味核苷酸中，以 5′-肌苷酸与 5′-鸟苷酸的鲜味最强。此外，5′-脱氧肌苷酸与 5′-脱氧鸟苷酸也有鲜味。这些 5′-核苷酸单独在纯水中并无鲜味，但与谷氨酸一钠并存时，则谷氨酸一钠鲜味增强，呈肉味。当 5′-肌苷酸与谷氨酸一钠以 1:(5~20) 的比例混合时，谷氨酸一钠的鲜味可增至 6 倍；而当 5′-鸟苷酸与谷氨酸一钠相混合时则效果更加显著，并且对酸味、苦味有抑制作用，即有味觉缓冲作用。

(2) 涩味 涩味是口腔黏膜受到化学物质作用使黏膜蛋白质紧缩而形成的一种味觉。涩味的主要成分是多酚类化合物，其次是铁盐、明矾、醛类物质，一些水果和蔬菜中由于存在草酸香豆素和奎宁酸等也会引起涩味。奎宁酸、伞酮结构式如图 1-10-25 所示。

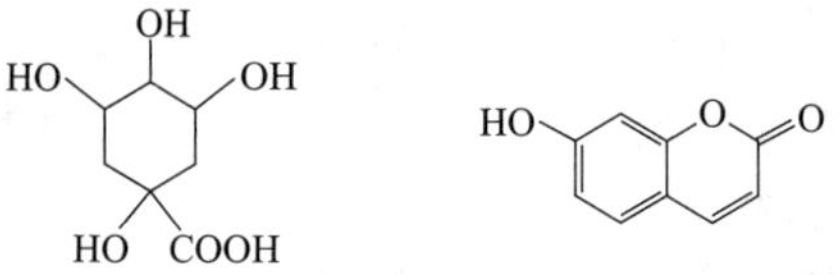

(a) 奎宁酸   (b) 伞酮(7-羟基香豆素)

图 1-10-25 奎宁酸、伞酮的结构式

(3) 辣味 辣味是一种强烈刺激性味觉，可分为两类。

① 热辣味或火辣味。红辣椒和胡椒的辣味就属于此种。红辣椒中的辣味成分主要是辣椒素及二氢辣椒素。花椒素、辣椒素、胡椒素的结构式如图 1-10-26 所示。

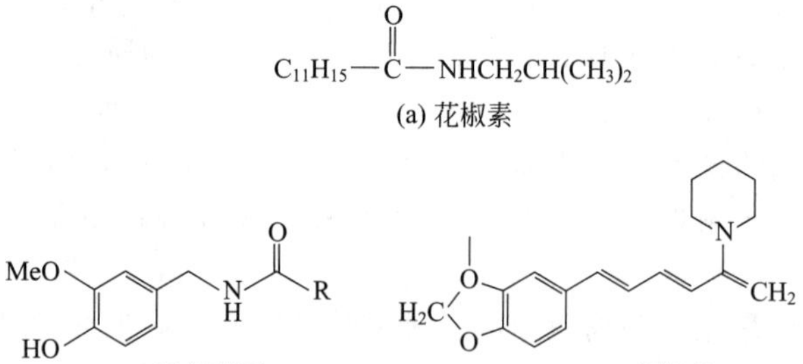

(a) 花椒素

(b) 辣椒素   (c) 胡椒素

图 1-10-26 花椒素、辣椒素、胡椒素的结构式

② 辛辣味。辛辣味是有冲鼻刺激感的辣味，即除作用于口腔黏膜外，还有一定的挥发性，可刺激嗅觉器官，例如姜、葱、蒜、芥末等的辛辣味。姜的辛辣成分是姜酚、姜酮及姜脑，姜的辛辣成分结构式如图 1-10-27 所示。

蒜的辛辣成分是硫醚类化合物，主要成分是二烯丙基硫化物、二烯丙基二硫化物、二丙基二硫化物等，它们来源于蒜氨酸的分解。当蒜的组织细胞被破坏以后，其中的蒜酶即将蒜氨酸分解并产生具强烈刺激臭味的油状物蒜素，蒜素还原生成二烯丙基二硫化物。其反应式如图 1-10-28 所示。

洋葱的辛辣成分与蒜相似，主要成分是二正丙基二硫化物及甲基正丙基二硫化物，葱、蒜类在煮熟后失去辛辣味而产生甜味，是由二硫化物被还原生成甜味很强的硫醇类

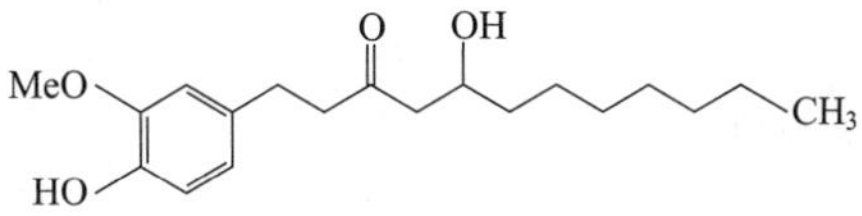

(a) 姜酚

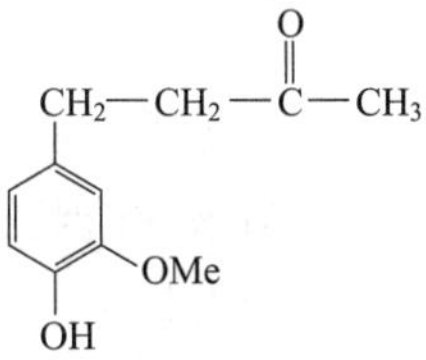

(b) 姜酮 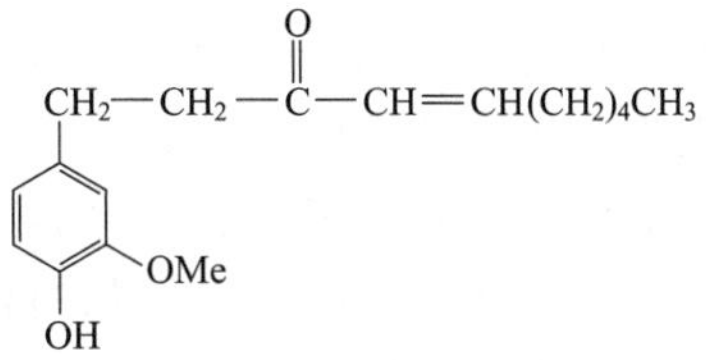　　　　　　(c) 姜脑

图 1-10-27　姜酚、姜酮及姜脑的结构式

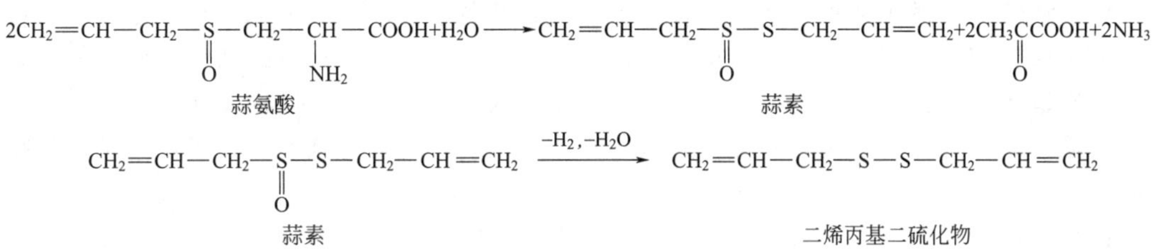

图 1-10-28　蒜氨酸分解的反应式

所致的。

（4）清凉味　清凉味的典型代表物有薄荷醇、樟脑等，它是由其中一些化合物对鼻腔、口腔中的特殊味觉感受器刺激而产生的。薄荷醇结构式如图 1-10-29 所示。

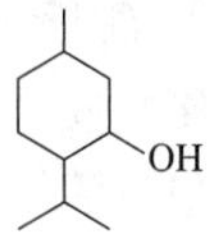

（5）碱味　碱味是氢氧根离子的呈味属性，溶液中只要有 0.01% OH^- 即可被感知。

图 1-10-29　薄荷醇的结构式

（6）金属味　金属味的感知阈值在 $20\sim30\mu g/g$ 离子浓度范围内。容器、工具、机器等与食物接触的金属部分与食物之间可能存在着离子交换型的关系。存放时间较长的罐头食品常有这种令人不快的金属味。金属味的阈值因食物中某些成分的存在而有所升降，食盐、糖、柠檬酸的存在能使铜的呈味阈值提高，鞣质则降低阈值使铜味显著。

8. 风味物质在食品加工中的变化

在食品加工过程中，风味物质会因加工条件的影响而发生变化，这种变化可能造成食品的风味变劣，也可以使食品的风味得到改善。如富含蔗糖的食物在加工中若遇较高的加热温度，会生成褐色的焦糖，使产品的甜度降低，产生不适的苦味。在烘烤食品中适当添加一些还原糖，则会因发生美拉德反应而使产品产生诱人的香气和色泽。动物在宰杀以后，尸体内的 ATP 会在酶的作用下降解为一磷酸腺苷，然后继续降解为肉香及鲜味物质——肌苷酸，这种降解过程需要一定的时间，这称为肉类的"后熟"过程。但是肉类原料的贮存期过长，最终可使三磷酸腺苷分解为苦味的肌苷和次黄嘌呤。葡萄酒生产过程中如与氧气接触，则会因氧化作用而使酒出现苦味和涩味。

193

三、嗅觉及嗅觉物质

嗅觉及嗅觉物质

1. 嗅觉的概念和生理基础

嗅觉是挥发性物质气流刺激鼻腔内嗅觉神经所产生的刺激感，令人喜爱的称为香气，令人生厌的称为臭气。引起嗅觉的刺激物，必须具有挥发性及可溶性，否则不能刺激鼻黏膜，无法引起嗅觉。

一般地说，无机化合物中除 SO_2、NO_2、NH_3、H_2S 等气体有强烈的刺激性气味外，大部分均无气味。有机化合物具有气味者甚多，它们的气味与该化合物的化学结构有密切关系，含有羟基、羧基、酮基和醛基的挥发性物质以及氯仿等挥发性取代烃等都有臭味。嗅觉比味觉更复杂，更灵敏。嗅觉有以下特性：

(1) 敏锐性 人的嗅觉有一定的敏锐性，有些气味即使只存在几毫克/升，也能被人觉察到。某些动物比人的嗅觉更灵敏，例如犬类比人类嗅觉要敏感 100 万倍。

(2) 疲劳性、适应性和习惯性 香水虽然气味芬芳，但洒在室内久闻却不觉其香，这说明嗅觉是比较容易疲劳的，这是嗅觉的特征之一。由于嗅觉疲劳造成的结果，使人们对某些气味产生适应性，例如长时间在恶臭环境下工作的人并不觉其臭，这说明他们的嗅觉已经适应了环境气味。另外，当人的注意力分散到其他方面时，也会感觉不到气味，这是对气味习惯的原因。

(3) 个体差异性 人的嗅觉的个体差异很大，有嗅觉敏锐者和嗅觉迟钝者。即使嗅觉敏锐者也并非对所有的气味都敏锐，也会因不同气味而异。如长期从事评酒工作的人，其嗅觉对酒香的变化非常敏感，但对其他气味就不一定敏感。

(4) 嗅盲和遗传 某些人对某种或者某些气味无嗅觉。据推测全世界有 14% 的人有嗅盲，它是一种先天性症状，似乎是一种单纯的劣伴性遗传所造成的。

2. 影响嗅觉的因素

影响嗅觉的因素很多，主要有以下几种：

(1) 流速 气味物质以阵阵有间隔的方式给鼻腔提供气流时，速度越快则气味强度越强。原因是增大流速会相应增强单位时间内气味物质通过鼻黏膜的量，也就相应增加了浓度，所以气味强度加强。

(2) 温度 气味物质的温度升高会使气味强度加强，温度降低则使强度减弱。原因是气味物质的挥发性随温度升高而升高，随温度降低而降低，其结果改变了到达鼻黏膜的气味物质浓度，从而改变了气味强度。

(3) 嗅觉疲劳 嗅觉疲劳也称嗅觉适应现象，这是香味学中的一个重要现象。长期接触某种气味，无论该气味是令人愉快的还是令人憎恶的，都会引起人们对所感受气味的敏感性不断降低，一旦脱离该气味，使其暴露于新鲜空气中，则对所感受气味的敏感性会得以相应的恢复。甚至一次吸入为阈值 64 倍浓度的某气味物质，将会使鼻子在 15s 内失去嗅觉。试验气味与适应气味如果近似，那么鼻子对试验气味的敏感性也会降低一些，而与试验无关的气味则一般不受影响，利用这种效应，人们可以鉴别香精中众多成分中的次要成分或异香。

(4) 双鼻孔刺激 人们发现，一次用一个鼻孔感觉气味比用双鼻孔感觉气味的敏感性稍有降低，这说明两鼻孔的嗅觉有某种加合性。

(5) 身体状况 人的身体状况也会影响嗅觉。当身体疲倦、营养不良或患有某种疾病时，会使嗅觉对气味的敏感程度下降，造成阈值发生变动。如人在感冒时，会使嗅觉功能降低。

3. 植物性食物的香气

各种蔬菜的香气成分主要是一些含硫化合物，如洋葱、芫荽（香菜）、大蒜、姜的香气。风味酶的发现是食品生物化学中的一项成就，利用提取的风味酶可以再生、强化甚至改变食品的香气。从什么原料中提取的风味酶就具有什么原料的香气。

水果香气物质类别较单纯，主要包括萜、醛和酯，其次是醇、酮和挥发酸等。乙酸异戊酯、乙醇、乙醛等为苹果的特征香气成分。乙酸戊酯、异戊酸异戊酯、己醇、己烯醛是香蕉的特征香气成分。丁酸戊酯为杏香气的主体成分。

除少数外，蔬菜总体香气较弱，但气味多样。百合科蔬菜最重要的气味成分是含硫化合物，如丙烯硫醚（洋葱气味）、二丙烯基二硫化物（大蒜气味）和硫醇（韭菜中的特征气味成分之一）。十字花科蔬菜最重要的气味成分也是含硫化合物，如在卷心菜中，硫醚、硫醇和异硫氰酸酯为主体气味成分；在萝卜、芥菜和花椰菜中，异硫氰酸酯是主要的特征气味成分。

4. 动物性食物的香气与臭气

（1）肉制品的香气　肉类加工中，能产生鲜美的香气。肉中丙氨酸、蛋氨酸、半胱氨酸等与一些羰基化合物反应生成乙醛、甲硫醇、硫化氢等，这些化合物在加热条件下可进一步反应生成1-甲硫基乙硫醇，同时，肉类中的糖经热解还能生成4-羟基-5-甲基-3-(2H)-呋喃酮，脂肪热解也可以产生一些香气物质，上述这些生成物构成了肉香的主体成分。但由于不同的肉所含脂肪、羰基化合物成分不一样，香气则有所区别。

（2）鱼臭味　鱼的气味较强，随着新鲜度的降低，鱼体氧化三甲胺还原成三甲胺，产生鱼腥臭气。鱼类死后，在细菌的作用下，体内的赖氨酸逐步分解产生尸胺、氮杂环己烷、δ-氨基戊醛、δ-氨基戊酸，这些物质使鱼具有浓烈的腥臭味。反应过程如图1-10-30所示。

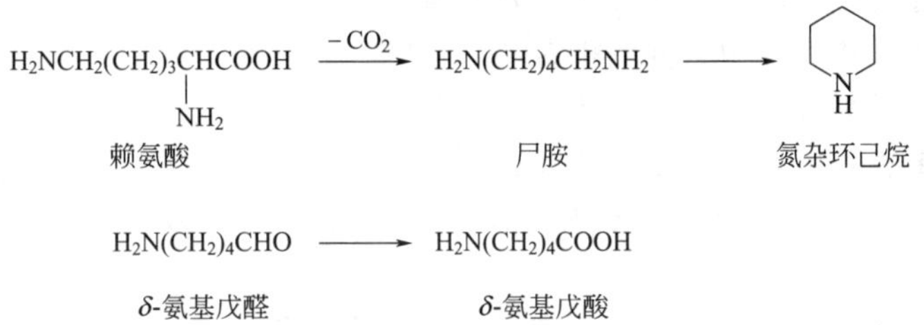

$$H_2NCH_2(CH_2)_3\underset{\underset{NH_2}{|}}{C}HCOOH \xrightarrow{-CO_2} H_2N(CH_2)_4CH_2NH_2 \longrightarrow \text{(氮杂环己烷)}$$

赖氨酸　　　　　　　　尸胺　　　　　　　氮杂环己烷

$$H_2N(CH_2)_4CHO \longrightarrow H_2N(CH_2)_4COOH$$

δ-氨基戊醛　　　　　　δ-氨基戊酸

图1-10-30　鱼体内赖氨酸的分解过程

（3）乳与乳制品的香气　新鲜优质的牛乳具有鲜美可口的香味，其主要成分是2-己酮、2-戊酮、丁酮、丙酮、乙醛以及低级脂肪酸等。甲硫醚是构成牛乳风味的主体成分。新鲜奶酪的香气成分是正丁酸、异丁酸、正戊酸、异戊酸、正辛酸等化合物，此外还有微量的丁二酮、异戊醛等，所以具有发酵乳制品的特殊香气。

牛乳及乳制品放置时间过长或加工不及时会产生异味的原因是：牛乳中的脂肪酸吸收外界异味的能力较强，特别是在温度为35℃时吸收能力最强，而刚挤出的牛乳恰好为此温度，所以挤奶房要求干净清洁、无异味；牛乳中存在的脂酶水解乳脂生成低级脂肪酸，其中丁酸具有强烈的酸败臭味，所以挤出后的牛乳应立即降温，以抑制酶的活力；牛乳及其制品长时间暴露于空气中，脂肪自动氧化产生辛二烯醛和壬二烯醛，含量在$1\mu g/g$以下就能使人嗅到一股氧化臭气；蛋白质降解产生的蛋氨酸在日光下分解，产生的β-甲硫基丙醛含量在$0.5\mu g/g$以下，也可使人闻到一股奶臭气；另外，牛乳在微生物作用下，分解产生许多带臭气的物质，所以牛乳及其制品一定要妥善放置贮存。

5. 发酵食品的香气

利用酵母菌及乳酸菌等微生物可在发酵制品中产生浓郁的香味，这主要是由微生物作用于蛋白质、糖类、脂类及其他物质而生成醇、醛、酮、酸、酯类物质产生的。由于微生物种类繁多、各种成分比例各异，从而使食品的风味各具特色，如酒、醋、酱油等。

发酵乳品是利用一些专门的微生物作用制造的。如酸奶利用嗜热乳链球菌和保加利亚乳杆菌发酵，产生了乳酸、乙酸、异戊醛等重要风味成分，其中乙醇与脂肪酸形成的酯为酸奶带来了一些水果气味。酸奶后熟中，在酶促作用下产生的丁二酮已被证明是酸奶重要的特征风味成分。

6. 焙烤食品的香气

焙烤食品的香气主要是食品在加热焙烤过程中产生的，究其原因有：食品原料中的香气成分受热后挥发出来；糖类热解、油脂分解和含硫化合物（硫胺素和含硫氨基酸）分解的产物是香气物质，例如，当温度在300℃以上时，糖类可热解形成多种香气物质，其中最重要的有呋喃衍生物、酮类、醛类和丁二酮等；原料中的糖与氨基酸受热时发生羰氨反应，不仅生成棕黑色的色素，同时伴随着形成多种香气物质。

羰氨反应是产香的主要原因，并且有两条主要产香途径。①氨基酸与糖受热发生美拉德反应时按斯特勒克分解，依加热温度不同，先生成醛和烯醇胺，随温度升高，烯醇胺生成吡嗪，焙烤食品产生的馥郁香气多为吡嗪类化合物。②氨基酸与糖加热反应时，不按斯特勒克分解而生成具有香气的羰基化合物。其生成量与糖和氨基酸的比例及加热温度有关，加热温度不同，各种氨基酸与糖反应产生的香气不同。但是有些氨基酸当加热温度很高时会产生怪异味，如谷氨酸加热至180℃以上时，则产生令人讨厌的气味。下面列举几个常见焙烤食品香气的产生情况。

(1) 面包的香气 面包烘烤的香气主要来自发酵时产生的醇类、酯类和烘烤时氨基酸与糖反应生成的许多羰基化合物（据分析有70多种羰基化合物和25种呋喃类化合物）。例如，在发酵面团中加入亮氨酸、缬氨酸、赖氨酸等有增强面包香气的效果。

(2) 糕点烘烤的香气 糕点烘烤产生的香气，主要是氨基酸与糖反应产生的吡嗪类化合物。因此在实际生产中，可在原料里适当加入缬氨酸、苯丙氨酸和酪氨酸等来增强香味。

(3) 花生和芝麻的香气 花生和芝麻经焙炒后都有很强的特有香气。在花生的香气中，已测出有280多种成分，除了羰基化合物以外，特殊的香气成分还有5种吡嗪化合物和 N-甲基吡咯。芝麻香气的特征成分是含硫化合物。

思 考 题

1. 选择题

(1) 下列味觉与其对应基准物搭配不当的一组是 （　　　）。

A. 苦味——奎宁　　　　　　　　　　　　　B. 咸味——氯化钠

C. 甜味——果糖　　　　　　　　　　　　　D. 酸味——柠檬酸

(2) 下列色素不属于叶黄素类的是 （　　　）。

A. 隐黄素　　　　　　B. 柑橘黄素　　　　　　C. 辣椒红素　　　　　　D. 番茄红素

(3) 下列护绿技术中哪种效果在最适合条件下持续的时间最短？（　　　）

A. 中和酸而护绿　　　　　　　　　　　　　B. 高温瞬时杀菌

C. 绿色再生　　　　　　　　　　　　　　　D. 降低水分活度

(4) 多酚类色素对人类的作用越来越重要，下列哪种多酚色素有改善人体血管的功能？（　　　）

A. 花青素类　　　　　B. 类黄酮色素　　　　　C. 儿茶素　　　　　D. 单宁

（5）下列说法正确的是（　　）。

A. 辣味是舌头黏膜受到刺激所产生的一种收敛的感觉

B. 蒜葱等的风味物是含硫化合物

C. 淡水鱼腥味的主要成分是三甲胺

D. 夏氏学说的观点是：和甜感一样，苦味分子与苦味受体之间也是通过三点接触而产生苦味的，只是苦味剂第三点的空间方向与甜味剂相反

（6）以下哪个不是呈味物质间的相互作用？（　　）

A. 愉快作用　　　　　B. 相乘作用　　　　　C. 消杀作用　　　　　D. 疲劳作用

（7）哪种色素适用于冰淇淋着色？（　　）

A. 胡萝卜素　　　　　B. 花青素　　　　　C. 叶黄素　　　　　D. 类黄酮素

（8）类胡萝卜素为典型的脂溶性色素，难溶于（　　）。

A. 乙醚　　　　　B. 乙醇　　　　　C. 石油醚　　　　　D. 甲醇

（9）一般来说，舌根部对什么味道最敏感？（　　）

A. 甜味　　　　　B. 咸味　　　　　C. 酸味　　　　　D. 苦味

（10）下列说法错误的是（　　）。

A. 血红素是由一个铁原子和一个平面卟啉环所组成的

B. 血肌红色素的红色是由亚铁血红素所形成的

C. 肌红蛋白是球状蛋白，其蛋白部分称为球蛋白

D. 血红蛋白和肌红蛋白都是结合蛋白

2. 名词解释

食品色素　酶促褐变　非酶褐变　美拉德反应　焦糖化作用

3. 判断题

（1）叶绿素是水溶性的，有 a、b 两种结构，其结构中存在一个大的共轭体系。（　　）

（2）叶绿素能溶于乙醇、乙醚、丙酮、石油醚，是脂溶性的。（　　）

（3）叶绿素在加酸或加碱的反应中随温度升高，反应速率加快。（　　）

（4）含叶绿素的食品应用不透明容器包装，否则易发生光氧化而变色。（　　）

（5）肌肉中红色完全由肌肉细胞中的肌红蛋白（Mb）提供。（　　）

（6）类胡萝卜素对热和光稳定，不受 pH 变化的影响。（　　）

（7）动物体内能合成类胡萝卜素。（　　）

（8）花青素是一种脂溶性色素，很不稳定。（　　）

（9）因花青素同时具有酸性和碱性，故随环境的 pH 而变化。（　　）

（10）食品香味是多种呈香物质的综合反映。（　　）

4. 填空题

（1）食品中的天然色素按照来源的不同分为＿＿＿＿、＿＿＿＿、＿＿＿＿。

（2）食品中的天然色素按照化学结构的不同分为＿＿＿＿、＿＿＿＿、＿＿＿＿、＿＿＿＿、＿＿＿＿。

（3）天然色素按溶解性质可分为：＿＿＿＿＿和＿＿＿＿＿。

（4）叶绿素在酸性介质中，其中镁原子被氢原子取代，颜色由＿＿＿色变为＿＿＿色。

（5）在适当的条件下，叶绿素分子中的＿＿＿可被铜离子取代，生成鲜绿色的＿＿＿。

（6）绿色植物在酸作用下的加热过程中，叶绿素转变为＿＿＿，颜色从鲜绿色转变为橄榄褐色。所以为保持食品中叶绿素的稳定性，绿色植物应选择在＿＿＿条件下＿＿＿储藏。

（7）当胴体被分割后，随着肉与空气的接触，还原态的肌红蛋白向两种不同的方向转变：一部分肌红蛋白与氧气反应生成＿＿＿色的氧合肌红蛋白，产生人们熟悉的＿＿＿色；同时，一部分肌红蛋白与氧气发生氧化反应，生成＿＿＿色的高铁肌红蛋白，而且随着分割肉在空气中放置时间的延长，肉色会越来越转向褐红色。

5. 问答题

（1）食品加工和储藏过程中发生的褐变主要有哪几种类型？

（2）食品的基本味觉有几种？它们的典型代表化合物是什么？

（3）影响味觉的因素有哪些？

（4）分析热处理法抑制酶促褐变的要求，以及不符合要求时会出现的情况。

（5）许多蔬菜、水果切开或削皮后会发生变色，为了使蔬菜、水果保持原色，人们常使用浸水法、焯水法或加酸法等，请问应用了什么机理？

（6）基本味觉是哪四个？各种味觉的舌部敏感区域是哪里？

（7）味觉的相互作用有哪些？试举例说明。

模块十一　食品中的嫌忌成分及其危害

学习目标

(1) 了解食品中嫌忌成分的来源;
(2) 了解食物原料中天然有害成分的种类、性质及去除方法;
(3) 了解由微生物污染及化学污染产生的有害成分;
(4) 了解食品加工过程、食品添加剂产生的有害成分。

素质目标

(1) 培养担当意识、安全意识、实证求真;
(2) 善于观察, 热爱生活, 探索真理;
(3) 树立辩证唯物主义的科学观, 万事万物皆有联系, 尊重生命的整体性, 热爱生命。

食品中除营养成分和一些能赋予食品应有的色、香、味等感官性状的成分外, 还常含有一些无益有害的成分, 被称为嫌忌成分。当这些有害成分的含量超过一定限度时, 即可对人体健康造成损害, 故这些成分也称为毒素。食品中的有害成分有内源性的和外源性的。内源性的有害成分源自食品原料本身;外源性的有害成分有些来源于食品加工过程, 也有些来源于食品贮藏时的变质及病原菌的繁殖, 还有些来源于环境污染等。因此, 应从食品原料的选择、加工过程、食品保藏等多方面来研究这些有害物质的来源, 并设法避免或除去, 以保证食品的安全性。

一、植物性食物中的毒素

1. 毒蛋白质类毒素

(1) 凝集素 在豆类及一些豆状种子（如蓖麻）中含有一种能使红细胞凝集的蛋白质, 称为植物红细胞凝集素, 简称凝集素。已知凝集素有很多种类, 其中大部分是糖蛋白, 含糖量约 $4\%\sim10\%$, 其分子多由 2 个或 4 个亚基组成, 并含有二价金属离子。含凝集素的食物生食或烹调不足时会引起食者产生恶心、呕吐等症状, 严重者甚至死亡。所有凝集素在湿热

植物性食物
中的毒素

199

处理时均被破坏，在干热处理时则不被破坏。可采取加热处理、热水抽提等措施去毒。

① 大豆凝集素。大豆凝集素是一种糖蛋白，分子量为 110000，糖类占 5%，主要成分是甘露糖和 N-乙酰葡萄糖胺。实验证明，吃生大豆的动物比吃熟大豆的动物需要更多的维生素、矿物质以及其他营养素，其原因还不清楚，但已发现它与肠道吸收能力有关。大豆凝集素在常压下蒸汽处理 1h 或高压蒸汽处理 15min 失活。

② 菜豆属豆类凝集素。菜豆属中已发现有凝集素的有菜豆、绿豆、芸豆等。有不少因生食此类食物或烹调不充分而中毒的报道。用高压蒸汽处理 15min，可以使菜豆凝集素完全失活。其他豆类（如扁豆、蚕豆等）也有类似毒性。

③ 蓖麻毒蛋白。蓖麻籽不是食用种子，但人、畜有生食蓖麻籽或油的，轻者中毒，产生呕吐、腹泻症状，重者则死亡。蓖麻中的毒素成分是蓖麻毒蛋白，毒性极大，在小白鼠的毒理实验中发现其毒性比豆类凝集素要大 1000 倍，用蒸汽加热处理可以去毒。

(2) 消化酶抑制剂 消化酶抑制剂也称蛋白酶抑制剂，常存在于豆类、谷类、马铃薯等食物中，比较重要的有胰蛋白酶抑制剂和淀粉酶抑制剂两类，它们都是蛋白质类物质。

① 胰蛋白酶抑制剂。胰蛋白酶抑制剂存在于大豆等豆类及马铃薯块茎食物中，分布极广。它可以与胰蛋白酶或胰凝乳蛋白酶结合，从而抑制酶水解蛋白质的活性，使胃肠消化蛋白质的能力下降。由于胰蛋白酶受到抑制，胰脏将大量地制造胰蛋白酶，造成胰脏肿大，严重影响健康。

② 淀粉酶抑制剂。在小麦、菜豆、芋头、未成熟的香蕉和芒果等食品中含有这种类型的酶抑制剂。淀粉酶抑制剂可以使淀粉酶的活性钝化，影响淀粉的消化，从而引起消化不良等症状。

热处理可有效消除蛋白酶抑制剂的作用。为破坏大豆中的蛋白酶抑制剂，通常采用高压蒸汽处理或浸泡后常压蒸煮的办法，或是微生物发酵的方法。相比之下，薯类和谷类中的蛋白酶抑制剂对热较为敏感，一般烹调条件均可使其失活。

(3) 毒肽 一些真菌中含有剧毒肽类，误食后可造成严重的后果。最典型的毒肽是存在于毒蕈中的鹅膏菌毒素和鬼笔菌毒素。鹅膏菌毒素是环辛肽，鬼笔菌毒素是环庚肽。这两种毒肽的毒性机制基本相同，都作用于肝脏。鹅膏菌毒素的毒性大于鬼笔菌毒素。1 个质量约 50g 的毒蕈所含的毒素足以杀死一个成年人。误食毒蕈数小时后即可出现中毒症状，初期出现恶心、呕吐、腹泻和腹痛等胃肠炎症状，后期则是严重的肝、肾损伤。一般中毒后 3～5 天死亡。

蕈菌一般称作蘑菇，不是分类学上的术语，是指所有具子实体（担子果和子囊果）的大型高等真菌的伞形子实体。蕈类通常分为食蕈、条件食蕈和毒蕈三类。食蕈味道鲜美，有一定的营养价值；条件食蕈，主要指通过加热、水洗或晒干等处理后方可安全食用的蕈类（如乳菇类）；毒蕈系指食后能引起中毒的蕈类。中国可食用蕈近 300 种，毒蕈约 80 多种，其中含剧毒能将人致死的毒蕈在 10 种左右。

毒蕈中含有多种毒素，往往由于采集野生鲜蕈时因缺乏经验而误食中毒。毒蕈含有毒素的种类与含量因品种、地区、季节、生长条件的不同而异。中毒的发生与食用者个体体质、烹调方法、饮食习惯有关。

为做好预防措施，必须制订食蕈和毒蕈图谱，并广为宣传，以提高群众鉴别毒蕈的能力，防止误食中毒。在采集蘑菇时，应由有经验的人进行指导。凡是识别不清或未曾食用过的新蕈种，必须经有关部门鉴定，确认无毒后方可采集食用。对条件食蕈，应正确处理后食用，如马鞍蕈应干燥 2～3 周以上方可出售，鲜蕈则须在沸水中煮 5～7min，并弃汤汁后方可食用。

(4) 有毒氨基酸及其衍生物 有毒氨基酸及其衍生物主要有山黎豆毒素、β-氰基丙氨酸、刀豆氨酸和 L-3,4-二羟基苯丙氨酸（L-DOPA）。

① 山黎豆毒素。山黎豆毒素主要有两类：一类是致神经麻痹的氨基酸毒素，有 α,γ-二氨基丁酸、γ-N-草酰基-α,γ-二氨基丁酸和 β-N-α,γ-二氨基丙酸；另一类是致骨骼畸形的氨基酸衍生物毒素，如 β-N-(γ-谷氨酰)氨基丙腈、γ-甲基-L-谷氨酸、γ-羟基戊氨酸及山黎豆氨酸等。人的典型山黎豆中毒症状是肌肉无力，不可逆的腿脚麻痹，甚至死亡。这种情况常由于大量摄食山黎豆而爆发性地发生。

② β-氰基丙氨酸。β-氰基丙氨酸存在于蚕豆中，是一种神经毒素，能引起与山黎豆中毒相同的症状。

③ 刀豆氨酸。刀豆氨酸是存在于刀豆属中的一种精氨酸同系物，能阻抗体内的精氨酸代谢。焙炒或煮沸 15～45min 可破坏大部分刀豆氨酸。

④ L-3,4-二羟基苯丙氨酸（L-DOPA）。L-DOPA 广泛存在于植物中，但蚕豆的豆荚中含量丰富，以游离态或 β-糖苷态存在，是蚕豆病的主要病因。症状是急性溶血性贫血症，食后5～24h 发病，急性发作期可长达 24～48h，然后自愈。蚕豆病的发生多数是由于摄食过多的毒蚕豆（无论煮熟、去皮与否）所致的。但 L-DOPA 也是一种药物，能治疗震颤性麻痹等症。

2. 毒苷类毒素

在一些植物中存在有毒苷，毒苷主要有下面三类：

（1）氰苷类　氰苷是结构中含有氰基的苷类，其水解后产生氢氰酸，从而对人体造成危害，因此有人将氰苷称为生氰糖苷。生氰糖苷由糖和含氮物质缩合而成，能够合成生氰糖苷的植物体内含有特殊的糖苷水解酶，糖苷水解酶将生氰糖苷水解，从而产生氢氰酸。

氰苷在植物中分布广泛，它能麻痹咳嗽中枢，因此有镇咳作用，但过量可引起中毒。氰苷的毒性主要来自氢氰酸和醛类化合物的毒性。氰苷引起的慢性氰化物中毒现象也比较常见。在一些以木薯为主食的非洲和南美地区，就存在慢性氰化物中毒引起的疾病。

氰苷中毒预防措施如下：

首先，不直接食用各种生果仁，对杏仁、桃仁及豆类要在食用前反复用清水浸泡并充分加热。

其次，在以木薯为主食的地方要注意饮食卫生，严禁生食木薯。

最后，在发生氰苷类食品中毒时，应立刻给病人口服亚硝酸盐或亚硝酸酯，以使细胞继续进行呼吸作用，再给中毒者服用一定量的硫代硫酸钠进行解毒。

（2）皂苷类　皂苷亦称皂素，是广泛分布于植物中的苷类，溶于水后形成胶体溶液，搅动时会像肥皂一样产生泡沫，故称皂苷或皂素。皂苷在试管中有破坏红细胞凝血的作用，对冷血动物极毒，但食物中的皂苷被人、畜摄入时多数不表现毒性（如大豆皂苷），少数有剧毒（如马铃薯中的茄苷）。在正常情况下，马铃薯的茄苷含量在 3～6mg/100g，但在马铃薯发芽或经日光照射变绿后的表皮层中，茄苷含量足以致死。茄苷的耐热性很强，一般烹煮是很难将其分解的，所以发芽和变绿的马铃薯不可食用，也不可作饲料。按苷配基不同可将皂苷分为三萜稀类苷、螺固醇类苷和固醇生物碱类苷三大类。

（3）硫苷类　硫苷类物质存在于甘蓝、萝卜、芥菜、卷心菜等十字花科植物及葱、大蒜等植物中，是这些蔬菜辛味的主要成分。均以 β-D-硫代葡萄糖作为糖苷中的糖成分。过多摄入硫苷类物质有致甲状腺肿的生物效应。

3. 酚类毒素及毒有机酸

（1）酚类毒素　植物性食物中的酚类毒素现今主要发现的为棉酚毒素（见图 1-11-1）。棉酚存在于棉籽中，榨油时随着进入棉油中。棉酚的毒性主要表现为使人组织红肿

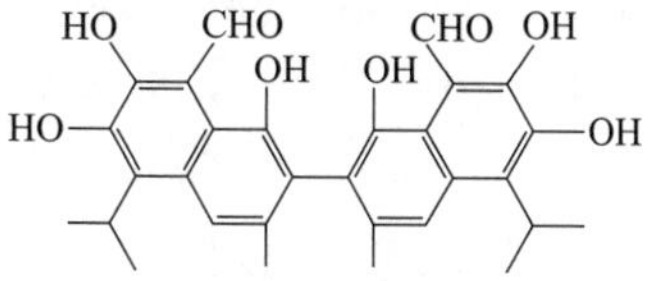

图 1-11-1　棉酚

出血、神经失常、食欲不振、体重减轻、影响生育等。棉酚呈酸性，易被氧化，能成酯、成醚、成盐，加热时可与赖氨酸的碱性 ε-氨基结合生成不溶于油脂与醚的结合棉酚，称为 α-棉酚，α-棉酚无毒。棉籽中的棉酚可以采用溶剂萃取法去除，粗制生棉油可经加碱加水炼制抽提法去除棉酚。还可采用 $FeSO_4$ 处理法、尿素处理法、氨处理法等化学方法和湿热蒸炒及微生物发酵等方法去除棉酚。

(2) 毒有机酸　毒有机酸主要是指广泛存在于植物中的草酸，菠菜、茶叶、可可中含草酸较多。草酸是一种易溶于水的二羧酸，与金属离子反应生成盐，其中与钙离子反应生成的草酸钙在中性或酸性溶液中都不溶解，因此，含草酸多的食物与含钙离子多的食物共同加工或者共食时，往往能降低食物的营养价值。过量食用含草酸多的食物，可能产生口腔及消化道糜烂、胃出血、血尿甚至惊厥等症状。同时，由于钙在食物中来源广泛，所以过量食用含草酸多的食物易引发肾结石。草酸对消化道也有一定的刺激和腐蚀作用。因而，食用草酸含量高的蔬菜应先热烫，以除去大部分草酸。一些食品中的草酸含量见表 1-11-1。

表 1-11-1　一些食品中的草酸含量　　　　　　　单位：mg/100g

食品名称	草酸含量	食品名称	草酸含量
菠菜	320~1260	莴苣	5~20
甜菜	300~920	葱类	23~89
马铃薯	200~141	无花果	80~100
茄子	10~38	可可豆	500~900
番茄	5~35	茶叶	300~2000

注：数据来源于《食品中的有害物质》，R. 费兰多著，1992。

4. 生物碱类毒素

生物碱是指一些存在于植物中的含氮有机化合物，它们大多数具有毒性。存在于食用植物中的主要是龙葵碱、毒蝇碱及秋水仙碱。

(1) 龙葵碱　龙葵碱又名茄碱、茄苷、龙葵毒素、马铃薯毒素，是由葡萄糖残基和茄啶组成的一种弱碱性糖苷。龙葵碱有较强的毒性，主要通过抑制胆碱酯酶的活性引起中毒反应。龙葵碱广泛存在于马铃薯、番茄及茄子等茄科植物中。在番茄青绿色未成熟时，里面含有龙葵碱。马铃薯中的龙葵碱主要集中在其芽眼、表皮和绿色部分。食用了发芽和绿色的马铃薯可引起中毒，其病症为：胃痛加剧，恶心和呕吐，呼吸困难、急促，伴随全身虚弱和衰竭，重则导致死亡。

(2) 毒蝇碱　毒蝇碱主要存在于丝盖伞属和杯伞属蕈类中，在某些毒伞属（如毒蝇伞、豹斑毒伞）等中也存在。它是一种简单的胺，和 5-羟色胺有比较近似的结构，有几种异构体，其中以 L-(＋)-毒蝇碱的活性最大。毒蝇碱主要作用于副交感神经，一般在食用后 15~30min 出现症状，产生与酒醉相似的症状，出现意识模糊、狂言谵语、手舞足蹈、视物体色泽变异、幻觉屡现等症状，并伴有恶心、呕吐，轻者数小时可恢复，重者可导致死亡。

(3) 秋水仙碱　秋水仙碱存在于鲜黄花菜中，能阻止植物有丝分裂细胞纺锤体的形成，从而抑制有丝分裂而导致多倍体细胞的产生。秋水仙碱本身对人体无毒，但在体内被氧化成氧化二秋水仙碱后则有剧毒，致死量为每千克体重 3~20mg。食用较多炒鲜黄花菜后数分钟至十几小时发病，主要症状为恶心、呕吐、腹痛、腹泻、头昏等。黄花菜干制后无毒，如果食用鲜黄花菜，必须先经水浸或开水烫，然后再炒熟。

5. 亚硝酸盐毒素

亚硝酸盐进入血液时，能使血细胞中的低铁血红蛋白转化成高铁血红蛋白，形成高铁血红蛋白症，红细胞因而失去携带氧的功能，而且亚硝酸盐也能阻止血红蛋白的释放，因此造成组织缺氧。亚硝酸中毒，轻者呼吸困难、循环衰竭、昏迷等，重者可死亡。

小白菜、菠菜、韭菜、芹菜等绿叶蔬菜中常含有较多的硝酸盐，尤其是施用硝酸盐氮肥过多或施氮肥不久后就收获的蔬菜中，硝酸盐的含量更多，硝酸盐在人体内能被还原成亚硝酸盐。腌制泡菜、腐败的蔬菜或者存放过久的熟蔬菜都有可能使其中的硝酸盐还原成亚硝酸盐，亚硝酸盐在人体内还可转化成有致癌作用的亚硝胺化合物。

二、动物性食物中的毒素

1. 河鲀毒素

河鲀含有剧毒物质河鲀毒素和河鲀酸，其毒素主要存在于卵巢和肝脏内，其次为肾脏、血液、眼睛、鳃和皮肤。河鲀毒素的含量随河鲀的品种、雌雄、季节而不同，一般雌鱼中毒素较高，特别是在春夏季的怀孕阶段毒性最强。

动物性食物
中的毒素

河鲀毒素为小分子化合物（图1-11-2），对热稳定，一般的烹饪加工方法很难使之破坏。但河鲀味道鲜美，每年都有一些食客拼死吃河鲀而发生中毒致死事件。因此，河鲀中毒是世界上最严重的动物性食物中毒之一，各国都很重视。我国《水产品卫生管理办法》规定严禁餐饮店将河鲀作为菜肴经营，也禁止在市场销售。水产收购、加工、市场管理等部门应严格把关，防止鲜河鲀进入市场或混进其他水产品中导致误食而中毒。

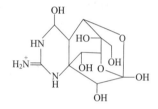

图1-11-2　河鲀毒素

河鲀毒素较稳定，盐腌、日晒、加热烹调均不能使之破坏，但在pH>7的碱性条件下却不稳定。将新鲜河鲀除去内脏、皮肤和头后，肌肉经反复冲洗，加入2%碳酸钠处理2～4h，可使河鲀毒性降至对人体无害。

河鲀毒素专一性地抑制为产生神经冲动所必需的钠离子向神经或肌肉细胞的流动，使神经末梢和神经中枢发生麻痹，最后使呼吸中枢和血管神经中枢麻痹而死。

2. 青皮红肉鱼

青皮红肉的鱼类（如金枪鱼、沙丁鱼等）可引起类过敏性食物中毒，原因是这些鱼中组氨酸含量较高，组氨酸经脱羧酶作用强的细菌作用后，产生组胺。此种中毒发病快，潜伏期一般为0.5～1h，长则可至4h。组胺的中毒机理是组胺使血管扩张和支气管收缩，主要表现为脸红、头晕、头疼、心跳加快、脉快、胸闷和呼吸窘迫等。部分病人有眼结膜充血、瞳孔散大、脸发胀、唇水肿、口舌及四肢发麻、荨麻疹、全身潮红、血压下降等症状。但多数人症状轻、恢复快，死亡者较少。

由于其高组胺的形成是微生物的作用，所以最有效的防治措施是防止鱼类腐败。而且腐败鱼类产生腐败胺类，通过它们与组胺的协同作用，可使毒性大为增强，不仅过敏性体质者容易中毒，非过敏性体质者食后同样也可中毒。

3. 海产贝类毒素

（1）蛤类　食用某些蛤肉可能引起中毒。原因是这些蛤类曾摄入有毒的涡鞭毛藻并有效地浓缩了其所含的毒素。这是一种神经毒素，当海洋局部条件适合涡鞭毛藻生长而超过正常数量时，海水被称为赤潮，在这种环境中生长的贝壳类生物往往有毒。甚至"赤潮"期间在海滨散步的人吸入一点水滴也可引起中毒。当人食用蛤肉后，毒素则迅速被释放，引起中毒。严重者常在2～12h因呼吸麻痹死亡，死亡率为5%～18%。对麻痹性蛤类中毒尚无有效的解毒剂。

而且，此种毒素在一般烹调中不易完全去除。据测定，经116℃加热的罐头，仍有50%以上的毒素未被去除。有毒的贝类在清水中放养1~3周，并常换水，可将毒素排净。

石房蛤毒素是神经毒素，为低分子毒素中最毒的一种（图1-11-3）。石房蛤毒素抑制位于脑中的呼吸和心血管调节中枢，常由于呼吸衰竭而引起死亡。

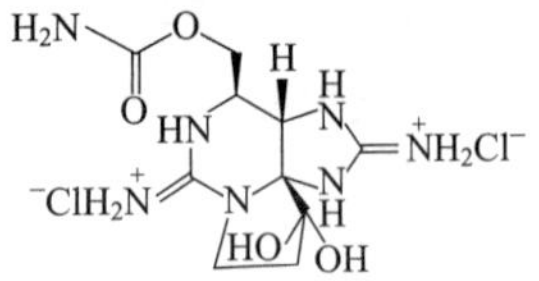

图1-11-3　石房蛤毒素

(2) 螺　螺的种类很多，已知有8万多种，分布很广，与人类关系密切，绝大部分具有较高的经济价值，可食用。但少数种类也含有有毒物质。螺属于单壳类，其有毒部位分别在螺的肝脏或鳃下腺、唾液腺内，误食或食用过量可引起中毒。我国常引起中毒的螺按中毒症状可分为两种类型：①麻痹型，有的毒螺含有影响神经的毒素，可使人发生麻痹型中毒；②皮炎型，食毒螺后经日光照射，于面部、四肢、颈部等暴露部位出现皮肤潮红、浮肿，随即呈红斑和荨麻疹状。

(3) 鲍　鲍的体外包被着一个厚的石灰质贝壳，其种类较少，我国记载的只有数种。但其经济价值较高，其壳是名贵药材，有平肝明目功效，在医学上又称石决明。其肉味鲜美，具有海珍品之称，自古以来人们就喜欢食用，但其中有些品种（如杂色鲍、皱纹盘鲍和耳鲍等）含有有毒物质。

杂色鲍壳质厚，一般栖息于潮下带水深2~10m的岩礁上，栖息环境需潮流畅通、水清、海藻繁茂。从鲍的肝及其他内脏中可提取出不定形的有光感力的色素毒素。人食用其肝和内脏后再经日光暴晒，可引起皮炎反应。此外，在鲍的中肠里也常积累一些毒素，这主要是由于在赤潮时，鲍进食了藻类所含的有毒物质，人食用后也可致病。

4. 蟾蜍

蟾蜍分泌的毒液成分复杂，约有30多种，主要的是蟾蜍毒素。蟾蜍毒素水解可生成蟾蜍配质、辛二酸及精氨酸。蟾蜍配质主要作用于心脏，其作用机理是通过迷走神经中枢或末梢，或直接作用于心肌。蟾蜍毒素排泄迅速，无蓄积作用。

误食蟾蜍毒素后，一般在食后0.5~4h发病，有多方面的症状表现：在消化系统方面是胃肠道症状；在循环系统方面有胸部胀闷、心悸、脉缓，重者休克、心房颤动；神经系统的症状是头昏头痛，唇舌或四肢麻木，重者抽搐、不能言语和昏迷，可在短时间内因心跳剧烈、呼吸停止而死亡。

蟾蜍中毒的死亡率较高，而且无特效的治疗方法，所以主要是预防。严格讲以不食蟾蜍为佳，如作药用，应遵医嘱，用量不宜过大。

5. 某些有毒的动物组织

(1) 内分泌腺　在牲畜腺体中毒中，以甲状腺中毒较为多见。人食用后，潜伏期可从1h到10天，一般为12~24h。临床主要症状为头晕、头痛、胸闷、恶心、呕吐、腹泻，并伴有出汗、心悸等；部分患者于发病后3~4天出现局部或全身出血性丘疹，皮肤发痒，间有水疱、皮疹；少数人下肢和面部浮肿，肝区痛，手指震颤，严重者高热，心动过速，脱水，10天左右后脱发，个别患者全身脱皮或手足掌侧脱皮。病程短者仅3~5天，长则可达月余。甲状腺素的理化性质非常稳定，在600℃以上的高温时才能被破坏，一般的烹调方法不可能做到去毒无害，所以，最有效的措施是预防，即屠宰者和消费者都应特别注意检查并摘除牲畜的甲状腺。另，误食肾上腺、病变淋巴腺均易引起中毒或癌变。

(2) 动物的肝脏　动物肝脏是人们常食的美味，它含有丰富的蛋白质、维生素和微量元素等营养物质。此外，肝脏还具有防治某些疾病的作用，因而常将其加工成肝精、肝粉、肝组织液等，用于治疗肝病、贫血、营养不良等症。但是，肝脏是动物的最大解毒器官，动物体内的各种毒素，大多要经过肝脏来处理、排泄、转化、结合，因此，肝脏中暗藏着毒物。此外，进入动物体内的细菌、寄生虫往往在肝脏生长、繁殖。肝吸虫病、包虫病在动物中较常见，而且动物也可能患肝炎、肝癌、肝硬化等疾病。所以，食用肝脏要适量。

三、微生物毒素

微生物毒素

微生物种类多、数量大、分布广，对自然界环境适应能力强。很多微生物被利用在食品的制造方面，起着有益的作用。有些微生物（如腐败微生物）能使食品变质败坏；也有少数微生物在生长繁殖过程中产生毒素，能引起人类食物中毒；还有些微生物（病原微生物）能使人或动物感染而发生传染病。

1. 细菌毒素

细菌不仅种类多，而且生理特性也多种多样，无论环境中有氧或无氧、高温或低温、酸性或碱性，都有适合该种环境的细菌存在，当它们以食品为培养基进行生长繁殖时，可使食品腐败变质，产生外毒素或内毒素。有些细菌可在体内产生芽孢，芽孢耐高温，一般煮沸方法不能将其除去，降温后，芽孢萌发成新的菌体，又进行生长繁殖。食物被某些细菌污染后，一些致病菌在适宜的温度、水分、pH和营养条件下大量繁殖，并产生细菌毒素，人在食用这些食物的同时也摄入了大量的细菌，从而发生细菌性食物中毒。

细菌性食物中毒，在夏、秋两个季节发生较多。因为此时气温较高，微生物易于生长繁殖。细菌性食物中毒的患者一般都表现有明显的胃肠炎症状，其中腹痛、腹泻最为常见。细菌性食物中毒可分为感染型食物中毒和毒素型食物中毒。凡人们食用含有大量病原菌的食物引起消化道感染而造成的中毒称为感染型食物中毒。凡人们食用由于细菌大量繁殖而产生毒素的食物所造成的中毒称为毒素型食物中毒。

(1) 沙门菌毒素　沙门菌种类很多，大约有2000多种。能引起食物中毒的菌群有鼠伤寒沙门菌、猪霍乱沙门菌、肠炎沙门菌、德彼沙门菌、纽波特沙门菌、汤姆逊沙门菌等。能引起人类肠热症的主要有伤寒沙门菌、乙型副伤寒沙门菌。

常见引起中毒的食品有各种肉类、鱼类、蛋类和乳类，其中，以肉类占多数。当沙门菌随食品进入人体后，可在肠道内大量繁殖，经淋巴系统进入血液内，潜伏期平均为 $12\sim24h$，有时可长达 $2\sim3$ 天。感染型食物中毒的症状表现为急性胃肠炎症状，如果细菌已产生毒素，则可引起中枢神经系统症状，出现体温升高、痉挛等。一般病程为 $3\sim7$ 天，死亡率较低，约为 0.5%。

沙门菌不耐热，在 $60\sim70℃$ 经 $30min$ 即可杀死。该菌不分解蛋白质，食物被污染后菌体即使大量繁殖，感官性质上也没什么改变。所以，对贮藏较久的肉类应彻底加热灭菌后方可食用。

(2) 葡萄球菌肠毒素　葡萄球菌广泛分布于自然界（如空气、水、土壤、饲料和一些物品上），还常见于人和动物的皮肤及与外界相通的腔道中。葡萄球菌中，腐生葡萄球菌数量最多，一般不致病，表皮葡萄球菌致病力较弱，金黄色葡萄球菌致病力最强。金黄色葡萄球菌可产生肠毒素、杀白细胞素、溶血素等毒素，引起食物中毒的是肠毒素。

金黄色葡萄球菌为革兰氏阳性球菌，呈葡萄串状排列，无芽孢，无鞭毛，不能运动。适宜生长温度为 $35\sim37℃$，但在 $0\sim47℃$ 都可以生长。金黄色葡萄球菌为兼性厌氧菌，耐盐性较强，在含 $7.5\%\sim15\%$ NaCl 的培养基中仍能生长，在普通培养基上可产生金黄色色素。菌体不耐热，$60℃$、$30min$，即可被杀死，但在冷藏环境中不易死亡。已确认的金黄色葡萄球菌至少可分为 A、B、C、D、E、G、H、I、J、K 十型。A 型肠毒素引起的食物中毒最多，B 型次之，C 型较少。毒素的抗热力很强，煮沸 1～1.5h 仍保持其毒力，经 218～248℃、30min 才能使毒性消失。可见一般的烹调温度只能杀灭病菌，不能破坏其毒素，食用这种食物仍可能引起食物中毒，这是值得注意的。

金黄色葡萄球菌引起的食物中毒，属毒素型食物中毒，其主要症状是急性胃肠炎症状。肠毒素经消化道吸收后进入血液，刺激中枢神经系统而导致恶心、呕吐、腹泻、腹痛等。潜伏期多在 2～5h，较短的仅 40min，大部分患者 24～28h 恢复正常，很少就医，极少死亡。

（3）肉毒毒素　肉毒梭状芽孢杆菌，简称肉毒梭菌，在自然界广泛分布，土壤、霉变干草、畜禽粪便中均有存在，可引起严重的毒素型食物中毒。

肉毒梭菌是革兰氏阳性的产芽孢细菌，适宜的生长温度为 35℃左右，属中温型。肉毒梭菌为专性厌氧菌，必须在严格无氧的条件下才能生长繁殖，在中性或弱碱性的基质中生长良好。其芽孢耐热，一般煮沸需经 1～6h，或 121℃高压蒸汽，经 4～10min 才能被杀死。它是引起食物中毒病原菌中对热抵抗力最强的菌种之一。所以，罐头的杀菌效果，一般以肉毒梭菌为指示细菌。肉毒梭菌产生的毒素叫肉毒毒素。肉毒毒素有 A、B、C_α、C_β、D、E、F 和 G 八型。肉毒毒素是高分子单纯蛋白质，对热的抵抗力较低，80℃、20min 或 100℃、5min，即可破坏其毒性。但就已知的毒素中，肉毒毒素是毒性最强的一种，对人的致死量为每千克体重 9～10mg，其毒力比氰化钾大 10000 倍。肉毒杆菌食物中毒属毒素型食物中毒，主要作用于神经肌肉连接点和植物神经末梢，其症状是肌肉麻痹、吞咽困难、语言障碍，甚至发生腹胀、便秘、尿闭、流涎、口渴等症状，严重者因呼吸麻痹而死亡，死亡多数发生在病后 3～7 天，病死率可达 30% 以上，甚至高达 80%。

能引起食物中毒的细菌还有副溶血性弧菌、产气荚膜杆菌、变型杆菌、致病性大肠肝菌、蜡状芽孢杆菌等。

2. 霉菌毒素

霉菌在自然界分布极广，特别是阴暗潮湿和温度较高的环境更有利于它们的生长。由于营养来源主要是糖、少量的氮和无机盐，因此，霉菌极易在粮食、水果和各种食品上生长，引起食品的腐败变质，使食品失去原有的色、香、味、形，降低或完全丧失食用价值。有些霉菌可产生毒素，毒素一般不会被破坏，即使霉菌死亡后，毒素仍保留在产品中。很多种霉菌毒素都耐热，普通的烹调和加工条件都不能破坏其毒性，所以，人食用后易中毒。如果喂给牲畜霉变的饲料，除了牲畜死亡以及不健康所造成的损失外，霉菌毒素及霉菌的代谢产物可作为残留物存在于肉中或进入乳及蛋中，最终被人们摄入，引起中毒。

（1）黄曲霉毒素　黄曲霉毒素（AFT）是一类结构类似的化合物，目前已经分离鉴定出 20 多种，主要有 B、G 两大类，毒性最强的是黄曲霉毒素 B_1（图 1-11-4），它可诱发肝脏病变及癌症。黄曲霉毒素耐热，一般的烹调加工很难将其破坏，在 280℃时才发生裂解，毒性被破坏。黄曲霉毒素在中性和酸性环境中稳定，在强碱性环境中能迅速分解，形成香豆素钠盐。黄曲霉产毒的必要条件为：湿度 80%～90%，温度 25～30℃，氧气 1%。黄曲霉主要污染的粮食作物为花生和玉米，大米、小麦受污染较轻，豆类很少受到污染。

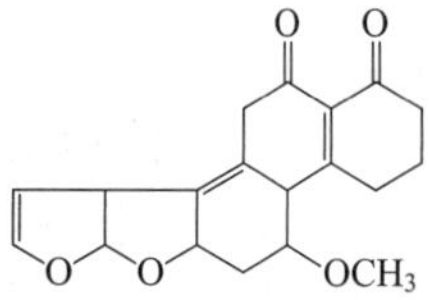

图 1-11-4　黄曲霉毒素 B_1

黄曲霉毒素为剧毒物质，其毒性为氰化钾的 10 倍。一次大量摄入后，可出现急性毒性症状，表现为肝实质细胞坏死、胆管上皮增生、肝脏脂肪浸润、脂质消失延迟、肝脏出血等。长期小剂量摄入 AFT 可造成慢性损害，从实际意义出发，它比急性中毒更为重要。其主要表现是动物生长障碍，肝脏出现亚急性或慢性损伤。其他症状还有食物利用率下降、体重减轻、生长发育迟缓、雌性不育或产仔少等。AFT 可诱发多种动物癌症。从肝癌流行病学研究发现，凡食物中黄曲霉毒素污染严重和人类实际摄入量比较高的地区，原发性肝癌发病率高。

（2）青霉毒素　青霉毒素又称黄变米毒素。黄变米又叫黄霉米，稻谷收割后和贮存中含水量较高，贮藏温度较高，易被霉菌污染发生霉变，使米呈黄色，并产生毒性代谢产物，这些毒性代谢产物统称青霉毒素。青霉毒素包括三类，即岛青霉毒素、橘青霉毒素和黄绿青霉毒素。

岛青霉毒素是岛青霉的代谢产物，具有很强的毒性，可使肝脏病变并转发肝癌。橘青霉毒素是指橘青霉代谢产物，对人和哺乳动物肾脏有损害。黄绿青霉毒素是黄绿青霉代谢产物，属神经毒素。动物实验先是出现后肢麻痹，继之出现全身麻痹状态，最后呼吸停止而死亡。

（3）镰刀菌毒素　镰刀菌毒素又称赤霉病麦毒素。镰刀菌对大麦、小麦、元麦均能致病，在玉米、甜菜、蚕豆及山芋上也能生长。在小麦收割期，如遇连绵阴雨气候，镰刀菌易造成大量赤霉病发生。赤霉病麦产生的毒素比较稳定，耐热、耐酸、耐干燥，在 120℃ 都不能破坏其毒性。因此病麦原料经一般的加工后仍不能食用，也不能作为饲料。在碱性条件下，高温蒸汽加热可破坏其毒素。

（4）霉变甘蔗中毒　霉变甘蔗中毒主要发生在初春的 2～4 月份。甘蔗在不良条件下经过冬季的长期贮存，到第二年春季陆续出售的过程中，霉菌大量生长繁殖并产生毒素，人们食用此种甘蔗可导致中毒，特别是收割时尚未完全成熟的甘蔗，含糖量低，渗透压也低，有利于霉菌和其他微生物的生长繁殖。引起甘蔗霉变的主要是节菱孢属中的霉菌，它们污染甘蔗后可迅速繁殖，在 2～3 周内产生一种叫 3-硝基丙酸的强烈毒素，可损伤人的中枢神经系统，造成脑水肿和肺、肝、肾等脏器充血，从而导致恶心、呕吐、头昏、抽搐等症状，严重时会导致昏迷，可使人因呼吸衰竭而死亡。

实际上霉菌毒素约有 200 种，这些霉菌毒素常常通过食物和饲料引起急性中毒和慢性中毒，甚至诱发癌症，造成畸胎以及体内遗传物质突变等，对人类健康有很大威胁。以上介绍了黄曲霉毒素、镰刀菌毒素和青霉毒素，其中镰刀菌毒素和青霉毒素与人类健康的关系更为密切。

四、食品的化学性污染

食品中化学毒素主要来源于食物原料生长繁殖环境、加工机械污染及加工过程中的化学污染。

食品的
化学性污染

1. 重金属污染

重金属污染主要来源于工业的"三废"。对人体有害的重金属主要有汞、镉、铅、铬等，这些有害的重金属大多是由矿山开采、工厂加工生产过程，通过废气、残渣等污染土壤、空气和水的。土壤、空气中的重金属由作物吸收直接蓄积在作物体内；水体中的重金属则可通过食物链在生物中富集，如鱼吃草或大鱼吃小鱼。用被污染的水灌溉农田，也可使土壤中的金属含量增多。环境中的重金属通过各种渠道都可对食品造成严重污染，进入人体后可在人体中蓄积，引起人体的急性或慢性毒害作用。

砷虽不属于重金属，但其性质与重金属多有相似之处，故在此也将其纳入讨论范围。

(1) 汞 汞的毒性主要取决于化学状态，有机汞特别是甲基汞（$CH_3—HgCl$），比无机汞的毒性强得多，且对机体的损伤是不可逆的。两种形式的汞均损害中枢神经系统。甲基汞是在微生物的作用下合成和分解的，当生成的速率超过降解速率时，则极易在鱼体内富集。植物则可吸收环境中的汞。被汞污染的食品即使经加工处理，也不能将汞除净。微量汞在人体内不致引起危害，可经尿、粪和汗液等途径排出体外，如数量过多，即产生神经中毒症状，严重者精神紊乱，进而疯狂，痉挛致死。成人每周汞的摄入量每千克体重不得超过 0.05mg。

(2) 铅 食品铅污染的来源主要有：①使用含铅农药；②环境污染；③食品加工、贮藏、运输使用含铅器械。铅可在人体内蓄积，生物半衰期为 1460 天。铅主要损害神经系统、造血器官和肾脏。常见症状是食欲不振、胃肠炎、口有金属味、失眠、头昏、头痛、关节肌肉酸痛、腰痛、贫血等。成人每周铅的可耐受量为每千克体重 0.05mg。

(3) 镉 食品中镉污染主要来源于环境污染和有含镉镀层的食品容器等。生物，特别是鱼类可富集镉。镉在摄入后很易被人体吸收。其中一小部分以金属蛋白质复合物的形式贮存在肾脏中。长期接触过量的镉导致肾小管损伤，其毒性反应为贫血、肝功能损害等，还可影响与锌有关的酶而干扰代谢功能，改变血压状况等。镉在人体内的生物半衰期为 16～23 年，成人每周可耐受量为每千克体重 0.0067～0.0083mg。

(4) 铬 铬是构成地球的元素之一，广泛地存在于自然界环境。含有铬的废水和废渣是环境铬污染的主要来源，尤其是皮革厂、电镀厂的废水、下脚料含铬量较高。环境中的铬可以通过水、空气、食物的污染而进入生物体。目前食品中铬污染严重主要是由于用含铬污水灌溉农田。据测定，用污水灌溉的农田土壤及农作物的含铬量随灌溉年限及污水浓度的增加而逐渐增加。作物中的铬大部分在茎叶中。水体中的铬能被生物吸收并在体内蓄积。

铬是人和动物所必需的一种微量元素，人体中缺铬会影响糖类和脂类的代谢，引起动脉粥样硬化，但过量摄入会导致人体中毒。铬中毒主要是六价铬引起的，它比三价铬的毒性大100倍，可以干扰体内多种重要酶的活性，影响物质的氧化还原和水解过程。小剂量的铬可加速淀粉酶的分解，高浓度则可减慢淀粉酶的分解。铬能与核蛋白、核酸结合，六价铬可促进维生素C的氧化，破坏维生素C的生理功能。近来研究表明，铬先以六价的形式渗入细胞，然后在细胞内还原为三价铬而构成"终致癌物"，与细胞内大分子相结合，引起遗传密码的改变，进而引起细胞的突变和癌变。

(5) 砷 砷污染来源于环境及食品加工中使用不纯的酸类、碱类和不纯的食品添加剂等。砷的氧化物和盐类经人体吸收后可经肾或粪便排出，亦能从乳汁排出，但排泄极缓慢。因此，砷常因蓄积而导致慢性中毒。亚砷酸离子可与细胞中含硫基的酶类结合使其失活，从而干扰代谢；砷亦能麻痹血管运动中枢和直接作用于毛细血管，使内脏毛细血管麻痹、扩张及透性增加。人体每日容许摄入量为每千克体重 0.05mg。

2. 农药污染

施用农药是防治植物病虫害、去除杂草、调节农作物生长、实现农业机械化和提高家畜产品产量和质量的主要措施。全世界的化学农药品种约 1400 多种，按化学成分可分为：有机氯类、有机磷类、有机氮类、有机汞类、有机硫类、有机砷类、氨基甲酸酯类及抗生素制剂等。按用途可分为：杀虫剂、杀菌剂、除草剂、粮食熏蒸剂、植物生长调节剂等。

农药残留是指农药使用后在农作物、土壤、水体、食品中残存的农药母体、衍生物、代谢物、溶解物等的总称。农药残留的数量称为残留量。农药残留状况除了与农药的品种及化学性质有关外，还与施药的浓度、剂量、次数、时间以及气象条件等因素有关。农药残留性愈大，在食品中残留量也愈大，对人体的危害也愈大。

有机磷属于神经毒素，主要是抑制血液中胆碱酯酶的活性，造成乙酰胆碱蓄积，从而引起一系列的神经功能紊乱。有机氯也属于神经毒素，有机氯急性中毒主要表现为中枢神经系统症状。另外，滴滴涕还有致癌性。

3. 兽药残留

兽药残留是指动物产品的任何可食部分所含兽药的母体化合物及（或）其代谢物，以及与兽药有关的杂质。所以兽药残留既包括原药，也包括药物在动物体内的代谢产物和兽药生产中所伴生的有害杂质。

在畜禽的养殖过程中，为了预防和治疗畜禽的疾病以及促进畜禽的生长而为其注射和服用一些抗生素、激素等药物，常因用法不当造成这些兽药在动物体内残留。人食用了这些含有残留兽药的动物性食品后，虽不表现为急性毒性作用，但人如果经常摄入低剂量的兽药残留物，经一段时间后，也可造成兽药在体内慢慢蓄积，对人体产生一些不良反应和毒性作用，甚至产生耐药性和致癌作用。

4. 多环芳族化合物污染

（1）多氯联苯化合物（PCB）和多溴联苯化合物（PBB）　PCB 和 PBB 是稳定的惰性分子，具有良好的绝缘性与阻燃性，在工业中广泛应用。如作为抗燃剂、抗氧剂加于油漆中，作为软化剂等加到塑料、橡胶、油墨、纸与其他包装材料中。PCB 和 PBB 不易降解，难溶于水，易溶于脂肪、有机溶剂，易在生物体内的脂肪内大量富集。由于具有高度稳定性与亲油性，多氯联苯可通过各种途径富积，从而使动物（如鱼类、家畜）体内含高浓度多氯联苯。人食用含有此物质的动、植物后，中毒表现为皮疹、色素沉积、浮肿无力、呕吐等症状。

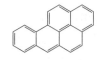

图 1-11-5　苯并芘
的结构式

（2）苯并芘的污染　苯并芘为强烈的致癌剂（图 1-11-5）。

经研究确证，苯并芘主要引起人的胃癌、皮肤癌和肺癌等癌症。据流行病学研究资料发现，喜食熏鱼、熏肉等食品的地区胃癌发病率较高，在改变吃熏烤食品的习惯之后胃癌发病率下降。此外，大气中的苯并芘浓度与肺癌发病率之间存在正相关性。其污染途径有以下几个方面：

① 环境污染。苯并芘在自然界广泛存在，对人类社会造成大量的环境污染。工农业生产、交通运输和日常生活中大量使用的煤炭、石油、汽油、木柴等燃料，以及柏油路上晾粮食、油料种子等，均能使食品受到苯并芘污染。大气、土壤、水中都不同程度地含有苯并芘，使农作物和水生生物等进一步受到苯并芘直接或间接污染，通过食物链和生物浓缩可使人们所食用的食品不同程度地含有苯并芘。另外，某些植物和微生物的合成作用产生的微量苯并芘对食品的影响也是不能排除和忽略的。

② 食品包装运输过程的污染。有些设备管道和包装材料中含有苯并芘，如采用橡胶管道输送原料或产品时，橡胶的填充料炭黑和加工橡胶时用的重油中均含有苯并芘，当液体食品（如酱油、醋、酒、饮料等）经过这些管道输送时，苯并芘有可能转移到食品中，尤其是把橡胶管长期浸泡在食品中，其危害性更大。包装糖果、棒冰、面包等要用蜡纸，矿蜡中苯并芘含量较高。若包装不符合规格，工厂在复制时图方便，带包装纸一起加水、加热溶解，就会对食品造成污染。食品加工机械用的润滑油苯并芘含量高达 $2600\mu g/kg$，若密封不好，润滑油滴入食品中将使食品受到污染。

③ 食品加工工艺造成的污染。熏制食品（熏鱼、熏香肠、腊肉、火腿等），烘烤食品

（饼干、面包等）和煎炸食品（罐装鱼、方便面等）中主要的毒素和致癌物是多环芳烃，具体来讲主要是苯并芘。苯并芘是已发现的 200 多种多环芳烃中最主要的环境和食品污染物，而且污染广泛、污染量大、致癌性强。

熏制食品所用的木材燃烧时产生的烟和脂肪燃烧时产生的烟是熏制食品中多环芳烃的主要来源。食品中的脂类、蛋白质、碳水化合物在很高的烘烤温度（800～1000℃）下发生热解，经过环化和聚合就形成了大量的多环芳烃。而当食品在烟熏和烘烤过程烤焦或炭化时，苯并芘的生成量将显著增加，特别是烟熏温度在 400～1000℃ 时，苯并芘的生成量随温度的上升而急剧增加，烟熏时产生的苯并芘直接附着在食品表面，随着保藏时间的延长而逐步深入到食品内部。

食品工业中使用的煎炸油经常反复使用，方便面和罐装鱼等食品的煎炸温度一般可高达 185～200℃ 或更高，煎炸油在这一温度下进行着复杂的氧化、聚合和环化反应，从而产生一系列酮环氧化物、过氧化物、脂肪杂环化合物及大量的脂质自由基。另外，食品长时间煎炸会使食品轻微炭化，其中有脂肪酸和氨基酸在高温下反应形成的苯并芘化合物。

苯并芘对人类是一种强致癌物质，因此它在食品中的含量引起广泛的注意。我国规定食品中苯并芘允许限量标准不超过 $5\mu g/kg$。

五、食品在加工过程中产生的毒素

食品在加工过程中产生的毒素，一部分是外源性的，即在加工过程中使用的一些食品添加剂。如肉类食品的腌制需要添加亚硝酸盐，过量使用亚硝酸盐会导致致癌物质亚硝胺的形成；熏制食品由于烟熏而引入致癌物苯并芘及其他稠环芳烃等。另一部分毒素是内源性的，是食物原料在加工过程中自身变化而产生的，如油脂的氧化产物等。

食品在加工过程
中产生的毒素

1. 亚硝胺类毒素

硝酸盐和亚硝酸盐是腌制食品（如腊肠、肉肠、灌肠、火腿和午餐肉）中的防腐剂，用于肉类保藏已有几个世纪的历史。事实上，在冰箱发明之前，硝酸盐和亚硝酸盐是唯一的保存肉制食品的方法。只是 20 世纪末人们才认识到其防腐作用来自亚硝酸根离子（NO_2^-），其对肉毒梭菌有很强的抑制作用。此外，亚硝酸盐同时还是一种发色剂，亚硝酸盐和肉类的血红蛋白反应，可变成桃红色，可增进食欲亚硝酸盐还赋予香肠、火腿和其他肉制品一种诱人的腌肉风味。

20 世纪末，大量使用氮肥，使一些蔬菜（如卷心菜、花椰菜、胡萝卜、芹菜和菠菜）中硝酸盐的含量很高，而蔬菜在腌制过程中，亚硝酸盐含量会增高很多。在适宜的条件下，亚硝酸盐可与肉中的氨基酸发生反应，也可在人体的胃肠道内和蛋白质的消化产物叔胺和季铵反应，生成亚硝基化合物（NOC），尤其是生成 N-亚硝胺和亚硝酸胺这类致癌物，因此也有人将亚硝酸盐作为内生性致癌物。亚硝胺是一种很强的致癌物质，尚未发现哪一种动物能耐受亚硝胺的攻击而不致癌的。在已经检测的 100 种亚硝胺类化合物中，已证实有 80 多种至少可诱导一种动物致癌，在 100 种亚硝胺类化合物中乙基亚硝胺、二乙基亚硝胺和二甲基亚硝胺至少对 20 种动物具有致癌活性。

亚硝胺还具有较强的致畸性，主要使胎儿神经系统畸形，包括无眼、脑积水、脊柱裂和少趾等。

国内外大多数学者都认为，亚硝胺类物质是人类最主要的致癌物质。例如，智利盛产硝石，食品中亚硝酸盐含量较高，其胃癌死亡率也居世界首位，日本人的胃癌发病率也较高，认为与日本人多食咸鱼和腌菜有关。在对我国河南省林州市等食管癌高发区、江苏省启东市等肝癌高发区、广东省西北部鼻咽癌高发区、四川省少数民族聚集地等胃癌高发区居民的食品进行调查时发现，上述地区居民的膳食中均有相当高的亚硝胺检出率，这些地区居民尿中的亚硝胺含量也较高。值得一提的是，烟草致癌也和亚硝胺化合物有关。烟草中的地碱（尼古丁）在加工和燃烧时会发生亚硝基化反应，产生 4-甲基亚硝胺-1-(2-吡啶)-1-丁酮（NNK）这类亚硝基化合物。NNK 是一种强致癌物，可引起多种人体组织产生恶性肿瘤，是肺癌的主要致病因子。

有一些破坏亚硝酸盐的化合物能作为亚硝胺形成的抑制剂，如抗坏血酸、谷胱甘肽、半胱氨酸、维生素 E 及其他各种酚类抗氧化剂。这些物质在食品中以及实际动物的体内都表现出明显抑制亚硝胺形成的作用。

2. 多环芳烃类毒素（PAH）

多环芳烃类物质主要是指 3 个以上苯环稠合在一起的化合物，其中许多种类具有致癌性。代表物质为苯并芘，具体参见四、4（2）部分内容。

3. 美拉德反应产物

美拉德反应是蛋白质（氨基酸）的氨基与葡萄糖的羰基发生的聚合反应，又叫羰氨反应。在面包、糕点和咖啡等食品的烘烤过程中，美拉德反应能产生诱人的焦黄色和独特风味。此外，美拉德反应也是食品在加热或长期贮藏时发生褐变的主要原因。美拉德反应不利的一面是导致氨基酸的损失，其中影响最大的人体必需氨基酸是赖氨酸。

美拉德反应除形成褐色素、风味物质和多聚物外，还可形成许多杂环化合物，有促氧化物、抗氧化物、致突变物和抗致癌物。事实上，美拉德反应诱发生物体组织中氨基和羰基的反应并导致组织损伤，后来证明这是导致生物系统损害的原因之一。在食品加工过程中，美拉德反应形成的一些产物具有强致突变性，提示可能形成致癌物。

4. 其他

在食品加工过程中使用的机械管道、锅、白铁管、塑料管、橡胶管、铝制品容器及包装材料等，都有可能将有毒物质带到食品中去。如酸性食品从上釉的陶瓷器皿中溶出铅盐、镉盐和锑盐；用荧光增白剂处理的纸作包装材料，纸上残留有毒的胺类化合物均易污染食品；不锈钢器皿存放酸性食品时间较长，溶出的镍、铬也易污染食物。

思 考 题

1. 选择题

(1) 发芽马铃薯中常含有的有毒物质是（　　）。

A. 茄苷　　　　B. 酚氧化酶　　　　C. 抗坏血酸氧化酶　　　　D. 纤维素

(2) 存在于鲜黄花菜中的致毒成分是（　　）。

A. 秋水仙碱　　　　B. 呋喃类　　　　C. 含硫化合物　　　　D. 己醛

(3) 美拉德反应不利的一面是导致氨基酸的损失，其中影响最大的人体必需氨基酸是（　　）。

A. Lys　　　　B. Phe　　　　C. Val　　　　D. Leu

(4) 河鲀毒素是鲀鱼类含有的一种神经毒素，一般家庭的烹调加热河鲀毒素（　　）变化，这是食用河鲀中毒的主要原因。

A. 几乎无　　　　B. 有一点　　　　C. 有　　　　D. 完全

(5) 苯并芘是由（　　）个以上苯环组成的多环芳烃。

A. 3　　　　B. 4　　　　C. 5　　　　D. 6

(6) 豆类制品加热不够，会引起中毒，与豆类含有大量的（　　）有一定的关系。

A. 植酸 　　　　　B. 草酸 　　　　　C. 抑制剂 　　　　　D. 凝集素

(7) 有毒糖苷的酶促产物具有（　　）作用。

A. 致畸 　　　　　B. 致胃肠不适 　　　　　C. 致突变 　　　　　D. 致甲状腺肿

(8) 皂苷毒性是指皂苷类成分有（　　）作用。

A. 溶血 　　　　　B. 麻痹 　　　　　C. 膜通透性 　　　　　D. 变性与坏死

(9) 凝集素能可逆结合特异性（　　）。

A. 单糖或双糖 　　　　　B. 单糖或寡糖 　　　　　C. 双糖或寡糖 　　　　　D. 寡糖或多糖

2. 名词解释

嫌忌成分　凝集素　生物碱　食品中兽药残留

3. 判断题

(1) 河鲀毒素主要存在于河鲀体内，是一种生物碱类天然毒素。（　　）

(2) 麻痹性贝类毒素常见于贻贝和蛤类。（　　）

(3) 龙葵碱（茄碱）主要存在于鲜黄花菜中。（　　）

(4) 秋水仙碱在体内氧化成氧化二秋水仙碱，氧化二秋水仙碱有剧毒，存在于发芽的马铃薯中。（　　）

(5) 氰苷类存在于甘蓝、萝卜、芥菜、葱、蒜等中。（　　）

(6) 棉酚中毒无特效解毒剂，勿食粗制生棉籽油。（　　）

(7) 皂苷类有的无毒性（如大豆皂苷），有的剧毒（如茄苷）。（　　）

(8) 凝集素是植物合成的一类对红细胞有凝聚作用的糖蛋白，广泛存在于桃、李等核仁中。（　　）

(9) 毒蝇碱主要存在于蕈类中。（　　）

(10) 动物毒素主要是鱼类毒素和贝类毒素。（　　）

4. 填空题

(1) 食品中的有害成分有_____和_____两类。

(2) 内源性有害成分来自_____，外源性有害成分来自食品_____、_____、_____等。

(3) 许多植物的种子和荚果中存在动物消化酶的抑制剂，如_____抑制剂、_____抑制剂和_____抑制剂。

(4) 马铃薯芽眼四周和变绿部位不能食用是因为存在一种叫_____的有毒物质。

(5) 常见的有毒元素是_____、_____、_____、_____。

(6) 生大豆中的两种有毒物质为_____、_____。

(7) 苦杏仁、木薯等生吃会中毒，主要是因为其中含有_____，这类物质在酸或酶的作用下可生成剧毒的_____；存在于鲜黄花菜中的_____本身对人体无毒，但在体内被氧化成_____后则有剧毒。

5. 问答题

(1) 指出食品中有害物质的分类以及产生的主要途径。

(2) 苯并芘污染食品的途径有哪些？

(3) 在食品加工和贮藏过程中，食品的主要成分能发生哪些典型的反应而引起食品质量下降？

(4) 食品中硝酸盐、亚硝酸盐、亚硝胺的来源有哪些？其有何危害？

模块十二　现代生化技术在食品中的应用

生物化学是研究生物体的物质组成和生命过程中的化学变化的一门科学。生物化学研究在细胞水平上的，称为近代生物化学技术，发展到分子水平后，一般称为现代生物化学技术。现代生化技术主要利用生物学、化学等领域的尖端科技成就。

一、现代生化分离技术在食品中的应用

1.膜分离技术在食品中的应用

以天然或人工合成的高分子薄膜为介质，以外界能量或化学位差为推动力，对双组分或多组分溶质和溶剂进行分离、提纯和浓缩的方法称为膜分离法。膜分离技术是一项新型的高新分离技术，目前，微滤膜、离子交换膜、反渗透膜、超滤膜、气体膜等已经得到广泛应用，成为世界各国研究的热点。膜分离技术同时也是一门多学科交叉的高新技术，既有分离、浓缩、纯化、精制的功能，又有高效、节能、环保、分子级过滤以及过程简单、易于自动化控制等特性。膜分离技术为当今分离科学中最重要的手段之一，目前已被广泛应用于食品、医药、化学、环保等各个领域，尤其适合于食品工业的应用。目前，膜分离技术已广泛应用于果胶的提取、果蔬汁的澄清、啤酒的澄清、饮料用水的

净化等食品工业多方面。

(1) 膜分离技术在果胶提取中的应用　由于膜分离过程不需要加热，可防止热敏物质失活、杂菌污染，无相变，集分离、浓缩、提纯、杀菌为一体，分离效率高，操作简单，费用低，特别适合食品工业的应用。果胶是一种由半乳糖醛酸组成的高分子物质，在食品工业上用作胶凝剂、增稠剂等，市场需求量很大。目前果胶的生产工艺主要以柑橘皮等为原料，利用稀酸进行提取，提取液中含大量对胶凝度无贡献的有机酸、酚、皮油及色素。其后续处理任务繁重，成本较高，且产品颜色偏深。采用膜分离技术对提取液进行处理，可以有效除去大部分对胶凝度无贡献的杂质，脱去大部分酸和无机离子，所得提取液直接干燥可得高品质的果胶，并且能够大幅降低生产成本。

(2) 膜分离技术在果蔬汁、茶水、酱油澄清方面的应用　澄清工艺是澄清汁生产的关键环节。传统的澄清方法，如加热凝聚澄清法、冷冻法、板框过滤法以及酶处理法等，都存在各自的缺点。将膜分离技术用于食醋、酱油、果蔬汁、茶汁、啤酒等的生产中，在分离导致浑浊组分的同时可达到澄清的目的。膜分离技术操作不受温度的影响，不发生相变，可以较好地保存澄清汁原有风味，同时具有快速、经济的特点。应用膜分离技术处理甘蔗汁、苹果汁、草莓汁、南瓜汁等汁液，分离澄清效果良好。

茶提取液中含有蛋白质、果胶、淀粉等大分子物质，其中的茶多酚类及其氧化产物易与咖啡碱等物质形成络合物，使茶汁产生浑浊及沉淀，消除浑浊及沉淀是茶饮料生产的关键。传统方法容易使茶汁中许多有效成分连带被去除，影响风味。采用膜分离法处理绿茶汁和红茶汁可有效去除茶汁中的大部分蛋白质、果胶、淀粉等大分子物质，而茶多酚、氨基酸、儿茶素、咖啡碱等含量损失很少，醇不溶性物质可部分脱除，透明度得以提高，茶汁外观清澈透明，口感好，茶汁不易二次浑浊和变质。

传统的酱油澄清技术是采用板框过滤法澄清产品。该技术生产的产品有沉淀，细菌数量偏高，且生产强度大，废弃物多，易造成环境污染。利用膜分离装置替代传统的酱油生产中蒸发、浓缩、澄清、净化等装置，对酱油进行澄清、除菌、脱色处理，可大幅降低能耗，提高产品品质。

(3) 膜分离技术在酿酒工业中的应用　随着人们对酒的质量要求越来越高，膜分离技术开始用于造酒行业，特别是用于低度酒的除浊澄清。采用超过滤技术对传统工艺进行重要变革，不仅能明显提高酒的澄清度，保持酒的色、香、味，而且可以无热除菌，提高酒的保存期。用无机微滤膜可去除啤酒中的浑浊漂浮物（酒花树脂、单宁、蛋白质等），除去酵母菌、乳酸菌等微生物，改善啤酒的风味，提高透明度；可用反渗透制造低度啤酒或浓缩啤酒，也可用反渗透复合膜浓缩啤酒；微滤技术用于回收啤酒釜底的发酵残液，可使啤酒产量增加。鲜啤酒生产过程中，采用膜分离技术常温下处理用水，可有效脱除水中的各类细菌。用超滤进行葡萄酒提纯，可在无化学试剂下制得透明的葡萄酒，还可降低葡萄酒中的酒精含量；用聚丙烯腈中空纤维超滤膜组件可将黄酒中的细菌和浑浊物除去；用超滤对低度白酒除浊，酒久置后仍保持清澈透明。

(4) 膜分离技术在饮料除菌方面的应用　食品饮料工业是国民经济的重要产业，其发展直接关系到人民生活质量的改善与提高。传统的食品饮料杀菌方法为巴氏杀菌和高温瞬时杀菌，这两种方法操作烦琐，残留细菌多，且高温易造成热敏物质失活和产品口味、营养成分的破坏。用膜分离技术取而代之，纳米级的微滤膜足以阻止微生物通过，从而在分离的同时可达到"冷杀菌"的效果。

(5) 膜分离技术在纯水工业中的应用　近年来，大多数矿泉水生产厂家均采用膜过滤技术去除细菌、胶体、絮凝物和颗粒等，产品质量得到显著改善。采用膜分离技术处理工业废水，COD 去除率高，有效集成各膜分离单元，可成功实现废水的再生与回用，从而大幅度降低食品工业用水单耗成本，可以从根本上缓解水资源与工业发展的矛盾，降低产品成本，提高产品的市场竞争力。

2. 萃取技术在食品中的应用

萃取是利用溶质在互不混溶的两相之间分配系数不同而使溶质得到纯化或浓缩的技术。萃取按参与溶质分配的两相不同可分为：液-固萃取和液-液萃取两种。萃取按原理可分为：物理萃取、化学萃取、双水相萃取、超临界萃取等。萃取广泛应用于分离提取有机化合物，是分离液体混合物常用的单元操作，在发酵和其他生物工程生产上的应用也相当广泛。其

分液漏斗操作

中，萃取操作不仅可以提取和增浓产物，还可以除掉部分其他类似的物质，使产物获得初步的纯化，所以萃取广泛应用于抗生素、有机酸、维生素、激素等发酵产物的提取。高品质的天然物质、胞内物质通过萃取，可以从混合物中得到需要的化合物或除去不需要的杂质。近 20 年来研究萃取技术还产生了一系列新的分离技术，如：逆胶束萃取、超临界萃取、液膜萃取、微波辅助萃取等。萃取已广泛应用到食品工业的各个研究领域，受到广泛的关注。

(1) 超临界 CO_2 流体萃取技术在食品工业中的应用　超临界流体萃取技术，是指用超临界流体为溶剂，从固体或液体中萃取可溶组分的传质分离操作技术。该技术具有操作方便、能耗低、无污染、分散能力高、制品纯度高、无溶剂残留等优点，被称为"绿色分离技术"。超临界 CO_2 流体萃取技术虽然在食品工业中仅有 20～30 年的应用历史，但其发展十分迅速。在日本，通过超临界 CO_2 流体萃取技术加工特种油脂已实现工业化生产。在欧美各国，该项技术在食品工业中也得到了广泛的应用。目前，我国超临界 CO_2 流体萃取技术已逐步从研究阶段走向工业化，主要应用于香料、食品和医药工业，对于一些用常规方法难以提取及纯化的物质，该方法更能显示其独特的优势。在食品工业中该技术主要应用在食品风味物质与油类物质的提取、食品脱色除臭及灭菌防腐等，如啤酒花、沙棘籽油、小麦胚芽油、卵磷脂、辣椒红素的提取以及大蒜酶失活、大蒜 SOD 保留、咖啡碱的脱除及羊肉去膻味等。

(2) 微波辅助萃取技术在食品工业中的应用　微波辅助萃取技术（MAE）是一种利用微波作为热源对某一体系直接加热而进行萃取的方法。由于不同物质具有不同介电常数，其对微波能也具有不同的吸收能力，因此产生的热能及传递给周围环境的热能也不相同。MAE 具有设备简单、应用范围广、萃取效率高、快速、污染小的优点。食品是由多种成分组成的物料，主要包括水、碳水化合物、蛋白质、脂类、维生素、矿物质等，其中大部分物质是极性分子，它们在微波场中也能被加热、升温，由于不同物质具有不同的介电常数，所以 MAE 在食品上应用是可行的。目前 MAE 主要应用于植物组织中天然成分的提取和食品分析。食品工业是 MAE 技术应用的一个新领域，这必将促进食品工业的发展，比如保健功能因子的研究、食品有效成分提取方法的改进以及食品分析方法的改进等，因此 MAE 技术在食品工业中应用是很有发展前景的。

(3) 双水相萃取技术在食品工业中的应用　双水相萃取技术是利用组分在两水相间分配差异而进行组分分离提纯的技术。双水相萃取具有分离过程条件温和、可调节因素多、易于放大和操作、不存在有机溶剂残留问题等优点，因此，特别适于对生物活性物质分离和提纯。双水相萃取在生物和食品工业等领域的研究和应用发展较快。到目前为止，双水相萃取应用及研究主要集中在天然色素、氨基酸、蛋白质、酶、维生素等的萃取方面，另外在食品的分析检

测上也有一定应用。近年来，利用双水相萃取分离金属离子的技术已达到较高水平。

3. 分子蒸馏技术在食品中的应用

分子蒸馏是一种以液相中逸出的气相分子依靠气体扩散为主体的分离过程，是在高真空度下进行分离操作的连续蒸馏过程，实质上是一种特殊的液-液蒸馏分离技术。分子蒸馏过程中，待分离物质组分可在远低于常压沸点的温度下挥发，并且各组分的受热过程很短，因此该技术成为了目前分离目的产物最温和的蒸馏方法，特别适合于分离高沸点、黏度大、热敏性的天然物料。目前，分子蒸馏技术已成功地应用于食品、医药、化妆品、精细化工、香料工业等行业。特别是近年来，随着人们生活水平和保健意识的提高，天然、绿色、安全、健康已成为食品消费的发展趋势，越来越多的合成产品被天然产物所代替，分子蒸馏技术以其突出的优点在很多天然活性成分的提取方面受到了青睐，如：分子蒸馏生产单甘酯，从鱼油中提取 EPA 与 DHA，小麦胚芽油的制取，从植物油中提取天然维生素 E，α-亚麻酸的提取等。随着食品工业的发展，特别是天然保健食品的发展，用分子蒸馏技术生产的产品必将有更广阔的市场前景。

(1) 分子蒸馏技术在单脂肪酸甘油酯分离中的应用 单脂肪酸甘油酯，简称单甘酯，是重要的食品乳化剂。单甘酯的用量占食品乳化剂总量的 2/3，在食品中它可起到乳化、起酥、膨松、保鲜的作用，可作为饼干、面包、糕点、糖果、人造奶油、起酥油、涂抹油、冰淇淋、巧克力等的乳化剂。

单甘酯可采用脂肪酸与甘油的酯化反应和油脂与甘油的酶解酯化反应两种工艺制取，其原料为各种油脂、脂肪酸和甘油。采用酯化反应或酶解酯化反应合成的单甘酯，通常都含有一定数量的双甘酯（二脂肪酸甘油酯）和甘油三酯（三甘酯），单甘酯的含量（质量分数）仅为 40%～50%。

由于油脂的沸点很高，为了得到高纯度的单甘酯，现在多采用分子蒸馏技术来生产。其工艺过程为：

① 氢化动植物油脂与甘油进行酯化反应。

② 反应混合物经过滤后被送入三级分子蒸馏装置。第一级是在 140℃、500Pa 真空的条件下进行脱水、脱气，以除去部分甘油；第二级是在 175℃、75Pa 真空的条件下除去剩余甘油和游离脂肪酸；第三级是在 200～210℃、0.5Pa 真空的条件下蒸馏出单甘酯，同时除去双甘酯和三甘酯。

③ 最后将液态单甘酯进行喷雾干燥即得产品。

利用分子蒸馏技术，可以从粗产品中分离出纯度高达 95% 以上的单甘酯。

(2) 分子蒸馏技术在不饱和脂肪酸提取精制中的应用 深海鱼油中的 EPA 和 DHA 是人类不可缺少的物质，且人类不能自身合成，必须从外界摄取。鱼油中含有 2%～16%（质量分数）的 EPA 和 5%～36%（质量分数）的 DHA，鱼油是 EPA 和 DHA 的最佳来源。DHA 和 EPA 是天然的营养物质，可提高青少年的记忆力，并有预防阿尔茨海默病、预防心血管疾病、降低胆固醇浓度、提高人眼视敏度等作用。

用分子蒸馏法从鱼油中提取不饱和脂肪酸时，饱和脂肪酸和单不饱和脂肪酸首先蒸出，而双键较多的不饱和脂肪酸最后蒸出，产品中 EPA 和 DHA 总量可以达 70% 以上。虽然分子蒸馏法与尿素沉淀法相比，最终纯度较低，但其工序简单、效率高且可以连续化生产。采用分子蒸馏技术及工业化装置，从鱼粉生产的副产品鱼油中提取和精制 DHA、EPA 超浓缩液，有两个显著特点：首先，能保证 DHA、EPA 的天然品质，可避免其氧化、降解及聚合；其次，可彻底去除原料鱼油中的有害物质及易使产品变质的诱发因子，从而保证了产品质量的稳定。用分子蒸馏技术，还可以从紫苏油、亚麻籽油等植物油中提取高纯度的 α-亚麻酸，纯度可达 70%。

（3）分子蒸馏技术在维生素工业中的应用 目前，在维生素工业中，有许多品种，不论是合成品还是天然品，其生产过程都需要采用分子蒸馏技术。

① 分子蒸馏技术在天然维生素 E 生产中的应用。天然维生素 E 广泛存在于植物的绿色部分及禾本科植物种子胚芽里，尤其是在植物油中含量丰富，一般在 0.05%～0.5%。由于这样的含量不具备用来提取天然维生素 E 产品的经济价值，故天然维生素 E 产品不能用植物油作原料来直接提取。但在植物油脂脱胶、脱酸、脱色、脱臭等精炼过程中，天然维生素 E 在脱臭馏出物中得到浓缩，一般质量分数为 1%～15%，因此，油脂脱臭馏分是提取天然维生素 E 的理想资源。

利用离心式分子蒸馏器，以大豆脱臭馏出物（维生素 E 质量分数为 8%～20%）为原料，先用甲醇对馏出物进行甲酯化，分离出甾醇结晶后，于 0.133～1.33Pa 的高真空度下进行分子蒸馏，可以得到浓缩的脂肪酸甲酯和维生素 E。采用多级蒸馏的方法，可以得到纯度在 70% 以上的维生素 E 浓缩物，回收率达 50%～60%。利用分子蒸馏进行反复操作，可进一步提高产品纯度，维生素 E 的纯度最高可达 98%。

② 分子蒸馏技术在合成维生素 E 生产中的应用。合成维生素 E 生产工艺复杂，它以丙酮为起始原料，经炔化、氢化、缩合等反应制得芳樟醇，芳樟醇再经缩合、炔化、氧化等反应制得异植物醇，异植物醇经缩合、酯化制得维生素 E。在该生产工艺中，异植物醇及维生素 E 的纯化均适合采用分子蒸馏技术来实现。特别是最终产品维生素 E，目前国内外普遍采用分子蒸馏法来精制，以保证产品质量。已应用的分子蒸馏设备单条生产线能力已达 2 万吨/年。

③ 分子蒸馏技术在天然维生素 A 提取中的应用。天然维生素 A 是分子蒸馏技术最早工业化应用的品种之一。早在 20 世纪中期，人们就完成了从鱼肝油中蒸馏维生素 A 的工业化生产。只是那时的分子蒸馏蒸发器是降膜式的，体积庞大，分离效率很差。即使如此，分子蒸馏技术在天然维生素 A 的提纯中的应用也一直被作为分子蒸馏技术应用的经典范例。一方面，天然维生素 A 作为一种高沸点、热敏性物质，其工业化生产需要新型的分离技术；另一方面，分子蒸馏技术的发展需要以典型产品为突破口。两者的有机结合促进了技术与产品的共同进步。

即使是合成维生素 A 大量生产的今天，从鱼肝油中提取的天然维生素 A 也仍然是人类营养的一个重要来源，应用分子蒸馏技术从鳕鱼、鲑鱼、金枪鱼等的肝油中提取的天然维生素 A 及其他生物活性物质至今仍然被作为最安全的保健食品，广泛应用于婴幼儿的营养食品中。

④ 分子蒸馏技术在维生素 D 提取中的应用。维生素 D 为类固醇衍生物，常用作食品营养强化剂。在用维生素 D_3 树脂与二烯亲和物反应制备维生素 D_3 的工艺中，采用分子蒸馏技术可使维生素 D_3 的含量升高 5%～15%。

⑤ 分子蒸馏技术在维生素 K_1 提取上的应用。维生素 K_1 是维持人体生理机能的重要营养素。维生素 K_1 可由天然植物中提取，但主要还是由化学合成法生产。不管是从天然物中提取还是由化学合成法生产，其提纯工艺都可以采用分子蒸馏技术。原因在于，维生素 K_1 沸点高、热敏性强，采用传统蒸馏不仅得率低，而且质量差，而采用分子蒸馏技术则可显著地提高产品的质量及得率。

此外，分子蒸馏技术还可广泛应用于维生素合成中的许多中间原料的提纯。例如 β-紫罗兰酮是合成维生素 A、维生素 E 的一个重要中间体原料，它可由天然山苍子油中提取柠檬醛然后合成。不仅柠檬醛的提取可采用多级分子蒸馏完成，β-紫罗兰酮的纯化也离不开分子蒸馏技术。

总之，分子蒸馏技术在维生素工业中具有良好的应用前景，只要在实际应用中注意将分子蒸馏技术与其他相关技术优化组合，分子蒸馏技术就能发挥更大的作用。

二、现代生化分析技术在食品中的应用

1. 色谱分析技术在食品中的应用

色谱法又称色谱分析法、层析法，是利用混合物中各组分在固定相和流动相不同程度的分布，当流动相流经固定相时，各组分以不同速度移动，从而达到分离目的的分离和分析方法。色谱法常见的有：柱色谱法、薄层色谱法、气相色谱法（GC）、高效液相色谱法等。色谱技术在食品分析中应用极为广泛，依目标物的物理化学性质而采取不同的色谱法。

（1）气相色谱技术在食品安全检测中的应用　近年来气相色谱技术的迅速发展使其在食品安全检测中被广泛应用，气相色谱技术对食品中的有毒有害物质可以进行高分辨、快速、准确的检测。目前，气相色谱技术在食品安全检测方面的应用主要包括：蔬菜、水果及烟草中的农药残留分析；畜禽、水产品中兽药残留及瘦肉精、三甲胺含量分析；饮用水中的农药残留及挥发性有机物污染分析；熏肉中的多环芳烃分析；食品中添加剂种类与含量分析；油炸食品中的丙烯酰胺分析；白酒中的甲醇和杂醇油含量分析；啤酒、葡萄酒和饮料的风味组分及质量控制分析；食品包装袋中有害物质及含量的检测分析；食用植物油中的脂肪酸组成分析等。还可以利用顶空进样对食用植物油中的残留溶剂进行检测；使用 GC/ECD 或 GC/MS 可对肉类食品中残留的氯霉素以及部分致病微生物进行检测；利用 GC/FID 可对食用焦糖色素中的 4-甲基咪唑、食品中的二噁英与多氯联苯、加碘食盐中的碘、膨化食品中的氯丙醇类化合物、奶粉中的硝酸盐，以及保健食品功效成分 DHA、ARA 和 EPA 等组分进行检测。

（2）高效液相色谱法在食品检测中的应用　高效液相色谱法作为化学分离分析的一种重要手段得到广泛应用。高效液相色谱技术在霉菌毒素、农药和兽药成分残留分析中广泛应用。在食用中存在多种霉菌毒素，黄曲霉毒素存在最为普遍，是食品储存时由真菌产生的毒素，有致癌作用，用高效液相色谱-荧光检测器对黄曲霉毒素可进行分析；水果类和蔬菜类中农药残留非常严重，高效液相色谱法是分析热不稳定和难挥发性化合物农药残留的有效办法；动物性食品中兽药残留是近几年来国际社会开始研究的公共卫生问题之一，而且越来越受到国内外的普遍重视，目前已建立了氧氟沙星、环丙沙星、丹诺沙星、恩诺沙星、沙拉沙星等 8 种喹诺酮类兽药残留量的高效液相色谱-荧光检测方法。

2. 免疫分析技术在食品中的应用

免疫分析技术是以抗原与抗体的特异性、可逆性结合为基础的分析技术，是食品检测技术中的一个重要组成部分，特别是三大免疫技术——荧光免疫技术、酶联免疫技术、放射免疫技术在食品检测中得到了广泛应用。利用免疫分析技术可检测细菌、病毒、真菌、各种毒素、寄生虫等，还可用于蛋白质、激素、其他生理活性物质、药物残留、抗生素等的检测，其检测方法简便、快速、灵敏度高、特异性强，特别是单克隆抗体的发展，使得免疫检测方法特异性更强，结果更准确。

（1）荧光免疫技术在食品检测中的应用　荧光免疫技术是利用荧光素标记的抗体（或抗原）检测组织、细胞或血清中的相应抗原（或抗体）的方法。由于荧光抗体具有安全、灵敏的特点，因此已广泛应用在荧光免疫检测和流式细胞计数领域。

（2）酶联免疫检测技术在食品检测中的应用　酶联免疫检测是目前应用最广泛的免疫检测方法。该方法将二抗标记上酶，使抗原抗体反应的特异性与酶催化底物的作用结合起来，

根据酶作用于底物后的显色变化来判断试验结果。常见用于标记的酶有辣根过氧化物酶、碱性磷酸酶等。酶联免疫法无需特殊的仪器，又具有检测简单、准确性高、特异性强、应用范围广、检测速度快以及费用低等优点，是目前食品检测中令人瞩目的有发展前途的一种新技术。酶联免疫技术把抗原抗体特异性与酶反应的敏感性相结合，使食品在未经分离提取的情况下，即可进行定性和定量分析。近年来，该技术在食品安全检测中正逐步推广应用，用于细菌及其毒素、真菌及其毒素、病毒、寄生虫的检测，还用于蛋白质、激素、农业残留、兽药残留、抗生素及食品成分和劣质食品的检测分析。

(3) 放射免疫技术在食品检测中的应用　放射免疫技术是以放射性核素为标记物的标记免疫分析法。本法灵敏度高，测定准确性良好，特别适应于蛋白质、激素和多肽的精确定量测定，是目前灵敏度最高的检测技术。

放射免疫技术测定应用放射性物质代替酶联免疫检测技术中的标记酶作为抗原或抗体偶联物，在食品安全检测中最常见的同位素是 ^{3}H 和 ^{14}C。放射免疫技术适宜于阳性率较低的大量样品检测，在对水产品、肉类产品、果蔬产品中的农药残留量的检测中广泛应用，还可检测经食品传播的细菌及毒素、真菌及毒素、病毒、寄生虫及小分子物质和大分子物质。如用放射免疫技术测定牛奶中的天花粉蛋白。

(4) 免疫胶体金技术在食品检测中的应用　该技术当前主要用于检测牛奶中抗生素，利用该技术可在十分钟内快速检测牛奶中的抗生素，可检测 β-内酰胺、四环素、磺胺二甲嘧啶、恩诺沙星和黄曲霉毒素，可检测的 β-内酰胺药物有氨苄西林、阿莫西林、氯唑西林、头孢噻呋、青霉素 G 等。该技术结果直观、操作简单，在食品安全检测中有广阔的应用前景。

(5) 单克隆抗体技术在食品检测中的应用　单克隆抗体技术在食品检测中最大的优点是特异性强，不易出现假阳性，在食品检测中有广泛的应用前景。目前人们已制备出各种经食品传播和引起食物中毒的细菌及毒素、真菌及毒素、病毒、寄生虫、农药、激素等的单克隆抗体并建立了检测方法。

磺胺二甲嘧啶和克伦特罗（瘦肉精）这两种药物被欧美各国和我国列为兽药残留控制重点。国内研究出了用于动物性食品中磺胺二甲嘧啶检测的单克隆抗体试剂盒和克伦特罗残留检测的多克隆试剂盒，这两种试剂盒具有特异性强、仪器化程度低、样品前处理简单、检测时间短等优点，在实际生产中应用前景广阔，填补了国内空白。

单克隆抗体检测技术可在十分钟内快速检测有机磷类、氨基甲酸酯类、有机氯类、拟除虫菊酯类及激素类等农药的残留量，为农产品的优质安全生产提供了技术支持。

食品储藏过程中会受到霉菌污染，现已从青霉、毛霉等霉菌中提取了耐热性抗原制成单克隆抗体，用酶联免疫吸附技术可检出加热和未加热食品中的霉菌。

免疫反应最大的特点是高度选择性，抗原抗体的亲和数通常为 10^9 或更高。作为一种分析手段，免疫分析技术操作简单、速度快、分析成本低，在食品安全检测中已表现出巨大的应用潜力。此外免疫分析技术能与其他技术联用，在联用方法中免疫技术既可作为高效液相色谱法（HPLC）或气相色谱法（GC）等测定技术的样品纯化或分离手段，也可作为其离线或在线检测方法。这些方法结合了免疫分析的选择性、灵敏性与 HPLC、GC 等技术的高速、高效分离和准确检测能力，使分析过程简化，分析成本下降，拓展了待测物范围。

3. 生物芯片技术在食品中的应用

生物芯片是 20 世纪 90 年代初发展起来的一项高新技术，现已成为生命科学界的研究热点之一。它综合了分子生物技术、微加工技术、免疫学、化学、物理、计算机等多项技术，使生命科学中不连续的、离散的分析过程集成在芯片上完成，可以对基因、配体、抗原等生物活性物质进行高效、快捷的测试和分析。生物芯片技术在我国主要应用于医药领域,在食品安全领域的应用和研究较少。但其具有高通量、自动化、微型化、高灵敏度、多参数同步分析、快速等传统检测方法不可比拟的优点,故在食品安全检测领域有着良好的发展前景。

(1) 生物芯片技术在转基因食品检测中的应用　目前国际上转基因产品的检验还没有统一的方法和标准。常用的转基因作物检测方法有 PCR 检测法、化学组织检测法、酶联免疫吸附法等。这些方法只能对单个检测目标进行检测,并存在效率低、周期长、假阳性高等问题,不适合对食品中大量不同转基因成分进行快速检测。而基因芯片技术通过设计不同探针阵列、使用特定分析方法可使该技术具有很高的应用价值,可以检测出食品中是否有转基因,以及有何种转基因,而且利用该技术可以检测食用成品和鲜活的动植物材料。如上采用基因芯片对大豆、玉米、油菜、棉花等转基因农作物样品进行检测,该芯片不仅可以了解 4 种农作物的转基因背景,还可以适应不同样品品种的不同生物学背景。根据基因芯片技术的特点,仅靠一个实验就能筛选出各种转基因食品。因此,生物芯片技术可弥补传统方法的不足,是食品安全检测具有潜力的技术手段之一,是转基因食品检测的发展方向之一。

(2) 生物芯片技术在致病微生物检测方面的应用　生物芯片技术可广泛地应用于各种导致食品腐败的致病菌的检测,与传统的细菌检测方法(细菌培养、生化鉴定、血清分型、PCR 法等)相比,该技术具有快速、准确、灵敏等优点,可以及时反映食品中微生物的污染情况。近年来,许多研究者对生物芯片检测食品中常见致病菌进行了系列研究。如窦岩建立了以基因芯片技术为基础的水中常见致病军团菌的快速检测与鉴定技术,该技术除可以用于食品中常见致病菌的检测外,经过改进与完善,还可用于食物中毒的快速诊断、临床样品中致病菌的快速诊断以及分子流行病学调查等。因此,生物芯片技术具有广阔的应用前景和较大的经济与社会效益。

(3) 生物芯片技术在食品毒理学研究中的应用　传统的食品毒理学研究必须通过动物试验模式进行模糊评判,在研究毒物整体毒力效应和毒物代谢方面有不可替代的作用,但须消耗大量试验动物、时间和精力,可重复性差。而生物芯片可同时对几千个基因表达进行分析,为研究新型食品资源对人体免疫系统的影响机理提供完整技术资料,还可对单个或多个混合体有害成分进行分析,若不同类型的有毒物质所对应的基因表达有特征性规律,那么就可通过比较对照样品和有毒物质的基因表达谱,对各种不同的有毒物质进行分类,并在此基础上进一步建立合适的生物模型系统,通过基因表达变化来反映物质对人体的毒性,同时还可确定该化学物质在低剂量条件下的毒性,并分析推断出该物质的最低限量。虽然生物芯片不能完全取代动物试验,但它可提供有价值信息,以免除许多不必要的生物试验,降低消耗。

(4) 生物芯片技术在食品兽药残留检测方面的应用　目前兽药在动物性食品中的残留问题已成为公认的农业和环境问题,国内市场上的猪肉、白条鸡等都检测到青霉素等药物残留。日本在 93% 的猪、60% 的牛中检测出抗生素残留,美国曾在 58% 的犊牛、23% 的猪、20% 的禽肉和 12% 的牛肉中检测出残留抗生素,因此,兽药残留已成为食品安全中最重要的问题之一。兽药残留包括抗生素和盐酸克伦特罗等,目前,兽药残留常规的检测方法包括仪器方法、微生物法和酶联免疫法等。仪器方法存在仪器昂贵、方法复杂、操作烦琐、试剂消耗大的局限性;微生物法存在检测灵敏度低、准确性差和检测速度慢的缺点;酶联免疫法检测样品快速、灵敏度高、准确率高,但每次检测只能针对单种兽药。而蛋白质芯片检测具有快速、准确、灵敏、高通量和适应范广等特点。目前已开发了兽药残留蛋白质芯片检测平台,可对猪肉、猪肝、鸡肉、鸡肝等组织中磺胺二甲嘧啶、磺胺间甲氧嘧啶、恩诺沙星、氯霉素、链霉素及双氢链霉素等兽药残留进行定量检测,具有前处理简单、灵敏度高、特异性好、检测速度快、质控体系严密等诸多优点,可广泛应用于进出口食品检验、兽药残留常规筛检等领域。

三、基因工程在食品工业中的应用

基因工程技术是一种按照人们的构思和设计，在体外将一种生物的特定基因插入质粒或其他载体分子，构成遗传物质的重组子，然后导入受体细胞内进行无性繁殖并进行表达，产出人类所需要的基因产品的操作技术。

一个完整的基因工程技术流程一般包括目的基因的获得、载体的制备、基因的转移、基因的表达、基因工程产品的分离提纯等。

1. 改善食品原料品质

基因工程可以促进食品原料品种改良、增加产量、促进新品种开发等，既可以用于植物源食品原料，又可以用于动物源食品原料。

在植物源食品原料品质改善方面，基因工程涉及的农作物有油菜、大豆、番茄、马铃薯、水稻、玉米等。为增加油菜籽中不饱和脂肪酸含量，可应用基因工程技术将硬脂酸-ACP脱氧酶反义基因导入油菜作物中，结果油菜籽中硬脂酸的含量从2％增加到40％。将硬脂酰CoA脱氢饱和酶基因导入农作物，可使农作物不饱和脂肪酸（油酸、亚油酸）含量增加，饱和脂肪酸（软脂酸、硬脂酸）含量降低，其中油酸含量可提高到原来的7倍。目前，美国市场上存在着大量高油酸含量的转基因大豆以及油料作物芥花菜，并且日趋商品化。基因工程在番茄品质改良中也得到了应用。美国Calgene公司通过反义基因技术构建了含35ScaMV以及PGCDNA的基因并转入番茄中，成功延长了番茄的保质期并改善了其风味。另外，在马铃薯品质改良中，利用基因工程通过反义基因抑制淀粉分支酶的表达从而获得了只含直链淀粉的马铃薯，使马铃薯淀粉含量高出20％～30％，从而使马铃薯产品具有吸油少、质构好、风味好的特性。研究发现，普通马铃薯制得的薯条含油量在36％左右，改良后含油量降低了6％，并且改良后的马铃薯因水分含量减少可以缩短薯条制作时的油炸时间，同时可降低能耗。利用基因工程获得的转基因植物具有抗害能力，可以增加产量，如菲律宾利用基因工程培育的"超级水稻""超超级水稻"，可以缓解由于害虫、灌溉条件、气候引起的产量减少问题，从而解决粮食短缺问题。

在动物源食品中，转基因技术的研究达不到高等植物的转基因水平，但在鱼类育种、家畜育种等方面也已初有成效。美国康奈尔大学为了提高乳牛的产奶量，利用基因工程将牛生长激素（BST）注射到乳牛身上，从而使乳牛的产奶量增加；在猪瘦肉型化、改善肉的品质方面，利用基因工程研制出了重组猪生长激素（PST）。在我国，中国科学院水生生物研究所已成功育出转基因鱼，中国农业大学也在猪转基因工程中获得进展。

2. 改革传统的发酵工业

利用基因工程可改良微生物菌种性能，提高发酵产品质量，从而改良传统的发酵工业。第一个通过基因工程改造的菌种是面包酵母。改造后的面包酵母可以使麦芽糖酶和二氧化碳量增加，改善面包膨发性能，使面包松软可口。利用基因工程将牛胃蛋白酶的基因克隆到微生物体内来构建新的基因工程菌，解决了奶酪工业中的牛胃蛋白酶来源不足的难题。

基因工程还可以用来生产大量酶制剂。运用基因工程可以按照人类意愿定向改造酶类，获得人类预想的或者自然界中不存在的酶制剂。目前利用基因工程生产的酶类主要有蛋白酶、纤维素酶、果胶酶、植酸酶等。蛋白酶乳酪可用于生产啤酒、去浊、浓缩鱼胨、制酱油、制蛋白胨；纤维素酶和半纤维素酶用于乙醇生产、植物抽提物的澄清和将纤维素转化为糖；果胶酶用于葡萄酒和果汁的澄清及减少其黏度；植酸酶可将饲料中的植酸盐降解成无机磷类物质。

3. 改善食品品质和加工特性

基因工程在改善食品品质和加工特性方面最典型的应用体现在酱油的酿造中。影响酱油风味的最重要因素是酿造过程中产生的氨基酸的量。用基因工程克隆并转化产生氨基酸的羧肽酶和碱性蛋白酶的基因，可使新构建的菌株中羧肽酶和碱性蛋白酶活性提高，从而使氨基酸产量增加，酱油的风味得到改善；将纤维素酶基因克隆后转移到米曲霉上生产酱油可明显提高酱油的产量；而米曲霉中的木聚糖酶转基因成功后，降低了木糖与酱油中氨基酸反应产生的褐色物质的量，从而使酱油的口味变淡、颜色变浅。

基因工程技术也能改善啤酒的品质。啤酒发酵过程中，啤酒酵母细胞中发生氧化脱羧反应产生双乙酰，当其含量超过阈值时，会产生一种令人不愉悦的气味，破坏啤酒的风味和品质。利用转基因技术将 α-乙酰乳酸脱羧酶基因导入啤酒酵母，可使啤酒中双乙酰的含量降低但又不影响啤酒的风味质地。

4. 增强果蔬食品的贮藏性和保鲜性能

果蔬成熟过程中调节基因表达最重要，最直接的指标是乙烯，乙烯也是果蔬运输过程中导致果蔬过熟、腐烂、变质的主要物质。植物体内乙烯的合成主要是 ACC 合成酶和 ACC 氧化酶催化的，如果能降低这两种酶的活性就能控制乙烯含量的升高，延长果蔬贮藏时间。利用基因工程中的反义基因技术控制 ACC 合成酶和 ACC 氧化酶的表达，能够达到保鲜的目的。最成功利用该技术的果蔬是番茄，通过转基因，番茄的成熟期得到延迟，贮藏期也被延长。目前，利用该技术培育耐贮存草莓、香蕉、河套蜜瓜、芒果等果蔬的研究仍在继续。通过这些耐贮存品种的培育，可实现果蔬运输保藏过程中成熟度的控制，并可避免传统保鲜方法以及运输工具等无法满足保鲜目的而造成的巨大损失。

5. 生产保健食品与特殊食品

开发保健食品成为了当今社会的一个热门产业。可以利用基因工程技术从植物细胞中制造出更多有益于人类健康的保健因子，从而生产保健食品。基因工程也可以用来生产特殊食品。2002 年，中国农科院生物技术研究所通过重组 DNA 技术选育出具有抗肝炎功能的番茄，可以产生类似乙肝疫苗的效果。通过转基因技术已成功研制出乙肝表面抗原、狂犬病病毒、链球菌突变株表面蛋白等 10 多种转基因食用疫苗。据报道，英国将有可能培育出具有抗肿瘤因子的新型鸡，可以用于抑制体内癌细胞的扩散。另外，利用基因工程将人类的血红素基因转移到猪体中，能够从猪的血液中获得人类血液的代替品。

6. 食品检测

近年来，食品安全事件层出不穷，其中主要影响因素为食源性微生物污染。因此，开发准确可靠的食品微生物检测技术成为保障食品安全、维护人类健康的前提。以 DNA 为核心的聚合酶链反应（PCR）技术、核酸探针以及基因芯片等分子生物检测技术，在食品微生物检测中占有很大优势。其中 PCR 技术模拟 DNA 复制过程，利用目的基因作为模板在体外进行扩增，通过凝胶电泳以及染色观察扩增结果；该技术特异性强、灵敏度高、操作简便、成本低，在食品微生物检测中应用广泛。核酸探针技术利用碱基互补配对原则实现了特异性核酸片段的检测，特异性强、灵敏度高，但对低浓度菌检测效果差，假阳性率高。基因芯片技术同样利用碱基互补配对原则，将已知序列的核苷酸片段（即分子探针）固定到支持物上后，使处理样品与其杂交，从而实现对所测样品基因的大规模检验。该技术操作快捷，灵敏度、特异性强，一次可检测多种致病微生物，还可以实现结果的自动分析；但是操作流程复杂，耗时长，对操作人员的水平要求较高，费用高昂。

从技术的应用角度讲，基因工程已经给人类带来了巨大的社会效益和经济效益。但由于基因工程技术打破了物种间难以杂交的天然屏障，这种转移对生态环境和人类健康可能带来什么样的后果难以预料，至少现在的科学还难以回答人们对基因工程提出的各种各样的安全性问题，因而基因工程食品的安全性一直是人们关注的焦点。对此，应采取科学、认真、务实的态度，并吸收国际组织的研究结果与标准，制定相关的法规加强管理，以保证转基因产品在农业生态环境、人类食物的安全与健康等方面的安全性。

思 考 题

1. 选择题

(1) 下列哪些分离技术应用在食品加工中？（　　）

A. 膜分离技术　　　　B. 超临界技术　　　　C. 萃取技术　　　　D. 分子蒸馏技术

(2) 膜分离技术在（　　）澄清方面应用。

A. 果蔬汁　　　　　　B. 茶水　　　　　　　C. 酱油　　　　　　　D. 啤酒

(3) 下列哪些生化分析技术应用在食品检验中？（　　）

A. 高效液相色谱法　　　　　　　　　　B. 免疫分析技术

C. 生物芯片技术　　　　　　　　　　　D. 气相色谱技术

(4) 下列有关基因工程的叙述，正确的是（　　）。

A. 基因工程是细胞水平上的生物工程　　　B. 基因工程的产物对人类都是有益的

C. 基因工程产生的变异属于人工诱变　　　D. 基因工程育种的优点之一是目的性强

(5) 下列关于基因工程的叙述不正确的是（　　）。

A. 基因工程的生物学原理是基因重组

B. 通过基因工程技术能够定向改造生物的遗传性状

C. 基因的针线是 DNA 连接酶

D. 基因工程中常用的运载体质粒在动植物细胞中广泛存在

2. 名词解释

分子蒸馏技术　双水相萃取技术　超临界萃取

3. 填空题

(1) 膜分离技术是一项新型的高新分离技术，如_____、_____、_____、_____、_____分离等已经得到广泛应用。

(2) 随着人们对酒的质量要求越来越高，膜分离技术开始用于_____行业，特别是_____的除浊澄清。

(3) 萃取是利用溶质在_____的两相之间_____的不同而使溶质得到纯化或浓缩的技术。

(4) 三大免疫技术：_____、_____、_____在食品检测中得到了广泛应用。

(5) 一个完整的基因工程技术流程一般包括_____、_____、_____、_____、_____等。

(6) 目前关于转基因产品的安全性，有两种观点，一种观点是_____；另一种观点_____。

4. 问答题

(1) 膜分离技术在食品工业中有哪些应用？

(2) 生物芯片技术在食品工业中有哪些应用？

(3) 分子蒸馏技术在食品工业中有哪些应用？

第二部分
实训内容

实训一 食品水分活度的测定——康威氏皿扩散法

【实训目的】

（1）熟知扩散法测水分活度的原理；

（2）掌握扩散法测定水分活度的方法。

【实训原理】

食品水分
活度的测定

食品中的水分，随环境条件的变动而变化。当环境空气的相对湿度低于食品的水分活度时，食品中的水分向空气中蒸发，食品的质量减轻；相反，当环境空气的相对湿度高于食品的水分活度时，食品就会从空气中吸收水分，使质量增加。不管是蒸发水分还是吸收水分，最终都是食品和环境的水分达到平衡。据此原理，可采用标准水分活度的试剂，形成相应湿度的空气环境，在密封和恒温条件下，观察食品试样在此空气环境中因水分变化而引起的质量变化，通常使试样分别在 A_w 较高、中等和较低的标准饱和盐溶液中扩散平衡后，根据试样质量的增加（即在较高 A_w 标准饱和盐溶液达到平衡）和减少（即在较低 A_w 标准饱和盐溶液达到平衡）的量，计算试样的 A_w 值，食品试样放在以此为相对湿度的空气中时，既不吸湿也不解吸，即其质量保持不变。

样品在康威氏微量扩散皿的密封和恒温条件下，分别在 A_w 较高和较低的标准饱和溶液中扩散平衡后，根据样品质量的增加（在 A_w 较高的标准溶液中平衡）和减少（在 A_w 较低的标准溶液中平衡），以质量的增减为纵坐标、各个标准试剂的水分活度为横坐标，计算样品的水分活度值。该法适用于中等及高水分活度（$A_w > 0.5$）的样品。

【实训器材】

1. 实训仪器

分析天平、恒温箱、康威氏微量扩散皿（见图 2-1-1）、称量皿（直径 35mm、高度 10mm）。

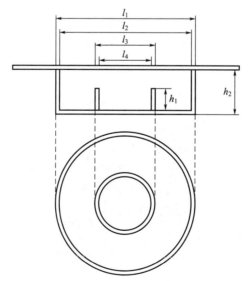

图 2-1-1 康威氏微量扩散皿示意图

l_1—外室外直径，100mm；l_2—外室内直径，92mm；l_3—内室外直径，53mm；

l_4—内室内直径，45mm；h_1—内室高度，10mm；h_2—外室高度，25mm

2. 实训材料与试剂

凡士林。蛋糕或水果、蔬菜等食品。至少选取 3 种标准饱和盐溶液，标准饱和盐溶液的 A_w 值（25℃）见表 2-1-1。

表 2-1-1　标准饱和盐溶液的 A_w 值（25℃）

试剂名称	A_w	试剂名称	A_w	试剂名称	A_w
硝酸钾 （KNO_3）	0.936	硝酸钠 （$NaNO_3$）	0.743	碳酸钾 （$K_2CO_3 \cdot 2H_2O$）	0.432
氯化钡 （$BaCl_2 \cdot 2H_2O$）	0.902	氯化锶 （$SrCl_2 \cdot 6H_2O$）	0.709	氯化镁 （$MgCl_2 \cdot 6H_2O$）	0.328
氯化钾 （KCl）	0.843	溴化钠 （$NaBr \cdot 2H_2O$）	0.576	氯化钠 （NaCl）	0.753
溴化钾 （KBr）	0.809	硝酸镁 [$Mg(NO_3)_2 \cdot 6H_2O$]	0.529	氯化锂 （$LiCl \cdot H_2O$）	0.113
溴化锂 （LiBr）	0.064	氯化钴 （$CoCl_2 \cdot 6H_2O$）	0.649	硫酸铵 [$(NH_4)_2SO_4$]	0.810

注：本表数据取自 GB 5009.238—2016《食品安全国家标准　食品水分活度的测定》。

【操作步骤】

1. 试样预测定

（1）预处理　将盛有试样的密闭容器、康威氏微量扩散皿及称量皿置于恒温箱内，于（25±1）℃条件下，恒温放置 30min，取出后立即测定及使用。

（2）预测定　分别取 12.0mL 溴化锂饱和溶液、氯化镁饱和溶液、氯化钴饱和溶液、硫酸钾饱和溶液于 4 个康威氏微量扩散皿的外室，在预先干燥并称量的称量皿中（精确至 0.0001g），迅速称取与标准饱和盐溶液相等份数的同一试样约 1.5g（精确至 0.0001g），放入盛有标准饱和盐溶液的康威氏微量扩散皿的内室。沿康威氏微量扩散皿上口平行移动盖好涂有凡士林的磨砂玻璃片，放入（25±1）℃的恒温箱内，恒温 24h。取出盛有试样的称量皿，立即称量（精确至 0.0001g）。

（3）预测定结果计算

① 试样质量的增减量　按下式计算：

$$X = \frac{m_1 - m}{m - m_0}$$

式中，X 为试样质量的增减量，g/g；m_1 为 25℃扩散平衡后，试样和称量皿的质量，g；m 为 25℃扩散平衡前，试样和称量皿的质量，g；m_0 为称量皿的质量，g。

② 绘制二维直线图　以所选饱和盐溶液（25℃）的水分活度（A_w）为横坐标、对应标准饱和盐溶液的试样的质量增减量（X）为纵坐标，绘制二维直线图。横坐标截距即为该样品的水分活度预测值，参见图 2-1-2。

③ 水分活度值计算　在 origin 中对实验点似合一条直线，由拟合式算出直线与横坐标的交点，在图中标出。

2. 试样的测定

依据预测定结果，分别选用水分活度数值大于和小于试样预测结果数值的饱和盐溶液各 3 种，各取 12.0mL，注入康威氏微量扩散皿的外室。在预先干燥并称量的称量皿中（精确

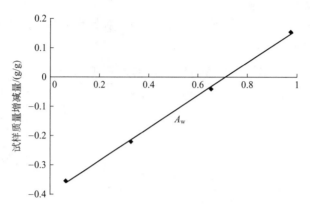

图 2-1-2　蛋糕水分活度预测结果二维直线图

至 0.0001g)，迅速称取与标准饱和盐溶液相等份数的同一试样约 1.5g（精确至 0.0001g），放入盛有标准饱和盐溶液的康威氏微量扩散皿的内室。沿康威氏微量扩散皿上口平行移动盖好涂有凡士林的磨砂玻璃片，放入 (25±1)℃的恒温培养箱内，恒温 24h。取出盛有试样的称量皿，立即称量（精确至 0.0001g）。将数据记录于表 2-1-2 中。

表 2-1-2　水分活度测定数据记录

标准饱和盐溶液	m_0/g	m/g	m_1/g	试样质量的增减量(X)/(g/g)

【数据处理】

同试样预测定中的绘制二维直线图，在 origin 中对实验点拟合一条直线，由拟合式算出直线与横坐标的交点，即为该样品的水分活度值，参见图 2-1-3。

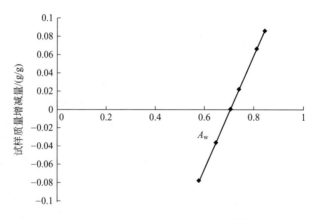

图 2-1-3　蛋糕水分活度二维直线图

当符合精密度所规定的要求时，取三次平行测定的算术平均值作为结果。计算结果保留两位有效数字。

【注意事项】

（1）称量要精确迅速，各份样品称量应在同一条件下进行。

（2）康威氏微量扩散皿密封性要好。

（3）对试样的 A_w 值范围预先有一估计，以便正确选择标准饱和盐溶液。

（4）测定时选择 6 种标准饱和盐溶液（水分活度大于或小于试样的标准盐溶液各 3 种）。

【实训思考】

（1）扩散法测定水分活度的原理是什么？

（2）为什么试样中含有水溶性挥发性物质影响水分活度的准确测定？

实训二　淀粉的提取和性质检验

【实训目的】

（1）掌握淀粉的提取方法；

（2）熟悉淀粉与碘的反应和淀粉水解生成葡萄糖的反应。

淀粉的提取
和性质实验

【实训原理】

淀粉主要由直链淀粉（约占 20%）和支链淀粉（约占 80%）组成。直链淀粉能溶于热水，与碘作用显现蓝色。支链淀粉不溶于水，但能在水中胀大而润湿，与碘作用显现紫红色。酸性氯化钙溶液与磨细的含淀粉样品共煮，可使淀粉轻度水解，同时钙离子与淀粉分子上的羟基络合，这就使得淀粉分子充分地分散到溶液中，成为淀粉溶液。淀粉在稀酸作用下能发生水解，生成一系列产物，最后得到葡萄糖。

【实训器材】

1. 实训仪器

植物样品捣碎机、天平、量筒、布氏漏斗、离心管、白瓷板、小电炉、烧杯、石棉网、滴管。

2. 实训试剂

乙醇、碘溶液（碘酒或 I_2-KI 溶液）、氢氧化钠溶液（10%）、10% Na_2CO_3、淀粉、稀硫酸（1:5）、斐林试剂。

【操作步骤】

1. 淀粉的提取

生马铃薯（或甘薯）去皮，切碎，称 50g，放入捣碎机中，加适量水，将其捣碎，用四层纱布过滤，除去粗颗粒；滤液中的淀粉会很快沉到底部，多次用水洗涤淀粉，然后抽滤，滤饼放在表面皿上，在空气中干燥，即得淀粉。

2. 淀粉跟碘的反应

在一个试管里加入 5mL 制备好的淀粉溶液，然后加入 2 滴碘液，观察淀粉与碘液反应的颜色。将管内液体均分成三份放在三支试管中，并编号。

1 号试管在酒精灯上加热，观察颜色是否褪去，冷却后，再观察颜色的变化。

2 号试管加入几滴乙醇，观察颜色变化，若无变化可多加几滴。

3 号试管加入几滴 10% NaOH，观察颜色的变化。

3. 淀粉的水解

加 40mL 淀粉溶液于烧杯中，再加稀硫酸 1mL，煮沸 5min，取出 1mL 热溶液放在试管里，使其迅速冷却，滴入 1 滴碘液，出现蓝紫色。以后每隔 2min 取一次试样检验，共计五次，可以看到不同大小的糊精颗粒遇碘液显现紫红色、橙红色、橙黄色及黄色。

把已经水解的淀粉溶液用碳酸钠中和硫酸，使溶液略显碱性。取出 1mL，加入盛有斐林试剂（甲和乙各 3mL 的混合液）的试管里，摇晃均匀，加热煮沸，观察并记录反应现象，解释原因。

【实训记录】

现象填入表 2-2-1。

表 2-2-1　实训现象一览表

操作	实验现象
(1)淀粉的提取	
(2)淀粉与碘的反应。5mL 淀粉溶液滴加 2 滴碘溶液，分装在三支试管中	现象：＿＿＿＿＿。加热后＿＿＿＿＿,冷却后＿＿＿＿＿ 加乙醇：＿＿＿＿＿。加 NaOH：＿＿＿＿＿＿＿＿
(3)淀粉的水解。取 40mL 淀粉溶液于烧杯中，加稀硫酸 1mL，在沸水浴中加热 5min。取出 1mL 冷却，滴 1 滴碘溶液，隔 2min 取出 1mL 冷却，滴 1 滴碘溶液	现象：＿＿＿＿＿＿＿＿色 显现＿＿＿＿＿、＿＿＿＿＿、＿＿＿＿＿、＿＿＿＿＿色
(4)将完全水解的淀粉溶液用碳酸钠中和，使溶液略显碱性。取出 1mL，加入盛有斐林试剂（甲和乙各 3mL 的混合液）的试管里，摇晃均匀，加热煮沸	现象：＿＿＿＿＿ 解释原因：＿＿＿＿＿＿＿＿

【注意事项】

(1) 配制的淀粉浓度要在 1% 左右，否则水解的时间很长。

(2) 配制淀粉溶液要用热水溶解。

(3) 用于斐林试剂反应的试管一定要洗干净，否则现象不明显。

【实训思考】

(1) 怎样证明淀粉已水解完全了？

(2) 淀粉在稀酸作用下能发生水解，生成一系列产物，最后得到的产物是什么？

(3) 材料的破碎方法有哪些？

实训三　油脂酸价的测定

【实训目的】

(1) 了解测定油脂酸价的意义；

(2) 初步掌握测定油脂酸价的原理和方法。

【实训原理】

油脂酸价又称油脂酸值，是检验油脂中游离脂肪酸含量多少的一项指标。以中和 1g 油脂中的游离脂肪酸所需氢氧化钾的量（mg）表示。用中性乙醇-乙醚混合溶剂溶解油样，再用碱标准溶液滴定其中的游离脂肪酸，根据油样质量和消耗碱液的量计算油脂酸价。反应式如下：

$$RCOOH + KOH \longrightarrow RCOOK + H_2O$$

【实训器材】

1. 实训样品与仪器

锥形瓶（150mL）、量筒（50mL）、碱式滴定管。

2．实训材料与试剂

（1）油脂（豆油、猪油均可）。

（2）0.05mol/L KOH（或 NaOH）标准溶液。

（3）中性乙醚-乙醇（2∶1）混合溶剂（临用前用 0.1mol/L 碱液滴定至中性）。

（4）1g/100mL 酚酞乙醇溶液指示剂。

【操作步骤】

（1）准确称取 3～5g 油脂于 150mL 锥形瓶中。

（2）在瓶内加入中性乙醚-乙醇（2∶1）混合液 50mL，充分振荡，使油脂样品完全溶解成透明溶液。待油样完全溶解后，加入 1％酚酞指示剂 2～3 滴，立即用 0.05mol/L KOH 标准溶液滴定，至溶液成微红色（放置 30s 内不褪色）为终点，记录用去的 KOH 的体积，填入表 2-3-1 中。

表 2-3-1　测定数据记录与处理

油脂名称	起始刻度	终点刻度	消耗 KOH 的体积 /mL	酸价	备注
空白对照					

【数据处理】

按下式计算酸价，填入表 2-3-1 中。

$$酸价 = \frac{(V_2 - V_1) \times c \times 56.11}{m}$$

式中，V_2 为滴定油样时耗用氢氧化钾溶液的体积，mL；V_1 为滴定空白对照耗用氢氧化钾溶液的体积，mL；c 为 KOH 溶液的浓度，mol/L；m 为试样质量，g；56.11 为 KOH 的摩尔质量，g/mol。

【注意事项】

（1）实训要用微型滴定管。

（2）油脂最好用储藏较久的油脂。

（3）滴定过程中如出现浑浊或分层，表明由碱液带进的水过多，乙醇量不足以使乙醚与碱溶液互溶。一旦出现此现象，可补加乙醇，促使均一相体系的形成。

【实训思考】

（1）测定油脂酸价时，装油脂的锥形瓶和油样中均不得混有无机酸，这是为什么？

（2）为什么酸价的高低可作为衡量油脂好坏的一个重要指标？

实训四　油脂碘值的测定

【实训目的】

掌握测定油脂碘值的原理和操作方法，了解测定油脂碘值的意义。

【实训原理】

不饱和脂肪酸碳链上含有不饱和键，可与卤素（Cl_2、Br_2、I_2）进行加成反应。不饱和键数目越多，加成的卤素量也越多，通常以碘值表示。在一定条件下，每 100g 油脂所吸收碘的量（g）称为该油脂的碘值。碘值越高，表明不饱和脂肪酸的含量越高，它是鉴定和鉴别油脂的一个重要常数。

碘与油脂的加成反应很慢，而氯及溴与油脂的加成反应快，但常有取代和氧化等副反应。本实训使用 IBr 进行碘值的测定，这种试剂稳定，测定的结果接近理论值。溴化碘（IBr）一部分与油脂的不饱和脂肪酸起加成作用，剩余部分与碘化钾作用放出碘，放出的碘用硫代硫酸钠滴定。

反应过程如下：

（1）加成作用

$$RCH_2-CH{=\!\!=}CH{\,(\!\!-\!\!}CH_2\,)_n\,COOH + IBr \longrightarrow RCH_2-CHI-CHBr{(\!\!-\!\!}CH_2\,)_n\,COOH$$

（2）剩余溴化碘中碘的释放

$$IBr + KI \longrightarrow I_2 + KBr$$

（3）用硫代硫酸钠滴定释放出来的碘

$$I_2 + 2Na_2S_2O_3 \longrightarrow 2NaI + Na_2S_4O_6$$

【实训器材】

1. 实训仪器

碘瓶（或带玻璃塞的锥形瓶），棕色、无色滴定管各 1 支，吸量管，量筒，分析天平。

2. 实训材料与试剂

（1）花生油或猪油。

（2）四氯化碳。

（3）1%淀粉溶液（溶于饱和氯化钠溶液中）。

（4）10%碘化钾溶液。

（5）溴化碘溶液（Hanus 溶液）。取 12.2g 碘，放入 1500mL 试剂内，缓慢加入 1000mL 冰醋酸（99.5%），边加边摇，同时略温热，使碘溶解。冷却后，加溴约 3mL。

（6）0.1mol/L 标准硫代硫酸钠溶液。取硫代硫酸钠结晶 50g，溶在经煮沸后冷却的蒸馏水（无 CO_2 存在）中。添加硼砂 7.6g 或氢氧化钠 1.6g（硫代硫酸钠溶液在 pH 9～10 时最稳定）。稀释到 2000mL 后，用标准 0.1mol/L 碘酸钾溶液按下法标定：

准确量取 0.1mol/L 碘酸钾溶液 20mL、10%碘化钾溶液 10mL 和 1mol/L 硫酸 20mL，混合均匀。以 1%淀粉溶液作指示剂，用硫代硫酸钠溶液进行标定。按下面所列反应式计算硫代硫酸钠溶液浓度后，用水稀释至 0.1mol/L。

$$5KI + KIO_3 + 3H_2SO_4 \longrightarrow 3K_2SO_4 + 3H_2O + 3I_2$$

$$2Na_2S_2O_3 + I_2 \longrightarrow Na_2S_4O_6 + 2NaI$$

$$c_{(Na_2S_2O_3)} = c_{(KIO_3)} V_{(KIO_3)} / V_{(Na_2S_2O_3)}$$

【操作步骤】

（1）准确称取 0.3～0.4g 花生油，置于干燥的碘瓶内，切勿使油粘在瓶颈或壁上。加入

10mL 四氯化碳，轻轻摇动，使油全部溶解。用滴定管仔细地加入 25mL 溴化碘溶液，勿使溶液接触瓶颈，塞好瓶塞，在玻璃塞与瓶口之间加数滴 10% 碘化钾溶液封闭缝隙，以免碘挥发损失。在 20~30℃暗处放置 30min，并不时轻轻摇动。油吸收的碘量不应超过溴化碘溶液所含碘量的一半，若瓶内混合物的颜色很浅，表示花生油用量过多，应改称较少量花生油，重做。

（2）放置 30min 后，立刻小心地打开玻璃塞，使玻璃塞旁的碘化钾溶液流入瓶内，切勿丢失。用新配制的 10% 碘化钾 10mL 和蒸馏水 50mL 把玻璃塞和瓶颈上的液体冲洗入瓶内，混合均匀。用 0.1mol/L 硫代硫酸钠溶液迅速滴定至浅黄色。加入 1% 淀粉溶液约 1mL，继续滴定，将近终点时，用力振荡，使四氯化碳中的碘单质全部进入水溶液内。再滴定至蓝色消失，即达滴定终点。

另做 1 份空白对照，除不加样品外，其余操作同上。滴定后，将废液倒入废液缸内，以便回收四氯化碳。计算碘值。

【数据处理】

碘值表示 100g 脂肪所能吸收的碘量（g），因此样品碘值的计算如下：

$$W = \frac{(A-B)c}{m} \times \frac{126.9}{1000} \times 100$$

式中，W 为碘值，g/100g；A 为滴定样品用去的硫代硫酸钠溶液的体积，mL；B 为滴定空白用去的硫代硫酸钠溶液的体积，mL；c 为硫代硫酸钠溶液的物质的量浓度，mol/L；m 为样品质量，g；126.9 为碘的摩尔质量，g/mol。

测定数据填入表 2-4-1 中。

表 2-4-1　测定数据记录与处理

油脂名称	起始刻度	终点刻度	体积/mL	碘值	备注
空白对照					

【注意事项】

（1）碘瓶必须洁净、干燥，否则油中含有水分，导致反应不完全。

（2）加碘试剂后，如发现碘瓶中颜色变浅褐色时，表明试剂不够，必须再添加 10~15mL 试剂。

（3）如加入碘试剂后，液体变浑浊，这表明油脂在 CCl_4 中溶解不完全，可再加些 CCl_4。

（4）将近滴定终点时，用力振荡是本滴定成功的关键之一，否则容易滴加过头或不足。如振荡不够，CCl_4 层会出现紫色或红色，此时应用力振荡，使碘进入水层。

（5）淀粉溶液不宜加得过早，否则滴定值偏高。

（6）所用冰醋酸不应含有还原性物质。检查方法：取 2mL 冰醋酸，加少许重铬酸钾及硫酸，若呈绿色，则证明有还原性物质存在。

【实训思考】

（1）测定碘值有何意义？液体油和固体脂碘值间有何区别？

（2）滴定过程中，淀粉溶液为何不能过早加入？

（3）滴定完毕放置一些时间后，溶液应变回蓝色，否则表示滴定过量，为什么？

实训五　氨基酸的分离与鉴定——纸色谱法

【实训目的】

掌握纸色谱法分离、鉴定氨基酸的方法和原理，学会分析待测样品的氨基酸成分。

【实训原理】

纸色谱是以滤纸为惰性支持物的分配色谱。滤纸纤维上的羟基具有亲水性，吸附一层水作为固定相，有机溶剂为流动相。当有机相流经固定相时，物质在两相间不断分配而得到分离（如图 2-5-1 所示）。溶质在滤纸上的移动速度用 R_f 值表示：

$$R_f = \frac{样品原点中心到斑点中心的距离}{样品原点中心到溶剂前沿的距离}$$

在一定的条件下某种物质的 R_f 值是常数。R_f 值的大小与物质的结构、性质、溶剂系统、色谱滤纸的质量和色谱温度等因素有关。本实验利用纸色谱法分离氨基酸。

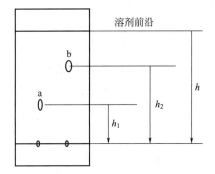

图 2-5-1　纸色谱结果

$R_{fa} = h_1/h$　　$R_{fb} = h_2/h$

氨基酸的纸色谱

【实训器材】

1. 实训仪器

大烧杯（5000mL）、小烧杯（50mL），微量注射器（100mL），喷雾器，培养皿，色谱滤纸（长 22cm、宽 14cm 的新华一号滤纸），直尺、铅笔，电吹风，托盘。

2. 实训材料与试剂

（1）针、白线，手套，塑料薄膜。

（2）扩展剂。将 4 体积正丁醇和 1 体积冰醋酸放入分液漏斗中，与 5 体积水混合，充分振荡，静置后分层，弃去下层水层。

（3）氨基酸溶液。0.5% 的已知氨基酸溶液 3 种（赖氨酸、苯丙氨酸、缬氨酸），0.5% 的待测氨基酸溶液 1 种。

（4）显色剂。0.1% 水合茚三酮正丁醇溶液。

【操作步骤】

检查培养皿是否干燥、洁净；若否，将其洗净并置于干燥箱内于 120℃烘干。

1. 平衡

剪一大块塑料薄膜铺在桌面上，将展开槽或大烧杯倒置于塑料薄膜上，再把盛有约

20mL 扩展剂的小烧杯置于倒置的展开槽或大烧杯中，用塑料薄膜密封起来，平衡 20min。

戴上手套，取宽约 14cm、高约 22cm 的色谱滤纸一张。在纸的下端距边缘 2cm 处轻轻用铅笔画一条平行于底边的直线 A，在直线上做 4 个记号，记号之间间隔 2cm，这就是原点的位置。另在距左边缘 1cm 处画一条平行于左边缘的直线 B，在 B 线上以 A、B 两线的交点为原点标明刻度（以厘米为单位），参见图 2-5-2。

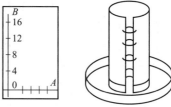

图 2-5-2　实训装置示意图

3. 点样

用微量注射器分别取 10mL 左右的氨基酸样品（每取一个样之前都要用蒸馏水洗涤微量注射器，以免交叉污染），点在这四个位置上。挤一滴点一次，同一位置上需点 2～3 次，2～3mL/次，每点完一点，立刻用电吹风热风吹干后再点，以保证每点在纸上扩散的直径最大不超过 3mm。每人须点 4 个样，其中 3 个是已知样，1 个是待测样品。

4. 色谱

用针、线将滤纸缝成筒状，纸的两侧边缘不能接触且要保持平行，参见图 2-5-2。向培养皿中加入扩展剂，使其液面高度达到 1cm 左右，将点好样的滤纸筒直立于培养皿中（点样的一端在下，扩展剂的液面在 A 线下约 1cm 处），罩上大烧杯，仍用塑料薄膜密封。当扩展剂上升到 15～18cm，取出滤纸，剪断连线，立即用铅笔描出溶剂前沿线，迅速用电吹风热风吹干。

5. 显色

用喷雾器在通风橱中向滤纸上均匀喷上 0.1% 茚三酮正丁醇溶液，然后立即用热风吹干，即可显出各色谱斑点，参见图 2-5-1。

【数据处理】

计算各种氨基酸的 R_f 值，并判断混合样品中都有哪些氨基酸，记录与计算汇总参见表 2-5-1。

表 2-5-1　纸色谱结果

项目	赖氨酸	苯丙氨酸	缬氨酸	待测氨基酸
原点中心到斑点中心的距离				
原点中心到溶剂前沿的距离				
R_f				
判断待测氨基酸				

【注意事项】

（1）滤纸卷筒时两边不能接触。

（2）点样的点位不能浸泡在扩展剂里，即点样的点位要高于扩展剂的液面高度。

（3）点样的点不能太大，要在同一点位点 2～3 次。

【实训思考】

（1）本实训成功的关键是什么？

（2）实训过程中，为何不能用手直接接触滤纸？

（3）影响 R_f 值的因素有哪些？

实训六　温度、pH 值及酶的激活剂与抑制剂对酶活性的影响

【实训目的】

（1）了解温度对酶活性的影响；

（2）了解酶活性的最适 pH 值及掌握一种检测最适 pH 值的方法。

【实训原理】

大多数酶是生物体中具有催化功能的一类蛋白质，因此它的催化作用受温度的影响很大。反应速率最快时的温度称为此酶作用的最适温度。大多数动物酶的最适温度为 37～40℃。

酶的活性受环境 pH 值的影响极为显著。酶表现其活性最高时的 pH 值称为最适 pH 值。低于或高于最适 pH 值时，酶的活性逐渐降低。不同酶的最适 pH 值不同，例如胃蛋白酶的最适 pH 值为 1.5～2.5，胰蛋白酶的最适 pH 值为 8.0。

能使酶的活性增加的物质称为激活剂，氯离子对唾液淀粉酶有激活作用。使酶的活性降低的物质，称为抑制剂，铜离子则对唾液淀粉酶有抑制作用。

本实训以唾液淀粉酶为例，此酶只能催化淀粉的水解，最终产物为麦芽糖；而不能催化其他糖类（如纤维素、蔗糖等）的水解反应。

淀粉水解程度不同，遇碘呈色反应不同。因此，可以通过呈色反应，了解淀粉水解的程度，从而间接判断唾液淀粉酶活性的大小。淀粉水解过程与呈色反应如下：

淀粉 ⟶ 紫色糊精 ⟶ 红色糊精 ⟶ 无色糊精 ⟶ 麦芽糖

遇碘呈：　　蓝色　　　　紫色　　　　红色　　　碘本色（黄）　碘本色（黄）

中间可能出现其他过渡色，如蓝紫色、棕红色等。

【实训器材】

1. 实训仪器

试管，移液管（1mL、2mL、5mL），量筒（100mL），恒温水浴，冰浴，白瓷板，胶头滴管。

2. 实训材料与试剂

（1）10g/L 淀粉溶液。取可溶性淀粉 1g，加 5mL 蒸馏水，调成糊状，再加蒸馏水 80mL，加热，使其溶解，最后用蒸馏水稀释至 100mL。

（2）淀粉酶溶液（稀释唾液）。将痰咳尽，用水漱口（洗涤口腔），再含一口蒸馏水，作咀嚼动作，1min 后吐入量筒中并稀释 50～100 倍，再用滤纸过滤后待用。

（3）不同 pH 缓冲溶液。pH 6.8 缓冲溶液（0.2mol/L 磷酸氢二钠溶液 772mL 与 0.1mol/L 柠檬酸溶液 228mL 混合）；pH 3.0 缓冲溶液（0.2mol/L 磷酸氢二钠溶液 515mL 与 0.1mol/L 柠檬酸溶液 485mL 混合）；pH 5.2 缓冲溶液（0.2mol/L 磷酸氢二钠溶液 536mL 与 0.1mol/L 柠檬酸溶液 464mL 混合）；pH 8.0 缓冲溶液（0.2mol/L 磷酸氢二钠溶液 972mL 与 0.1mol/L 柠檬酸溶液 28mL 混合）。

（4）9g/L 氯化钠溶液。

（5）1g/L 硫酸铜溶液。

（6）1g/L 硫酸钠溶液。

【操作步骤】

1. 温度对酶活性的影响

取 4 支试管，编号 1～4，加 3mL pH 6.8 缓冲液和 1mL 淀粉液，分别在 0℃（1 号和 2号）、37℃（3 号）和 80℃（4 号）水浴中保温 5min，然后加入 1mL 相应温度下预保温的淀粉酶溶液 1mL，水浴中保温 10min。各加 1 滴稀碘液，记录现象。待 1 号、2 号、3 号试管检验完毕后，取 2 号试管在 37℃水浴中保温 11min，然后加 1 滴稀碘液，记录现象，分析四管中颜色不同的原因。

2. pH 对酶活性的影响

在 1～4 号试管中，分别加入 3mL pH 值 3.0、pH 值 5.2、pH 值 6.8 和 pH 值 8.0 的缓冲液，各加 1mL 淀粉溶液和 1mL 淀粉酶，37℃水浴保温，每隔两分钟用玻璃棒蘸取上述实验组 2 号试管的反应液一滴于比色孔中，加入少许碘液检验，待碘液不变时，用同样的方法检验其他各试管的水解程度。最后各管冷却后加 1 滴碘液进一步观察。分析四管呈色的原因。

3. 激活剂与抑制剂对酶活性的影响

在 1～4 号试管中，各加入 3mL pH 6.8 缓冲液、1mL 淀粉溶液、1mL 淀粉酶，再分别加 1mL NaCl、$CuSO_4$、Na_2SO_4 溶液和蒸馏水，于 37℃水浴 10min，各加 1 滴碘液检验，观察现象。分析四管呈色的原因。

【数据处理】

1. 温度对酶活性的影响

取 4 个试管，按表 2-6-1 操作。

表 2-6-1　温度对酶活性的影响

项目	1 号	2 号	3 号	4 号
1%淀粉溶液/mL	3	3	3	3
保温 5min	37℃	37℃	冰水	冰水
稀唾液 1mL	煮沸 10min 唾液	新鲜稀唾液	新鲜稀唾液	新鲜稀唾液
摇匀后	相应温度保温 10min			
碘化钾-碘溶液/滴	1	1	1	—
溶液混合后现象				—

将 1 号、2 号两试管放入 37℃恒温水浴中，3 号、4 号试管放入冰水中。10min 后取出，用碘化钾-碘溶液来检验 1 号、2 号、3 号试管内淀粉被唾液淀粉酶水解的程度。将 4 号试管溶液放入 37℃水浴中继续保温 10min 后，再用碘液检验，结果如何？记录并解释结果。

2. pH 对酶活性的影响

取 4 支干净试管，按表 2-6-2 操作。

表 2-6-2　pH 对酶活性的影响

项目	1 号	2 号	3 号	4 号
缓冲液 3mL	pH 3.0	pH 5.2	pH 6.8	pH 8.0
淀粉溶液/mL	1	1	1	1
淀粉酶溶液/mL	1	1	1	1
水浴 10min	置于 37℃			
碘液/滴	1	1	1	1
观察现象				
分析原因				

第 4 管加入稀释唾液 2min 后，每隔 1min 由第 3 管取出一滴混合液，置于白瓷板上，加 1 滴碘化钾-碘溶液，检验淀粉的水解程度。待混合液变为棕黄色时，向所有试管中依次添加 1 滴或 2 滴碘化钾-碘溶液。添加碘化钾-碘溶液的时间间隔从第 1 管起，均为 1min。

观察各试管内容物呈现的颜色，分析 pH 值对唾液淀粉酶活性的影响。

3. 激活剂与抑制剂对酶活性的影响

按表 2-6-3 操作。

表 2-6-3　激活剂与抑制剂对酶活性的影响

项目	1 号	2 号	3 号	4 号
pH 6.8 缓冲液/mL	3	3	3	3
淀粉溶液/mL	1	1	1	1
试剂 1mL	NaCl	$CuSO_4$	Na_2SO_4	蒸馏水
淀粉酶溶液/滴	1	1	1	1
水浴 10min	置于 37℃			
稀碘液/滴	1	1	1	
观察现象				
分析原因				

【注意事项】

1. 温度对唾液淀粉酶活性的影响

（1）温度对酶活性影响的实验，酶和底物要分别预保温到所需温度，避免反应体系因室温变化，在 0℃ 和 80℃ 时部分水解，使实验效果不明显。

（2）每次加试剂后都要摇匀，碘液不要滴在管壁上。

（3）4 号管应先冷却，再加碘液；其他各管，均应置于相应温度下或取出后立即加碘液摇匀。

2. pH 对唾液淀粉酶活性的影响

（1）从 3 号管中取混合液，是因为它的 pH 接近唾液淀粉酶的最适 pH。

（2）间隔 1min，是为了有足够的时间去加稀释唾液和观察颜色，保证各试管反应时间相同。

3. 激活剂、抑制剂对唾液淀粉酶活性的影响

（1）加稀释唾液和加碘液时的时间间隔要保持一致，即在反应时间一样的条件下，观察反应的速率。

（2）试管要冲洗干净，否则影响实验结果。

【实训思考】

（1）pH 对酶活性影响的机理是什么？

（2）激活剂和抑制剂对酶活性的影响实验中设计 3 号管的意义是什么？

实训七　维生素 C 的性质检验

【实训目的】

（1）学习并掌握定量测定维生素 C 的原理和方法；

（2）了解蔬菜、水果中维生素 C 含量情况。

【实训原理】

维生素 C 是具有 L 系糖型的不饱和多羟基物质，属于水溶性维生素。

维生素 C 的
性质实验

它分布很广，植物的绿色部分及许多水果（如橘子、苹果、草莓、山楂等）、蔬菜［如黄瓜、卷心菜（学名结球甘蓝）、番茄等］中的含量都很丰富。

维生素 C（又称抗坏血酸）具有很强的还原性，它可分为还原型和脱氢型。金属铜和酶（抗坏血酸氧化酶）可以催化维生素 C 氧化为脱氢型。根据它具有还原性质可测定其金属含量。

还原型维生素 C 能还原染料 2,6-二氯酚靛酚（DCPIP），本身则氧化为脱氢型。在酸性溶液中，2,6-二氯酚靛酚呈粉红色，还原后变为无色（如图 2-7-1 所示）。因此，当用此染料滴定含有维生素 C 的酸性溶液时，维生素 C 尚未全部被氧化前，则滴下的染料立即被还原成无色。一旦溶液中的维生素 C 已全部被氧化时，则滴下的染料立即使溶液变成粉红色。所以，当溶液从无色变成微红色时即表示溶液中的维生素 C 刚刚全部被氧化，此时即为滴定终点。如无其他杂质干扰，样品提取液所还原的标准染料量与样品中所含还原型维生素 C 量成正比。

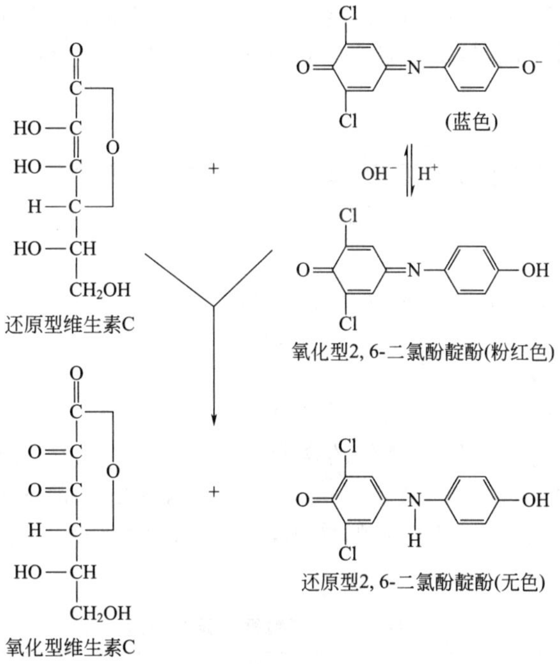

图 2-7-1 2,6-二氯酚靛酚氧化还原反应式

本法用于测定还原型维生素 C，总抗坏血酸的量常用 2,4-二硝基苯肼法和荧光分光光度法测定。

【实训器材】

1. 实训仪器

锥形瓶（100mL），组织捣碎器，吸量管（10mL），漏斗，滤纸，纱布，微量滴定管（5mL），容量瓶（100mL、250mL）等。

2. 实训材料与试剂

（1）苹果、卷心菜、青椒、绿豆芽。

（2）2%草酸溶液。草酸 2g 溶于 100mL 蒸馏水中。

（3）1%草酸溶液。草酸 1g 溶于 100mL 蒸馏水中。

（4）标准抗坏血酸溶液（1mg/mL）。准确称取 100mg 纯抗坏血酸（应为洁白色，如变为黄色则不能用）溶于 1％草酸溶液中，并稀释至 100mL，贮于棕色瓶中，冷藏。最好临用前配制。

（5）0.1％ 2,6-二氯酚靛酚溶液。250mg 2,6-二氯酚靛酚溶于 150mL 含有 52mg NaHCO₃ 的热水中，冷却后加水稀释至 250mL，贮于棕色瓶中冷藏（4℃），约可保存一周。每次临用时，以标准抗坏血酸溶液标定。

【操作步骤】

1. 样品提取

整株新鲜蔬菜或整个新鲜水果用水洗干净，用纱布或吸水纸吸干表面水分。然后称取 20g，加入 20mL 2％草酸，捣碎，四层纱布过滤，滤液备用。纱布可用少量 2％草酸洗几次，合并滤液，滤液总体积定容至 50mL。

2. 标准液滴定

准确吸取标准抗坏血酸溶液 1mL 置 100mL 锥形瓶中，加 9mL 1％草酸，用微量滴定管以 0.1％ 2,6-二氯酚靛酚溶液滴定至粉红色，并保持 15s 不褪色，即达终点。由所用染料的体积计算出 1mL 染料相当于多少毫克抗坏血酸（取 10mL 1％草酸作空白对照，按以上方法滴定）。

3. 样品滴定

准确吸取滤液三份平行样品，每份 10mL，分别放入 3 个锥形瓶内，滴定方法同前。另取 10mL 1％草酸三份作空白对照并滴定。

【数据处理】

按下式计算，实训数据记录及处理填入表 2-7-1。

$$X = \frac{T(V-V_0)}{m \times \frac{10}{100}} \times 100$$

式中，X 为样品中还原型维生素 C 的含量，mg/100g；T 为 1mL 染料溶液（2,6-二氯酚靛酚溶液）相当于维生素 C 的质量，mg/mL；V 为滴定样液时消耗染料溶液的体积，mL；V_0 为滴定空白时消耗染料溶液的体积，mL；m 为称取的匀浆相当于原样品的质量，g。

表 2-7-1 实训数据记录及处理

项目		1	2	3
样品质量/g				
T/(mg/mL)				
V/mL	$V_终$			
	$V_初$			
	$V_消耗$			
V_0/mL	$V_{0终}$			
	$V_{0初}$			
	$V_{0消耗}$			
维生素 C 的含量/(mg/100g)				
平均维生素 C 的含量/(mg/100g)				

【注意事项】

（1）某些水果、蔬菜（如橘子、番茄等）浆状物泡沫太多，可加数滴丁醇或辛醇。

（2）整个操作过程要迅速，防止还原型抗坏血酸被氧化。滴定过程一般不超过 2min。滴定所用的染料不应小于 1mL 或多于 4mL，如果样品维生素 C 含量太高或太低时，可酌情增减样液用量或改变提取液稀释度。

（3）本实训必须在酸性条件下进行。在此条件下，干扰物反应进行得很慢。

（4）2％草酸有抑制维生素 C 氧化酶的作用，而 1％草酸无此作用。

（5）干扰滴定因素如下：

若提取液中色素很多时，滴定不易看出颜色变化，可用白陶土脱色，或加 1mL 氯仿，到达终点时，氯仿层呈现淡红色。

Fe^{2+} 可还原二氯酚靛酚。对含有大量 Fe^{2+} 的样品可用 8％乙酸溶液代替草酸溶液提取，此时 Fe^{2+} 不会很快与染料起作用。

样品中可能有其他杂质还原二氯酚靛酚，但反应速率均较抗坏血酸慢，因而滴定开始时，染料要迅速加入，而后尽可能一点一点地加入，并要不断地摇动锥形瓶直至呈粉红色，且于 15s 内不褪色即为终点，保证滴定过程不要超过 2min。

（6）提取的浆状物如不易过滤，亦可离心，留取上清液进行滴定。

【实训思考】

（1）为了测得准确的维生素 C 含量，实训过程中都应注意哪些操作步骤？为什么？

（2）为什么样品溶液要用 2％草酸提取，而且整个滴定过程要快速？

实训八　果胶的制备及凝胶特性检验

【实训目的】

（1）学习从柑橘皮中提取果胶的方法；

（2）进一步了解果胶质的有关知识。

果胶的制备及
凝胶特性检验

【实训原理】

果胶物质可分为三类，即原果胶、果胶及果胶酸。

原果胶不溶于水，主要存在于细胞壁中，在稀酸加热条件下，果皮层细胞壁的原果胶发生水解，甲酯化程度降低及部分糖苷键断裂而转变成水溶性果胶。

水溶性果胶经脱水干制有利于保藏和运输，果胶干制有直接干燥和沉淀脱水两种方法。直接干燥即通过喷雾干燥浓缩的果胶水溶液获得产品。沉淀脱水则是根据果胶不溶于高浓度乙醇特性，采用乙醇沉淀提取。乙醇沉淀提取果胶，控制酒精浓度极为关键，浓度太高或太低都是不利的。浓度过高等于水分减少，水溶性的非胶物质没有机会溶解在水中，会随果胶一起沉淀出来，使果胶纯度降低；反之，如果乙醇浓度太低，水分含量过高，果胶沉淀不完全。因此用乙醇沉淀提取果胶，乙醇浓度最好为 55％～60％左右。果胶溶液中存在有微量电解质时，加入乙醇果胶将以海绵絮状沉淀析出，反之不易聚集析出。

柑橘类果皮是提取果胶的优良原料，新鲜果皮含果胶约 1.5％～3％，干果皮则含 9％～18％。柠檬皮果胶含量更多，新鲜果皮内含 2.5％～5.5％，干果皮内含量高达 30％～40％。

果胶是亲水性多糖，在 pH 3～3.5、蔗糖含量为 65％～70％时，0.7％～1％的果胶水溶液经煮沸冷却后，可形成具有一定强度的三维网状结构凝胶，其主要作用力是分子间的氢键及静电引力。在胶凝过程中，溶液中的水含量对胶凝影响很大，过量的水阻碍果胶形成凝胶。果胶水化后和水分子形成稳定的溶液，由于氢键的作用，水分子被果胶紧紧地结合起来，不易分离。向果胶溶液中添加糖类，其目的在于脱水，糖溶解时形成夺取水分的势能，促使果胶粒周围的水化层发生变化，使原来果胶表面吸附水减少，胶粒与胶粒易于结合成为键状胶束，促进果胶形成凝胶。在果胶-糖溶液分散体系内添加一定量的酸，可中和果胶所带的负电荷，减少果胶分子变成阴离子的作用，促进其聚集成网状结构而形成凝胶。果酱、果冻等食品就是利用这些特性生产的。

【实训器材】

1. 实验仪器

恒温水浴、玻璃棒、尼龙布（100目）或纱布、表面皿、精密 pH 试纸、烧杯、电子天平、小刀、布氏漏斗、抽滤瓶、真空泵。

2. 实验材料

柑橘皮（新鲜）、95%乙醇、无水乙醇、0.2mol/L 盐酸溶液、1mol/L NaOH、活性炭、蔗糖、柠檬酸、柠檬酸钠。

【操作步骤】

1. 果胶的提取

（1）原料预处理　称取新鲜柑橘皮 50g（干品为 20g），切成 3～5mm 大小的颗粒，把果皮放入沸水中煮沸 3min，使酶失活。然后用 50℃左右的热水漂洗，直至水为无色，果皮无异味。每次漂洗都要把果皮用尼龙布挤干，再进行下一次漂洗。

（2）酸水解提取　将预处理过的果皮粒放入烧杯中，加入 0.2mol/L 的盐酸，以浸没果皮为度，调溶液的 pH 至 2.0～2.5 之间。在搅拌条件下保持微沸提取 20min。趁热用垫有尼龙布（100 目）的布氏漏斗抽滤，收集滤液。在滤液中加入 0.5%～1%的活性炭，加热至80℃，脱水 20min，趁热抽滤（如橘皮漂洗干燥，滤液清沏，则可不脱色）。

（3）沉淀、过滤　滤液冷却后，用 1mol/L NaOH 调整滤液的 pH 至 3～4，在不断搅拌下缓缓地加入 95%乙醇溶液，加入乙醇的量为原滤液体积的 1.5 倍（使乙醇的质量分数达55%～60%）。乙醇加入过程中即可看到絮状果胶物质析出，静置 20min 后，用尼龙布（100 目）过滤制得湿果胶。

2. 果冻的制备

（1）配方　蔗糖 70g，柠檬酸 0.5g，柠檬酸钠 0.4g，水 20g，自制果胶适量。

（2）溶解　将柠檬酸、柠檬酸钠溶解于 20g 水中，用蔗糖把果胶充分拌匀，加入柠檬酸水溶液。

（3）凝胶的形成　在不断搅拌下，小火加热至沸，保温熬煮约 10～15min，待水分含量为一定时，以溶胶糖液以挂珠为度，冷却，观察并描述形成凝胶的体态。

【注意事项】

（1）脱色中如抽滤困难可加入 2%～4%的硅藻土作助滤剂。

（2）湿果胶用无水乙醇洗涤，可进行 2 次。

（3）滤液可用分馏法回收乙醇。

【实训思考】

（1）从柑橘皮中提取果胶时，为什么要加热使酶失活？

（2）沉淀果胶除用乙醇外，还可用什么试剂？

（3）在工业上，可用什么果蔬原料提取果胶？

实训九　牛奶中酪蛋白的提取

牛奶中酪
蛋白的提取

【实训目的】

（1）学习从牛奶中提取酪蛋白的原理和方法；

（2）掌握等电点沉淀法提取蛋白质的方法。

【实训原理】

牛乳中主要的蛋白质是酪蛋白，含量约为 35g/L。酪蛋白是一些含磷蛋白质的混合物，等电点 pH 4.7。利用等电点时溶解度最低的原理，将牛乳的 pH 调至 4.7 时，酪蛋白就沉淀出来。用乙醇洗涤沉淀物，除去脂类杂质后便可得到纯酪蛋白。

【实训器材】

1. 实训仪器

离心机、抽滤装置、精密 pH 试纸或酸度计、烧杯、温度计。

2. 实训材料与试剂

（1）新鲜牛奶。

（2）95%乙醇。

（3）无水乙醚。

（4）乙醇-乙醚混合液：乙醇∶乙醚=1∶1（体积比）。

（5）0.2mol/L pH 4.7 醋酸-醋酸钠缓冲液。

A 液：0.2mol/L 醋酸钠溶液，$NaAc \cdot 3H_2O$ 54.44g 定容至 2000mL。B 液：0.2mol/L 醋酸溶液，醋酸（含量大于 99.8%）18.0g 定容至 1500mL。取 A 液 1770mL、B 液 1230mL 混合，即得 pH 4.7 的醋酸-醋酸钠缓冲液 3000mL。

【操作步骤】

1. 酪蛋白的粗提

50mL 牛奶加热至 40℃。在搅拌下慢慢加入预热至 40℃、pH 4.7 的醋酸-醋酸钠缓冲液 100mL，用精密 pH 试纸或酸度计调节 pH 至 4.7。

将上述悬浮液冷却至室温，离心 10min（3000r/min），弃去清液，得酪蛋白粗制品。

2. 酪蛋白的纯化

（1）用水洗涤沉淀 3 次，分别离心 10min（3000r/min），弃去上清液。

（2）在沉淀中加入 30mL 乙醇，搅拌片刻，将全部悬浊液转移至布氏漏斗中抽滤。

（3）用乙醇-乙醚混合液洗涤沉淀 2 次，最后用乙醚洗沉淀 2 次，抽干。

（4）将沉淀摊开在表面皿上，风干，即得酪蛋白纯品。

【数据处理】

准确称重，按下式计算酪蛋白含量：

$$酪蛋白含量(g/100mL)=\frac{酪蛋白质量(g)}{牛乳体积(100mL)}$$

【注意事项】

（1）由于本法是应用等电点沉淀法来制备蛋白质的，故调节牛奶的等电点一定要准确，最好用酸度计测定。

（2）乙醚是挥发性、有毒的有机溶剂，因此精制过程最好在通风橱内操作。

（3）目前市面上出售的牛奶是经加工的奶制品，不是纯净牛奶，所以计算时应按产品的相应指标计算。

【实训思考】

（1）制备高产率纯酪蛋白的关键是什么？

（2）试设计另一种提取酪蛋白的方法。

实训十　酶的底物专一性检验

【实训目的】

（1）了解酶的专一性；

（2）学会排除干扰因素，设计酶学实验。

【实训原理】

酶的底物
专一性检验

酶的专一性是指一种酶只能对一种底物或一类底物（此类底物在结构上通常具有相同的化学键）起催化作用，而对其他底物无催化作用的特性。如淀粉酶只能催化淀粉水解，对蔗糖的水解并无催化作用。淀粉水解产物为葡萄糖，蔗糖水解产物为果糖及葡萄糖，这两种己糖的半缩醛基可与 Benedict（本尼迪克特）试剂反应，生成氧化亚铜砖红色沉淀。

本实训通过唾液淀粉酶（内含淀粉酶及少量麦芽糖酶）和蔗糖酶对淀粉及蔗糖的催化作用，观察酶的专一性。

【实训器材】

1. 实训仪器

试管，烧杯（100mL、200mL），量筒（100mL、10mL），研钵，玻璃漏斗，试管夹，水浴锅。

2. 实训材料与试剂

（1）2%蔗糖。

（2）1%淀粉溶液（含0.3%氯化钠）。

（3）唾液淀粉酶溶液。先用蒸馏水漱口，再含10mL左右蒸馏水，轻轻漱动，约2min后吐出并收集在烧杯中，即得清澈的唾液淀粉酶原液，根据酶活高低稀释50～100倍，即为唾液淀粉酶溶液。

（4）蔗糖酶溶液。取1g干酵母放入研钵中，加入少量石英砂和水研磨，加50mL蒸馏水，静置片刻，过滤即得。

（5）Benedict试剂。溶解85g柠檬酸钠和50g $Na_2CO_3 \cdot 2H_2O$ 于400mL蒸馏水中；另溶8.5g $CuSO_4 \cdot 5H_2O$ 于50mL热水中。将硫酸铜溶液缓缓倾入柠檬酸钠-碳酸钠溶液中，边加边搅匀，如有沉淀可过滤除去，此试剂可长期保存。

【操作步骤】

设计实验来验证哺乳动物的蔗糖酶和淀粉酶的催化作用具有专一性。要求完成实验设计，补充实验步骤，预测实验结果，得出结论，并回答问题。

1. 检查试剂

取3支试管，按表2-10-1操作。

2. 淀粉酶的专一性

取 3 支试管，按表 2-10-2 操作。

3. 蔗糖酶的专一性

取 3 支试管，按表 2-10-3 操作。

表 2-10-1　试剂检查记录

项目	试管编号		
	1	2	3
1%淀粉溶液/mL	3	—	—
2%蔗糖溶液/mL	—	3	—
蒸馏水/mL	—	—	3
Benedict 试剂/mL	2	2	2
水浴	摇匀,沸水浴 2～3min		
记录观察现象			

表 2-10-2　淀粉酶的专一性检验记录

项目	试管编号		
	1	2	3
唾液淀粉酶溶液/mL	1	1	1
1%淀粉溶液/mL	3	—	—
2%蔗糖溶液/mL	—	3	—
蒸馏水/mL	—	—	3
水浴	摇匀,置 37℃水浴 15min		
Benedict 试剂/mL	2	2	2
水浴	摇匀,沸水浴 2～3min		
记录观察现象			
结论			

表 2-10-3　蔗糖酶的专一性检验记录

项目	试管编号		
	1	2	3
蔗糖酶溶液/mL	1	1	1
1%淀粉溶液/mL	3	—	—
2%蔗糖溶液/mL	—	3	—
蒸馏水/mL	—	—	3
水浴	摇匀,置 37℃水浴 15min		
Benedict 试剂/mL	2	2	2
水浴	摇匀,沸水浴 2～3min		
记录观察现象			
结论			

【实训思考】

(1) 为什么要做试剂检查实验？省略该步骤可能有怎样的结果？

(2) 酶作用的专一性有哪几种？

(3) 在此实训中，为什么要在 1‰淀粉溶液中加入 0.3％ NaCl？0.3％ NaCl 的作用是什么？

实训十一　麦芽汁制备

【实训目的】

(1) 进一步掌握淀粉酶的作用特点、酶的作用最适条件；

(2) 通过本实训，进一步学习啤酒酿造工艺过程；

(3) 养成一定的工程技术人员素养。

【实训原理】

麦芽汁的制备俗称糖化。糖化是指麦芽和辅料中的高分子储藏物质（如蛋白质、淀粉、半纤维素等及其分解中间产物）经麦芽中各种水解酶类（或外加酶制剂作用）降解为低分子物质并溶于水的过程。溶于水的各种物质称为浸出物，糖化后未经过滤的料液称为糖化醪，过滤后的清液称为麦芽汁，麦芽汁中的浸出物含量和原料干物质之比（质量分数）称为无水浸出率。麦芽汁的制备需经原料粉碎、糖化、醪液过滤、麦芽汁煮沸、麦芽汁后处理等几个过程才能完成。

【实训器材】

1. 实训仪器

温度计（120℃）、台秤、电子天平、烧杯、恒温水浴锅、镊子等。

2. 实训材料

(1) 优质或一级大麦麦芽、大米。

(2) 耐高温 α-淀粉酶（使用量为每克大米 3.5U）、糖化酶（用量为每克大麦、大米 30U）。

(3) 乳酸（或磷酸）、蒸馏水、0.025mol/L 碘液。

(4) 纱布。

【操作步骤】

1. 辅料的糊化

30g 大米辅料粉碎磨细后，以 1∶6 的比例于烧杯中加入 50℃的热水（加乳酸调 pH 至 6.0 左右），15min 内加热至 70℃。加入调湿的 α-淀粉酶（每克大米 3.5U），于 70℃保温液化 30min，再以 1℃/min 的速率加热至 92℃，每克大米再加 3.5U 的 α-淀粉酶，保温 5min，迅速升至 100℃，煮沸 20min，即完成辅料的糊化。

2. 糖化

优质麦芽原料粉碎后加入 1∶3.5 的水，调 pH 至 5.3，然后于 50℃保温 100min，保温后将经过糊化的辅料加入，混合后继续升温至 62.5℃，按照每克大麦、大米 30U 加入糖化酶，并保温 40min，然后升至 70℃并保温至碘试不呈色，最后升至 76℃，保温 15min 后过滤。

3. 麦芽汁的过滤、浓缩

糖化过程结束时用多层纱布过滤即可，记录过滤液的外观性状并测定其可溶性固形物含量。此时得到的麦芽汁浓度较低，在发酵前需要煮沸、蒸发浓缩后达到规定浓度，而且过滤后麦芽汁中还有少量残余的酶具有活性，主要是 α-淀粉酶，为了保证在以后酿造过程中麦芽汁组分的一致性，需通过热处理使酶变性钝化。另外，为了后续发酵的安全性，亦需对麦芽汁进行热杀菌，一般煮沸 1～2h，能够杀死全部对啤酒发酵有害的微生物。

【注意事项】

1. 麦芽粉碎

麦芽粉碎的目的主要在于：使麦芽表皮破裂，增加麦芽本身的表面积，使其内容物质更容易溶解，利于糖化。按其粉碎类型来说，可以分为干粉碎和湿粉碎两种。值得注意的是，对于表皮的粉碎要求破而不碎，原因是：首先表皮主要组成是各种纤维组织，其中有很多物质会影响啤酒的口味，如果将其粉碎，在糖化的过程中，会使其更容易溶解，从而影响啤酒的质量；其次是因为，在糖化过后的过滤中，可以将纤维组织更容易地过滤掉，而且可以让其充当过滤层，达到更好的过滤效果。

2. 糖化

糖化过程中用碘液显色测定糖化终点，反应呈棕黄色即糖化安全，最后升温至 100℃，保温 30min 进行灭酶。糖化液冷却至 50℃左右后，用纱布过滤可得到澄清的麦芽汁。

3. 醪液过滤

糖化工序结束后，应在最短的时间内，将糖化醪液中的原料溶出物质和非溶性的麦糟分离，以得到澄清的麦芽汁和良好的浸出物得率。过滤步骤：以麦糟为滤层，利用过滤方法提取麦芽汁，所得麦芽汁叫第一麦芽汁或者过滤麦芽汁；然后利用热水洗涤过滤后的麦糟，所得麦芽汁叫第二麦芽汁或者洗涤麦芽汁。

4. 麦芽汁煮沸

麦芽汁煮沸有如下目的：

（1）破坏酶的活力。主要是停止淀粉酶的作用，稳定可发酵糖和糊精的比例，确保稳定和发酵的一致性。

（2）麦芽汁灭菌。通过煮沸，消灭麦芽汁中的各种菌类，特别是乳酸菌，避免发酵时发生败坏，保证产品的质量。

（3）蛋白质的变性和絮凝沉淀。此过程中，可析出某些受热变性以及与单宁物质结合而絮凝沉淀的蛋白质，提高啤酒的非生物稳定性。

5. 麦芽汁后处理

主要是通过物理方法将热凝物质与麦芽汁分离，并将麦芽汁冷却。

【实训思考】

（1）为什么麦芽不能过于粉碎？

（2）为什么采用不同温度进行糖化？

（3）影响整个糖化过程的主要因素有哪些？

（4）麦芽汁煮沸的目的有哪些？

实训十二　动物组织 DNA 的提取与鉴定

【实训目的】

（1）了解生物大分子制备的基本技术；

（2）学习和掌握用盐溶法从动物组织提取分离 DNA 的原理和操作技术；

（3）学习和掌握鉴定核酸的方法。

【实训原理】

动物含有丰富的 DNA，可作为提取 DNA 的良好材料，在细胞核内，核酸通常与某些组织蛋白质结合成复合物，即以脱氧核糖核蛋白（DNP）和核糖核蛋白（RNP）的形式存在。在不同浓度的盐溶液中，脱氧核糖核蛋白和核糖核蛋白的溶解度有很大差别。当 NaCl 浓度为 $1\sim2mol/L$ 时，脱氧核糖核蛋白的溶解度很大，核糖核蛋白的溶解度很小；当 NaCl 浓度为 $0.14mol/L$ 时，脱氧核糖核蛋白的溶解度极低，仅为其在纯水中溶解度的 1%，而核糖核蛋白的溶解度相当大。利用这一性质可将脱氧核糖核蛋白与核糖核蛋白以及其他杂质分开。

提取出来的脱氧核糖核蛋白须除去蛋白质。当脱氧核糖核蛋白与氯仿-异戊醇混合液一起振荡时，蛋白质变性而与核酸分开，蛋白质沉淀夹在水相和有机相之间，DNA 溶于水相中。经过分离后，再用乙醇将水相中的 DNA 沉淀出来。为了防止脱氧核糖核酸酶（DNase）的作用而引起的 DNA 降解损失，在用于提取的缓冲液中均含有 $0.01mol/L$ 的 EDTA（乙二胺四乙酸）螯合剂，以除去保持 DNase 活性所必需的 Mg^{2+}。为了防止 DNA 的变性，操作尽可能在低温下进行。

核酸（RNA、DNA）可被硫酸水解产生磷酸、有机碱（嘌呤、嘧啶）和戊糖（核糖、脱氧核糖）。磷酸、嘌呤碱、戊糖可用下列方法鉴定。

1. 磷酸

磷酸与钼酸铵试剂作用生成黄色磷钼酸，磷钼酸中的钼在有还原剂存在时可被还原成蓝色的钼蓝。常用的还原剂有氨基苯磺酸、氯化亚锡、维生素 C 等。根据此呈色反应即可鉴定磷酸的存在。反应式如下：

$$H_3PO_4 + 12H_2MoO_4 \longrightarrow H_3PO_4 \cdot 12MoO_3 + 12H_2O$$

$$H_3PO_4 \cdot 12MoO_3 + H_2 \xrightarrow{\text{还原剂}} H_3PO_4 \cdot 10MoO_3 \cdot Mo_2O_5 + H_2O$$

2. 嘌呤碱

根据嘌呤碱能与苦味酸作用形成针状结晶化合物而对其进行鉴定。

3. 核糖

根据核糖经浓盐酸或浓硫酸作用生成糠醛，糠醛能与 3,5-二羟甲苯缩合而形成绿色化合物而对其进行鉴定。反应式如下：

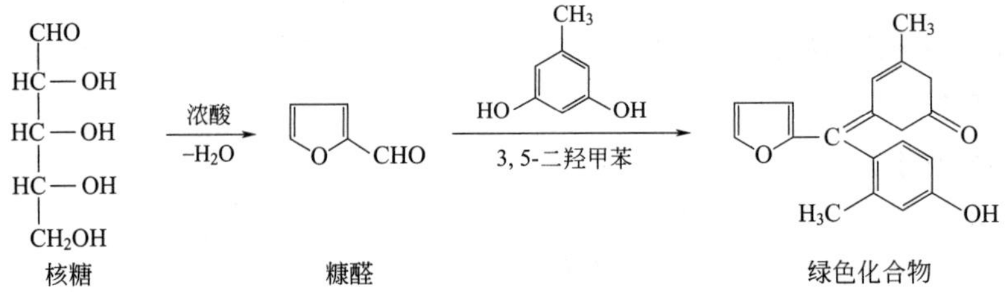

脱氧核糖在浓酸中生成 ω-羟基-γ-酮基戊醛，它和二苯胺作用生成蓝色化合物。反应式如下：

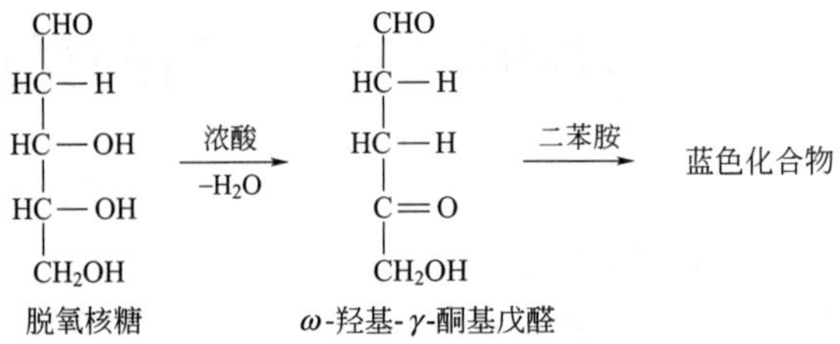

【实训器材】

1. 实训仪器

离心管、离心机、组织捣碎机、玻璃棒、滤纸、小烧杯、磁力搅拌器、10mL 试管、沸水浴锅。

2. 实训材料与试剂

(1) 新鲜猪肝。

(2) 0.01mol/L EDTA 溶液。

(3) 50g/L 十二烷基磺酸钠 (SDS) 溶液。

(4) 95% (体积分数) 乙醇、无水乙醇、丙酮。

(5) 10% H_2SO_4 溶液、5% H_2SO_4 溶液。

(6) 固体 NaCl、0.14mol/L NaCl 溶液。

(7) 氯仿-异戊醇混合液：氯仿:异戊醇＝24:1 (体积比)。

(8) 0.14mol/L NaCl-0.01mol/L EDTA 溶液。

(9) 饱和苦味酸溶液。称取 1.3g 的苦味酸，溶于 100mL 的蒸馏水中，静置过夜。临用前倒取上层液。

(10) 钼酸铵试剂。称取钼酸铵 5g，溶于 100mL 蒸馏水中，再加入浓硫酸 15mL，待冷却后加蒸馏水至 1000mL，此试剂可置阴凉处保存一个月。

(11) 3% 维生素 C 溶液。称取维生素 C 3g 溶于 100mL 5% 三氯乙酸中（已氧化变质的维生素 C 不能用）。

(12) Bial 试剂。称取 1.5g 3,5-二羟甲苯，加入浓盐酸 50mL，再加 10% 三氯化铁20～30 滴，贮于冰箱。此试剂应在临用前配制。

(13) 二苯胺试剂。称取纯二苯胺 1g 溶于 100mL 的冰醋酸中，加入浓硫酸 1.5mL，贮于棕色瓶中，此试剂亦须临用前配制。

【操作步骤】

1. 制备匀液

取动物肝脏在冰浴上去除脂肪和结缔组织，切成小块，称取 20g，加入 50mL 预冷的 0.14mol/L NaCl-0.01mol/L EDTA 溶液，在组织捣碎机中高速匀浆 5～10min。

2. 分离抽提

(1) 匀浆后的组织糜于 4℃、5000r/min 离心 10min，弃去上清液，收集沉淀（内含 DNP）。沉淀中加入 4 倍体积的低温 0.14mol/L NaCl-0.01mol/L EDTA 溶液洗涤沉淀，然后按上述操作进行离心，弃去上清液。如此重复洗涤、离心 2～3 次，最后取沉淀物备用。

(2) 将沉淀物悬于 4 倍体积的低温 0.14mol/L NaCl-0.01mol/L EDTA 溶液中，在磁力搅拌器上边搅拌边滴加 50g/L SDS 溶液，直到 SDS 的最后浓度达到 10g/L，可观察到溶液明显变黏稠。然后边搅拌边加入固体 NaCl，使其全部溶解，且其最终浓度达到 1mol/L，可观察到溶液由黏稠变稀薄。

(3) 将上述溶液置于具塞锥形瓶中，加入等体积的氯仿-异戊醇混合液，剧烈振荡 10min，然后于 4℃、5000r/min 离心 10min，可见离心液分为三层：上层为含 DNA 的水相层，中层为变性蛋白质凝胶，下层为氯仿-异戊醇混合液。

(4) 用滴管取出上层水相置于锥形瓶中，再加入等体积的氯仿-异戊醇混合液，按上述操作振荡、离心，如此重复数次，至中层界面无蛋白质凝胶浑浊。

(5) 取出上述离心所得水相，加入 2 倍体积预冷的 95% (体积分数) 乙醇，可观察到白色沉淀产生，于4℃、5000r/min离心10min，离心所得的DNA沉淀依次用95％（体积分数）乙醇、无水乙醇、丙酮各洗涤一次，每次洗涤后进行离心分离，最后离心所得的DNA沉淀用吹风机吹干。称取产物质量，并计算产率。

3. 核酸的水解

在有核酸沉淀的离心管中加入蒸馏水2mL，振摇至沉淀溶解后，加入10％H_2SO_4 2mL摇匀，于沸水浴中加热10min，即得核酸水解液，用流水冷却后进行下列定性实验。

【实训记录】

1. 嘌呤碱的鉴定

取试管一支，加入饱和苦味酸约2mL，再加入核酸水解液4～6滴，摇匀。静置于室温中，观察有无黄色针状结晶出现。

2. 磷酸的鉴定

取试管两支，标号，按表2-12-1操作。

表2-12-1 磷酸的鉴定

管号	试剂				观察变化
	核酸水解液	5％硫酸	钼酸铵试剂	3％维生素C	
1（测定管）	10滴	—	5滴	4滴	
2（对照管）	—	10滴	5滴	4滴	

摇匀，于沸水浴中2～3min后，观察颜色变化。

3. 核酸的鉴定

取试管两支，标号，按表2-12-2操作。

表2-12-2 核酸的鉴定

管号	试剂			观察变化
	核酸水解液	5％硫酸	Bial试剂	
1（测定管）	6滴	—	9滴	
2（对照管）	—	6滴	9滴	

摇匀，于沸水浴加热10min后，观察颜色变化。

4. 脱氧核糖的鉴定

取试管两支，标号、按表2-12-3操作。

表2-12-3 脱氧核糖的鉴定

管号	试剂			观察变化
	核酸水解液	5％硫酸	二苯胺试剂	
1（测定管）	20	—	30	
2（对照管）	—	20	30	

摇匀，于沸水浴中10min后，观察颜色变化。

【注意事项】

（1）记住离心管编号；

（2）在离心管平衡后，对称放入离心机，切忌将没加管套的离心管放入离心机，离心完後取出離心管；

（3）肝匀浆一定要磨得较细，将细胞彻底破坏。

【实训思考】

（1）核酸提取、鉴定的原理是什么？

（2）在本实训的操作过程中应注意什么问题？

（3）DNA 和 RNA 在组成上有什么区别？

实训十三　壳聚糖的制备及性质鉴定

【实训目的】

（1）了解和掌握甲壳素和壳聚糖的制备方法；

（2）掌握壳聚糖的测定方法。

【实训原理】

甲壳素（chitin，译音几丁）又称甲壳质、壳多糖、几丁质等。它是在 1811 年，被法国科学家 H. Braconnot 在进行蘑菇研究时，从霉菌中发现的。在蟹等硬壳中，含甲壳素 $15\%\sim20\%$，碳酸钙 75%。甲壳素是聚-2-乙酰氨基-2-脱氧-D-吡喃葡萄糖，以 β-1,4-糖苷键连接而成，是一种线性的高分子多糖，即天然的中性糖胺聚糖。它的分子结构与纤维素有些相似，基本单位是壳二糖（chitobiose），其结构式如图 2-13-1 所示。

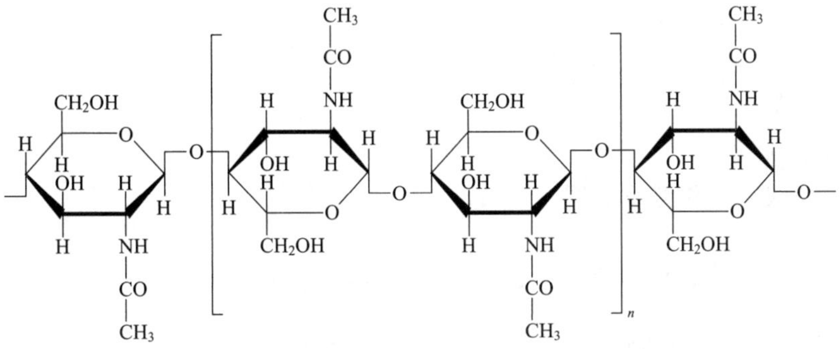

图 2-13-1　甲壳素的结构式

甲壳素若经浓碱处理，进行化学修饰去掉乙酰基即得到壳聚糖（chitosa），壳聚糖又称脱乙酰基壳多糖、脱乙酰甲壳素。

甲壳素都是与大量的无机盐和壳蛋白紧密结合在一起的。因此，制备甲壳素主要有脱钙和脱蛋白两个过程。用稀盐酸浸泡虾、蟹壳，然后再用稀碱液浸泡，将壳中的蛋白质萃取出来，最后剩余部分就是甲壳素。

采用不同的方法可以获得不同脱乙酰度的壳聚糖。最简单、最常用的是采用碱液处理的脱乙酰方法。即将已制备好的甲壳素用浓的氢氧化钠在较高温度下处理，就可得到脱乙酰壳多糖。

甲壳素脱乙酰基的程度，实际上可以通过测定壳聚糖中自由氨基的量来确定。壳聚糖中自由氨基含量越高，那么脱乙酰程度就越高，反之亦然。壳聚糖中脱乙酰度的大小直接影响它在稀酸中的溶解能力、黏度、离子交换能力和絮凝能力等，因此壳聚糖的脱乙酰度大小是产品质量的重要标准。脱乙酰度的测定方法很多，如酸碱滴定法、苦味酸法、水杨醛法等。

本实验采用苦味酸法测定壳聚糖的脱乙酰度。苦味酸（picric acid，又称三硝基苯酚）通常用于不溶性高聚物的氨基含量的测定。在甲醇中苦味酸可以与游离氨基在碱性条件下发生定量反应，同样，苦味酸也可以与甲壳素和壳聚糖中游离氨基发生反应。由于甲壳素和壳聚糖均不溶于甲醇，而二异丙基乙胺能与结合到多糖上的苦味酸形成一种可溶于甲醇的盐，这种盐能从多糖上释放出来，该盐在358nm的吸光度与其浓度（0～115μmol/L）呈线性关系。通过吸光度法测定这种盐的浓度，即可推算出甲壳素和壳聚糖上氨基的数量，进而计算出样品的脱乙酰度。此法的优点是：适用于从高乙酰度到不含乙酰度的宽范围，无需复杂设备，其样品量只需数毫克至数十毫克。

【实训器材】

1. 实训仪器

粉碎机，2000mL玻璃烧杯，250mL锥形瓶，低温减压干燥机，紫外分光光度计，色谱柱（0.5cm×10cm），抽滤瓶，玻璃试管，1mL移液管，10mL移液管。

2. 实训材料与试剂

（1）新鲜虾壳。

（2）10mol/L苦味酸甲醇液。称取苦味酸2290.0g，定容于1L甲醇液中。0.1mol/L和0.1mmol/L苦味酸甲醇液由10mol/L液稀释得到。

（3）0.1mol/L二异丙基乙胺（DIPEA）甲醇液。称取10.1g二异丙基乙胺定容于1L的甲醇液中。

（4）甲醇。这里用于调节pH值，选用分析纯试剂（AR）。

（5）10%盐酸。这里用于调节pH值，选用化学纯试剂（CP）。

（6）40%氢氧化钠。这里用于调节pH值，选用化学纯试剂（CP）。

【操作步骤】

1. 甲壳素的制备

（1）操作路线　操作路线见图2-13-2。

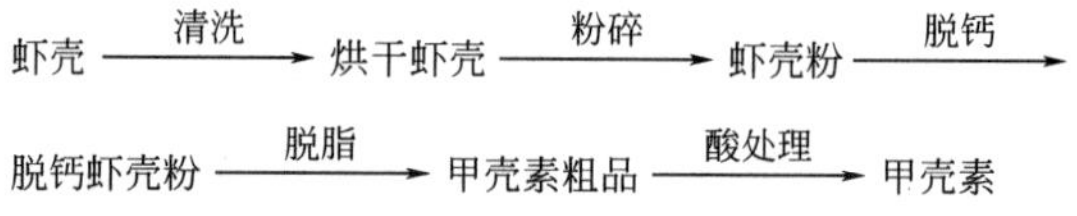

图2-13-2　制备甲壳素的路线

（2）操作步骤

① 清洗、粉碎处理　收集对虾头及外壳，去掉枪刺，用水洗净，晒干或烘干，经粉碎机粉碎过筛得虾壳粉。

② 脱钙　将虾壳粉倒入玻璃烧杯中，加入2～5倍量的10%盐酸，在室温条件下搅拌3h，然后抽滤，用水洗滤渣至pH为7.0，干燥后即得脱钙虾壳粉。

③ 脱脂　将脱钙虾壳粉移入另一玻璃烧杯内，加入2倍量的40%的氢氧化钠溶液，加热至85℃，恒温搅拌3～4h，然后抽滤，收集滤渣，用水洗滤渣至中性，干燥即得甲壳素粗品。

④ 酸处理　将甲壳素粗品移入玻璃烧杯中，加入2～3倍的10%盐酸，加热到60℃，搅拌15min左右，然后抽滤，滤液用水洗至中性，干燥即得甲壳素产品。

2. 壳聚糖的制备

（1）工艺流程　见图2-13-3。

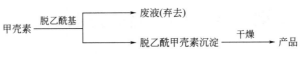

图 2-13-3　制备壳聚糖的工艺流程

（2）操作步骤

① 脱乙酰基　将甲壳素倒入玻璃烧杯中，加入 2 倍量的 40％的浓氢氧化钠溶液，加热到 110℃以上，搅拌反应 1h，滤除碱液，用水洗至中性。依脱乙酰度的不同要求，重复用浓碱处理 1～2 次，滤除碱液，水洗至中性，压挤至干，吊干产品。

② 干燥　将吊干的湿产品置于石灰缸或干燥器中干燥，即得壳聚糖产品。

3. 壳聚糖脱乙酰度的测定

（1）标准曲线的绘制　配制五种不同浓度的二异丙基乙胺苦味酸的甲醇溶液。每份吸取 0.1mol/L 的二异丙基乙胺甲醇溶液 1.0mL，分别添加 0.1mL、0.2mL、0.3mL、0.4mL、0.5mL、0mL 的 $100\mu mol/L$ 苦味酸甲醇液，再用甲醇液补充至 10.0mL，DIPEA-苦味酸浓度分别为：$10\mu mol/L$、$20\mu mol/L$、$30\mu mol/L$、$40\mu mol/L$、$50\mu mol/L$、$0\mu mol/L$。混匀后在波长 358nm 处测出相应的吸光度（A）。以吸光度为纵坐标、DIPEA-苦味酸的浓度（$\mu mol/L$）为横坐标作出标准曲线。

（2）脱乙酰度的测定　准确称取上述方法制备的壳聚糖各 0.5g，分别置于 250mL 锥形瓶中，加入标准 0.1mol/L 盐酸溶液 30mL，在 20～25℃搅拌至溶解完全（可加适量蒸馏水稀释），加入 2～3 滴甲基橙指示剂，用标准 0.1mol/L NaOH 滴定游离的盐酸。

【数据处理】

脱乙酰度的计算：

$$w = \frac{(c_1V_1 - c_2V_2) \times 0.016}{G} \times 100\%$$

式中，w 为氨基含量，％；c_1 为盐酸标准溶液的浓度，mol/L；c_2 为氢氧化钠标准溶液的浓度，mol/L；V_1 为加入的盐酸标准溶液的体积，mL；V_2 为滴定耗用的氢氧化钠标准溶液的体积，mL；G 为样品质量，g；0.016 为与 1mL 1mol/L 盐酸溶液相当的氨基量，g/mmol。

$$脱乙酰度（DD） = \frac{w}{9.94\%} \times 100\%$$

【注意事项】

（1）溶解样品时温度不宜过高，以免发生盐酸消耗与壳聚糖主链的水解，造成误差，一般是在室温下溶解样品。

（2）样品的脱乙酰度越高，溶解越快，反之则越慢，甚至要放置过夜。

（3）样品必须是中性的，否则会影响测定结果。如果不是中性的，应该重新洗涤至中性，或者进行校正。

【实训思考】

（1）在制备壳聚糖的过程中，影响壳聚糖的脱乙酰度的因素有哪些？

（2）为什么制备壳聚糖时所用氢氧化钠浓度不同，得到的壳聚糖脱乙酰度不同？

（3）制备壳聚糖时为什么要在沸水中反应？

实训十四　卵磷脂的提取及鉴定

【实训目的】

(1) 掌握卵磷脂的提取和鉴定的方法；

(2) 提高实验动手能力。

【实训原理】

卵磷脂是甘油磷脂的一种，由磷酸、脂肪酸、甘油和胆碱组成。卵磷脂广泛存在于动植物中，蛋黄中含量最丰富，高达 $8\%\sim10\%$，因而得名。

卵磷脂可溶于乙醚、乙醇等，因而可以利用这些溶剂进行提取。本实验以乙醇作为溶剂提取生蛋黄中的卵磷脂。通常粗提取液中含有中性脂肪和卵磷脂，两者浓缩后通过离心进行分离，下层为卵磷脂。

新提取的卵磷脂为白色蜡状物，遇空气可氧化成为黄褐色，这是由其中不饱和脂肪酸被氧化所致的。

卵磷脂的胆碱基在碱性条件下可以分解为三甲胺，三甲胺有特殊的鱼腥味，可以此鉴别。

【实训器材】

鸡蛋，花生油，95％乙醇，10％ NaOH，漏斗，烧杯，铁架台，玻璃棒，恒温水浴箱，磁力搅拌器，真空干燥器。

【操作步骤】

1. 卵磷脂的提取

取 15g 生鸡蛋黄，于 150mL 锥形瓶中加入 40mL 乙醇，放入磁力搅拌器，室温下搅拌提取 15min，然后静置 30min，上层液用带棉花塞的漏斗过滤，往残渣中再加入 15mL 乙醇，搅拌提取 5min。第二次提取液通过过滤后，与第一次提取液合并，于 60℃ 热水浴中蒸去乙醇，将残留物质倒入烧杯中，放入真空干燥器中减压干燥 30min 以除尽乙醇，约可得 5g 粗提取物。粗提取物进行离心，10min 后，下层为卵磷脂，约得 2.5～2.8g。可以通过冷冻干燥得到无水的卵磷脂产物。

2. 卵磷脂的鉴定

取以上提取物约 0.1g，于试管内加入 10％ NaOH 溶液 2mL，水浴加热数分钟，嗅之是否有鱼腥味，以确定是否为卵磷脂。

3. 乳化作用

两支试管中各加入 3～5mL 水，一支加卵磷脂少许，溶解后滴加 5 滴花生油，另一支也滴入 5 滴花生油，加塞极力振荡试管，使花生油分散。观察比较两支试管内的乳化状态。

【实训记录】

(1) 所得到的卵磷脂为白色蜡状固体。

(2) 进行离心的目的是为了能得到精制卵磷脂产品，产品用丙酮液封，低温保存。

(3) 卵磷脂鉴定时有鱼腥味，说明提取效果较好。

【注意事项】

(1) 在 60℃ 热水浴中蒸去乙醇时，要不间断地闻有没有乙醇的味道，以达到更好的提取效果。

（2）加入乙醇时，要打开窗户，保持实验室的通风。

【实训思考】

（1）在卵磷脂提取时，除了用乙醇提取，还可以用什么提取？

（2）可用什么方法鉴定提取到的是否是卵磷脂？

实训十五　绿色果蔬中叶绿素的分离及其含量测定

【实训目的】

熟悉在未经分离的叶绿体色素溶液中测定叶绿素 a 和叶绿素 b 的方法及其计算。

【实训原理】

叶绿素存在于果蔬、竹叶等绿色植物中。叶绿素在植物细胞中与蛋白质结合成叶绿体，当细胞死亡后，叶绿素即游离出来，游离叶绿素很不稳定，对光或热较敏感；在酸性条件下生成绿褐色脱镁叶绿素，加热可使反应加速；在稀碱液中可水解为叶绿酸盐（鲜绿色）、叶绿醇和甲醇。高等植物中叶绿素有叶绿素 a、叶绿素 b 两种，二者都易溶于乙醇、乙醚、丙酮和氯仿中。

叶绿素的含量测定方法多种，其中有：

（1）原子吸收光谱法　测定镁含量，可以间接算出叶绿素含量。

（2）分光光度法　测定叶绿素提取液的最大吸收波长的光密度，然后通过公式计算可获得叶绿素含量数据。此法快速、简便。其原理如下：

叶绿素 a、叶绿素 b 对 645nm 和 663nm 波长的光有吸收高峰，因此，测定提取液在 645nm、663nm 波长下的光密度，并根据经验公式计算，可分别得到叶绿素 a 与叶绿素 b 含量数据。

$$叶绿素 a 含量 = [12.7(D_{663}) - 2.69(D_{645})] \times \frac{V}{1000W}$$

$$叶绿素 b 含量 = [22.9(D_{645}) - 4.68(D_{663})] \times \frac{V}{1000W}$$

$$总叶绿素含量 = 叶绿素 a 含量 + 叶绿素 b 含量$$
$$= [20.21(D_{645}) + 8.02(D_{663})] \times \frac{V}{1000W}$$

由于 652nm 为叶绿素 a 与叶绿素 b 在红光区吸收光谱曲线的交叉点（等吸收点），两者有相同的比吸收系数（均为 34.5），因此也可在此波长下测定一次光密度（D_{652}）求出总叶绿素含量。

$$总叶绿素含量 = \frac{D_{652}}{34.5} \times \frac{V}{1000W}$$

式中，D 为在所指定波长下，叶绿素提取液的光密度读数；V 为叶绿素丙酮提取液的最终体积，mL；W 为所用果蔬组织鲜重，g。

【实训器材】

绿叶青菜，黄瓜，玻璃砂，丙酮，滤纸，分光光度计。

【操作步骤】

1. 叶绿素提取及含量测定

均匀称取青菜样品 5g 于研钵中，加入少许玻璃砂（约 0.5～1g），充分研磨后倒入 100mL 容量瓶中，然后用丙酮分几次洗涤研钵并倒入容量瓶中，用丙酮定容至 100mL。充分振摇后，用滤纸过滤。取滤液用分光光度计分别于 645nm、663nm 和 652nm 波长下，测定其光密度。以 95% 丙酮作空白对照。将测定记录数据列表，按照公式分别计算青菜组织中叶绿素 a、叶绿素 b 和总叶绿素含量。

2. 叶绿素在酸碱介质中稳定性实验

分别取 10mL 叶绿素提取液，并分别滴加 0.1mol/L 盐酸溶液和 0.1mol/L NaOH 溶液，观察提取液的颜色变化情况，并记录颜色变化时的 pH 值。

【注意事项】

（1）所计算出的叶绿素含量单位为 mg/g，这一单位有时太小，使用不方便，可乘于 1000 倍，变为以 μg/g 为单位。

（2）在叶绿素提取中，最终的丙酮液浓度为 95%，因所用材料为菠菜等青菜，含水量极高，5g 样品可视作 5g 水，故研磨后定容至 100mL，丙酮液浓度为 95%。

（3）若以黄瓜为材料，因叶绿素只存在于黄瓜皮中，取样时用锋利剖刀在黄瓜平整部分轻轻地将绿色表皮削下，然后称取 0.5g 样品，加水 5mL 充分研磨，之后用丙酮洗涤，定容至 100mL，即为 95% 丙酮提取液。

（4）使用分光光度计调零时，必须用 95% 丙酮。

【实训思考】

（1）测定叶绿素含量实验中，使用分光光度计应注意哪些问题？

（2）叶绿素在酸碱介质中稳定性如何？

（3）试说明日常生活中炒青菜时，若加水熬煮时间过长，或加锅盖或加醋，所炒青菜容易变黄的原因。应该如何才能炒出一盘保持鲜绿且可口的青菜？

实训十六　植物总黄酮的提取与测定

【实训目的】

为充分利用天然植物资源，避免资源的浪费，本实训对植物总黄酮的提取及鉴别方法进行探讨。

【实训原理】

黄酮类化合物是具有苯并吡喃环结构的一类天然化合物的总称，其主要结构式见图 2-16-1，一般都具有 4 位羰基，且呈现黄色。黄酮类化合物的 3-羟基、4-羟基或 5-羟基、4-羰基或邻二位酚羟基，与铝盐进行络合反应，在碱性条件下生成红色的络合物。

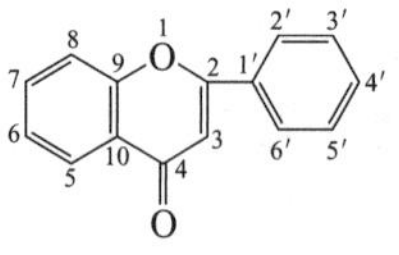

(a) 2-苯基色原酮 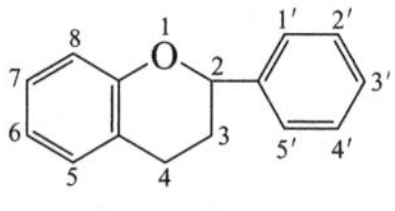　　(b) 2-苯基苯并吡喃

图 2-16-1　黄酮类化合物分子结构式

本实验采用超声波乙醇浸提法从植物材料（竹叶、黄芩、银杏叶、枇杷叶）中提取黄酮类物质，并用分光光度法测定含量。利用超声波产生的强烈振动、高的加速度、强烈的空化

效应、搅拌作用等，可加速植物材料中的有效成分进入溶剂，从而增加有效成分的提取率，缩短提取时间，并且还可避免高温对提取成分的影响。

【实训器材】

1. 实训仪器

超声波清洗器，紫外-可见分光光度计，抽滤机，水浴锅，吸管，容量瓶，漏斗，试管。

2. 实训材料与试剂

（1）竹叶（黄芩、银杏叶、枇杷叶等），95％乙醇、无水乙醇、蒸馏水。

（2）硝酸铝（10％）。称取20g硝酸铝溶于蒸馏水中，定容至200mL，混匀，贴标签备用。

（3）亚硝酸钠（5％）。称取10g亚硝酸钠溶于蒸馏水中，定容至200mL，混匀，贴标签备用。

（4）芦丁标准溶液（2mg/mL）。精密称取芦丁对照品200mg，用体积分数为60％的乙醇溶解，定容于100mL容量瓶中，摇匀，贴标签备用。

（5）95％乙醇。

（6）60％乙醇。600mL无水乙醇，溶于蒸馏水，定容至1000mL容量瓶中，混匀，贴标签备用。

（7）4.3％氢氧化钠溶液。43g氢氧化钠溶于水，定容至1000mL容量瓶中，混匀，贴标签备用。

【操作步骤】

1. 总黄酮成分提取

取干燥植物材料（竹叶、黄芩、银杏叶、枇杷叶），粉碎，称取约5g，加80mL 95％乙醇，浸泡20min，超声波提取30min，抽滤。滤渣再加80mL 95％乙醇，浸泡20min，再次超声波提取30min，抽滤。合并两次滤液，减压回收（水浴加热）乙醇至滤液仅剩5～7mL，放置于100mL容量瓶中，用60％乙醇稀释至刻度，得样品液。

标准溶液的
配制及移取

2. 黄酮的含量测定

（1）测定波长的选择　取样品液适量，在0.30mL 5％亚硝酸钠溶液存在的碱性条件下，经硝酸铝显色后，以试剂为空白参比，在420～600nm波长范围测定络合物的吸光度，确定最大吸收波长。

（2）标准曲线的绘制　精密吸取芦丁标准溶液（2mg/mL）10mL，置于100mL容量瓶中，用60％乙醇定容，得到0.2g/L的标准溶液。用移液管准确吸取0.0mL、0.5mL、1.0mL、1.5mL、2.0mL、2.5mL、3.0mL、3.5mL的芦丁标准液分别置于10mL的比色管中，加入5％亚硝酸钠0.4mL，摇匀，放置6min，加入10％硝酸铝0.4mL，摇匀，放置6min，加入4.3％氢氧化钠4.0mL，再加60％乙醇至刻度，摇匀，放置15min。以试剂作空白参比液，于最大吸收波长处测定吸光度，重复3次。测得的吸光度值填入表2-16-1。

（3）提取物黄酮含量的测定　精密吸取样品液1.00mL并置于10mL比色管中，按标准曲线的制备方法，测定提取物的吸光度。

【数据处理】

1. 标准曲线的绘制

根据表2-16-1，绘制芦丁浓度（Y）与吸光度（A）的工作曲线，以吸光值对浓度进行线性回归分析，求得回归方程。

表 2-16-1　芦丁标准曲线的绘制

标准溶液体积/mL	0	0.5	1.0	1.5	2.0	2.5	3.0	3.5
Y/(mg/mL)	0	0.01	0.02	0.03	0.04	0.05	0.06	0.07
A								

2. 提取物黄酮含量的计算

将此吸光度值带入回归方程算出测量液中总黄酮的浓度 c（mg/mL），按照以下公式计算提取物黄酮的含量（mg/g）。

$$黄酮含量(mg/g) = cVN/W$$

式中，c 为测量液总黄酮浓度，mg/mL；V 为粗提液体积，mL；N 为稀释倍数；W 为原料干重，g。

【注意事项】

（1）样品水解后随着放置时间的延长，总黄酮的含量可能会发生变化，因此样品水解后应尽快测定。

（2）随着显色时间的延长，吸光度将略有下降，因此应尽快进行测定。

（3）对提取物进行稳定性实验，是将其应用于实际的前提条件之一。围绕食品加工过程的实际，选取不同 pH 值、温度对黄酮提取物稳定性的影响作为实验内容。具体实验方案、参数由学生分组研究自主设计。

【实训思考】

（1）黄酮类化合物的生理作用有哪些？

（2）在本实训中，哪些因素会影响测定结果？

参 考 文 献

[1] 魏强华，姚勇芳．食品生物化学与应用［M］．重庆：重庆大学出版社，2015.

[2] 陈敏．食品化学［M］．北京：中国林业出版社，2008.

[3] 潘宁，杜克生．食品生物化学［M］．北京：化学工业出版社，2010.

[4] 迟玉杰．食品化学［M］．北京：化学工业出版社，2012.

[5] 张忠，郭巧玲，李凤林．食品生物化学［M］．北京：中国轻工业出版社，2009.

[6] 江波，杨瑞金，卢蓉蓉．食品化学［M］．北京：化学工业出版社，2005.

[7] 卜科．水分活度与食品储藏稳定的关系［J］．郑州粮食学院学报，1997，18（4）：41-48.

[8] 胡耀辉．食品生物化学［M］．北京：化学工业出版社，2009.

[9] 洪庆慈．食品生物化学［M］．南京：南京大学出版社，2000.

[10] 石保金．食品生物化学［M］．北京：中国轻工业出版社，2007.

[11] 杜克生．食品生物化学［M］．北京：中国轻工业出版社，2009.

[12] 汪东风．食品化学［M］．北京：化学工业出版社，2007.

[13] 谢明勇．食品化学［M］．北京：化学工业出版社，2015.

[14] 廖洪波，李洪军．食品中金属元素形态分析的研究进展［J］．食品科学，2008，29（1）：369-373.

[15] 陈敏．食品化学［M］．北京：中国林业出版社，2008.

[16] 阚建全．食品化学［M］．北京：中国农业大学出版社，2008.

[17] 李红．食品化学［M］．北京：化学工业出版社，2015.

[18] 梁文珍，蔡智军．食品化学［M］．北京：中国农业大学出版社，2013.

[19] 吴俊明．食品化学［M］．北京：科学出版社，2004.

[20] 赵新淮．食品化学［M］．北京：科学出版社，2006.

[21] 马永昆，刘晓庚．食品化学［M］．北京：东南大学出版社，2006.

[22] 贝利兹，格鲁．食品化学［M］．石阶平等译．北京：中国农业大学出版社，2008.

[23] 侯恩太，倪士峰，贾娜，等．食用植物天然毒性成分概况［J］．畜牧与饲料科学，2009，30（1）：151-152.

[24] 孙晨．双水相萃取技术在食品工业中应用［J］．粮食与油脂，2011（9）：6-8.

[25] 张忠．食品生物化学［M］．北京：化学工业出版社，2006.

[26] 刘用成．食品生物化学［M］．北京：中国轻工业出版社，2007.

[27] 王森，吕晓玲．食品生物化学［M］．北京：中国轻工业出版社，2014.

[28] 李晓华．食品生物化学［M］．北京：化学工业出版社，2001.

[29] 曹健，师俊玲．食品酶学［M］．郑州：郑州大学出版社，2011.

[30] 刘欣．食品酶学［M］．北京：中国轻工业出版社，2006.

[31] 彭志英．食品酶学导论［M］．北京：中国轻工业出版社，2002.

[32] 郑宝东．食品酶学［M］．南京：东南大学出版社，2006.

[33] 张峰，蔡云飞．食品生物化学［M］．北京：中国轻工业出版社，2012.

[34] 杨海灵，蒋湘宁．基础生物化学［M］．北京：中国林业出版社，2015.

[35] 周爱儒．生物化学［M］．第6版．北京：人民卫生出版社，2004.

[36] 张树政．糖生物学与糖生物工程［M］．北京：清华大学出版社，2002.

[37] 贾弘褆．生物化学［M］．北京：人民卫生出版社，2005.

[38] 崔行．生物化学［M］．北京：人民卫生出版社，2002.

[39] 申梦雅，张永清，王德国，等．基因工程在食品工业中的应用［J］．广东化工，2016，43（10）：99-100.

[40] 窦岩．9种常见致病军团菌基因芯片检测方法的建立［D］．天津：南开大学，2012.